나합격
조경기능사
필기 X 무료특강

나만의 합격비법 나합격은 다르다!

나합격 독자만을 위한
무료 동영상강의

공부가 어려우신가요?
합격을 위한 모든 동영상 강의를 무료로 시청할 수 있습니다.
지금 바로 나합격 쌤을 만나보세요.

> 오리엔테이션 ▶ 이론 특강 ▶ 기출 특강

신규 무료특강은 교재 출간 후 순차적으로 촬영 및 편집되어 업로드 됩니다.

모든 시험정보가 한곳에!
나합격 수험생지원센터

이제 혼자서 공부하지 마세요.
합격후기, 시험정보, Q&A 등 나합격 독자분들을 위한
다양한 서비스를 네이버 카페를 통해 지원받을 수 있습니다.

> 시험자료 ▶ 질의응답 ▶ 합격후기

 본서의 정오사항은 상시 업데이트 해드리고 있습니다.
정오표 확인 및 오류문의는 네이버 카페를 이용해 주세요.

나합격 교재인증 &
무료 동영상 수강방법

① 나합격 카페 가입하기

공부하는 자격증에 해당하는 카페에 가입합니다.

바로가기

https://cafe.naver.com/napass7　search

② 교재인증페이지에 닉네임 작성

교재 맨 뒤페이지의 교재인증페이지에
가입하신 카페 닉네임을 지워지지 않는 펜으로 작성합니다.

③ 교재인증페이지 촬영하기

교재인증페이지 전체가 나오게 촬영합니다.
중고도서 및 보정의 여지가 보일 경우 등업이 불가합니다.

④ 나합격 카페에 게시물 작성하기

등업게시판에 촬영한 이미지를 업로드합니다.
평일 1일 3회(오전 9시 ~ 오후 6시 사이) 등업을 진행됩니다.

⑤ 무료 동영상 시청하기

카페 등업이 완료된 후 해당 카페에서 무료 동영상 시청이 가능합니다.

NOTICE

교재인증 및 무료 강의 수강 방법에 대한 자세한 설명을
QR코드를 찍어 영상으로 확인해보세요!

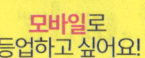
모바일로 등업하고 싶어요!

PC로 등업하고 싶어요!

시험접수부터
자격증발급까지
응시절차

01
시험일정 &
응시자격조건 확인

- 큐넷 시험일정 안내에서 응시종목의 접수기간과 시험일을 확인합니다.
- 큐넷 자격정보에서 응시 종목의 자격조건을 확인합니다(기능사 제외).

04
필기시험
합격자 발표

- 인터넷 ARS 또는 접수한 지사에서 공고됩니다.
- CBT의 경우 큐넷 합격자 발표 조회에서 바로 확인이 가능합니다.

www.Q-net.or.kr 큐넷은 한국산업인력공단에서 운영하는국가 자격증 포털 사이트입니다.

02 필기시험 원서접수

- 큐넷 www.Q-net.or.kr 에 로그인합니다.
  (회원가입 시 반명함판 사진 등록 필수)
- 큐넷 원서접수에서 신청 순서에 따라 접수하면 됩니다.
- 시험일자 및 장소는 현재 접수 가능인원을 반드시 확인 후 선택해야 합니다.
- 결제하기에서 검정수수료 확인 후 결제를 진행합니다.

03 필기시험 응시 및 유의사항

- 신분증은 반드시 지참해야 하며, 기타 준비물은 큐넷 수험자 준비물에서 확인하시면 됩니다.
- 시험시간 20분 전부터 입실이 가능합니다.
  (시험시간 미준수 시 시험 응시 불가)

05 실기시험 원서접수

- 인터넷 접수 www.Q-net.or.kr 만 가능하며, 필기시험 합격자에 한하여 실기접수기간에 접수합니다.
- 최종합격여부는 큐넷 홈페이지를 통해 확인 가능합니다.

06 자격증 신청 및 수령

- 큐넷 자격증 발급 신청에서 상장형, 수첩형 자격증 선택
- 상장형 무료 / 수첩형 수수료 6,110원

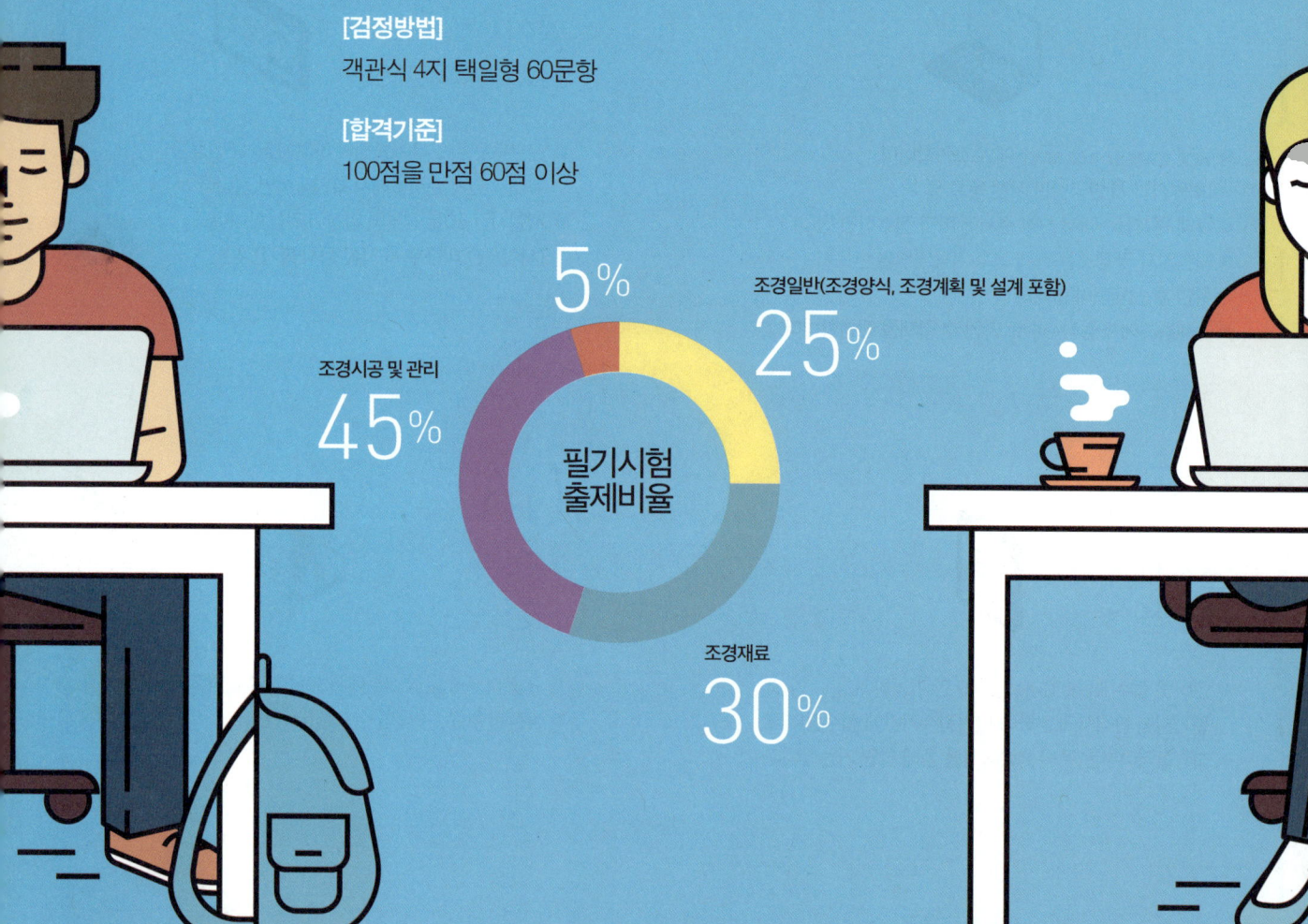

필기시험

01 객관식 4지 택일형 60문항으로 과목 구분이 없고 과락도 없다. 하지만 과목별로 일정한 출제 비중을 나타내기 때문에 전략적으로 학습 계획을 짜도록 한다.

02 조경분야 특성상 시험 범위가 넓고 내용이 다양한 분야로 이루어져 있어 이론학습을 먼저 선행하는 것이 좋다. 또한 이론학습이 선행되어야 전체적인 내용을 파악할 수 있기 때문에 기출문제 풀이가 수월하다.

03 전체적인 수행과정이 연결되기 때문에 되도록 순서대로 학습하는 것이 좋다(조경 일반-계획 및 설계-재료-시공-관리 순서).

04 기출문제는 반복 출제되는 것과 최근 기출 위주로 학습하며, 과목별 난이도는 비슷하게 출제하기 때문에 본인이 약한 과목을 중점적으로 공부하도록 한다.

실기시험

01 도면작성이 50%, 수목감별 10%, 작업형 40%로 이루어진다. 총 2일에 걸쳐 시험이 시행된다. 같은 날짜에 모두 응시할 수는 없으며, 접수할 때 날짜를 2일 지정하여 먼저 도면작업검정과 수목감별 시험을 보고 다른 검정 일자에는 작업형 검정을 응시하도록 한다.

02 도면작성은 제한시간 내에 2장의 도면을 정확하게 작성해내는 능력이 요구되며, 수목감별은 수목을 식별하는 능력이 요구된다. 작업형은 잔디 시공, 원로포장, 수목의 식재, 정지와 전정, 돌 쌓기, 지주목 세우기 등의 조경 시공 작업과 관련된 작업을 수행하여야 한다.

03 도면작성을 위해서는 조경에 필요한 기초 도면의 시설물, 식재 설계 및 도면을 판독할 수 있어야 한다.

04 수목재료를 감별하기 위해서는 많은 샘플을 직접 보고, 만지고, 탐구하는 과정이 필요하다.

05 작업형 시험은 전체 공정과 공사여건을 고려한 시공이 이루어져야 한다. 작업의 준비 과정부터 마무리 과정까지 포함되므로 이를 유의하여 순서대로 작업을 수행하는 것이 중요하다.

개념잡는 핵심이론
나합격만의 본문구성

NEW DESIGN

나합격만의 아이덴티티를 강조한
새로운 디자인과 함께 최신 출제 경향을
완벽히 반영한 최신 개정판입니다.

본문의 이론을 유기적인 보충설명을 통해
지루하지 않고 탄탄하게 흡수하도록 구성했습니다.

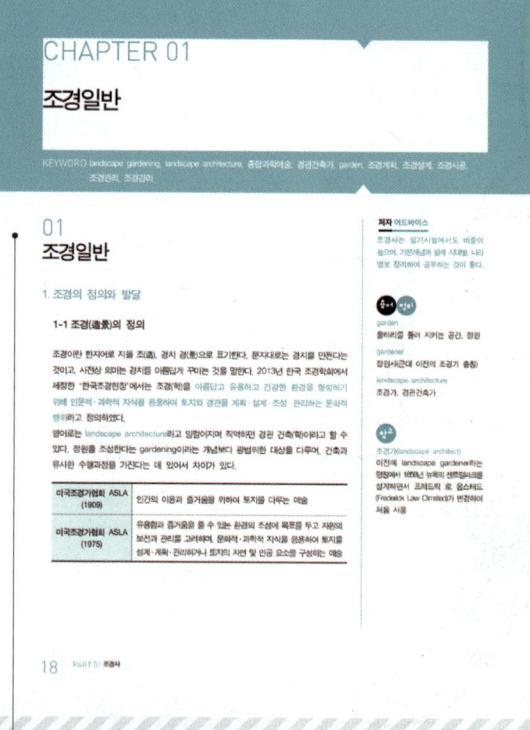

KEYWORD

빅데이터 키워드를 통해
시험에 중요한 키워드를
확인하세요.

본문 날개 구성

독창적인 날개 구성을 통해
이론학습에 도움을 주는
다양한 콘텐츠를 제공합니다.

핵심 KEY

용어정리부터 핵심KEY까지
다양한 보충 설명과 정보로
학습에 도움을 드립니다.

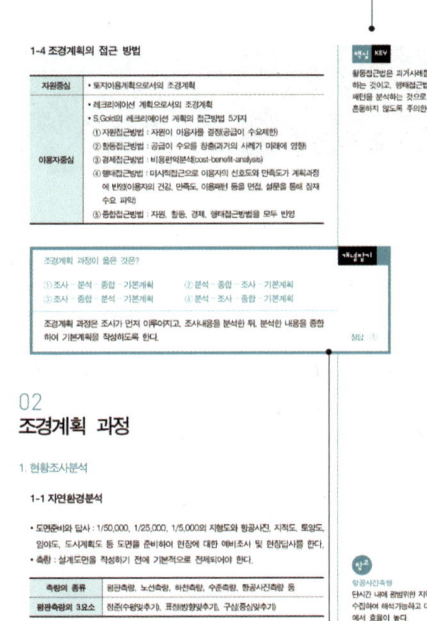

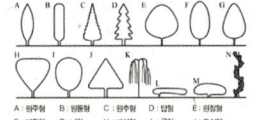

개념잡기

지루한 본문의 흐름을 피하고
문제의 개념잡기를 위해 바로바로
예제를 배치했습니다.

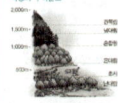

★★★

출제되는 빈도에 따라
중요도를 별표로
표기하였습니다.

CBT 복원문제 9개년 구성

CBT 복원문제[2017년 ~ 2025년]
최근 9년간의 CBT 복원문제를 자세한 해설과
함께 수록하였습니다.

2025년 복원문제 수록

CBT[컴퓨터 방식 문제풀이]
2016년 5회부터 CBT 방식이 전면 시행됨에 따라
복원문제를 토대로 문제를 구성하였습니다.
상세한 해설로 문제의 유형을 익히고 실력을
향상시켜 보세요.

2025년 CBT 복원문제
2025년 1회, 3회 CBT 기출 복원문제를 수록하였습니다.
최신 출제경향을 파악하여 시험에 대비해 보세요.

시험의 흐름을잡는 나합격만의 합격도우미

합격족보는 핵심 이론 요약집으로, 기출문제를 풀거나 시험장을 가기 전까지도 유용한 합격도우미입니다.

필기 시험뿐만 아니라 실기 시험에서도 중요한 수목의 실사 이미지를 수록하였습니다.

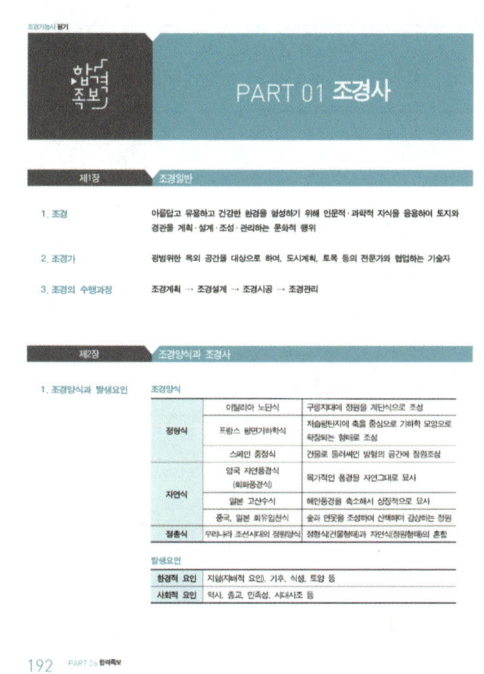

핵심이론 수록

가장 중요한 핵심이론을 파트별, 챕터별로 정리하여 수록하였으며, 필기핵심이론은 기출문제를 풀기 전에 배치하여 독자의 편의를 도왔습니다.

필수 암기수목

수목 모형과 잎의 모양, 열매 모양, 꽃의 형태와 색 등 필수 수목이미지를 실사로 구성하여 수목에 대한 이해도를 좀더 높일 수 있도록 하였습니다.

SELF-STUDY PLANNER

시험 당일까지 공부 일정 및 계획을 짜는 것은 매우 중요합니다.
셀프스터디 합격 플래너를 통해 스스로의 합격을 만들어 보세요.

나의 목표		시험일
		/

				Study Day	Check
PART 01 조경사	01	조경일반	018	/	
	02	조경양식과 조경사	021	/	

				Study Day	Check
PART 02 조경계획과 설계	01	조경계획	044	/	
	02	조경설계	059	/	

				Study Day	Check
PART 03 조경재료	01	식물재료	078	/	
	02	인공재료	098	/	

				Study Day	Check
PART 04 조경시공	01	시공이론	124	/	
	02	부문별공사	134	/	

				Study Day	Check
PART 05 조경관리	01	조경관리일반	160	/	
	02	조경식물관리	170	/	

			Study Day	Check
PART 06 합격족보	제1과목 조경사	192	/	
	제2과목 조경계획과 설계	196	/	
	제3과목 조경재료	201	/	
	제4과목 조경시공	205	/	
	제5과목 조경관리	210	/	

			Study Day	Check
PART 07 과년도기출문제 & CBT 복원문제	2017년 1회 CBT 복원문제	216	/	
	2017년 3회 CBT 복원문제	228	/	
	2018년 1회 CBT 복원문제	242	/	
	2018년 3회 CBT 복원문제	255	/	
	2019년 1회 CBT 복원문제	268	/	
	2019년 3회 CBT 복원문제	281	/	
	2020년 1회 CBT 복원문제	293	/	
	2020년 3회 CBT 복원문제	304	/	
	2021년 1회 CBT 복원문제	315	/	
	2021년 3회 CBT 복원문제	328	/	
	2022년 1회 CBT 복원문제	340	/	
	2022년 3회 CBT 복원문제	351	/	
	2023년 1회 CBT 복원문제	362	/	
	2023년 3회 CBT 복원문제	373	/	

			Study Day	Check
PART 07 과년도기출문제 & CBT 복원문제	2024년 1회 CBT 복원문제	383	/	
	2024년 3회 CBT 복원문제	393	/	
	2025년 1회 CBT 복원문제	403	/	
	2025년 3회 CBT 복원문제	414	/	

* 2016년 5회부터 CBT 방식으로 전면 시행됨에 따라 실제 수험생 분들의 복원을 토대로 문제를 구성하였습니다. 최신 문제를 풀어보고 최신 경향을 파악해 보세요.

			Study Day	Check
PART 08 필수 암기수목 120종	필수 암기수목 120종	428	/	

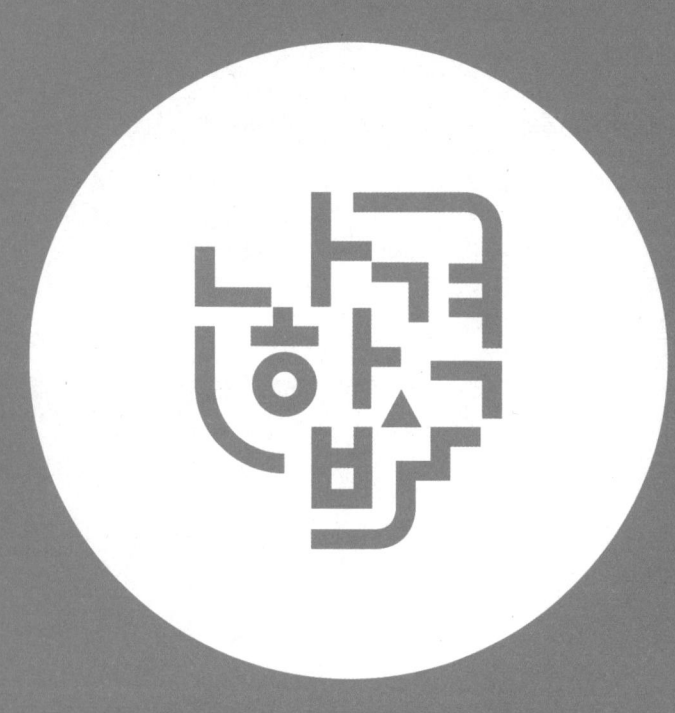

PART 01

조경사

01 조경일반
02 조경양식과 조경사

📢 **단원 들어가기 전**

본 단원은 조경의 기본적인 지식에 대한 내용이며, 필수개념을 확인하는 것이 목표이다.

CHAPTER 01

조경일반

KEYWORD landscape gardening, landscape architecture, 종합과학예술, 경관건축가, garden, 조경계획, 조경설계, 조경시공, 조경관리, 조경감리

01 조경일반

1. 조경의 정의와 발달

1-1 조경(造景)의 정의

조경이란 한자어로 지을 조(造), 경치 경(景)으로 표기한다. 문자대로는 경치를 만든다는 것이고, 사전상 의미는 경치를 아름답게 꾸미는 것을 말한다. 2013년 한국 조경학회에서 제정한 '한국조경헌장'에서는 조경(학)을 아름답고 유용하고 건강한 환경을 형성하기 위해 인문적·과학적 지식을 응용하여 토지와 경관을 계획·설계·조성·관리하는 문화적 행위라고 정의하였다.

영어로는 landscape architecture라고 일컬어지며 직역하면 경관 건축(학)이라고 할 수 있다. 정원을 조성한다는 gardening이라는 개념보다 광범위한 대상을 다루며, 건축과 유사한 수행과정을 가진다는 데 있어서 차이가 있다.

미국조경가협회 ASLA (1909)	인간의 이용과 즐거움을 위하여 토지를 다루는 예술
미국조경가협회 ASLA (1975)	유용함과 즐거움을 줄 수 있는 환경의 조성에 목표를 두고 자원의 보전과 관리를 고려하며, 문화적·과학적 지식을 응용하여 토지를 설계·계획·관리하거나 토지의 자연 및 인공 요소를 구성하는 예술

저자 어드바이스

조경사는 필기시험에서도 비중이 높으며, 기본개념과 함께 시대별, 나라별로 정리하여 공부하는 것이 좋다.

garden
울타리를 둘러 지키는 공간, 정원

gardener
정원사(근대 이전의 조경가 총칭)

landscape architecture
조경가, 경관건축가

조경가(landscape architect)
이전에 landscape gardener라는 명칭에서 1858년 뉴욕의 센트럴파크를 설계하면서 프레드릭 로 옴스테드(Frederick Law Olmsted)가 변경하여 처음 사용

우리나라 건설부 조경설계기준 (1975)	조경이란 문자 그대로 경관을 조성하는 예술이다. 그러나 이것은 조각가나 화가가 만들어 내는 하나의 그림과는 확연히 다른 것으로, 이는 인간이 이용하는 모든 옥외공간과 토지를 이용하여 개발, 창조함에 있어서 보다 기능적이고 경제적이며 시각적인 환경을 조성하고 보존하는 생태적인 예술성을 띤 종합과학예술이다.

핵심 KEY

정원사는 정원만을 다루는 좁은 범위를 대상으로 하며, 정원에 식물을 심고 관리하는 기술자이다.
반면에 조경가는 광범위한 옥외 공간을 대상으로 하며, 도시계획, 토목 등의 전문가와 협업하는 기술자이다.

1-2 조경의 기원과 발전

인간이 활동하는 모든 환경을 대상으로 하기 때문에 인류의 역사와 함께 시작했다고 볼 수 있으나 조경(landscape architecture)이라는 용어를 사용하기 시작한 것은 근대에 들어서이며, 이때부터 사적인 조원과는 다른 개념으로 확립되기 시작되었다.

고대와 중세시대의 조경은 신앙, 제사 또는 지배계층의 특권과 관련된 사적인 조원이 대부분을 차지하였다. 이후 근대에 들어서 산업혁명으로 인한 도시화 때문에 발생한 여러 가지 도시문제의 해결책으로서 공공의 공원(park)이 대두되면서 지금의 공공성을 강조한 조경의 개념이 발달되기 시작하였다.

1900년 미국 하버드 대학교에 조경학과가 설립되면서 현대적 의미의 학문분야로서 발달하기 시작하였으며, 우리나라에는 1970년 경제개발에 따른 국토훼손의 문제가 대두되면서 1973년에 서울대학교 및 영남대학교에 조경학과가 신설되고 서울대학교 환경대학원이 신설되었다.

최근 현대 조경은 범지구적인 환경문제와 달라진 도시생태계에 대응하여 지속가능성, 도시재생 등과 관련된 개념과 이론들이 부상하고 있다.

1-3 조경의 특징★

- 살아있는 생물을 다룬다는 점에서 다른 건축분야와 차이가 있다.
- 조경공간은 생물을 사용하기 때문에 시간별·계절별 점진적인 변화가 있다.
- 공학적인 지식 외에도 생태학적·생물학적 지식과 인문학적인 지식 등 광범위한 지식이 요구된다.

개념잡기

조경의 근본 개념은?

① 옥내경관의 위락적 창조 ② 옥외공간의 개조
③ 자연의 보전 및 기능의 도입 ④ 옥외공간에 대한 인공미의 창조

조경은 유용함과 즐거움을 줄 수 있는 환경의 조성에 목표를 두고 자원의 보전과 관리를 고려하며, 문화적·과학적 지식을 응용하여 토지를 설계·계획·관리하거나 토지의 자연 및 인공 요소를 구성하는 예술이다.

정답 : ③

2. 조경의 범위와 분류

2-1 조경의 대상

조경은 광범위한 옥외공간 모두를 대상으로 하는데, 이는 지역, 도시, 교외, 농·어촌을 포함한다. 이를 유형별로 나누어 보면 다음과 같다.

정원	단독 및 공동주택 정원, 비주거용 건물 정원, 공공정원, 실내정원, 옥상정원, 식물원, 수목원 등
공원	도시공원(생활권 공원과 주제공원), 자연공원
기반시설	녹지, 하천, 자전거도로, 도로, 철도, 주차공간, 광장, 비오톱, 학교 등
문화유산	사적지, 명승지, 궁궐, 왕릉, 전통민가, 사찰, 성터, 고분
산업유산	항만, 공장, 창고, 발전소, 군사시설 등
주거단지	단독주택단지, 연립주택단지, 아파트 단지
위락관광시설	휴양지, 유원지, 골프장, 경마장, 스키장, 낚시터, 캠핑장, 관광숙박시설, 관광편의시설 등
생태자원보존 및 복원공간	생태숲, 생태통로, 연안생태계, 하천, 습지, 서식처 등의 보존 및 복원이 필요한 공간

2-2 조경의 수행과정별 영역★

조경계획	설계의 선행단계로서 다양한 자료를 수집·분석·종합하여 전체적 공간의 틀과 수행체계를 제시한다.
조경설계	계획안을 토대로 3차원적 공간을 창조하며, 기본설계, 실시설계, 감리의 과정으로 나뉠 수 있다.
조경시공	안전하고 쾌적한 공간을 창조하기 위해 공학적·기술적인 문제를 해결하고 설계대로 공간을 완성하는 수행과정이다.
조경관리	조경공간의 물리적 환경을 유지하고 사회문화적 가치를 보존·증진시키는 과정이다.

조경감리
설계안을 구현함에 있어서 공사의 완성도와 품질을 총체적으로 관리하는 행위. 업무의 내용에 따라 설계감리, 검측감리, 시공감리, 책임감리로 구분된다.

개념잡기

도심지의 조경대상이 되는 것은?

① 골프장　　② 녹지　　③ 유원지　　④ 묘지

도시지역에는 도시공원 및 녹지 등에 관한 법률 등에서 지정하는 녹지를 설치한다.

정답 : ②

CHAPTER 02
조경양식과 조경사

KEYWORD 정형식 정원, 자연식 정원, 절충식 정원, 노단식, 풍경식, 평면기하학식, 중정식

01 조경양식과 발생요인

1. 조경양식

조경양식을 형태별로 분류해 보면 정형식, 자연식, 절충식으로 나눌 수 있다. 정형식 양식은 정형적인 형태 즉, 좌우 대칭이거나 일정 패턴이 반복되는 형식의 정원을 조성하는 것을 말한다. 자연식 양식은 자연에서 접하는 풍경 그대로를 묘사하거나 자연풍경을 축소하거나 인위적으로 재현시켜 놓은 형태를 말한다. 절충식 양식은 두 형태의 혼합형을 말한다.

정형식	이탈리아 노단식	구릉지대에 정원을 계단식으로 조성
	프랑스 평면기하학식	저습평탄지에 축을 중심으로 기하학 모양으로 확장되는 형태로 조성
	스페인 중정식	건물로 둘러싸인 방형의 공간에 정원 조성
자연식	영국 자연풍경식(회화풍경식)	목가적인 풍경을 자연 그대로 묘사
	일본 고산수식	해안풍경을 축소해서 상징적으로 묘사
	중국, 일본 회유임천식	숲과 연못을 조성하여 산책하며 감상하는 정원
절충식	우리나라 조선시대의 정원양식	정형식(건물형태)과 자연식(정원형태)의 혼합

저자 어드바이스

본 단원은 조경양식을 유형별로 분류하고, 그 사례에 대해서 알아보며 조경양식의 여러 형태를 이해하고자 한다.

프랑스 평면기하학식 정원

2. 발생요인

조경양식의 발생요인은 크게 환경적 요인과 사회적 요인으로 나눌 수 있다. 환경적 요인으로는 지형, 기후, 식생, 토양 등이 있으며, 사회적 요인으로는 역사, 종교, 민족성, 시대사조 등이 있다.

2-1 환경적 요인

지형
정원양식을 결정하는 데 있어서 지형은 가장 결정적이며 제한적인 요소가 된다. 구릉지가 많은 이탈리아에서는 계단식으로 노단식 정원이, 저습평탄지가 많은 프랑스에서는 평면 기하학식 정원이 조성되었다.

기후
기후는 기본적으로 지형과 함께 중요한 형성 요인이 된다. 그리스 - 로마시대에는 연중 온화한 기후를 배경으로 옥외생활을 즐길 수 있었고, 공공조경이 발달하게 되었다.

토양
건조하고 바람이 많이 부는 사막 지형인 이집트에서는 높은 울담을 조성하고 수목을 관개가 편리한 열식으로 조성하였다.

2-2 사회적 요인

역사
그라나다의 알함브라 궁전은 요새를 궁전으로 조성하고 개축, 증축하는 과정에서 이슬람 세력이 밀려나고 기독교 세력이 확장되면서 이슬람 양식을 나타내면서도 기독교의 가톨릭 양식이 혼재하는 정원이 조성된다.

종교
중세 유럽에서 기독교가 발달하면서 수도원 정원이 발달하게 된다. 종교적인 이유에서 폐쇄적이고 자급자족적인 형태의 정원을 조성하게 된다.

민족성
고산수식은 축소 지향적인 일본의 민족성이 영향을 끼쳤으며, 풍경식(회화 풍경식) 정원은 목가적인 자연생활을 좋아하는 영국인들의 사상을 근간으로 하고 있다.

시대사조
중세 르네상스시대는 이전에 신 중심이었던 시대흐름과 달리 문화예술의 부흥기로서 예술이 발달함에 따라 심미적 욕구가 증대하여 조경도 발달하게 된다.

 용어 정리

열식
줄지어 수목을 심는 식재형태를 말한다. 사막지역의 경우 관개의 편리성 때문에 주로 열식으로 식재한다.

> **개념잡기**
>
> 조경 양식이 조성되는데 가장 중요한 역할을 하는 요소는 무엇인가?
>
> ① 역사성 ② 토양
> ③ 지형   ④ 종교
>
> 조경 양식이 조성되는데 가장 결정적이며 제한적인 요소가 되는 것은 지형이다.
>
> 정답 : ③

02 서양조경

1. 고대

1-1 이집트

특징

수목을 신성시하고 녹음을 중요시했으며, 연꽃, 파피루스, 시커모어, 대추야자 등의 조경 식물을 이용하였다.

데르 엘 바하리(Deir el Bahari)의 장제신전

핫셉수트 여왕이 축조한 세계최초의 조경유적으로 현존하지는 않고 터가 남아 있으며 2단의 테라스를 주랑식으로 조성하였다.

주택정원

방형의 공간에 좌우 대칭형으로 조성, 바람을 막기 위한 높은 울담을 조성하고 수목을 열식으로 식재하여 관개의 편리성을 도모하였다.

묘지정원

사자의 정원이라고도 하며 사후세계를 믿었기 때문에 무덤 앞에 소정원을 조성하였다. 레크마라 무덤 벽화가 대표적이다.

핵심 KEY

시대흐름대로 나열되는 나라명을 헷갈리지 않도록 한다.

고대	이집트 서부아시아 그리스, 로마
중세	유럽 (영국, 프랑스, 이탈리아) 이슬람 (이란, 스페인, 무굴인도)
르네상스	이탈리아, 프랑스, 네덜란드, 독일
근대	영국, 미국, 독일, 프랑스

 참고

키오스크

이집트시대 연못앞에 조성한 정자와 비슷한 시설물로 기둥과 지붕으로 조성된다. 현대에는 신문과 음료를 파는 매점을 뜻하기도 하며, 최근 공공장소에 설치된 무인정보안내시스템을 일컫는다.

오벨리스크

고대 이집트의 태양신을 상징하는 기념비로 현대에는 첨탑과 같은 건축물을 상징하는 이름으로 쓰이기도 한다.

1-2 서부아시아

수렵원(Hunting garden)
오늘날 공원의 시초와 같은 형태로, 공동으로 수렵, 훈련, 야영, 제사 등 다양한 활동을 하였다. 인공언덕과 인공호수를 조성하고, 정상에 신전을 세웠다.

공중정원(Hanging garden)
메소포타미아 신바빌로니아 왕국의 네부카드네자르 2세가 왕비 아미티스를 위해서 조성하였다고 전해지는 정원이다. 사막지역에 상당한 규모의 노단식 정원을 조성하여 옥상정원의 시초로 불린다. 세계7대 불가사의에 꼽힌다.
벽돌로 축조한 피라미드형 건물의 각 테라스에 정원을 조성하였으며, 테라스마다 방수층을 만들고 인공 관수하였다.

지구라트
각 지방마다 지방신을 모시기 위한 신전을 언덕형태로 조성하였다.

파라다이스 가든(Paradise garden)
메소포타미아 동쪽 고원지대에 위치한 방형의 정원으로 4분원 양식으로 수로가 교차하고 녹음이 우거진 공간을 조성하였다.

4분원 양식
방형(사각형)의 공간에 수로나 원로를 가로로 가운데를 가로지르고, 세로로 가운데를 가로질러 4분할하는 형태

1-3 그리스

히포데이무스
최초의 도시계획가로 밀레토스에 격자형 가로망을 설계하였다.

주택정원
court라고 불리우며, 내향적 구조로 조성되었다.

성림
신전 주변에 성림을 조성하였다(델포이 성림, 올림피아 성림).

짐나지움(gymnasium)
아테네 청년들의 체육훈련장소

아고라(agora)
시장, 집회소의 기능을 가진 광장

아도니스원
부인들의 손에 의해 가꾸어지며, 아도니스를 애도하는 제사에서 유래한 그리스의 주택정원으로 아도니스 상을 세우고 pot(화분)로 장식하였다.

1-4 로마 ★

주택정원

2개의 중정과 1개의 후정으로 구성

제1중정(artrium)	공적공간	돌포장과 화분장식
제2중정(peristylium)	사적공간	주랑식 중정으로 주랑 바닥만 포장
후정(xystus)		5점형 식재

포럼(forum)

민중여론 수집을 위한 광장으로, 시장기능이 빠진 것이 아고라와 차이가 있다.

별장(villa)

여름의 무더위를 피하기 위해 구릉에 남동향으로 배치하였으며 전원형, 도시형(라우레틴장, tuscan villa, 하드리아누스 villa)이 있다.

주랑식
기둥을 줄지어 세운 형태

2. 중세

2-1 중세유럽

- 신학이 지배적으로 신 이외의 모든 것이 무시되었다.
- 기독교 건축발달 : 8세기 이전 비잔틴양식 → 9세기 ~ 12세기 로마네스크 양식 → 13세기 ~ 15세기 고딕양식
- 성관정원 : 봉건제의 발달로 수로와 해자를 중심으로 하는 성관정원이 발달하였다. 대표적인 조경기법으로 매듭화단(knot), 미원(Maza) 등이 있다.
- 수도원정원 : 정진하는 공간으로 폐쇄적, 내향적 구조로 실용적 정원과 장식적 정원으로 구성되었다. 채소원, 약초원, 과수원 등으로 자급자족을 위해 실용적 정원을 조성하였다. 반면 클로이스터 가든(cloister garden)은 장식적인 정원형태로 명상이나 수련을 위한 공간이었다.

2-2 이란

- 물의 요소를 가장 중요시하였다(종교적 의미의 욕지).
- 살아있는 생물의 조각상을 만들지 않고 우상숭배를 금지하였으며, 다양한 아라베스크 문양이 발달하였다.
- 독특한 사라센 문명(회교식, 이슬람과 기독교 혼합)이 발달하였다.

매듭화단(Knot)
낮게 깎은 회양목 등으로 구획지어 조성하는 화단형태

미원
미로원

클로이스터 가든(cloister garden)
열주와 회랑을 조성하고, 열주는 아치 모양으로 열주 아래 흉벽을 두어 출입을 제한시키는 매우 폐쇄적인 형태의 정원이다. 원로를 직교하여 4분원형식을 띠고 교차점에 나무, 수반, 분수 등을 배치하였다.

- 이스파한(오아시스 도시) : 압바스왕 1세에 페르시아 정원을 발전시킨 4분원 양식으로 조성되었다.
- 샤하르 바그(Chahar-Bagh) : 중앙에 약 7km 수로와 화단이 있고 사이프러스와 플라타너스가 두줄로 늘어선 광로를 조성하였다(도로공원의 원형).

2-3 스페인★

- 코르도바의 대모스크(기도원) : 2/3는 원주식, 1/3은 오렌지나무를 정형식재한 중정으로 아브드 알 라흐만 1세가 조성하였다.
- 가장 대표적인 정원으로 그라나다의 알함브라 궁전을 꼽을 수 있다. 이 궁전은 홍궁(붉은 벽돌로 조성된 것의 유래)으로도 불리우며, 여러 개의 Patio(중정)로 구성되어 있다. 소량의 물을 시적으로 사용하며, 수학적 비례감, 다채롭고 미묘한 색채감의 표현, 이슬람과 기독교 문화의 혼합 등 높은 평가를 받는 유네스코 세계문화 유산이다.
- 헤네랄리페 이궁은 전 대지를 정원으로 볼 수 있으며, 노단식으로 조성되어 헤네랄리페 이궁에서 알함브라 궁전이 내려다 보인다.

중정식 정원의 특징
- 물과 분수의 풍부한 사용
- 대리석과 벽돌을 기하학적 형태로 이용
- 다채로운 색채 도입 : 바닥 자갈, 색채 타일 등

참고

알함브라 궁전 사자의 중정

알함브라	알베르카 중정	• 중정 가운데 장방형의 연못 조성 • comares tower가 수면에 반사되어 투영미를 감상 • 연못 양옆에 길게 도금양(천인화)을 열식하여 도금양의 중정 • 사신을 맞는 공적 공간
	사자의 중정	• 가장 화려한 중정으로 유일한 생물상(사자상)을 조성 • 수로에 의한 4분원 형식으로 교차점에 분수반(12마리의 사자가 받는 모양)을 조성하여 물의 존귀성 표현 • 열주식(주랑식) 중정으로 주랑과 벽에 화려한 문양으로 이슬람적 특징이 두드러진다.
	다라하 중정	• 린다라야 중정이라고도 하며, 가장 여성스러운 중정 • 회양목을 연속식재한 다양한 모양의 화단 사이로 원로를 조성하고 중정 한가운데 분수를 배치 • 오렌지 나무를 식재하여 오렌지 중정
	창격자 중정	• 레하의 중정이라고도 불림 • 중앙에 분수를 설치하고 바닥을 둥근 색자갈로 포장하여 장식 • 중정 네 귀퉁이에 사이프러스를 식재(사이프러스 중정)
헤네랄리페 이궁	수로의 중정	• 입구의 중정이면서 주정 • 좁고 긴 축선상의 수로가 중앙을 관류하고 그 양쪽으로 수많은 분수에서 아치모양으로 물줄기 형성 • 수로 양쪽 끝에 대리석으로 만든 연꽃 모양의 분수반

5개의 노단으로, 노단정상부에서 정원을 내려다 볼 수 있게 조성하여 후에 이탈리아 빌라에 영향을 미친다.

핵심 KEY

알함브라 궁전의 알베르카 중정과 사자의 중정은 이슬람적 성격이 강하며, 다라하 중정과 창격자 중정은 기독교와 이슬람적 성격이 혼재되었다는 것이 특징적이다.

2-4 무굴인도

- 제왕의 능묘와 궁전을 중심으로 건축이 발달하였다.
- 수경이 중심으로 종교적 욕지, 장식, 관개 기능이 있다.
- 별장(bagh)이 캐시미르 지방 중심으로 발달 : 아샤발바그, 샬라미르바그, 니샤트바그
- 타지마할 : 샤 자한 왕이 왕비 뭄타즈 마할을 위해 조성한 능묘이다. 연못의 투영미를 이용하여 흰 대리석의 능묘를 더욱 돋보이도록 조성하였다.

3. 르네상스★★★

3-1 이탈리아

15세기

- 르네상스의 발상지 : 피렌체 주변에서부터 시작되며 강대한 시민자본 세력을 배경으로 하고 있다.
- 인본주의가 발달하여 설계가의 이름이 정식으로 등장하기 시작하며, 방어의 개념이 무너져 개방적인 형태의 정원이 조성된다.

메디치장 (Villa medici de Fiesole)	• 15세기 투스카니 지방의 대표적인 빌라 • 2개의 테라스로 조성 • 정원축과 건물축이 직교하는 직교식 구성 • 급경사를 이용하여 언덕과 건물 테라스를 균형있게 설계 • 미켈로지 설계

16세기

- 르네상스의 최전성기로 빌라의 형태가 15세기에 엄격한 비례와 원근법 규칙에 구속되었던 것에 비교하여 더욱 시각적으로 화려한 연출에 중점을 두게 된다.
- 이탈리아 3대 별장 : 에스테장(Villa d'Este), 랑테장(Villa Lante), 파르네제장(Villa Farnese)

벨베데레원	• 16세기 최초의 빌라 • 노단건축식의 시작 • 이전의 수목원적 성격에서 건축적 구성으로 전환(테라스간 연결이 뛰어남)

르네상스

14 ~ 16세기경 서유럽 문명사에 나타난 문화운동으로 학문 또는 예술의 재생과 부활이라는 의미를 가지고 있다. 고대의 그리스와 로마 문화를 이상으로 하여 사상과 문학, 미술뿐만 아니라 건축 등 다방면에 걸쳐 이들을 부흥시킴으로써 새로운 문화를 창출하고자 하였다.

Villa의 식재

상록수인 월계수, 가시나무, 감탕나무 등의 녹음수와 사이프러스, 소나무, 방향성 초본류, 과수 등이 사용되었다.

르네상스 시대 정원의 특징
- 엄격한 비례 준수
- 수학적 계산에 의해 구성
- 주택이 외향적으로 조성
- 직선원로, 퍼골라, 화단, 잔디밭, 조각상, 분수, 분천 등의 화려한 정원 요소

에스테장★ (Villa d'Este)	• 전체 리고리오가 설계, 수경은 올리비에가 설계 • 15,000평, 250명 동시수용 가능한 광대한 규모 • 수경이 풍부하고 다양함 • 4단의 테라스로 구성되며 카지노가 최상단에 위치(조망) • 주축선상에 주요 시설물을 배치, 축선과 직교하며 각 부분들이 전개됨 　(병렬적 구조) • 100개의 분수, 물의 원로, 용의 분수, 넵튠의 분수, water organ, 꽃과 수목의 대량 사용 등으로 화려하게 조성
랑테장 (Villa Lante)	• 비니올라가 설계 • 교황들의 피서지로서 6,000평 규모로 에스테보다 작지만 더욱 화려한 구성 • 총림, 테라스, 화단(이탈리아 정원의 3대 요소)의 적절한 조화 • 4개의 테라스로 구성되며 카지노가 1단과 2단 사이의 경사면에 위치 • 폭이 좁고 중심축이 강한 형태로 축선상에 주요 정원요소를 배치(직렬적 구조) • 수경축이 정원의 중심요소로서 정원의 축과 연못의 축을 중심축으로 통일
Villa Farnese	• 비니올라 설계 • 주변 울타리 없이 주변경관과 일치감을 유도

17세기

- 바로크 양식(세부기교 과잉, 역동감, 강한 대비)과 매너리즘(기교적이고 타성적인 스타일) 의 영향
- 구조적 상세의 다양성을 추구(경악분천, 물극장, 정원동굴 등)하고 대량의 식물도입(총림, 토피어리, 미로원의 대규모 조성)하며 환상적 연출에 큰 비중을 두었다.
- 알도브란디니장, 감베라이아장, 이졸라벨라장 등이 대표적 villa이다.

3-2 프랑스

- 평탄 저습지가 많으며 낙엽활엽수의 삼림 형성에 적당한 연중 온화한 기후
- **앙드레 르 노트르** : 프랑스 조경양식인 **평면기하학식을 확립**하였다. 지나치게 장식적이던 바로크 정원에 우아함을 부여하며, 정원을 장엄하게 조성하였다.

　특히 그의 정원구성원칙은 이전에 건축이 주를 이루던 양식에서 정원이 주가 되고 건축이 부속이 되는 형태를 조성하였다. 또한 축에 기초를 둔 2차원적 기하학식으로 정원을 구성하였는데, 총림과 소로를 이용하여 확장성을 가지고 더욱 넓고 길어 보이게 하는 정원수법을 사용하였다. 이러한 르 노트르의 평면기하학식 정원 양식은 후에 유럽에도 많은 영향을 끼친다.

　보르비꽁트와 베르사이유는 프랑스 평면기하학식의 대표적 작품이며, 르 노트르의 대표작이기도 하다.

프랑스의 르네상스 시기 사회적 배경
100년 전쟁 이후 중앙집권적 정치 세력이 안정되어 궁정문화가 발달 (루이 14세의 절대왕권)

이탈리아와 프랑스의 비교

이탈리아	프랑스
구릉지	저습평탄지
노단식	평면기하학식
역동적 수경 (cascade, 분수)	잔잔한 수로
입체적 공간 구성	통경선과 산림을 이용한 vista 조성

보르비꽁트	• 푸케 소유의 성관정원 • 주축선상에 자수화단, 물의 산책로, 벽천, 소로, 정원동굴(grotto), 총림 조성 • vista 형성
베르사이유★	• 중심축 뿐만 아니라 여러 개의 횡축과 방사축을 사용하여 정원이 끝없이 확장되는 형태로 조성됨 • 주축을 따라 저습지의 배로를 위한 수로를 설치 • 부축의 교차점에 화단, 분수, 연못들이 수목에 둘러싸여서 배치 • 루이 14세(태양왕)를 형상화하며 르 노트르가 설계한 세계 최대 규모 (300ha)에 이르는 정형식 정원

참고

자수화단

3-3 독일과 네덜란드

16세기 독일	• 식물학에 기초한 과학적 조경이 특징 • 16세기부터 식물원을 건립하고 학교원(교재원, 실습원, 학습원) 조성
네덜란드	• 이탈리아의 영향을 받았으나 지형적으로 테라스 전개는 불가하고 배수용 수로가 정원의 가장 큰 요소가 됨 • 화훼, 구근류, 토피어리 등이 유명하여 유럽에 영향을 미침 • 한정된 공간에서 다양한 변화를 추구하는 장식적 시설물 도입

4. 근현대

4-1 영국

- 18세기는 조경의 전환기로 이전에 직선적이고 건축적인 정원에 대한 반동으로 낭만주의적 정원양식이 발달하기 시작하는데, 이것이 풍경식 정원이다. 풍경식 정원은 전원풍경식이라고도 하며 한적하고 목가적인 자연풍경을 정원에 그대로 재현해내는 정원양식이다.
- 상업적 조경가가 최초로 등장하며 여러 풍경식 정원가들이 활동하게 된다.

조지 런던, 헨리 와이즈	• 최초의 상업적 조경가
찰스 브릿지맨	• 스토우원에 하하기법을 최초로 도입(인위적인 울타리를 최소로 하고 도랑을 파서 경계를 대신하는 기법)
윌리엄 캔트	• 근대 조경의 아버지 • 자연은 직선을 싫어한다. • 캔싱턴가든에 고사수목을 심고, 스토우원을 개조

브라운	• 햄프턴 코트, 스토우원, 블렌하임 개조
험프리 랩턴	• 풍경식 정원의 완성자로 불리우며 landscape gardener 명칭을 최초로 사용 • 레드북의 저자
윌리엄 챔버	• 큐가든에 중국식 탑을 최초로 도입

- 스토우 가든(Stowe garden) : 브릿지맨이 설계하고 캔트와 브라운이 공동으로 수정한 뒤 다시 브라운이 개조한 풍경식 정원으로 하하기법이 도입되었다.
- 스투어헤드(Stourhead) : 풍경식 정원의 대표작으로 신화속의 사건을 배경으로 정원 구성이 풍경화의 법칙에 따라 구성되었다.
- 19세기 산업화의 급진전으로 공업도시가 형성되고 도시인구가 유입되며 여러 가지 도시문제가 발생하게 된다. 이에 공공의 녹지에 대한 필요성이 인식되어 왕가의 사유 정원을 대중에게 개방하기 시작하면서 근대적인 공원의 형태가 최초로 등장하게 된다.
- 리젠트 파크(Regent park) : 조 나쉬가 설계한 공원으로 최초로 사적시설에서 공적시설로 전환되며 그 효용성이 인정되어 비큰히드 파크의 조성에 영향을 끼친다.
- 비큰히드 파크(Birkenhead park) : 1834년 선거법이 개정되며 시민의 힘으로 설립된 최초의 공원으로서, 조셉 팩스턴이 설계하였다. 주택단지분양에서 얻은 수입으로 위락 공간을 구성하였으며, 위락공간은 보트놀이를 위한 연못, 산책로, 외주부식재로 인접 건물의 차폐, 집회 등의 목적에 알맞은 넓은 목장 등으로 구성되었다. 후에 센트럴 파크에 영향을 끼치게 된다.

4-2 프랑스

- 영국의 영향으로 풍경식 정원이 크게 유행하였는데 대표적인 작품으로 쁘띠 트리아농, 에르메농 빌, 몽소 공원 등이 있다.
- 쁘띠 트리아농 : 18세기 대표적인 프랑스의 풍경식 정원으로 루이14세 때 가브리엘이 설계하고 루이16세 때 미끄가 다시 설계하여 원래 있었던 정형식에 자연식 정원이 추가되어 농가구조를 모방한 형태로 조성되었다.

프레드릭 로 옴스테드
현대 조경가의 아버지라고 불리우며 Landscape architect 용어를 처음 사용하였다.

보우와 옴스테드의 3대공원
- 센트럴 파크
- 프로스펙트 파크
- 프랭클린 파크

4-3 독일

식물생태학과 식물지리학이 발달하여 식물학을 기초로 자연경관 재생에 중점을 두고 조경이 발달하게 된다.

18세기 말 풍경식 정원	• 바이마르 공원 : 괴테가 설계 • 무스코성의 대임원 : 자생수종인 침엽수로 둘러싸인 곳에 낙엽활엽수를 정원의 주로 식재하였으며, 후에 센트럴 파크에 영향을 끼친다.
19세기 현대	• 분구원 : 주말농장과 유사한 개념으로 도시민의 보건을 위한 녹지를 200m²을 한 단위로 하여 대여함으로 지금까지도 실용원으로 이용되고 있다.

4-4 미국★★★

19세기 근대	• 영국과 마찬가지로 산업혁명 이후 도시화의 부작용으로 공중위생에 대한 관심이 증가되고, 낭만주의를 배경으로 도시공원에 대한 필요성을 인식하게 되었다. • 1851년 뉴욕시가 최초로 공원법이 통과하게 되며, 1857년 뉴욕시 공원위원회가 창설되고 설계안을 공모하여 1858년 센트럴 파크를 조성하였다. • 센트럴 파크 : 미국 도시공원의 효시가 되는 작품으로 옴스테드와 보의 그린스워드 안이 공모에 당선되어 조성되었다. 그린스워드 안의 설계내용은 입체적 동선체계, 차음과 차폐를 위한 두터운 외주부식재, 아름다운 자연경관의 view와 vista 조성, 마차 드라이브 코스, 산책로, 넓은 잔디밭, 동적 놀이를 위한 경기장, 스케이팅을 위한 넓은 호수, 교육을 위한 화단과 수목원 등이다. • 비큰히드 파크와 같이 주택분양대금으로 위락공간을 구성하며 재정적으로 성공하게 되어 국립공원 운동에 박차를 가하는 계기가 된다. 이에 1872년 옐로스톤 공원이 최초의 국립공원으로 지정되게 되었다.
20세기 현대	• 시카고 만국 박람회 : 도시계획과 조경이 분화되어 발달하는 계기가 되었으며 조경전문직에 대한 관심이 증대되었다. • 도시미화운동 : 시카고 박람회의 영향으로 도시미화가 공중의 이익을 확보할 수 있다는 인식에서 일어난 시민운동으로 로빈슨과 번함에 의해 주도되었다. • 하워드의 전원도시론 : 1902년 하워드는 garden city of tomorrow를 발간 하였으며, 낮은 인구밀도와 공원과 정원의 개발 및 그린벨트를 조성하는 내용으로 방사 환상형의 도시계획을 담고 있다. 이후 레치워드와 웰윈에 최초의 전원도시가 조성되었다. • 1928년 미국 뉴저지에 레드번 도시계획으로 미국의 전원도시가 조성되었다.

레드번 도시계획
- 인구 25,000명 수용기준
- 슈퍼블록설정 : 블록안에서 일상생활을 가능하게 설계
- 쿨데삭(cul-de-sac) : 근린주구의 안전성을 위해 설치하는 끝이 막힌 도로
- 보도와 차도 분리

> **개념잡기**
>
> 시민의 힘으로 설립된 최초의 공원은?
>
> ① 센트럴 파크   ② 비큰히드 파크
> ③ 하이드 파크   ④ 보르비꽁트
>
> 영국에서 시민의 힘으로 설립된 최초의 근대 공원은 비큰히드 파크이다. 이후에 미국 센트럴 파크 형성에 영향을 준다.
>
> 정답 : ②

03 동양조경

1. 시대별 중국조경

1-1 중국정원의 특징

- 자연과의 조화보다 자연과의 대비에 중점
- 자연경관을 주로 하는 자연식 정원 조성
- 사의주의적 풍경식 정원(풍경 안에 사상적인 내용 의미)
- 직선과 곡선의 디자인 요소를 함께 사용
- 태호석을 이용한 석가산 기법
- 스케일이 다양

참고

중도식 양식
연못을 조성하고 연못 안에 섬을 축조하는 정원양식으로 신선사상을 배경으로 섬은 신선의 거처를 의미한다.

1-2 시대별 중국조경

주나라 (BC 300~250)		'시경'의 대아편에 낮에는 조망, 밤에는 은성명월을 즐기는 영대(靈臺)라는 정원을 조성한 기록이 있다.
		• 원(園) : 과수 종류를 기르는 동산 • 포(圃) : 밭 • 유(囿) : 금수를 키우는 곳
진나라 (BC 249~207)	궁원	• 아방궁 : 170km에 이르는 대규모 궁 • 난지궁 : 대규모의 연못과 섬(중도식)을 축조

한나라 (BC 206 ~ AD 220)	궁원	• 상림원 : 진시대부터 있었으나 한나라 무제가 다시 확장, 왕의 사냥터로 진귀한 꽃과 백수를 사육하였다. 곤명호를 비롯한 6대 호수를 조성하고 길이 7m의 돌고래 상을 배치 • 태액지원 : 봉래, 방장, 영주의 세 섬을 연못 속에 축조(신선사상), 청동과 대리석으로 만든 조수와 용어상
	민간정원	• 원광한의 원림
진(남북조) (265 ~ 419)	• 곡수연 : 왕희지 난정기에 원정에 곡수를 돌렸다는 기록 • 도연명의 안빈낙도 철학	
당나라★ (618 ~ 906)	궁원	• 온천궁이궁★ : 현종과 양귀비의 환락의 장소. 태종이 건립하고 현종이 화청궁으로 개칭. 백거이(백락천)가 '장한가'에 묘사
	민간정원	• 이덕유의 평천산장 : 무산 12봉과 동정호 9파 상징 • 왕유의 망천별업 : 산수화풍의 정원
송나라★ (960 ~ 1279)	궁원	• 4대 궁원 : 경림원, 금명지, 의춘원, 옥진원 • 휘종 : 만세산 조성(태호석을 층층히 쌓아 가산) • 고종 : 창덕궁 조성, 태호석을 이용한 석가산
	민간정원	• 창랑정 : 소주 지방의 4대 명원 중 하나
금나라 (1115 ~ 1234)	궁원	• 태액지 : 북해공원의 시초로 경화도라는 섬을 축조
원나라 (1206 ~ 1367)	민간정원	• 만류당 : 만그루의 버드나무 • 사자림 : 석가산 기법으로 유명한 소주의 4대 명원 중 하나. 예찬과 주덕윤이 공동작업하였다.
명나라★ (1368 ~ 1644)	궁원	• 어화원(자금성후원) : 건축물과 정원이 대칭적으로 조성된 왕과 왕족의 휴식처 • 경산 : 풍수설에 의해 자금성 정북 쪽에 쌓아올린 산
	민간정원	• 작원 : 미만종설계, 버드나무와 백련식재, 석가산 • 졸정원 : 왕헌신이 조성한 중국의 국보급정원으로 소주의 4대 명원 중 하나. 다양한 수경처리가 특징(1/2 이상이 수경)
청나라★ (1616 ~ 1911)	궁원	• 건륭화원(영수화원) : 자금성 안에 계단식으로 구성 • 원명원이궁★ : 동양 최초의 서양식 건물과 정원 조성(건물 전면에 프랑스식 정원양식) • 만수산이궁(이화원)★ : 곤명호, 서호, 남호의 3개의 호수를 조성하고 그 흙으로 쌓아올린 만수산 조성 • 열하피서산장(승덕) : 왕들의 피서지
	민간정원	• 유원 : 소주의 4대 명원 중 하나로 중국에서 가장 큰 태호석 봉우리인 관운봉을 조성

핵심 KEY

당나라·송나라는 중국의 최전성기로, 우리나라는 당·송의 영향을 많이 받았다.

참고

이계성의 '원야'
중국 명대에 발간된 중국 대표 정원서로 조원에 관련된 그림과 설명을 붙였다. 다양한 문의 형태와 차경기법(인위적 요소보다는 주변경관을 정원요소로써 사용하는 것)이 설명되었다.

참고

소주 지방의 4대 정원
창랑정, 사자림, 졸정원, 유원

2. 시대별 일본조경

2-1 일본조경의 특징

- 기교와 관상적 가치에 치중하여 세부적 수법 위주
- 실용적인 기능면보다는 장식적이고 상징적인 기능 위주
- 사의주의 자연풍경식이 발달
- 풍경을 추상화시켜 축경화

2-2 일본정원의 양식 변천 ★

임천식	• 신선설을 배경으로 섬과 연못 조성
회유임천식	• 정원중심부에 연못을 파고 섬을 조성하고 다리를 놓아 주변을 산책하며 감상
축산고산수식(14세기)	• 돌(폭포나 섬), 왕모래(물), 수목(산)을 이용해 조성 • 선사상과 묵화의 영향
평정고산수식(15세기)	• 돌과 왕모래만을 이용하여 해안풍경묘사
다정양식(16세기)	• 다도(茶道)를 중심으로 하는 실용적인 정원
원주파임천식	• 임천식과 다정양식의 혼합형
축경식	• 오늘날 일본의 특징적인 형태

2-3 시대별 일본조경

아즈카 (비조)시대 (593~709)	임천식	• 신선사상을 배경으로 연못과 섬 조성
	백제를 통한 불교 수용	• 노자공 : 수미산과 오교(중교)
헤이안 (평안)시대 (794~1191)	중도식(신선사상)	• 대각사, 신천원
	바다묘사	• 하원원, 육조원
	침전조양식	• 일승원, 동삼조전 : 침전과 별채를 조성하여 회랑으로 연결하며, 정원에 연못과 섬을 조성하고 섬 사이에 다리를 놓아 조성
	정토정원	• 평등원, 모월사 : 불교의 금당 건물 앞 자연식 정원 조성

귤준망의 '작정기'

일본 헤이안시대에 작성된 일본 최초의 조원 지침서. 침전조정원의 형태와 시공에 관해 기록되어 있다.

시대	양식	내용
가마쿠라 (겸창)시대 (1192 ~ 1333)	정토정원(전기)	• 정유리사, 영보사
	선종정원	• 경관을 상징적, 주관적으로 묘사하고 정원규모가 협소해짐 • 기교적인 석조, 다듬은 수목을 도입 • 몽창국사 대표작 : 서방사, 천룡사
무로마찌 (실정)시대 ★ (1334 ~ 1573)	축산고산수식	• 14세기 실정초기 • 바위는 폭포를 상징, 왕모래로 물을 표현, 다듬은 수목으로 산봉우리를 상징하여 정원조성 • 대덕사의 대선원
	평정고산수식	• 15세기 실정후기 • 평지에 바위와 왕모래만으로 해안풍경을 묘사 • 극도의 추상성, 상징성 • 용안사의 방장정원 : 15개의 암석을 수학적 비례에 맞춰 5군으로 배치. 서양에서 가장 유명한 동양정원
	정토정원	• 금각사, 은각사
모모야마 (도산)시대	다정양식	• 다실을 중심으로 조성, 대나무울타리, 징검돌, 물통, 세수통, 석등, 석탑, 이끼사용
	삼보원정원	• 도요토미 히데요시(풍신수길)가 조성 • 화려한 석조와 의장
에도(강호)시대	원주파임천식	• 계리궁, 수학원이궁
메이지(명치)시대	서양식 조경기법 도입	• 신숙어원 : 신주쿠 공원(프랑스+영국+일본 혼합) • 적판이궁원 : 프랑스 베르사이유 형식 • 일미곡(히비야) 공원 : 일본 최초의 서양식 도시공원

핵심 KEY

고산수식

고산수식은 물을 전혀 사용하지 않아 dry landscape라고도 일컬어지며, 초기에는 다듬은 수목을 사용하는 축산고산수식이 조성되다가 후기에는 수목도 사용하지 않고 왕모래와 바위만으로 극단적인 추상성을 가지고 조성된다. 축산고산수식과 평정고산수식은 둘 다 물을 사용하지 않고 해안풍경을 묘사한 공통점이 있으나, 수목의 사용여부에 차이점이 있다.

개념잡기

일본 조경사 변천과정으로 맞는 것은?

① 평정식 – 축산고산수식 – 임천식 – 원주파임천식
② 임천식 – 회유임천식 – 축산고산수식 – 원주파임천식
③ 회유임천식 – 축산고산수식 – 임천식 – 원주파임천식
④ 평정식 – 축산고산수식 – 고산수식 – 임천식

아즈카시대 - 임천식이 가장 먼저 발달하였으며, 회유임천식 - 고산수식(축산, 평정) - 원주파임천식의 순으로 발달하였다.

정답 : ②

3. 시대별 한국조경 ★★

3-1 사상적 배경

은일사상
속세에서 벗어나 자연 속에 무릉도원을 이상향으로 하는 사상으로 별서정원이 발달하게 된다.

신선사상
신선의 거처를 표현하고, 정원의 첨경물에 신선사상과 관련하여 조성하였다. 중도식의 연못조성 및 섬의 명칭을 봉래, 방장, 영주, 호량 등 신선의 이름으로 짓기도 하며, 십장생을 조경소재로 활용하고, 불로장생을 상징하는 동식물을 사용하였다.

유교사상
건축물의 공간배치와 정원양식에 영향을 주었다(안채와 사랑채의 분리 등).

풍수지리사상
음양오행설을 근간으로 하고 있으며, 배산임수 및 양택풍수와 음택풍수를 내용으로 한다. 후면에 산을 두고 전면에 물의 요소를 두는 입지를 선호하여 후원식 양식이 조성되게 된다.

음양오행설
음과 양의 조화와 금, 수, 목, 화, 토의 오행의 개념을 근간으로 하는 사상으로 방지원도의 연못의 형태에 영향을 주었다. 둥근섬은 하늘(양)을 상징하고 네모난 연못은 땅(음)을 상징한다.

방지원도 형태의 향원정

3-2 유형별 특징

궁궐정원
중국 고대의 주례고공기와 풍수사상의 영향으로 궁궐이 조성되었으며 삼국시대부터 중국의 영향을 받아 삼문삼조(三門三朝)의 형태로 궁궐이 배치된다.

주택정원
경사지를 단으로 깎고 건물을 짓고 뒷산과 만나는 곳에 화계를 조성하였다. 주택의 구조가 유교의 영향으로 엄격히 구분되었다. 안마당은 폐쇄적이고 실용적 공간으로 대부분 가사활동을 하는 공간이었고, 사랑마당은 외향적 공간배치를 하고, 본격적으로 조원하는 공간이었다. 뒷마당의 경우 사적 영역이 펼쳐지는 풍류공간을 조성하였다.

별서정원

은둔, 은일사상을 근간으로 풍수지리적 명당인 오지에 위치하였다. 연못을 조성하고, 사절우를 식재하며, 누각과 정자를 조성하였다.

사찰정원

경치 좋은 명산에 입지하며 탑 중심형, 탑과 금당 병립형, 금당 중심형 등으로 유형이 나뉜다.

서원정원

유교사상을 바탕으로 조선시대 사림에 의해 설립된 학문연구 기관으로 주로 주향자의 연고지에 세워졌다. 강학공간은 정숙한 분위기를 강조하기 위해 조경하지 않고 후원을 주로 조성하였다.

3-3 우리나라 조경의 특징

- 신선사상이 큰 영향을 끼쳤으며, 여기에 음양오행, 풍수지리, 유교사상, 은둔사상 등의 영향을 받았다.
- 조선시대 이전에는 중국으로부터 모방된 것이 많았으며, 조선 이후부터 독자적인 정원 양식을 조성해 나간다.
- 구릉지가 많고 풍수지리설의 영향으로 후원이 주로 조성되었다(화계식).
- 사계절의 장점을 살릴 수 있는 낙엽수가 주로 식재되었다.
- 소박함 및 담백함을 기본으로 자연을 존중하며, 마음을 정진하는 정원으로 조성하였다.
- 건축적인 기본 요소는 직선적이며 정형적인데 비해, 인위적인 요소를 배제한 자연요소를 그대로 살려 정원이 절충식 양식으로 조성되었다.

3-4 시대별 한국조경

고조선 시대		• '대동사강'에 유(囿)를 조성하여 짐승을 키웠다는 기록	
삼국시대 - 고구려	동명왕릉 진주지	• 못 안의 4개의 섬(신선사상의 봉래, 방장, 영주, 호랑을 의미)	• 중국의 영향으로 규모가 크고 장엄한 대륙풍 정원 양식
	안학궁	• 장수왕 427년 • 엄격한 대칭형, 중심부 건물과 주변 건물이 기하학적으로 배치 • 신선사상을 배경으로 자연풍경을 묘사	
	대성산성	• 1700여개의 다양한 형태의 연못조성	
	장안성	• 평원왕 586년 • 외성, 중성, 내성, 북성의 4성으로 축조	

사절우

절개있는 네 명의 벗을 말하며 매화나무(매실나무), 소나무, 국화, 대나무를 뜻한다.

삼국시대 - 백제	임류각	• 동성왕 500년 • 연못을 조성하고 조망을 위한 높은 전각을 축조	• 귀족적 성격이 강하며 온화 하고 화려함
	궁남지	• 무왕 634년 • 삼국사기와 동사강목에 기록 • 궁 남쪽에 못을 파고 20여리 밖에서 물을 끌어 조성했으며, 못 안에 방장선산을 상징하는 섬을 축조 (궁궐에 신선사상이 나타난 최초의 형태)	
	석연지	• 의자왕 • 연꽃모양의 돌 연못으로 백제 말기 첨경물로 사용 • 조선시대에 세심석으로 발전	
	수미산과 오교	• 백제인 노자공이 일본에 수미산과 오교를 전파	
삼국시대 - 신라	임해 전지원★	• 월지, 안압지라고도 부르며, 삼국시대 대표적인 정원 • 문무왕 674년 원지조성-679년 동궁축조(삼국사기) • 궁 안에 연못을 파고 돌을 쌓아 무산십이봉을 본 뜬 산을 만들고, 꽃을 심고 진귀한 새를 길렀다. 그 서쪽에 임해전이 있었으며, 그 연못을 안압지라 고 부른다(동사강목). • 신선사상을 배경으로 해안풍경묘사 • 서안 남안은 직선적이고 북안과 동안을 바닷가 해안선을 모방한 곡선형으로 조성(시각적으로 보다 넓게 보임) • 못 안에 대·중·소 3개의 섬을 조성, 가장 큰 섬은 거북형 • 왕과 신하의 위락공간이며 선유공간	• 정전법에 의한 격자형 가로망 이 있었으며, 3국 중 가장 늦게 발달 하였으나 다양한 종류의 질 높은 정원 유적이 조성
	포석정	• 유상곡수연(왕희지의 난정기 영향) • 현재는 곡수거만 남아있으며, 음양이론을 토대로 조성	
	사절유택	• 계절에 따라 자리를 바꾸어 가며 즐기는 귀족의 별장으로 동야택, 곡양택, 구지택, 가이택이라 불렀다.	
	별서	• 최치원 : 당나라 유학파로서 귀국하여 은거생활로 인해 별서 풍습 시작(은둔사상)	

참고

임해전지원

임해전지원에는 과학적으로 조성된 입수구와 출수구가 따로 있었다. 입수구에는 2단의 석조로 토사를 거를 수 있도록 설계되었다. 또한 유속을 조절하는 구조가 있었다.

고려시대	격구장	• 중국에서 도입한 무예의 일종 • 동적기능의 정원	• 북송과 원나라로부터 애완동물과 화초가 도입 화오(화단) 발달 • 석가산, 원정 설치 • 숭불정책으로 인해 사찰 정원 발달
	궁궐정원	• 동지(궁 동쪽의 연못) • 예종 11년경 중국의 석가산 기법 최초도입 • 의종 6년 수창궁 북원에 괴석을 쌓아 가산을 꾸미고 그 옆에 만수정을 세움 • 중국으로부터 화초를 도입하여 화려한 화오(화단) 발달 • 내원서 : 고려 충렬왕 때 정원관리부서	
	민간정원	• 맹사성고택 : 사랑채와 안채의 분리시작 • 최충헌의 정원 : 화분배치, 연꽃을 심은 연못, 기이하고 아름다운 꽃나무 사용 • 이규보의 사륜정기 : 4개의 바퀴달린 이동식 정자	
	사원정원	• 청평사의 문수원 남지(영지) : 뛰어난 투영미	
조선시대	궁궐정원 ★★ (금원)	경복궁 (태조3년)	• 경회루 - 방지방도 형태 - 3개의 석교로 섬 연결 - 좌우 대칭의 정형식으로 주로 공적 기능 수행	• 조경양식이 모방에서 한국적 색채가 농후하게 발달되기 시작 • 유교사상 - 음양오행설 (방지원도) • 대표정원 : 경복궁의 경회루, 양산보의 소쇄원, 남원의 광한루
			• 교태전후원(아미산원) - 4단의 화계에 4기의 굴뚝 및 첨경물 (괴석, 석지, 물확, 해시계 등)배치	
			• 향원정 - 방지원도의 형태 - 취향교(목교)	
			• 자경전 : 10장생 굴뚝과 화문장(만수무강, 부귀영화를 의미하는 장식문양)	
		창덕궁★ (동궐, 태종)	• 대조전후원 - 경사지를 계단상으로 화계 조성	
			• 낙선재후원 - 5단의 화계	
			• 비원(금원, 북원, 후원) - 부용정역, 애련정역, 관람정역, 옥류천역, 청심정역	
		창경궁	• 통명전원 : 느티나무원림과 중교가 있는 연못(불교배경)	
		덕수궁	• 석조전 : 하딩이 설계한 최초의 서양식 건물 • 침상원 : 우리나라 최초의 프랑스식 정원	

청평사 문수원 남지
현존하는 고려시대 대표적 사원이다. 이자헌이 조성하였으며, 사다리꼴 형태의 연못에는 파동을 흡수하는 구조가 있어 뛰어난 투영미를 감상할 수 있다.

고려시대 식물용어
• 목련 - 목필화
• 배롱나무 - 자미화
• 아그배 - 해당
• 패랭이꽃 - 석죽화
• 동백나무 - 산다
• 무궁화 - 목근화

10장생
해·산·물·돌·소나무·달 또는 구름·불로초·거북·학·사슴

동산바치
조선시대에 정원사를 일컫는 말

조선시대	주택정원	• 윤증고택 : 축경식 정원, 방지원도 • 선교장(이내번) : 활래정지원(방지원도) • 박황가옥 : 하엽정(별당) • 옥호정(김조순) : 삼청동 계곡에 직선적 공간처리와 직선적 화계
	객관원	• 외국사신 접대 • 태평관, 모화관, 남별궁
	별서정원	• 독수정원림 • 명옥헌 • 도산서당(이황) • 다산초당(정약용) • 하환정 국담원(주재성) • 광한루 : 삼신선도(봉래, 방장, 영주)와 오작교, 자라상을 배치하여 가장 직접적인 신선사상의 도입 • 소쇄원(양산보) : 담양에 위치한 자연식 정원으로 자연계류를 그대로 활용 • 서석지원(정염방) : 연못을 파서 나온 석영맥을 그대로 연못에 정원요소로 활용 • 부용동원림(보길도) : 세연정부(방지방도와 자연판석제방), 낙서재부(주거지), 동천석실부(수련지, 회항교, 정자)
	서원	• 소수서원(최초의 사액서원), 옥산서원, 필암서원
근현대		• 1897년 파고다 공원 : 한국 최초 서양식 도시공원 • 국립공원 20개소 : 1967년 공원법제정, 1967년 지리산 국립공원이 최초의 국립공원으로 지정

- **창덕궁 후원(비원, 금원)**★
- 유네스코 세계문화 유산지정
- 기존 지형을 그대로 유지하여 독특한 형태의 궁궐형태
- 경복궁의 이궁으로 사냥터, 무술연마, 연회장소 등의 기능

부용정역	• 후원입구 쪽에 위치하며 남쪽 부용정, 북쪽 주합루, 동쪽 영화당, 서쪽 사정기비각이 위치 • 부용지는 방지원도로 조성, 부용정은 '亞'모양의 정자
애련정역	• 애련지(송대 주돈의 애련설 유래)와 계단식 화계 • 연경당 : 민가를 모방한 99칸의 건축물, 단청하지 않음

관람정역	• 상지에 존덕정(6각지붕정자)와 하지에 관람정(부채꼴) 위치 • 상지는 반월형 연못(반월지)과 하지는 한반도 모양의 자연곡지로 이루어짐 • 존덕정 : 가장 아름다운 정자로 겹지붕 양식
옥류천역	• 후원에 가장 안쪽에 자연계류를 이용해서 조성 • 곡수거와 인공폭포 조성 • 청의정 : 궁궐 안의 유일한 모정
청심정역	• 가장 한적한 분위기

창덕궁 후원 존덕정

3-5 조경식물 관련 문헌

홍만선 '산림경제'

조경수 29종의 특성과 재배법을 수록하였으며 농업에 관해 저술하였다.

강희안 '양화소록'

정원식물의 특성과 번식법, 괴석의 배치법, 꽃을 화분에 심는 방법, 최화법, 화분 놓는 법과 관리법 등을 저술하였다.

강희안 '화암소록'

양화소록의 부록으로 수목을 9등급으로 구분하였다.

개념잡기

한국의 대표적인 국보 정원은?

① 창덕궁 비원 ② 경복궁 교태전
③ 창덕궁 낙선재 ④ 경복궁 경회루

창덕궁 비원은 자연과의 조화로운 배치와 다양한 형태 및 독자적인 조경양식 때문에 그 가치를 높게 평가받는다. 유네스코 세계문화 유산으로 지정되기도 하였다.

정답 : ①

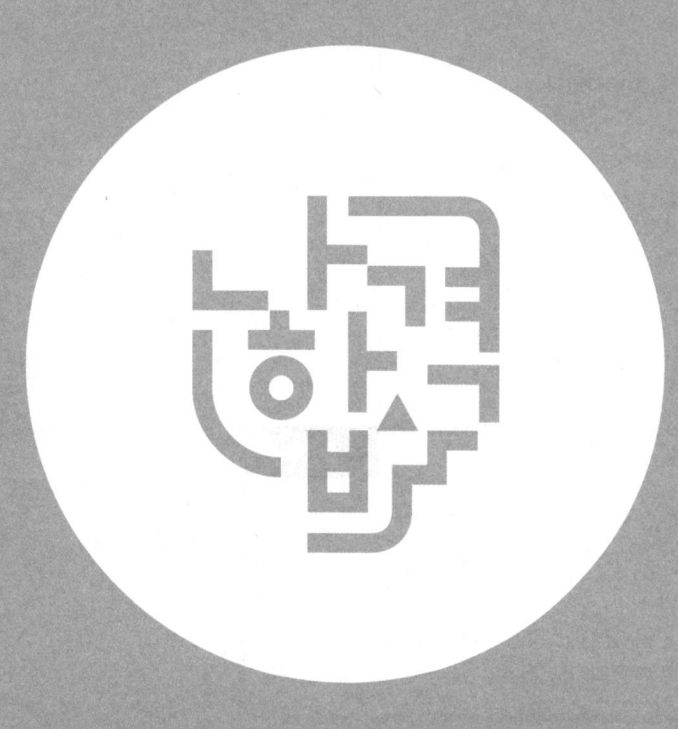

PART 02

조경계획과 설계

01 조경계획
02 조경설계

 단원 들어가기 전

조경계획과 설계에 관한 내용으로, 계획설계의 개념과 차이점을 이해하는 것이 중요하다.
계획단계의 수행 과정을 순서대로 공부하면서 개념을 이해하도록 하여야 한다.

CHAPTER 01

조경계획

KEYWORD planning, design, 목표와 목적, 자연환경분석, 인문환경분석, 경관분석, 기본구상, 기본계획, 기본설계, 실시설계, 자원중심, 이용자중심, S.gold의 접근법 이해

01 계획과 설계 기초

1. 조경계획 및 설계의 기초

1-1 조경계획과 설계의 전체과정★★★

계획단계				
1. 목표설정	2. 조사 및 분석 • 자연환경 • 인문환경 • 시각환경 　(경관분석)	3. 종합	4. 기본구상 및 대안작성	5. 기본계획★ (Master Plan)
설계단계				
6. 기본설계			7. 실시설계	

저자 어드바이스
본 단원은 필기 시험에서는 비중이 높지 않지만, 실기 시험에서 높은 비중을 차지하므로 참고해 두어야 한다.

경관
관찰자가 일정한 거리를 두고 관조하는 경우에 보여지고 관찰자의 마음에 새겨지는 심상 또는 이미지

1-2 조경계획의 세부과정

1. 목표설정	프로그램을 작성하여 기술되거나 숫자로 표현된 계획의 방향 및 내용으로 미래 지향적이며, 실현가능한 것으로 의뢰인과의 대화를 통해 이루어져야 한다. 현실성있는 장기목표와 단기계획이 작성되어야 한다.
2. 조사 및 분석	• 자연환경분석 : 식생, 토양, 지형, 기후, 수문 등 • 인문·사회환경분석 : 생활환경분석(토지이용 및 관련계획, 대기질, 수질, 소음, 폐기물, 일조 등)과 경제사회환경분석(이용자, 역사성, 교통동선, 문화재 등) • 시각환경분석(경관분석) : 분석 방법이 다양하며 경관을 객관적이고 과학적으로 조사분석(K.Lynch의 기호화방법, Leopold의 계량화방법, Litton의 시각회랑에 의한 방법 등)
3. 종합	조사분석한 내용들의 자료를 전체적으로 취합하여 종합하는 단계이다.
4. 기본구상 및 대안작성	개발의 기본방향, 이용자 수요추정, 도입활동 및 시설, 시설공간의 배분을 고려하여 기본구상안과 대안을 작성한다.
5. 기본계획★ (Master Plan)	• 토지이용계획 : 기본구상 및 프로그램에 부합되는 토지의 용도를 정하는 것 • 교통동선계획 : 도로, 주차장, 동선, 보행로 등의 계획 • 식재계획 : 수종선택, 배식, 녹지체계 등에 관한 계획 • 시설물계획 : 시설물의 유형, 규모, 배치 등의 계획 • 하부구조계획 : 전기, 상하수도, 가스, 전화 등 공급처리 시설에 관한 계획 • 집행계획 : 투자계획, 법규검토, 유지관리 계획 등

목표
프로젝트의 장기적이며 포괄적인 의도

프로그램
목표보다 구체적, 세분화된 설계의도를 나타냄

1-3 조경계획과 설계의 비교★

조경계획	조경설계
Planning	Design
장래 행위에 대한 구상	제작이나 시공을 목표로 아이디어를 도출하고 도면으로 구체적으로 표현
합리적인 측면이 요구됨	창의성, 독창성, 예술성이 요구됨
문제의 발견과 분석에 관련됨	문제의 해결과 종합에 관련됨
서술형식으로 표현	도면이나 그림, 스케치로 표현
수요예측, 경제적 가치 평가에 따라 양적표현 가능	질적인 측면에서 관심

핵심 KEY

계획은 문제의 발견과 분석을 분석하며 객관성이 요구되지만 설계는 문제의 해결에 중점이 있으며 독창성이나 창의성이 요구된다. 두 개념의 차이를 명확히 알고 있어야 한다.

1-4 조경계획의 접근 방법

자원중심	• 토지이용계획으로서의 조경계획
이용자중심	• 레크리에이션 계획으로서의 조경계획 • S.Gold의 레크리에이션 계획의 접근방법 5가지 　① 자원접근방법 : 자원이 이용자를 결정(공급이 수요제한) 　② 활동접근방법 : 공급이 수요를 창출(과거의 사례가 미래에 영향) 　③ 경제접근방법 : 비용편익분석(cost-benefit-analysis) 　④ 행태접근방법 : 미시적접근으로 이용자의 선호도와 만족도가 계획과정에 반영(이용자의 건강, 만족도, 이용패턴 등을 면접, 설문을 통해 잠재수요 파악) 　⑤ 종합접근방법 : 자원, 활동, 경제, 행태접근방법을 모두 반영

핵심 KEY
활동접근법은 과거사례를 중심으로 하는 것이고, 행태접근법은 통계적 패턴을 분석하는 것으로 두 가지를 혼동하지 않도록 주의한다.

개념잡기

조경계획 과정이 옳은 것은?

① 조사 – 분석 – 종합 – 기본계획　　② 분석 – 종합 – 조사 – 기본계획
③ 조사 – 종합 – 분석 – 기본계획　　④ 분석 – 조사 – 종합 – 기본계획

조경계획 과정은 조사가 먼저 이루어지고, 조사내용을 분석한 뒤, 분석한 내용을 종합하여 기본계획을 작성하도록 한다.

정답 : ①

---

02 조경계획 과정

1. 현황조사분석

1-1 자연환경분석

- 도면준비와 답사 : 1/50,000, 1/25,000, 1/5,000의 지형도와 항공사진, 지적도, 토양도, 임야도, 도시계획도 등 도면을 준비하여 현장에 대한 예비조사 및 현장답사를 한다.
- 측량 : 설계도면을 작성하기 전에 기본적으로 전제되어야 한다.

측량의 종류	평판측량, 노선측량, 하천측량, 수준측량, 항공사진측량 등
평판측량의 3요소	정준(수평맞추기), 표정(방향맞추기), 구심(중심맞추기)

참고

항공사진측량
단시간 내에 광범위한 지역의 정보를 수집하여 해석가능하고 대규모 지역에서 효율이 높다.

평판측량방법	방사법, 전진법, 교회법(전방교회법, 측방교회법)
수준측량	레벨을 이용한 측량으로 고저측량, 높이측량

레벨측량

식생

- 대상지 내의 식물상을 파악하여 새로 도입해야 할 식물의 종류를 결정한다. 전수조사와 표본조사의 방법이 있으며, 주로 임상조사(군락조사)가 이루어진다.
- 군락의 측도를 조사하는 방법으로는 쿼드라트법, 접선법, 간격법 등이 있으며 쿼드라트법이 가장 많이 쓰인다. 항공사진 임야도, 임상도 및 현존식생도, 녹지자연도를 참고할 수 있다.

토양 ★

- 토양은 식물이 자라는데 가장 중요한 환경인자로서 토양도에 의하거나 현장조사를 통하여 실시한다.

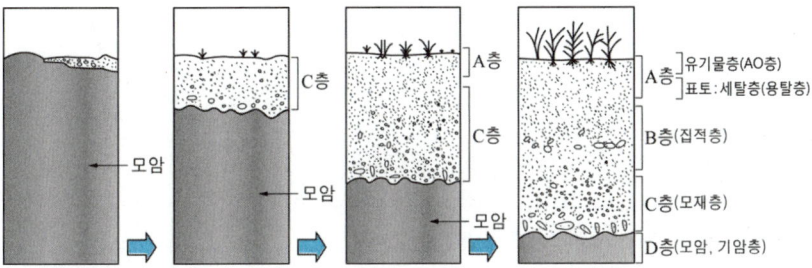

AO층	낙엽과 분해물질 등이 쌓인 가장 상위층으로 유기물층이라고도 한다. 유기물층은 다시 부식정도에 따라 위에서부터 L층, F층, H층으로 나뉜다.
A층	용탈층, 세탈층(표층)이라고도 하며 광물 토양의 최상층으로 식물에 필요한 양분이 풍부한 층이다.
B층	집적층이라고도 하며 부식함량이 적고 모래의 풍화가 충분히 진행된 갈색토양층이다.
C층	모재층으로 광물질이 풍화만 된 층이다.
D층	모암층 또는 기암층이라고 한다.

- 토성 : 토양 무기질 입자의 입경 조성에 의한 토양분류를 말하며 모래, 미사, 점토의 함량비율에 의해 결정된다. 사토, 사양토, 양토, 식양토, 식토 순으로 나뉘며 사양토나 양토정도가 식물생육에 적합하다.
- 토양도 : 1/50,000 축척의 개략토양도와 1/25,000 축척의 정밀토양도가 있다. 정밀토양도는 적지적작, 토양개량, 시비개선, 조경, 토목, 건축 등의 목적으로 토양에 대한 자세한 설명이 있는 지도이다.

지형

- 지형도 분석 : 1/50,000 , 1/25,000, 1/5,000의 종류가 있으며 1/50,000이 가장 소축척이다. 지형도는 계획구역의 토지이용구분, 교통동선계획, 적지선정에 필요하다. 지형도에서 정북방향과 축척, 등고선 및 지도제작일, 최고점과 최저점, 등고선 간격 및 완경사와 급경사, 계곡과 능선, 산봉우리, 웅덩이, 절벽, 폭포 등을 확인하도록 한다.

경사도 분석 ★

$$경사도\ G(\%) = D/L \times 100$$

- D : 등고선 간격(수직거리)
- L : 등고선에 직각인 두 등고선 간의 평면거리(수평거리)

참고 | 지형도별 등고선의 간격

등고선\축척	1 : 5,000	1 : 25,000	1 : 50,000
계곡선	25m	50m	100m
주곡선	5m	10m	20m
간곡선	2.5m	5m	10m
조곡선	1.25m	2.5m	5m

개념잡기

조경계획을 위한 경사분석을 하고자 한다. 다음과 같은 조사 항목이 주어질 때 해당지역의 경사도는 몇 %인가?

- 등고선 간격 : 5m
- 등고선에 직각인 두 등고선의 평면거리 : 20m

① 40%   ② 10%
③ 4%   ④ 25%

경사도는 수직거리/수평거리의 백분율이다. 등고선 간격이 수직거리가 되고 등고선에 직각인 두 등고선간의 거리는 수평거리가 된다. 따라서 (5/20)×100 = 25%가 된다.

정답 : ④

기후

- 태양의 복사에 의하여 대기의 물리적 조건이 좌우되어 변동하는 상태를 말한다.
- 지역기후 : 대상지의 강우량, 일조시간, 풍향, 풍속의 통계수치
- 미기후 : 국부적인 장소에 나타나는 특징적인 기후를 말하며, 공기의 유통, 태양열, 안개나 서리 발생 등
- 바람 : 밤에는 육지에서 바다로, 산에서 계곡으로 불며 낮에는 반대방향으로 분다.
- 도시기후 : 도시열섬, 고층건물 사이의 풍동 등

수문

- 집수구역, 홍수 범람지역, 지하수 유입지역 등을 조사한다.
- 표면수 : 집수구역의 유량과 관련하여 비가 올 때 빠져나가는 물을 말한다.
- 지하수 : 수목생육보다는 구조물에 영향을 준다.

1-2 인문사회환경분석

생활환경분석

- 토지이용, 대기질, 악취, 수질, 소음과 진동, 폐기물, 일조장애 등
- 토지이용조사(자연환경조사에 속하지 않고 인문환경조사에 속함) : 용도별, 지목별 토지이용 현황을 파악하며 법률적인 제한 요건을 확인한다.
- 토지이용계획도에 사용하는 색상(국제적 약속)

주거지	농경지	상업용지	공원 및 녹지	공업용지	업무용지	학교	개발제한지역
노랑	갈색	빨강	녹색	보라	파랑	파랑	연녹색

경제사회환경분석

- 역사성, 교통, 인구, 주거, 산업, 문화재 등
- 역사성(지방사) : 문화, 천연기념물, 지역상징, 전설, 이미지 등 문헌을 통하여 조사하거나 주민면담을 통해 조사한다.
- 이용자 분석 : 이용자들의 공간에 대한 선호도나 만족도 분석, 이용자들의 행태도면 작성 등
- 환경심리학 : Hall의 대인간격의 거리, 개인적 거리, 영역성

1-3 시각환경분석(경관분석)★

주관적 가치를 가능한 한 객관적으로 측정하며 물리적 지표와 심리적 지표를 분석한다.

K.Lynch의 기호화방법

- 기호를 이용하여 분석도면을 작성하고 물리적 형태를 이미지화
- 도시이미지 형성에 기여하는 물리적 요소 5가지 : 통로(path), 모서리(edge), 지역(district), 결절점(node), 랜드마크(landmarks)

Leopold의 계량화방법

- 경관 가치를 상대적 척도로 측정(리커트 척도)
- 물리적 인자, 생태적 인자, 인간이용과 흥미적 인자 등으로 구분

Litton의 시각회랑(Visual Corridor)에 의한 방법★

- 경관요소 : 시각적으로 동질적으로 느껴지는 전체경관의 일부분을 말한다.
- 경관단위 : 동질요소가 비교적 큰 규모로 되어있는 것을 말한다(예를 들면 논과 수로는 경관요소라면 농경지는 경관단위가 된다).

Hall의 대인간격의 거리

친밀한 거리	45cm 이하
개인적 거리	45cm ~ 120cm
사회적 거리	120cm ~ 360cm
공적 거리	360cm 이상

경관구성의 미적원리
통일성과 다양성을 적절하게 사용하도록 한다.

통일성	조화, 균형, 대칭, 강조
다양성	비례, 율동, 대비

기본유형	전경관 (파노라믹경관)		시야가 가리지 않고 360도 관망 가능한 경관
	지형경관 (landmark)		지형이 특징을 나타내며 관찰자가 강한 인상을 받으며 경관의 지표가 되는 경관
	위요경관		평탄한 중심공간 주변에 숲이나 산의 수직적 요소로 둘러싸인 공간
	초점경관 (vista)		시선이 한 점이나 선으로 집중되는 경관
보조유형	관개경관 (캐노피)		터널적 경관으로 상층이 나무줄기 기둥과 수관으로 막힌 경관
	세부경관		관찰자가 가까이 접근하여 세부 요소를 보는 경관
	일시경관		대기권 변화에 따라 모습이 달라지는 경관
경관요소	우세요소(기본요소)		형태, 선, 색채, 질감, 크기와 위치, 농담
	가변요소(피복요소)		광선, 기상조건, 계절, 시간 등
	시각요소		닫힌공간과 열린공간, 랜드마크, 전망(view), 비스타, 질감, 색채, 점·선·면적요소, 수평·수직적 요소 등

전망(view)
주어진 유리한 고지에서 볼 수 있는 하나의 장면

통경선(vista)
시선이 축을 중심으로 모여 집중되는 경관수법

수관
수목 줄기를 제외하고 나뭇가지와 잎으로 이루어진 상부

• 경관의 우세요소(기본요소)★

선	• 직선은 남성적이고 경직된 느낌을 주며, 곡선은 여성적이며 부드러운 느낌을 준다. • 수평선은 안정감, 친근감 등을 준다. 수직선은 극적이고 엄숙한 느낌을 준다.
형태	• 기하학적 형태는 직선적이고 규칙적인 형태이며, 자연적 형태는 곡선적이며 불규칙한 형태이다. 경관구성에서 형태는 가장 주요한 역할을 하며 골격을 형성한다.
색채	• 감정을 불러일으키는 직접적인 요소로 경관의 분위기 조성에 주요한 역할을 한다. 밝은 색일수록 지각 강도가 높으며 가벼워 보인다. • 차가운 색은 후퇴, 상쾌, 지적 등의 감정과, 따뜻한 색은 전진, 정열, 온화 등의 감정과 연관이 있다.
질감	• 지표 상태에 의해 결정되는 시각적 특성을 질감이라고 하며 상대적인 개념으로 큰 덩어리적인 요소로 이루어진 것일수록 질감이 거칠다. • 향나무보다 버즘나무는 질감이 거칠다. • 자갈포장보다 모래포장은 질감이 곱다.
크기와 위치	• 크고 높은 곳에 위치할수록 지각 강도가 높다. 크기의 지각은 상대적이다.
농담	• 색깔이나 명암의 짙음이나 옅음을 말하며 경관의 분위기 형성에 영향을 준다. • 시냇물은 연못보다 투명하며, 침엽수림은 낙엽수림보다 짙다.

1-4 종합

주요현황과 제한요소, 기회요소를 파악하고 해결방안을 모색한다.

기능분석	접근수단, 교통망, 급배수, 토지이용기능 등
규모분석	적정이용밀도, 수용량, 이동량, 시설소요면적 등
구조분석	설비와 시설의 구조, 지형, 식생, 토양 기상 등의 공간 및 경관구조 등
형태분석	구조물, 시설형태, 토지조성형태, 지표면 수면형태, 수목의 형태 등
관련법규분석	국토이용관리법, 자연공원법, 문화재보호법, 도시계획법 등

2. 기본구상과 기본계획

기본구상은 물리적, 공간적 윤곽의 기초로써 문제 해결을 위한 개념을 도출하고 버블 다이어그램을 작성하는 등 개략적으로 표현한다. 기본계획은 먼저 전제를 작성한 뒤, 기본 아이디어를 도출해낸다. 이것을 가지고 몇 개의 대안을 작성하여 장단점을 비교하여 최종안을 선택하는 것이다. 이 최종안이 마스터플랜(Masterplan)이며 기본계획은 토지이용계획, 식재계획, 교통동선계획, 시설물계획, 하부구조계획, 집행계획 등 6개 부문별 계획으로 나누어진다.

개념도

2-1 기본구상

다이어그램
- 부지구상의 첫 단계로 엉성한 원이나 개략적인 윤곽선으로 표현한다.
- 기능과 공간간의 관계를 고려하여 배치하도록 한다.
- 개념도 : 규모와 면적 등을 생각하여 기능의 용도별로 구체적으로 분할한다.

아직은 미적 고려는 필요없으며, 기능적 연관성과 크기를 고려하여 작성한다.

대안

이상적인 안, 최적안, 만족스러운 안, 혁신적인 안 등으로 작성하도록 한다.

2-2 기본계획 ★

토지이용계획	• 땅의 쓰임새를 정해주는 것으로 토지이용분류 - 적지분석 - 종합배분의 순으로 진행된다. • 공간계획은 토지의 잠재력, 공간특성간의 관계, 전체적 이용패턴, 공간적 수요를 고려하도록 한다. 또한 공간의 상충성을 고려하여 완충공간을 설치하도록 한다.
식재계획	• 지역기후 여건에 맞는 자생수종을 선택하고, 공간 성격에 적합하도록 하여 생태적, 공간적으로 기능성을 갖추도록 한다. 또한 방풍, 차폐, 경관, 방화 등의 다양한 기능을 고려하여 식재수종을 선택하도록 한다. • 녹지체계는 분산식, 방사식, 환상식, 방사환상식, 대상식 등이 있다.
교통동선계획	• 도로계획 : 간선도로 > 보조간선도로 > 집산도로 > 국지도로의 순으로 기능별로 세분화된다. • 차량동선은 직선도로로 보행동선은 우회하더라도 쾌적하고 전망이 좋고, 그늘진 것이 좋다. • 보행자 전용도로는 1.5m 이상의 폭으로 조성한다. 산책로는 최소 1.2m의 폭으로 종단 최대 구배 25% 이내로 조성한다. • 교통동선체계 　- 격자형 : 고밀도 토지이용의 도심지 　- 위계형 : 주거지나 공원, 유원지와 같이 모임과 분산의 체계적인 활동이 이루어지는 곳 　- 우회형(루프형) : 통과교통을 배제하고 일방통행로로 조성(안전성이 확보되지만 동선이 길어짐) 　- 대로형 : 쿨데삭 　- 우회전형 : 격자형과 우회형의 혼합형태로 격자형에서 발생되는 교차점이 감소되지만 동선은 길어질 수 있음
시설물계획	• 시설물이란 주거용, 상업용, 오락용, 교육용 등에 관계되는 건축물 및 구조물과 옥외시설물을 포함한 개념이다. 하지만 공원법상으로는 조경시설물은 상부구조의 비중이 큰 시설물이고, 조경구조물은 하부구조의 비중이 큰 시설물이다. <table><tr><td>조경구조물</td><td colspan="2">포장, 연석, 계단, 경사로 등의 보행공간시설과 호안, 분수, 벽천 등의 수경시설, 조각물과 환경조형물, 옹벽 등</td></tr><tr><td rowspan="2">조경시설물</td><td>옥외시설물</td><td>안내시설, 편익시설, 휴게시설, 조명시설, 관리시설, 경계시설 등</td></tr><tr><td>특수조경시설</td><td>놀이시설, 운동시설, 장애인용시설</td></tr></table> • 장방형 건물은 등고선의 긴 장축방향과 일치하도록 배치한다. • 유사기능시설물은 집단적으로 배치하고, 시설물 간의 상호관계를 고려하도록 한다.
하부구조계획	• 전기나 상하수도, 전화, 가스 등의 공급처리 시설에 관한 계획을 말한다. 안정성과 효율성을 확보하도록 계획한다.
집행계획	• 투자계획 및 유지관리에 관한 계획과 함께 관련법규도 검토하도록 한다. • 관련법규 : 국토의 계획 및 이용에 관한 법률, 도시계획 및 녹지 등에 관한 법률, 자연공원법, 습지보전법, 건축법, 주택법, 자연환경보전법 등

쿨데삭(cul-de-sac)
도로체계의 한 형태로 막다른 길을 조성하여 통과교통을 최대한 배제, 주거환경의 안전성이 확보되지만 접근성이 떨어질 수 있다.

녹지체계
• 분산식 : 생태적 안정성은 낮으나 접근성이 높아 대도시에 적합하다.
• 환상식 : 도시확대방지를 위한 방식이다. 균형 잡힌 녹지체계를 성립 가능하고 접근성도 좋으나 생태적·기능적 역할은 부적당하다(오스트리아 빈, 하워드 전원도시론).
• 집중형 : 생태적 안정성은 높으나 접근성이 낮아 소도시에 적합하다.
• 방사식 : 집중형 녹지계통에 접근성을 높여주는 방식이다(독일의 하노버, 버스바덴, 미국의 인디애나폴리스, 뉴저지 래드번).
• 방사환상식(쐐기형) : 방사식과 환상식의 조합으로 이상적인 방법이다(독일의 퀼른).
• 위성식 : 대도시에 적용, 인구분산을 위해 환상 내부에 녹지대를 형성하고 녹지대 내에 소시가지를 위성으로 배치하는 방식이다(독일의 프랑크푸르트).
• 평행식(대상형) : 도시형태가 대상형일 때 띠모양으로 녹지를 조성한다(스페인의 마드리드, 러시아의 스탈린 그리드, 미국의 워싱턴 D.C).
• 격자형 : 평행형+대상형을 격자 형태로 조성, 가로수와 소공원을 연결하여 녹지 연결성을 높이고 접근성도 높다. 생태적인 기능은 적다(인도의 찬디가르).

> **개념잡기**
>
> 다음 중 기본계획과 관계가 없는 것은?
>
> ① 계획대상의 조건을 정리한다.
> ② 규모, 체계 등 기본방향을 설정한다.
> ③ 개략 공사비를 산정한다.
> ④ 시방서를 작성한다.
>
> 시방서 작성은 기본계획 단계가 아니고, 실시설계 단계에서 이루어진다.
>
> 정답 : ④

03 대상지 유형별 계획

1. 주택 및 단지계획

1-1 주택정원계획

- 주택정원은 단독주택 또는 연립주택 등 주거용 건물에 관련되는 정원을 말하며, 비주거용 건물의 정원은 업무용 건물에 관련되어 설치되는 정원으로 전정광장이나 옥상정원을 말한다.
- 주택정원의 유형은 정형식, 비정형식, 혼합식으로 나눌 수 있다.

주택정원의 공간구성

- 전정(앞뜰) : 공적인 기능을 수행하며 전이공간으로서 단순성이 강조
- 주정(안뜰) : 주택의 중심 공간, 주로 거실에 접한 공간으로 특색있게 꾸밀 수 있는 장소
- 후정(뒤뜰) : 건물 뒤편의 장소로 프라이버시가 최대한 보장되는 것을 강조
- 측정(작업뜰) : 건물 측면의 자투리 공간으로 폭과 면적이 좁아 큰 규모의 식재나 장식이 불가하며 실용적인 기능을 강조한 작업뜰로 사용

1-2 단지계획

- 공동주택은 철도, 고속도로, 자동차전용도로, 폭 20m의 이상의 일반도로, 기타 소음 발생시설로부터 수평거리 50m 이상 떨어진 곳에 배치 또는 방음시설을 하여 65dB 미만이 되어야 한다.
- 동적공간과 정적공간을 기능적으로 분리, 적당한 폐쇄성을 확보하도록 한다.
- 단지 중심부는 차량통과를 배제하고 공공녹지를 확보하도록 한다.

C.A Perry의 근린주구 이론★

- 규모 : 초등학교 하나가 필요하게 되는 인구에 대응한 규모로 인구 약 5,000명, 반경 400m를 기준으로 한다.
- 경계 : 통과교통이 내부를 관통하지 않고(내부도로체계는 cul-de-sac) 우회하며 간선도로에 의해 구획된다.
- 오픈스페이스(전체면적의 최소 10% 이상)와 공공 건축용지를 확보하도록 한다. 또한 생활권에서 학교, 일자리, 상점, 여가공간을 함께 사용하는 동질적인 주거공간을 만들어 근린의식을 형성한다.

2. 도시공원 및 녹지★

- 도시공원 및 녹지는 국토의 계획 및 이용에 관한 법률의 규정에 따라 설치되는 도시계획 시설이다.
- 공원녹지란 쾌적한 도시환경을 조성, 시민의 휴식과 정서함양에 기여하는 공간 및 시설을 말한다.

2-1 오픈스페이스

개념

좁은 의미에서는 공원과 녹지를 포함하며, 넓은 의미에서는 건물로 차지되지 않은 모든 대지를 포함한다(광장, 도로, 녹지 등 모두 포함). 최근에는 기능상의 개념으로 도시인이 공공으로 사용하는 여가 선용의 장소로서 넓은 의미로 사용되며, 그 효용성이 강조되고 있다.

기능

레크리에이션의 기회제공, 자연자원의 보호 및 적정개발촉진, 도시의 개발형태 조절 등

오픈스페이스의 유형

도시공원	• 생활권공원 : 소공원, 어린이공원, 근린공원 • 주제공원 : 역사공원, 문화공원, 수변공원, 묘지공원, 체육공원, 도시농업공원
녹지	• 완충녹지 : 공해, 재해, 사고방지와 완화 등의 목적으로 설치 • 경관녹지 : 자연환경보전, 일상생활의 쾌적성 확보의 목적으로 설치 • 연결녹지 : 도시 안의 공원, 하천, 산지 등을 유기적으로 연결하고 선형의 녹지조성(생태통로, 녹도)
공원녹지 이외의 각종 도시계획시설	• 유원지, 공공공지, 공동묘지, 광장, 운동장 등
지역, 지구, 구역	• 용도지역(도시지역, 관리지역, 농림지역, 자연환경보전지역) • 용도지구(경관지구, 미관지구, 보존지구, 개발진흥지구, 고도지구, 방화지구, 시설보호지구, 취락지구, 위락지구 등) • 용도구역[개발제한구역 : 그린벨트, 자연공원구역(도시자연공원), 수산자원보존구역, 시가화조정구역]

생태통로
야생동물이 도로나 댐 등의 건설로 인해서 서식지가 절단되는 것을 막기 위해 야생동물이 지나는 길을 인공적으로 만든 것

2-2 도시공원의 종류와 특성 ★★

구분		설치기준	유치거리	규모	시설율
소공원		제한없음	제한없음	제한없음	20% 이하
어린이공원		제한없음	250m 이하	1,500m² 이상	60% 이하
근린 공원	생활권	제한없음	500m 이하	10,000m² 이상	40% 이하
	도보권	제한없음	1,000m 이하	30,000m² 이상	
	도시지역권	❶	제한없음	100,000m² 이상	
	광역권	❶	제한없음	1,000,000m² 이상	
역사공원		제한없음	제한없음	제한없음	제한없음
문화공원		제한없음	제한없음	제한없음	제한없음
수변공원		❷	제한없음	제한없음	40% 이하
묘지공원		❸	제한없음	100,000m² 이상	20% 이상
체육공원		❶	제한없음	10,000m² 이상	50% 이하
도시농업공원		제한없음	제한없음	10,000m² 이상	40% 이하

❶ 해당 도시공원의 기능을 충분히 발휘할 수 있는 장소에 설치
❷ 하천·호수 등의 수변과 접하고 있어 친수공간을 조성할 수 있는 곳에 설치
❸ 정숙한 장소로 장래 시가화가 예상되지 아니하는 자연녹지지역에 설치

• 도시공원의 면적기준은 도시지역 안에 거주 주민 1인당 6m² 이상이며 개발제한구역·녹지지역을 제외한 도시지역 안에 주민 1인당 3m² 이상이다.

2-3 공원시설의 종류

조경시설	관상용 식수대, 잔디밭, 산울타리, 그늘시렁, 못, 폭포 및 유사시설
휴양시설	야유회장, 야영장 및 유사시설, 경로당, 노인복지관, 수목원
유희시설	시소, 정글짐, 사다리, 순환회전차, 궤도, 모험놀이장, 유원시설, 발물놀이터(도섭지), 뱃놀이터, 낚시터 및 유사시설
운동시설	운동종목을 위한 운동시설, 실내사격장, 골프장(6홀 이하), 자연체험관
교양시설	도서관 및 독서실, 온실, 야외극장, 문화예술회관, 미술관 및 과학관, 장애인복지관, 사회복지관, 건강생활지원센터, 청소년수련시설, 학생기숙사, 어린이집, 국립유치원 및 공립유치원, 천체 또는 기상관측시설, 기념비, 옛무덤, 성터, 옛집, 그 밖의 유적 등을 복원한 것, 공연장 및 전시장, 어린이 교통안전교육장, 안전체험장 및 생태학습원, 민속놀이마당 및 정원, 도시민의 교양함양을 위한 시설
편익시설	우체통, 공중전화실, 휴게음식점, 음식판매자동차, 일반음식점, 약국, 수화물 예치소, 전망대, 시계탑, 음수장, 제과점, 사진관, 유스호스텔, 선수전용숙소, 운동시설 관련 사무실, 대형마트 및 쇼핑센터, 농산물 직매장
공원관리시설	창고, 차고, 게시판, 표지, 조명시설, 폐쇄회로 텔레비전(CCTV), 쓰레기처리장, 쓰레기통, 수도, 우물, 태양에너지설비 및 유사시설
도시농업시설	도시텃밭, 도시농업용 온실, 온상, 퇴비장, 관수 및 급수 시설, 세면장, 농기구 세척장 및 유사시설
그 밖의 시설	장사시설, 역사 관련 시설, 동물놀이터, 보훈회관, 무인동력비행장치 조종연습장, 국제경기장을 활용하는 공익목적 시설

3. 자연공원

3-1 자연공원법상 분류 및 지정관리

국립공원	환경부장관
도립공원	도지사 또는 특별자치도지사
광역시립공원	특별시장, 광역시장, 특별자치시장
군립공원	군수
시립공원	시장
구립공원	구청장
지질공원	환경부장관

- 지리산을 최초로 하여 2016 태백산까지 총 22개의 국립공원이 지정되어 있다. 이 중 18개가 산악형이며 해상·해안형 국립공원 4개(다도해해상, 변산반도, 태안해안, 한려해상)와 사적형 국립공원 1개(경주)이다.

자연공원은 10년 단위로 기본계획과 타당성조사가 이루어지며 도시공원 기본계획은 10년 단위, 타당성조사는 5년 단위로 이루어진다.

1872년 미국의 옐로우스톤
세계 최초의 자연공원

1967년 지리산
우리나라 최초의 국립공원

3-2 자연공원의 용도지구

공원자연보존지구	생물 다양성이 풍부한 곳, 자연생태계가 원시성을 지니고 있는 곳, 보호할 가치가 높은 야생 동식물이 살고 있는 곳, 경관이 특히 아름다운 곳 등 특별히 보호할 필요가 있는 지역
공원자연환경지구	공원자연보존지구의 완충공간으로 보전할 필요가 있는 지역
공원마을지구	마을이 형성된 지역으로서 주민생활을 유지하는데 필요한 지역
공원문화유산지구	「문화유산의 보존 및 활용에 관한 법률」에 따른 지정문화유산 및 「자연유산의 보존 및 활용에 관한 법률」에 따른 천연기념물 등을 보유한 사찰과 전통사찰보존지 중 문화유산 및 자연유산의 보전에 필요하거나 불사에 필요한 시설을 설치하고자 하는 지역

3-3 공원시설의 종류

- 공원관리사무소, 탐방안내소 등의 공공시설
- 사방, 호안, 대피소 등의 보호 및 안전시설
- 유선장, 광장 등의 휴양 및 편의시설
- 식물원, 동물원, 박물관 등의 문화시설
- 도로, 탐방로, 주차장 등의 교통/운수시설
- 매점 등의 상업시설
- 호텔, 여관 등의 숙박시설

4. 기타

4-1 레크리에이션 계획

리조트	• 휴양과 레크리에이션을 위한 장소 • 일상생활권에서 일정거리 이상 떨어져 있는 좋은 자연환경 속에 위치하여 정적인 공간에 활동적인 레크리에이션이 더해진 형태 • 사생활의 자유가 확보되고, 교류나 교환할 기회와 장소, 흥미대상, 일정수준 이상의 생활서비스와 편리성이 확보되어야 한다.

골프장 설계기준★	• 입지조건 : 부지는 남북으로 길고 북서에서 남동으로 향하고 있는 입지로 고저차는 50m 이내, 횡단구배는 3~15% 정도, 면적은 18홀 기준 60만 ~70만㎡ 정도가 적당하다. • 홀의 구성 : 18홀 기준, 규정타수 72타, 숏홀 4, 미들홀 10, 롱홀 4	
	티	출발지점으로 1~2% 경사
	페어웨이	티와 그린 사이의 공간으로 짧게 깎은 잔디로 조성
	그린	홀의 종점지역으로 경사는 2~5%, 벤트그래스 사용
	벙커	모래웅덩이, 장애물
	해저드	연못, 하천, 계곡, 냇가 등의 장애물지역
	러프	풀을 깎지 않고 길게 방치한 것으로 페어웨이 주변에 조성
	에이프런	그린 주변에 일정한 폭으로 풀을 깎지 않고 그대로 둔 것

4-2 옥상정원

• 바람이 많이 불고 건조하며, 직사광에 노출되므로 환경조건에 맞는 수목 배식이 중요하다.
• 가장 중요한 요소는 하중문제이며 다음으로 배수와 방수문제이다. 전체 면적에서 정원의 면적을 1/3 이하로 하며, 수종 선택 시 천근성수종이나 관목을 선택하도록 한다. 또한 토양경량재를 사용하면 하중부담도 적을 뿐 아니라 토양의 보비력과 보수력도 높아져 유용하다.

천근성	뿌리가 얕고 넓게 퍼지는 수종
관목	가지가 옆으로 뻗으며 키가 작게 자라는 수종
토양경량재	펄라이트, 버미큘라이트, 피트모스, 부엽토 등

최소 식재토심

종류	자연토양	인공경량토
초화류, 지피식물	15cm 이상	10cm 이상
소관목	30cm 이상	20cm 이상
대관목	45cm 이상	30cm 이상
교목	70cm 이상	60cm 이상

개념잡기

공원시설이 아닌 것은?

① 조경시설　　② 휴양시설
③ 교양시설　　④ 문화시설

도시공원 및 녹지 등에 관한 법률 상 공원시설은 조경시설, 휴양시설, 유희시설, 운동시설, 교양시설, 편익시설, 공원관리시설, 도시농업시설이 있다.

정답 : ④

CHAPTER 02

조경설계

KEYWORD 제도용구, 선긋기, 선의 종류별 용도, 축척, 방위, 표제란, 평면도, 단면도, 입면도, 조감도, 스케치, 투시도, 투상도, 상세도, 시설물기호, 수목기호

01 제도

저자 어드바이스
계획의 다음 수행과정으로 계획단계에서 보다 더욱 구체화되고 세분화된다. 필기시험보다는 실기시험에서 비중이 높으며, 필기에서는 기본 용어와 규격 등 기초적인 사항을 공부해 두어야 한다.

1. 제도기초

1-1 제도용구

T자
알파벳 T자 형태로 만들어진 자로 도면에 수평선을 긋거나 삼각자와 조합하여 수직선과 사선을 그을 수 있다.

삼각자
45°직각자와 60°(30°)직각자 두 개가 한 묶음이다.

스케일자
단면이 삼각형인 자로 한 자에 1/100 ~ 1/600까지 6가지의 축척이 표시되어 있다.

템플릿자
플라스틱 모형자로 조경제도에서는 주로 원형 템플릿을 수목표현 시 사용한다. 원형 템플릿은 크기와 모양이 다양한 원형을 그릴 수 있는 자로, 삼각·사각·육각 등의 다각형 템플릿자도 있다.

제도용 연필
HB를 기준으로 H는 단단하고 흐리며, B는 진하고 무른 성질이 있다. B, 2B, 4B 등 숫자가 높을수록 더욱 진하고 무른 연필이며 H는 숫자가 높을수록 더 단단하고 흐린 연필이다.

용어정리

제도
도면이나 도안을 그려 만드는 일을 말한다.

참고

템플릿자

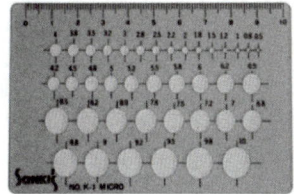

제도용지

트레이싱 페이퍼라고도 하며 반투명의 종이로 청사진용 원고의 제작에 쓰인다.

규격	size(mm)
A0	841×1,189
A1	594×841
A2	420×594
A3	297×420

그 밖에 필요한 용구

제도용샤프, 지우개, 제도용비, 마스킹테이프 등

1-2 제도 유의사항

선긋기

- 일관성, 통일성을 유지하며 같은 목적으로 사용되는 선의 굵기와 진하기를 일치시킨다.
- 연필은 바닥으로부터 45°~60°로 유지하며 선이 고르게 되도록 시계방향으로 연필을 회전시키면서 진행한다.
- 선긋는 방향은 왼쪽에서 오른쪽으로, 아래쪽에서 위쪽으로 진행한다.
- 선의 연결과 교차부분이 정확하도록 작도한다.

치수

- 치수 단위는 원칙적으로 mm를 사용하며 그때에는 단위를 기입하지 않는다.
- 치수보조선과 치수선은 직각으로 긋도록 한다.

도면

- 도면은 길이방향을 좌우 방향으로 놓은 것을 정위치로 한다.
- 왼쪽을 철할 때에는 도면 왼쪽에 20~25mm, 나머지 위, 아래, 오른쪽은 10mm의 여백을 둔다.
- 표제란은 도면의 우측이나 하단부에 위치할 수 있고 공사명, 도면명, 축척, 제도일시 등을 기입한다.
- 방위와 축척은 보통 도면 우측 하단부에 표시한다.

축척(scale)
대상물의 실제치수에 대한 도면에 표시한 대상물의 비율로서 실척, 축척, 배척이 있다.

실척	실물과 동일한 크기로 도면에 그릴 때
축척	실물보다 도면에 작게 그릴 때
배척	실물보다 도면에 크게 그릴 때
non scale	그림이 치수와 비례하지 않을 때

1-3 선의 종류 및 용도 ★

실선	굵은실선	0.6~0.8mm	———	도면의 윤곽선, 단면선	부지외곽선, 단면의 외형선
	중간선	0.3~0.5mm	———	외형선, 물체의 외곽선, 경계선	시설물 및 수목 표현, 보도포장 패턴, 계획등고선 등
	가는실선	0.2mm	———	치수선	치수를 기입하기 위한 선
				치수보조선	치수선을 이끌어 내기 위해 끌어낸 선
허선	점선		·········	가상선	물체의 보이지 않는 모양을 나타내는 선
	파선		- - - - -		
	일점쇄선		-·-·-·-	경계선, 중심선	물체의 절단한 위치 및 경계를 나타내는 선
	이점쇄선		-··-··-··		물체가 있을 것으로 가상되는 부분을 나타내는 선

1-4 약어

- E.L(Earth level) : 표고
- G.L(Ground level) : 지반고
- F.L(Finish level) : 계획고
- W.L(Water level) : 수면높이
- THK(Thickness) : 재료두께
- DN(Down) : 내려감
- D10, @300 : 이형철근의 지름10, @간격

1-5 제도기호 ★

재료기호 예시(단면)

지반	잡석다짐	모래	석재
무근콘크리트	철근콘크리트	벽돌	목재

수목기호 예시(평면)

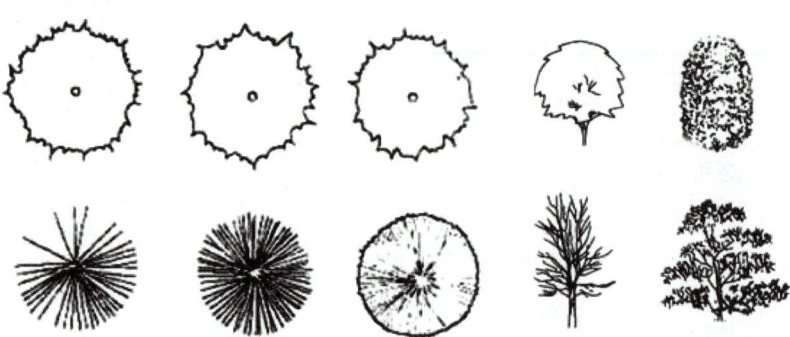

시설물기호 예시

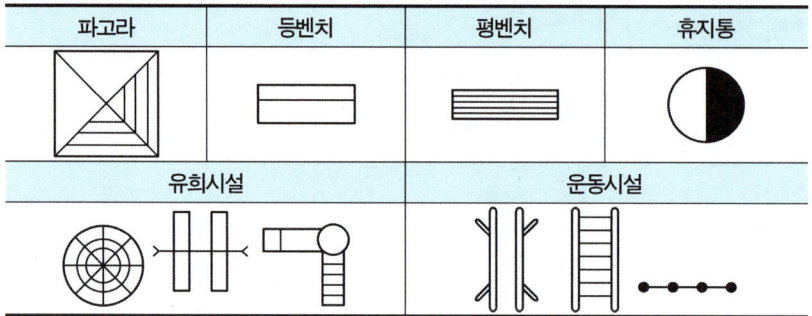

방위 및 축척 예시

바스케일	방위표시

2. 도면의 종류★★

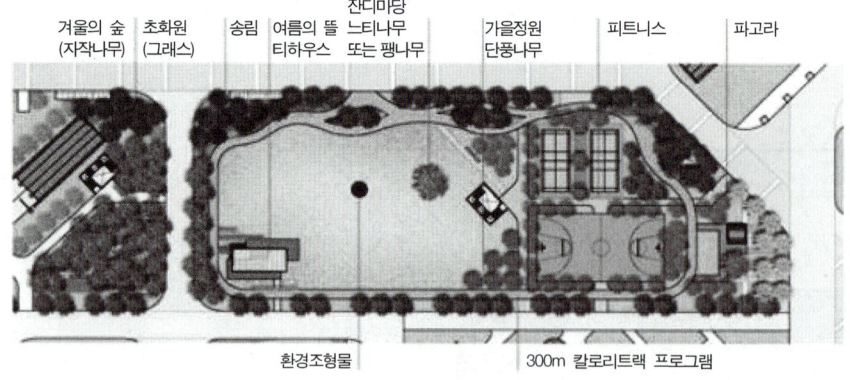

식재평면도

평면도★	• 입체를 수평면상에 투영하여 그린 도면이다. • 시설물 위치, 수목의 위치, 부지경계선, 지형, 방위, 식생 등의 계획 전반 사항을 표시한다. • 시설물평면도, 식재평면도
입면도	• 입체를 서서 바라본 형태의 도면으로 대상의 외면 각부의 형태를 나타낸다. • 평면도와 같은 축척을 이용하여 정면도, 배면도, 측면도 등으로 세분화 될 수 있다.
단면도	• 대상을 수직으로 자른 단면을 보여주는 도면으로 구조물의 내부 구조 및 공간구성을 표현할 수 있다. • 평면도에 단면부위를 반드시 표시하여야 하며, 지상과 지하 부분 설명 시 사용될 수 있다.
상세도	• 실제 시공이 가능하도록 표현한 도면으로 재료, 공법, 치수 등을 자세히 기입한다. • 평면도나 단면도에 비해 대축척을 사용한다(1/10 ~ 1/50).
투시도	• 완공되었을 경우를 가정하여 원근을 고려, 입체적으로 대상을 표현한 그림이다. • 소점에 따라 1소점, 2소점, 3소점으로 나뉜다. 조감도 등의 광범위한 부지는 시점이 높은 투시도로 3소점으로 나타낸다.
투상도	• 입체적인 형상을 평면적으로 그리는 방법으로 1각법과 3각법으로 그릴 수 있다. • 1각법(물체를 제1사분면에 놓고 정투상)

투상도	• 3각법(물체를 제3사분면에 놓고 정투상) 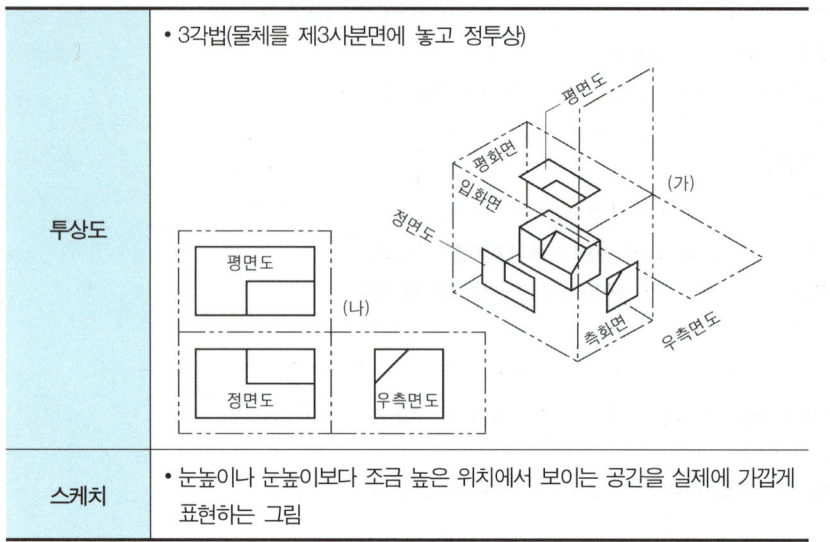
스케치	• 눈높이나 눈높이보다 조금 높은 위치에서 보이는 공간을 실제에 가깝게 표현하는 그림

참고
스케치

개념잡기

물체를 투상면에 대하여 한쪽으로 경사지게 투상하여 입체적으로 나타낸 것으로 다음 그림과 같은 것은?

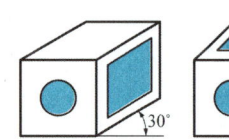 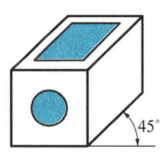 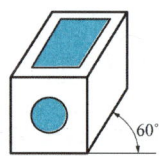

① 사투상도
② 투시투상도
③ 등각투상도
④ 부등각투상도

하나의 평면 위에 물체의 한 면 또는 여러 면을 그리는 방법을 투상도라고 하는데 그 중에서도 투상선이 투상면을 사선으로 지나는 평행투상으로 그린 그림을 사투상도라고 한다.

> 축측 투상도의 종류
> 물체의 모든 면(육면체의 3면)을 투상면에 경사시켜놓고 수직 투상을 한 것
> • 등각투상도
> • 2등각투상도
> • 부등각투상도
>
>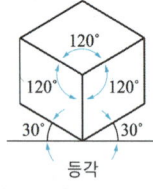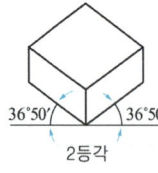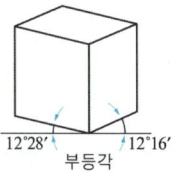
> 등각　　　　2등각　　　　부등각

정답 : ①

02 조경설계기준

1. 기본설계와 실시설계

- **기본설계**는 기본계획의 각 부분을 더욱 구체적으로 발전시키는 것으로 각 공간의 정확한 규모, 사용재료, 마감방법 등이 표현된다.
- 평면구성과 입면구성, 스케치 등으로 입체적 공간의 구체적인 표현을 도면으로 나타낼 수 있다.
- **실시설계**는 실제시공이 가능하도록 상세한 시공도면을 작성하는 것으로 평면상세도, 단면상세도, 시방서, 공사비 내역서 작성을 포함한다.

2. 설계기준

2-1 동선설계

경사로(램프)

- 8% 경사로 조성
- 유효폭은 휠체어 통행 기준 1.2m 이상
- 연속 경사로 길이 30m마다 1.5m×1.5m 이상의 참 설치
- 경사로 길이 1.8m 이상 또는 높이 0.15m 이상이면 양측면에 손잡이를 연속하여 설치

계단

- 2h+w = 60~65cm를 기준으로 높이가 높아지면 폭이 줄고 높이가 낮아지면 폭이 늘어나게 설계(h : 높이, w : 폭)
- 계단의 구배는 30~35°
- 계단 폭은 1인용 기준 90~110cm, 2인용 기준 130~150cm
- 계단참 : 높이가 3m 이상이면 3m 이내마다 계단 유효폭 이상의 폭으로 너비 120cm 이상 참을 설치

자전거 도로

- 설계속도 10~30km/hr의 범위
- 종단경사 2.5~3%가 표준, 최대 7%

램프
장애인용 경사로를 말하며, 보통 계단과 함께 8% 이하의 경사로를 설치한다.

2-2 주차장설계

노상주차장 설치기준

- 주요간선도로에 설치하지 않으며 완속차도, 분리대, 주차장 등이 있는 경우는 제외
- 차도폭이 6m 이상, 보도와 차도의 구별이 있는 도로에 한하여 설치
- 종단구배가 4% 이하인 곳에 주차장내의 종단구배는 2%, 횡단구배는 3% 이하로 설치

노외주차장

도로의 노면 및 교통광장 외의 장소에 설치된 주차장(노상주차장 외의 주차장)

주차장 구획기준

평행주차	직각주차	45° 대향주차	60° 대향주차	교차주차
5m	6m	5m	5.5m	5m

직각주차가 면적상으로는 효율적이지만 편의성 때문에 60° 대향주차가 선호된다.

- 평행주차형식의 경우

구분	너비(m)	길이(m)
경형	1.7	4.5
일반형	2.0	6.0
보도와 차도 구분이 없는 주거지역의 도로	2.0	5.0
이륜자동차전용	1.0	2.3

- 평행주차형식 외의 경우

구분	너비(m)	길이(m)
경형	2.0	3.6
일반형	2.5	5.0
확장형	2.6	5.2
장애인전용	3.3	5.0
이륜차전용	1.0	2.3

2-3 포장설계

- 종단기울기 : 1/12 ~ 1/18 이하
- 종단기울기가 5% 이상인 구간은 미끄럼 방지처리(거친면 마무리)
- 횡단경사는 표면 배수를 위해 2%를 표준으로 포장재료에 따라 최대 5%
- 콘크리트 블록 포장 : 보도용 T60 또는 차도용 T80 - 모래 T40 - 잡석다짐(T100 ~ 150)
- 포장용 콘크리트 : 재령 28일 압축강도 180kg/cm^2 이상, 굵은 골재 최대치수 40mm 이하
- 마사토 : 화강암이 풍화된 것으로 N04체(4.75mm)를 통과하는 입도를 가진 골재

2-4 휴게시설설계 ★

파고라

- 높이는 2.2 ~ 2.6m, 최대 3m 가능
- 휴게공간 및 산책로의 결절점이나 통경선이 끝나는 부분, 조망이 좋은 곳에 설치

파고라
우리말로는 그늘시렁으로 정자와 비슷한 역할을 하는 휴식을 위한 시설물

벤치

- 등받이 각도는 수평면 기준 95 ~ 110°
- 앉음판 높이는 34 ~ 46cm, 폭은 38 ~ 45cm
- 길이는 1인용 45 ~ 60cm, 2인용 120 ~ 160cm, 3인용 180 ~ 200cm
- 긴 휴식에는 등의자를 설치, 짧은 휴식이 필요한 곳에는 평의자를 설치

2-5 놀이시설설계

미끄럼대

- 북향 또는 동향 배치가 바람직
- 높이 1.2m(유아용) ~ 2.2m(어린이용)
- 미끄럼판의 기울기는 30 ~ 35°, 폭은 40 ~ 50cm
- 착지판의 길이는 50cm 이상으로 물이 고이지 않도록 2 ~ 4° 기울기를 준다.

그네

- 북향 또는 동향 배치
- 규격 : 2인용 기준 높이 2.3 ~ 2.5m, 길이 3.0 ~ 3.5m, 폭 4.5 ~ 5.0m
- 그네 길이보다 최소 1m 이상 이격하여 60cm 기준의 그네보호책 설치

2-6 운동시설설계

- 야구장을 제외하고 해가 정면으로 부딪히지 않게 장축을 남북방향으로 배치
- 야구장은 본루를 동쪽과 북서쪽 사이에 배치

2-7 수경시설설계

분수
수조너비는 분수높이의 2배, 바람의 영향을 많이 받는 지역은 분수높이의 4배로 한다.

연못
물의 공급을 위한 유입구와 배수를 위한 배수구, 수위조절을 위한 월류구를 설치

벽천
토수구, 수반, 벽체로 구성하며 좁은 공간의 수직적 이용에 효과적이다.

도섭지
물 깊이 30cm 이내

2-8 관리시설설계

관리사무소, 공중화장실, 쓰레기통, 단주, 울타리, 음수대 등

울타리
- 단순한 경계표시 : 0.5m 이하
- 소극적 출입통제 : 0.8 ~ 1.2m
- 적극적 침입방지 : 1.5 ~ 2.1m

볼라드
배치간격 1.5 ~ 2.0m

음수대
성인용 60 ~ 85cm, 그늘진 곳, 습한 곳 제외

3. 식재설계

3-1 식재 기능

건축적 기능
사생활보호, 차폐, 공간분할, 시선유도 등

볼라드
보차분리용 시설물

공학적 기능

차음, 빛조절, 토양침식조절, 대기정화 등

기상학적 기능

태양복사열 조절, 바람과 온도 조절 등

미적 기능

조류 및 소동물 유인, 구조물의 유화, 장식적 수벽 등

3-2 식재수법 ★

정형식 식재	단식	• 주요지점에 색이나 형태 등이 우수한 정형의 수목을 단독식재
	대식	• 대칭식재로 축을 중심으로 좌우에 식재
	열식	• 줄줄이 일정 간격으로 열을 따라 식재
	교호식재	• 2열 이상의 열식을 어긋나게 식재
	집단식재	• 군식이라고도 하며 일정한 면적에 수목을 규칙적으로 식재하여 하나의 덩어리로서의 질량감을 가짐
	요점식재	• 원형에서의 중심점이나 모서리, 대각선의 교차점 등에 식재
	기하학적식재	• 유럽의 미로화단이나 자수화단과 같이 기하학적이고 규칙적인 모양으로 식재
자연식 식재	부등변 삼각형 식재	• 부등변 삼각형의 각 꼭지점에 형태, 질감, 색채가 다른 수목을 한 그루씩 식재
	임의식재	• 형태가 다른 수목이 일직선상에 놓이지 않도록 서로 다른 거리로 식재 • 부등변 삼각형 식재를 기본단위로 삼각망을 확대
	모아심기	• 다양한 형태와 다양한 질감을 모아 식재
	산재식재	• 흩어지게 한 그루씩 식재
	배경식재	• 주경관의 배경을 형성하도록 시각적으로 두드러지지 않게 식재
자유식재		• 인공적이지만 기하학적 디자인이나 축선을 의도적으로 부정하며 단순하고 명쾌한 현대적인 기능미 추구

3-3 식재용도

차폐식재, 녹음식재, 방풍식재, 방음식재, 방화식재, 방설식재, 지피식재, 야조유치식재 등

방화식재
불의 확산을 지연하는 식재기능

방설식재
폭설 등에 대비한 식재기능

야조유치식재
야생조류유치기능의 식재(먹이)

> **개념잡기**
>
> 주행 중의 운전자가 도로의 선형 방향을 미리 판단할 수 있도록 시선을 유도해 주는 식재를 무슨 식재라 하는가?
>
> ① 시선유도식재　　　② 지표식재
> ③ 진입방지식재　　　④ 지피식재
>
> 도로의 방향을 알려주는 식재는 시선유도식재라고 하며, 지피식재는 바닥을 피복하는 식재이다.
>
> 정답 : ①

03 조경미학

1. 경관구성요소 ★

축	공간을 통일하는 요소로서 공간의 중심
대칭	축을 기준으로 하며 동적 대칭은 비례
균형	대칭적 균형과 비대칭적 균형이 있으며 두 개의 힘이 서로 평균한 상태에 놓이는 것으로 무게와 방향성이 결정
눈가림	변화와 거리감을 강조하는 수법
통경선	시선의 집중과 먼 곳의 풍경을 조망할 때, 조망의 초점을 인상깊게 하고 원근감을 강조하여 거리감을 조성
단순미	일제림 등에서 느껴지는 것으로 같은 것만을 사용하는 것이 아닌 비슷한 것을 사용하되 일체감을 느끼게 함
반복	단순미가 되풀이 될 때 반복미가 발생
점이	반복간 유사가 복합되어 자연적인 순서의 질서를 갖게 된 것
점층	점진적으로 일정하게 변화하는 형태
조화	서로 다른 것들의 색이나 모양이 서로 잘 융화되는 것
대비	색, 종류, 형상, 질량 등이 모두 달라 상호의 특징이 강조되어 느껴지는 현상
비례	한 부분과 전체에 대한 척도 사이의 조화
운율	연속하는 선, 반복되는 선, 면, 형, 색채, 질감 등에 의한 질서

참고
통경선

> **개념잡기**
>
> 조경미학에서 조화의 조경미 요소가 아닌 것은?
>
> ① 내용미 ② 형태미
> ③ 표현미 ④ 반복미
>
> 반복미는 조화의 개념과는 거리가 멀다.   정답 : ④

2. 색채학

2-1 색의 3속성★

색상
색의 종명으로 색이 구별되는 특성

명도
색의 밝기 정도로 gray scale을 기준척도로 사용

채도
색의 선명도, 색의 진하고 엷음을 나타내는 포화도

2-2 색의 혼합

가산혼합
색광의 혼합으로 빨강(R), 초록(G), 파랑(B)을 혼색할수록 명도가 높아지며 모두 혼색하면 백색광이 된다.

감산혼합
안료의 혼합으로 마젠타(M), 노랑(Y), 시안(C)이 3원색이며 혼색할수록 명도가 낮아지며 모두 혼색하면 검정색이 된다. 잉크체계의 색 구현체계를 말한다.

gray scale
백색과 흑색 사이의 회색 영역을 표시하기 위하여, 백색과 흑색의 비율을 변화시킨 일련의 색조. 완전한 검은색을 10으로 기준을 잡아 총 10단계로 나눈다.

2-3 색의 체계

정의
색의 삼속성에 따라 체계적으로 표시하는 방법

종류
- 먼셀 표색계

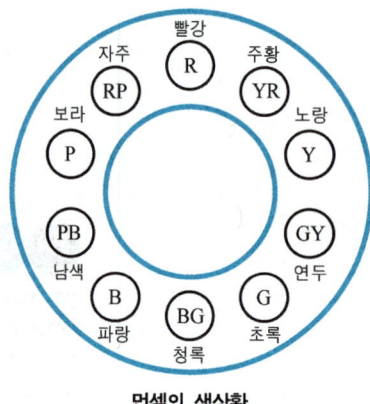

먼셀의 색상환

- 색상과 명도, 채도를 H V/C로 나타냄
   5R 4/14
- 기본 5원색에 혼합색을 넣어 기본 10색(기본 5원색 + YR, GY, BG, PB, RP)이라고 하며, 기본 10색에 혼합을 한 20색상으로 구분
- 기본 5원색 : 빨강(R), 노랑(Y), 초록(G), 파랑(B), 보라(P)
- 색상환 : 색표를 둥근 모양으로 배치한 것으로 상대하는 위치에 보색이 마주보고 있음
- 색입체 : 색을 3개의 속성에 따라 공간적으로 배열하고 기호 또는 번호로 표시한 입체도

2-4 명암순응과 색순응

명순응
밝아진 곳에서 눈이 익숙해지는 것

암순응
어두워진 곳에서 눈이 익숙해지는 것으로 명순응보다 시간이 더 걸린다.

색순응
조명광이나 물체색을 오랫동안 계속 쳐다보고 있으면, 그 색에 순응되어 색의 지각이 약해진다. 그래서 조명에 의해 물체색이 바뀌어도 자신이 알고 있는 고유의 색으로 보이게 되는 현상을 말한다.

핵심 KEY

색채학은 최근 빈번하게 출제되며, 먼셀 표색계를 기준으로 기본 10색 정도의 기호와 위치는 알아두는 것이 좋다. 먼셀 표색계상에서 이웃하는 색은 유사색이며 마주 보고 있는 색상은 서로 보색 관계이다.

참고
색입체

2-5 용어정리

연색성

색이 있는 물체가 광의 종류에 따라 색이 변해 보이는 것을 말한다.

메타메리즘

등색조건이라고도 하며 특정관측 조건하에서 분광분포가 다른 두 색자극이 같게 보이는 것을 말한다.

푸르키니에 현상

어두운 곳에서는 파장이 긴 적색이나 황색이 어두워 보이고, 파장이 짧은 녹색이나 청색이 밝게 보인다.

시인성

대상이 잘 보이는 정도를 말하며 크기와 배경이 색채에 따라서 차이가 난다. 예를 들면 명도차이가 큰 배색(노랑과 검정)은 시인성이 커서 표지판 등에 사용된다.

유목성

색상 자체의 눈에 띄는 특성으로 빨강과 주황, 노랑은 유목성이 높아 파랑이나 녹색보다 눈에 잘 띈다.

2-6 오방색

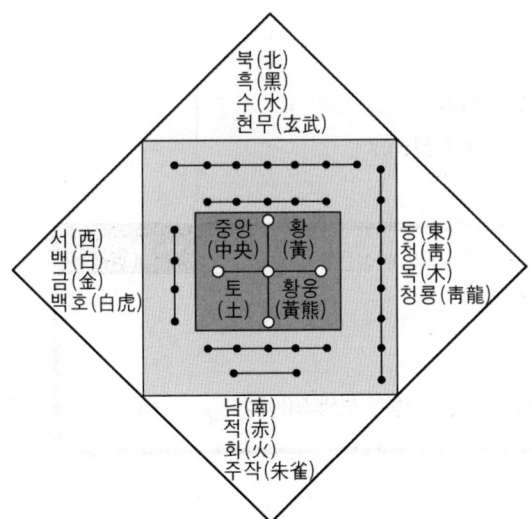

2-7 색의 대비★

계시대비
두 개의 색자극을 시간차를 두어 제시함으로써 일어나는 여러 가지 현상으로 잔상현상 때문에 일어난다.

동시대비
두 개의 색자극을 동시에 놓고 보았을 때 그 주변 색의 영향으로 색이 달라져 보이는 대비를 동시대비라고 한다. 다음과 같은 것들은 동시대비의 종류이다.

색상대비	색상이 다른 두 색을 동시에 이웃하여 놓았을 때 두 색이 서로의 영향으로 색상 차가 나는 현상
명도대비	명도가 다른 색이 배색되어 밝은 색은 더 밝게, 어두운 색은 더 어둡게 느껴지는 현상
채도대비	채도가 다른 색이 배색되어 채도가 높은 색은 한층 더 선명하게 보이고, 채도가 낮은 색은 더욱 탁하게 보이는 현상
보색대비	서로 보색관계에 있는(색상환에서 마주보고 있는) 색상을 배열하면 색의 선명도가 더욱 강조되어 보이는 현상
한난대비	색의 차고 따뜻한 느낌의 지각차이에 의해 변화가 오는 현상
면적대비	색의 면적이 커지면 작은 면적일 때보다 명도와 채도가 높게 보이는 현상

2-8 한색과 난색

- 한색은 청과 청록 계열의 색을 말하며 후퇴색이며 수축색이다.
- 난색은 빨강과 주황, 노랑 계열의 색을 말하여 진출색이며 팽창색이다.

개념잡기

잔디밭에 샐비어를 군식하였다. 여기서 느낄 수 있는 색의 대비 현상은?
① 면적대비   ② 연변대비
③ 보색대비   ④ 명도대비

초록색의 잔디밭에 빨간 샐비어를 군식하는 것은 초록과 빨강을 이용한 보색대비이다.

정답 : ③

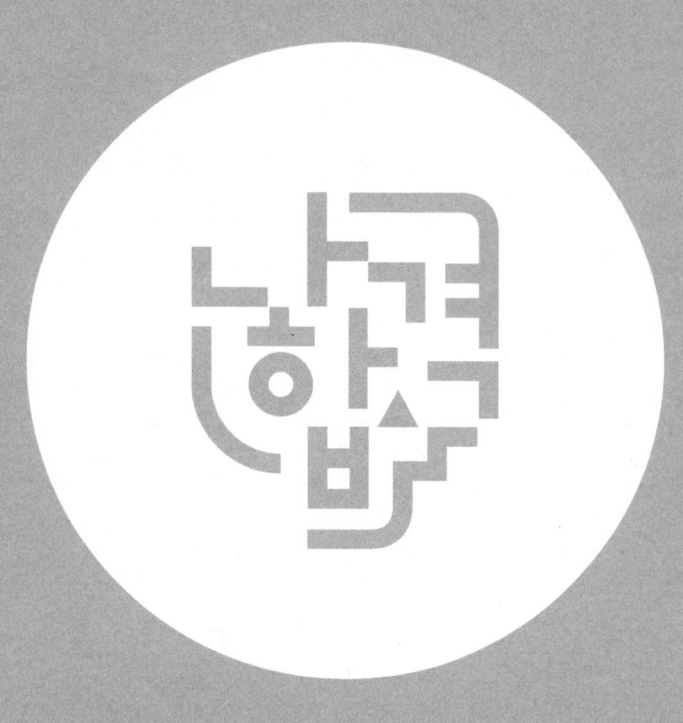

PART 03

조경재료

01 식물재료
02 인공재료

단원 들어가기 전

조경재료는 모든 수행과정에 기초가 되는 과목이다.
설계와 시공, 관리단계 전반에 걸쳐 재료에 대한 이해가 있어야 적재적소에 효율적으로 사용할 수 있다.
식물재료의 경우 생물학적인 내용이 생소할 수 있고,
출제비중 또한 높기 때문에 기초적인 용어정리 및 개념정리, 암기를 꼼꼼히 할 필요성이 있다.

CHAPTER 01

식물재료

KEYWORD 학명, 식물분류학, 초본과 목본, 종자식물, 쌍떡잎식물과 외떡잎식물, 교목과 관목, 토성, 사양토, 내습성, 내건성, 천근성, 심근성, 내음성, 내한성, 내염성, 속성수, 맹아력, 발근력, 내공해성

01 식물의 구조와 환경요인

1. 식물의 구조

1-1 식물의 분류와 유연관계

식물의 분류는 유연관계(주로 번식방법이나 형태에 따른)를 기준으로 하게 된다. 진화론적으로는 수중식물부터 진화되어 육상식물로 발달되었다. 육상식물은 광합성을 하여 독립영양 생활을 하는 데 의의가 있으며 육상식물을 다시 세분화하면 포자로 번식하는 식물과 종자로 번식하는 식물이 있다.

포자번식은 가장 대표적으로 양치식물(고사리류)과 선태식물(이끼류)이 속하는데 배우자 없이 생식세포를 만들 수 있는 것이 특징이다. 반면 종자식물은 육지에서 가장 번성한 식물의 형태로 종자식물은 배우자와 유전자를 조합하여 종자(씨앗)를 만든다.

우리가 이용하는 대부분의 식물은 종자식물의 종류가 많으며, 종자식물은 다시 속씨식물과 겉씨식물로 나뉜다. 속씨식물은 종자를 보호하는 씨방구조가 있는 식물로 피자식물이라고도 하며, 겉씨는 그렇지 않은 구조로 나자식물이라고도 한다. 우리가 대부분 꽃을 감상하거나 그 열매를 식용하는 것들은 속씨식물의 종류가 많으며, 속씨식물은 다시 외떡잎식물과 쌍떡잎식물로 나뉜다. 외떡잎식물은 대부분 초본(풀)으로 관다발조직이 불규칙하며 형성층이 없어 부피생장이 이루어지지 않고, 쌍떡잎식물은 형성층이 있어 부피생장이 일어나며, 관다발조직이 규칙적으로 배열되어 있다. 쌍떡잎식물은 초본도 있고 목본도 있다.

> **저자 어드바이스**
>
> 조경재료는 최근 들어 출제 비중이 높아지고 있는 추세이다. 인공재료는 건축학적인 요소가 많고, 식물재료는 다른 건축분야와 다르게 생물학적인 기초지식을 필요로 한다.

초본과 목본
초본은 풀, 목본은 나무를 뜻하며, 목본은 초본과 달리 목질부를 형성하며 부피생장을 한다.

관다발
식물체 내에서 물과 양분의 수송조직

형성층
목본식물에서 나무껍질 아래에 존재하는 식물의 분열조직

포자식물	양치식물, 선태식물	
종자식물	속씨식물	외떡잎식물
		쌍떡잎식물
	겉씨식물	

1-2 학명 ★

수목의 명칭체계는 학명과 보통명으로 나뉜다. 학명은 동식물의 종(種)에 대해서 학술상 편의를 위해 붙여지게 되는 세계 공통의 명칭을 말하며, 보통명은 각국에서 각자의 언어로 불리는 산지나 모양, 특징 등을 따서 지은 이름을 말한다. 예를 들면 소나무는 보통명이며, 우리나라에서는 소나무라고 불리지만, 미국인들은 Pine tree라고 부른다. 반면, 소나무의 학명은 Pinus densiflora Sieb. et Zucc.이다.

Pinus는 속명을 뜻하며, densiflora는 종명을 뜻한다. Sieb. et Zucc.는 명명자를 뜻한다. 이처럼 학명은 속명과 종명을 표기하며 뒤에 명명자는 생략하기도 하고 머리글자만 쓰기도 한다. 따라서 속명과 종명을 나타내는 이명법이라고도 칭한다.

> 학명 = 속명(첫글자대문자) + 종명(소문자) + 명명자

한편, 식물분류학상 기본단위는 종이며, 종보다 상위분류체계는 속이다. 학명을 공부하여 식물의 유연관계를 파악할 수 있다. 예를 들면 소나무와 잣나무(Pinus koraiensis)는 같은 소나무속에 속하기 때문에 속명이 같은 Pinus이지만 종명은 다르다. 반면, 반송 (Pinus densiflora for. multicaulis)은 소나무와 같은 속명과 종명을 쓰지만, 품종이기 때문에 명명자가 다르게 붙는다.

식물의 분류 단계
종 - 속 - 과 - 목 - 강 - 문 - 계

1-3 조경식물의 분류 ★★★

크기에 따른 분류

교목	목본 중에서도 키가 큰 분류의 수목을 말한다. 다년생이며 곧은 줄기가 있고 줄기와 가지의 구별이 명확하여 중심 줄기의 신장생장이 큰 수목이다. 예) 은행나무, 소나무, 벚나무, 플라타너스 등
관목	목본 중에서도 키가 작은 분류의 수목을 말한다. 일반적으로 수고가 낮고 중심 줄기가 크게 발달하기보다는 여러 개의 줄기가 발달한다. 예) 개나리, 회양목, 철쭉, 목단 등
만경목	덩굴식물을 말하며, 그중에서도 목본 덩굴식물을 만경목이라고 한다. 예) 등(등나무), 인동덩굴, 송악 등
지피식물	지면을 피복하는 식물을 말하며, 대부분의 초화류나 잔디 종류가 속한다. 예) 맥문동, 수호초 등

잎의 모양에 따른 분류

침엽수	잎의 모양이 바늘(침)형태인 수종을 뜻하며, 분류학상으로는 겉씨식물을 말한다. 주의할 점은 은행나무는 잎의 모양이 침형태가 아닌 활엽수와 비슷하지만 분류학상 겉씨식물이기 때문에 침엽수로 구분한다. 예) 소나무, 향나무, 주목, 은행나무 등
활엽수	잎의 모양이 넓고 다양하며, 분류학상으로는 속씨식물을 말한다. 위성류는 잎의 모양이 긴 침엽과 비슷하지만 속씨식물이기 때문에 활엽수로 구분한다. 예) 사과나무, 버드나무, 단풍나무, 위성류 등

계절 변화에 따른 분류

상록수	1년 내내 푸른 잎을 달고 있으며 모든 잎이 일제히 낙엽되지 않는 수종. 많은 침엽수가 여기에 속하지만, 침엽수라고 해서 상록수는 아니며, 낙엽침엽수인 종류도 있다. 예) 상록침엽 - 주목, 향나무/상록활엽 - 회양목, 동백나무
낙엽수	가을이나 겨울에 일제히 모든 잎이 낙엽이 되는 수종. 온대지방인 우리나라에서는 많은 수종이 낙엽수에 속한다. 예) 밤나무, 목련, 단풍나무, 아까시나무 등

수고
수목의 높이

수간
수목의 줄기

수관
수간 위에 잎과 가지가 얽혀 형성된 부분

우리나라에서 조경용수로 이용하는 낙엽침엽수
낙우송, 메타세쿼이아, 낙엽송(일본잎갈나무)

1-4 종자식물(현화식물)의 기본구조★

꽃이 피지 않는 구조의 식물을 은화식물, 꽃이 피는 구조의 식물을 현화식물이라고 한다. 현화식물은 꽃과 종자가 있기 때문에 종자식물이라고도 한다.

종자식물의 기본구조는 영양기관과 생식기관으로 나뉜다. 영양기관은 주로 식물의 생장과 관련된 기관이며, 생식기관은 주로 식물의 번식과 관련된 기관이다.

영양기관	뿌리	저장뿌리, 부착뿌리, 호흡뿌리, 버팀뿌리, 기생뿌리 등의 다양한 형태가 있으며, 기본적으로 호흡과 양분흡수, 식물지지 등의 역할을 한다.
	줄기	쌍떡잎식물에서는 관다발과 형성층을, 외떡잎식물에서는 관다발을 가지고 있으며, 식물의 양분 및 수분의 수송조직이다.
	잎	대부분의 엽록소가 있어, 광합성을 하며, 기공이 있어 기체출입 등의 역할을 한다.
생식기관	꽃	수술, 암술, 꽃잎, 꽃받침의 4대 요소로 이루어진다. 이를 모두 갖춘 종류도 있고, 그렇지 않은 종류도 있다. 예를 들면 암술만 가진 것은 암꽃, 수술만 가진 것은 수꽃이다.
	열매	종자(씨앗)를 포함하고 있으며, 암술 및 그 부속물이 발달하여 형성된다.

현화식물
꽃이 피는 식물

은화식물
꽃이 피지 않는 식물

양성화와 단성화
암술과 수술이 한 꽃 안에 있으면 양성화라 하며, 암술이나 수술 하나만 있으면 단성화라 한다.

자웅동주와 자웅이주
한 나무에 암꽃과 수꽃이 같이 피는 수종을 자웅동주라고 하며, 각자 암꽃만 피는 수종과 수꽃만 피는 수종이 있는 것을 자웅이주라고 한다.

2. 식물과 환경요인

2-1 토양과 식물

토성★

- 흙의 성분이나 성질을 말하며, 토양입자(모래, 미사, 점토)의 함량비에 따라 정해진다. 대부분의 식물은 양토 ~ 사양토에서 생육이 왕성하다.

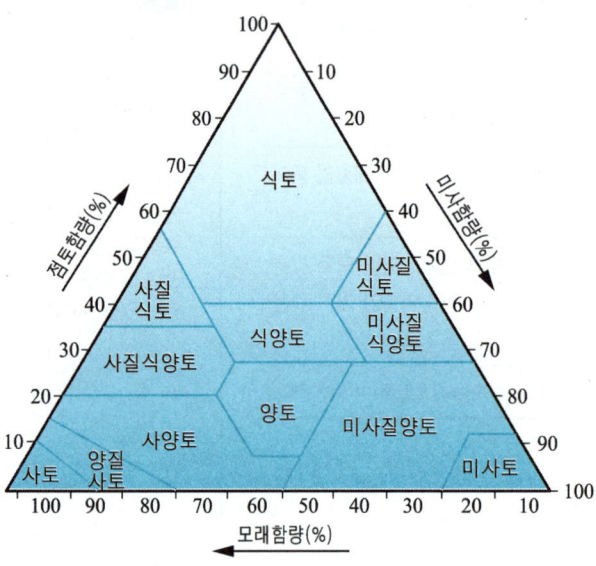

사토	곰솔, 해당화, 사철나무, 향나무, 돈나무, 보리수나무, 백합나무, 아까시나무 등
양토	주목, 잣나무, 목련류, 단풍류, 철쭉, 칠엽수, 히말라야시다, 가시나무 등
식토	편백, 화백, 참나무류, 낙우송, 비자나무, 가문비나무, 구상나무, 벚나무 등

- 토양의 구성성분은 토양입자 외에도 수분, 공기, 유기물 등으로 이루어져 있다. 특히 토양 중 토양입자(광물질)는 45%, 수분 30%, 공기 20%, 유기물 5% 정도가 식물생육에 이상적이다.

화학적 성질

강산성에 견디는 수종	가문비나무, 리기다소나무, 밤나무, 사방오리나무, 싸리나무류, 소나무, 아까시나무, 잣나무, 보리수나무 등
약산성-중성	가시나무류, 참나무류, 느티나무, 삼나무, 일본잎갈나무, 잎갈나무, 녹나무 등
염기성에 견디는 수종	가래나무, 개나리, 낙우송, 단풍나무, 서어나무, 회양목, 조팝나무, 생강나무, 황매화, 회양목 등

pH
'수소이온농도'(산도)를 숫자로 나타낸 것으로 pH7을 중성이라고 하고 그보다 값이 적을수록 산성, 그보다 값이 클수록 염기성이다.

습지와 건조지

- 토양 중 수분은 식물생육에 필수적인 요소이다. 하지만 토양 중 이용할 수 있는 수분의 종류는 일부이며, 식물은 일정지점까지는 건조에 견디지만 영구위조점을 넘게 되면 더 이상 회복이 불가능하다.
- 토양수분의 종류는 다음과 같으며 수종별 내건성은 차이가 있다.

영구위조점
식물이 수분 스트레스에 어느 정도 견디다가 더 이상 회복 불가능한 상태로 전환되는 지점

중력수	중력에 의해 하강되는 수분으로 식물이 이용할 수 없는 물
모(세)관수	중력에 의해 하강되지 않고 토양 중에 고여 있게 되는 물로 식물이 이용 가능
흡습수	토양에 있지만 토양알갱이를 둘러싸고 있어 식물에 흡수되지 않는 물
결합수	토양입자에 화학적으로 결합되어 있어 식물이 이용할 수 없는 물
내건성이 강한 수종	소나무류, 노간주나무, 향나무, 아까시나무, 배롱나무, 전나무, 서어나무, 느티나무 등
호습성 수종	낙우송, 삼나무, 태산목, 동백나무, 물푸레나무, 오리나무류, 버드나무류, 위성류, 풍년화 등

토심

토양단면의 층위구성은 위에서부터 유기물층(AO층), 용탈층(A층), 집적층(B층), 모재층(C층), 모암층(D)으로 이루어지며, 그중 용탈층(세탈층)에서 식물뿌리가 가장 왕성하게 자란다.

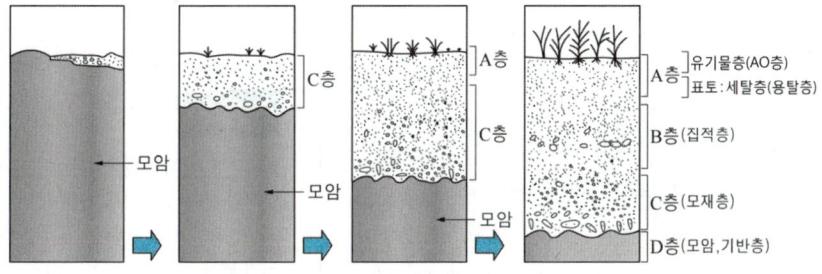

토양단면의 생성과정

식물의 크기에 따라서 필요로 되는 토양층의 최소 심도는 차이가 있다. 뿌리가 얕고 넓게 퍼지는 수종을 천근성 수종, 뿌리가 깊게 뻗는 수종을 심근성 수종이라고 한다.

천근성 수종	가문비나무, 독일가문비, 일본잎갈나무, 편백, 자작나무, 버드나무, 아까시나무, 현사시나무 등
심근성 수종	소나무, 전나무, 주목, 가시나무류, 녹나무, 태사나목, 후박나무, 느티나무, 참나무류, 칠엽수 등

[출처] 국가건설기준센터 설계기준 〉 34 30 10 일반식재기반 〉 1. 6. 3 식물의 생육토심

표 1.6-1 식물의 생육토심

식물의 종류	생존 최소 토심(cm)			생육 최소 토심(cm)		배수층의 두께
	인공토	자연토	혼합토 (인공토 50% 기준)	토양등급 중급이상	토양등급 상급이상	
잔디, 초화류	10	15	13	30	25	10
소관목	20	30	25	45	40	15
대관목	30	45	38	60	50	20
천근성 교목	40	60	50	90	70	30
심근성 교목	60	90	75	150	100	30

토양양분

비료목 : 근류균과 공생관계에 있어 토양의 물리적 조건과 미생물적 조건을 개선하여 비옥하게 하는 수종. 대부분의 콩과 식물(아까시나무, 자귀나무, 싸리나무, 박태기나무, 등(등나무), 칡 등)과 오리나무류, 보리수나무 등이 비료목에 속한다.

내척박성 수종	소나무, 곰솔, 향나무, 오리나무류, 자작나무, 참나무류, 자귀나무, 싸리나무, 등(등나무), 인동덩굴 등
비옥지에 자라는 수종	주목, 측백나무, 태산목, 동백나무, 철쭉류, 가시나무류, 칠엽수, 회화나무, 벚나무, 배롱나무 등

근류균
뿌리혹 박테리아라고도 하며, 뿌리혹을 발생시켜 그 속에서 공중질소를 고정하는 작용을 한다.

2-2 기상조건과 식물

광선

수목은 광합성을 하여 양분을 생성한다. 따라서 광선은 수목에 필수적인 요소이다. 적은 광량으로도 생육이 가능한 수종을 음수 또는 내음성 수종이라고 한다. 반면에 충분한 광선조건이 갖춰져야 생육이 가능한 수종을 양수라고 한다. 식물은 유목일 때 음수의 성질을 나타내다가도 나이가 들어감에 따라 양수로 변하는 경향이 있으며, 꽃이나 열매가 화려하고 개수가 많을수록 양수인 경향이 있다.

광선조건은 수목이 생육하는데 필수적이다. 음수는 음지에서만 생육하는 것이 아니고, 비교적 광선의 요구량이 적어 음지에서도 견딜 수 있는 수종을 말한다. 음수라고 해서 저온에 강한 것은 아니며, 양수라고 해서 고온에 강한 것은 아니다. 광조건과 온도조건은 별개임을 인지하고 있어야 한다.

음수	주목, 전나무, 서어나무, 독일가문비, 측백나무, 후박나무, 녹나무, 호랑가시나무, 굴거리 나무, 회양목, 팔손이, 식나무 등
중용수	잣나무, 스트로브잣나무, 편백, 화백 등
양수	소나무, 해송, 오리나무, 낙엽송, 일본잎갈나무, 삼나무, 메타세쿼이아, 향나무, 플라타너스, 단풍나무, 느티나무, 자작나무, 층층나무, 배롱나무, 벚나무, 감나무, 모과나무, 목련, 개나리, 철쭉, 박태기나무 등

수형

수형은 수목의 형태를 말하며 수관(잎과 가지가 어우러진 부분)과 수간(줄기)의 형태에 따라서 구성된다. 광선조건과 유전적 요인이 수형결정에 영향을 미치게 되는데 정형적인 수종이 있고, 비정형적인 수종이 있다.

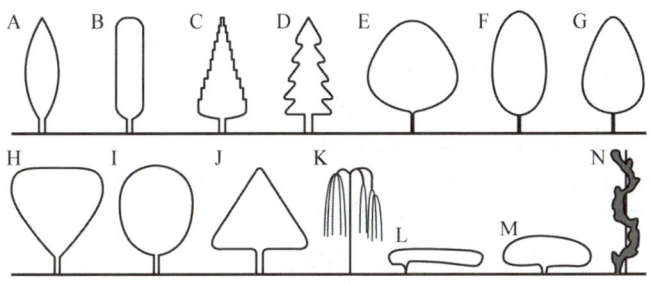

A : 원주형   B : 원통형   C : 원추형   D : 탑형   E : 원정형
F : 타원형   G : 난형   H : 배상형   I : 구형   J : 우산형
K : 수지형   L : 포복형   M : 피복형   N : 만경형

원주형	양버들, 비자나무, 무궁화, 부용 등
원추형	낙우송, 금송, 메타세쿼이아, 일본잎갈나무, 히말라야시다, 편백, 화백 등
원정형	플라타너스, 회화나무, 벽오동, 목련, 태산목 등
평정형(배상형)	느티나무, 배롱나무, 자귀나무, 산수유, 가중나무 등
하수형	실편백, 능수버들, 수양버들 등
반구형(선형)	반송, 개나리, 팔손이, 병꽃나무, 수국 등

기온 ★

식물의 천연분포는 연평균기온이 큰 영향을 미치며, 우리나라에는 온대식물이 많은 비중을 차지하고 있다. 일부 고산지대에 한대식물이, 남부지방에는 난대식물이 분포되어 있다. 인위적 식재로 이루어진 수목의 분포는 식재분포라고 하며 자연분포지역보다 범위가 넓다.

- 온대림 : 4 ~ 11월의 평균 기온이 10 ~ 20℃이며 사계절이 뚜렷한 온대지방 삼림의 총칭으로 열대와 한대의 중간에 위치하는 삼림을 말한다. 상록활엽수, 낙엽활엽수, 침엽수의 혼합림으로 조성된다.
- 난대림 : 열대와 온대의 경계에 있는 삼림을 말한다. 상록활엽수대라고도 하며 연평균 기온이 14℃ 이상이다.
- 한대림 : 연평균기온 6℃ 이하의 삼림으로, 대표적인 수종은 침엽수림이다.

한대림	가문비나무, 독일가문비, 분비나무, 주목, 전나무, 자작나무 등
온대림	소나무, 참나무류, 단풍나무, 물푸레나무, 서어나무 등
난대림	가시나무, 녹나무, 동백나무, 사철나무, 굴거리나무, 조록나무 등

식생의 수직분포

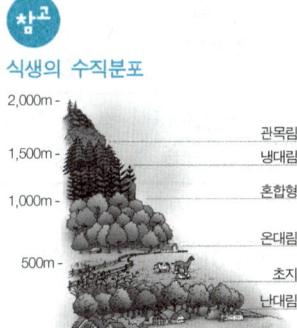

식생의 수평분포

2-3 식물의 수세

- 음수는 양수에 비해 생장속도가 느린 편이며, 생장속도는 수명과도 관계가 있다.

생장속도가 느린 수종	주목, 향나무, 눈향나무, 목서, 회양목, 편백, 섬잣나무 등
생장속도가 빠른 수종	낙우송, 메타세쿼이아, 삼나무, 오동나무, 현사시나무, 아까시나무, 사방오리나무, 리기다소나무, 소나무, 이태리포플러, 가중나무, 독일가문비, 서양측백나무, 일본잎갈나무, 가시나무, 사철나무, 벽오동, 은행나무, 일본목련, 플라타너스, 회화나무, 단풍나무, 네군도 단풍, 무궁화 등

- 맹아력은 숨은 눈에서 싹이 트는 능력을 말하며, 맹아력이 우수한 수종이 있고 맹아력이 약한 수종이 있기 때문에 관리 및 가지치기 시에 차이가 있다. 맹아력이 강한 수종은 토피어리나 생울타리용으로 사용하는 경우가 많다.

맹아력이 강한 수종	주목, 리기다소나무, 낙우송, 메타세쿼이아, 히말라야시더, 삼나무, 녹나무, 가중나무, 플라타너스, 회화나무, 가시나무, 굴거리나무, 후피향나무, 버드나무류, 사철나무, 회양목, 개나리, 무궁화, 쥐똥나무, 화살나무, 황매화 등
맹아력이 약한 수종	벚나무, 소나무, 백송, 구상나무, 비자나무, 잣나무, 칠엽수, 이팝나무, 자작나무 등

2-4 이식적응성과 식물

수종별로 이식적응성이 차이가 있는데, 발근력이 우수한 수종은 이식적응성이 뛰어나고, 그렇지 않은 수종은 뿌리가 활착하는데 어려움이 있기 때문에 이식 전후 관리가 필요하다.

이식이 쉬운 수종	낙우송, 메타세쿼이아, 편백, 화백, 측백나무, 가이즈까향나무, 은행나무, 플라타너스, 단풍나무류, 쥐똥나무, 박태기나무, 화살나무, 회양목, 무궁화 등
이식이 어려운 수종	소나무류, 독일가문비, 전나무, 주목, 가시나무, 굴거리나무, 태산목, 목련, 자작나무, 칠엽수, 다정큼나무 등

토피어리
수목을 다듬어 일정한 형태로 만들어 낸 형상수

생울타리
수목을 줄지어 심어 울타리를 대신하는 것으로 산울타리라고도 한다.

상록수보다는 낙엽수가 이식적응성이 양호할 수 있다. 낙엽수는 뿌리와 가지 일부를 자른 상태에서 이식이 가능하지만 상록수는 그렇지 못한 경우가 많다.

2-5 대기오염과 식물

여러 가지 대기오염 물질 중에서도 SO_2(아황산가스)와 자동차 배기가스인 CO(일산화탄소), NO_X(질소산화물)의 피해가 심하다.

- 기온이 높으며 일사가 강할수록, 공중습도가 높고 토양수분이 많을수록, 겨울철보다 여름에 피해가 크며 일반적으로 상록활엽수가 저항력이 강하다.

대기오염에 강한 수종	비자나무, 편백, 화백, 향나무, 가시나무류, 태산목, 쥐똥나무, 팔손이, 플라타너스, 층층나무, 무궁화, 가중나무, 버드나무류 등
대기오염에 약한 수종	소나무, 잣나무, 전나무, 삼나무, 히말라야시더, 잎갈나무, 독일가문비, 느티나무, 자작나무, 벚나무 등

2-6 염분과 식물

염분은 원형질 분리, 호흡작용 저해 등의 피해가 있으며, 토양 중 염분뿐만 아니라 공기 중 염분이 식물에 피해를 준다. 토양 중 염분의 피해 한계농도는 잔디는 0.1%, 수목은 0.05%, 채소류는 0.04%이다.

내염성이 강한 수종	리기다소나무, 비자나무, 주목, 편백, 노간주나무, 향나무, 굴거리나무, 구실잣밤나무, 녹나무, 가시나무류, 동백나무, 후피향나무, 호랑가시나무, 해당화, 사철나무 등
내염성이 약한 수종	소나무, 일본잎갈나무, 히말라야시다, 가문비, 목련, 단풍나무, 개나리, 삼나무, 전나무 등

원형질 분리
식물세포주변 염분농도가 높아지면 삼투압 현상에 의해서 세포 안에서 밖으로 물이 빠져나오게 되어 원형질 분리가 일어난다.

개념잡기

꽃피는 순서가 맞게 배열된 것은?

① 풍년화 - 개나리 - 명자나무 - 배롱나무
② 개나리 - 명자나무 - 풍년화 - 배롱나무
③ 화살나무 - 생강나무 - 모란 - 무궁화
④ 산수유 - 수수꽃다리 - 개쉬땅나무 - 무궁화

풍년화가 가장 일찍 개화하며, 3월 개나리와 명자나무, 산수유, 생강나무가 개화하며 4월 수수꽃다리, 5월 모란, 6월 화살나무, 개쉬땅나무, 무궁화와 배롱나무는 여름에서 가을까지 개화한다.

정답 : ①

02 식물의 이용별 분류

1. 가로수

1-1 가로수의 요건★

- 낙엽교목(여름에는 그늘을 만들고, 겨울에는 해를 가리지 않음)
- 지하고(지면에서부터 첫 가지가 뻗은 곳까지의 높이)가 1.8 ~ 2.0m 이상인 수종
- 공해에 강하고 이식성이 좋으며, 환경조건에 잘 견디는 수종
- 냄새나 가시, 꽃가루 등의 위해요소가 없는 수종
- 답압에 강한 수종

답압
다져진 토양 때문에 생기는 압력을 말한다. 가로수 같은 경우, 사람들의 이용으로 인해 답압이 발생하기 때문에 답압에 강한 수종이어야 한다.

1-2 주요 수종★★

낙엽활엽교목

가중나무, 계수나무, 느릅나무, 느티나무, 왕벚나무, 배롱나무, 백합나무, 양버즘나무, 산딸나무, 층층나무, 은단풍, 이팝나무, 칠엽수(마로니에), 회화나무

낙엽침엽교목

메타세쿼이아, 은행나무, 일본잎갈나무(낙엽송)

상록활엽교목

가시나무, 감탕나무, 녹나무, 먼나무

상록침엽교목

삼나무, 히말라야시더, 스트로브잣나무

같은 식물의 여러 이름
- 낙엽송 = 일본잎갈나무
- 히말라야시더 = 개잎갈나무
- 이깔나무 = 잎갈나무
- 가죽나무 = 가중나무
- 전나무 = 젓나무
- 튤립나무 = 목백합, 백합나무
- 배롱나무 = 목백일홍
- 명자나무 = 산당화
- 해송 = 흑송, 곰솔

2. 생울타리 및 차폐용

2-1 생울타리 및 차폐용 수종의 요건

생울타리	맹아력이 좋은 관목	지엽이 치밀한 수종 아랫가지가 잘 자라는 수종 공해에 강한 수종
차폐용	상록교목	

2-2 주요 수종 ★

상록관목

눈주목, 눈향나무, 옥향나무, 광나무, 꽝꽝나무, 남천, 돈나무, 사철나무, 식나무, 팔손이, 호랑가시나무, 회양목

낙엽관목

개나리, 산철쭉, 조팝나무, 낙상홍, 댕강나무, 딱총나무, 말발도리나무, 매자나무, 명자나무, 무궁화, 미선나무, 병아리꽃나무, 좀작살나무, 쥐똥나무, 탱자나무, 화살나무, 황매화, 흰말채나무, 홍가시나무

상록교목(차폐용)

향나무, 측백나무, 서양측백나무, 편백, 화백, 가시나무

3. 재해방지(방음, 방화, 방풍식재)

3-1 방음용수의 요건 및 주요 수종

방음용수의 요건	잎이 크고 두껍고 가지가 무성하며 지하고가 낮은 상록교목을 사용 소음을 감소할 수 있는 거리는 최소한 15m는 되어야 하며, 수목 각 열간 거리는 1.5m 이내로 함. 식수대의 적정넓이는 수음원 거리의 2배가 좋음
주요 수종	측백나무, 구실잣밤나무, 편백, 화백, 아왜나무, 가시나무, 녹나무, 후박나무, 감탕나무

구실잣밤나무
열매를 구실자라고 하여 붙여진 이름으로 참나무과에 속하는 상록활엽교목

3-2 방화용수의 요건 및 주요 수종

방화용수의 요건	잎의 함수량이 많고 지엽이 치밀한 상록수
주요 수종	가시나무, 아왜나무, 동백나무, 후박나무, 식나무, 사철나무, 광나무, 다정큼나무, 은행나무, 상수리나무

3-3 방풍용수의 요건 및 주요 수종

방풍용수의 요건	심근성이며 줄기와 가지가 강한 수종 지엽이 치밀한 상록교목으로 수고가 높은 수종
주요 수종	소나무, 곰솔, 향나무, 편백, 화백, 녹나무, 가시나무, 후박나무, 동백나무, 감탕나무, 아왜나무, 녹나무, 구실잣밤나무

4. 경관적 이용

4-1 꽃관상★★★

우리가 조경수로 이용하며 꽃을 감상하는 수종은 활엽수(속씨식물)가 대부분이며, 침엽수(겉씨식물)는 꽃 구조가 있지만, 꽃잎이 없어 꽃관상용으로는 이용하지 않는다. 대부분의 활엽수는 양성화가 많으며 일부 수종은 단성화이다. 단성화는 자웅동주와 자웅이주로 나뉘며, 자웅이주는 암나무와 수나무가 따로 있다.

구분	수종
흰색 계통	조팝나무, 미선나무, 백목련, 산딸나무, 층층나무, 개쉬땅나무, 불두화, 팥배나무, 꽃사과나무, 아그배나무, 귀룽나무, 벚나무, 매화나무, 야광나무, 아까시나무, 이팝나무, 쥐똥나무, 돈나무, 가막살나무, 백당나무, 덜꿩나무, 흰말채나무
황색 계통	튤립나무, 산수유, 매자나무, 모감주나무, 생강나무, 개나리, 황매화, 영춘화, 풍년화
붉은색 계통	댕강나무, 모란, 모과나무, 배롱나무, 박태기나무, 명자나무, 해당화, 동백나무
보라색 계통	수수꽃다리, 진달래, 산철쭉, 무궁화, 등(등나무), 참오동나무
향기감상	생강나무, 팥배나무, 해당화, 아그배나무, 분꽃나무, 수수꽃다리, 등(등나무), 녹나무, 목서류

> **핵심 KEY**
> 꽃피는 시기와 색상별 분류는 시험에 잘 나오니 꼭 알아두는 것이 좋다.

4-2 열매관상★

구분	수종
검은색 계통	광나무, 쥐똥나무, 꽝꽝나무, 생강나무, 팽나무, 후박나무, 아왜나무, 왕벚나무, 굴거리나무, 오갈피나무, 팔손이, 인동덩굴, 병아리꽃나무, 뽕나무
황색 계통	은행나무, 살구나무, 매화나무, 탱자나무, 멀구슬나무, 명자나무, 상수리나무, 아그배나무, 회화나무, 튤립나무
붉은색 계통	주목, 산딸나무, 산수유, 감나무, 목련, 사철나무, 호랑가시나무, 덜꿩나무, 백당나무, 가막살나무, 감탕나무, 먼나무, 낙상홍, 피라칸타, 까치밥나무, 노박덩굴, 화살나무, 팥배나무, 산사나무, 마가목, 앵도나무(앵두나무), 보리수나무, 괴불나무, 딱총나무, 매자나무, 홍자단, 찔레나무
보라색 계통	보리장나무, 좀작살나무
기타	흰말채나무(흰색), 칠엽수, 메타세쿼이아, 배롱나무(갈색)

4-3 잎관상

잎의 형태	버드나무류, 단풍나무류, 일본잎갈나무, 메타세쿼이아, 낙우송, 대나무류, 화백, 실화백, 피나무, 일본목련, 사철나무, 식나무, 주목, 칠엽수, 팔손이, 은행나무
잎의 색채	홍가시나무, 두릅나무, 단풍나무류, 남천, 다정큼나무, 식나무, 금식나무

4-4 줄기관상★

흰색	백송, 구상나무, 분비나무, 거제수나무, 현사시나무, 자작나무
검은색	흑송(해송), 자귀나무, 독일가문비, 히말라야시더
녹색	벽오동, 녹나무, 사철나무
기타	흰말채나무(붉은색), 주목(붉은색), 노각나무(얼룩무늬), 배롱나무(얼룩무늬), 모과나무(황색과 녹색계열 얼룩무늬)

5. 계절적 이용

5-1 개화시기별 수종★★★

개화시기	수종
1월	동백나무(12월~3월)
2월	풍년화, 히어리, 영춘화, 동백나무
3월	매화나무, 살구나무, 생강나무, 산수유, 개나리, 목련, 진달래
4월	왕벚나무, 산벚나무, 앵도나무(앵두나무), 자두나무, 복숭아나무, 배나무, 모과나무, 명자나무, 미선나무, 박태기나무, 산철쭉, 수수꽃다리, 조팝나무, 귀룽나무, 황매화, 죽단화
5월	산딸나무, 층층나무, 함박꽃나무, 때죽나무, 이팝나무, 일본목련, 쪽동백나무, 노각나무, 꽃사과나무, 산사나무, 팥배나무, 아까시나무, 병아리꽃나무, 흰말채나무, 찔레, 댕강나무, 괴불나무, 가막살나무, 모란, 병꽃나무, 장미류, 쥐똥나무, 다정큼나무, 국수나무, 호랑가시나무
6월	매자나무, 등(등나무), 칠엽수, 말채나무, 해당화, 튤립나무, 인동덩굴, 싸리나무, 밤나무, 낙상홍, 딱총나무, 개쉬땅나무
7~8월	자귀나무, 좀작살나무, 모감주나무, 무궁화, 회화나무, 배롱나무, 석류나무, 쉬나무, 나무수국, 부용
9~10월	목서류
11~12월	팔손이, 비파나무

5-2 단풍

붉은 단풍	단풍나무류, 복자기, 남천, 붉나무, 옻나무, 담쟁이덩굴, 마가목, 화살나무, 산딸나무, 매자나무, 감나무
노란 단풍	네군도단풍, 계수나무, 은행나무, 고로쇠나무, 붉은고로쇠나무, 튤립나무, 메타세쿼이아, 낙우송, 생강나무, 히어리, 참느릅나무, 일본잎갈나무

5-3 결실

대부분의 조경수목은 늦여름에서 가을 사이에 결실한다. 일부 수종이 늦봄이나 늦가을 ~ 겨울에 결실한다.

늦봄에 결실하는 수종

앵도나무(앵두나무), 매실나무, 살구나무, 벚나무, 보리수나무, 비파나무, 보리장나무

겨울까지 열매가 맺히는 수종

덜꿩나무, 가막살나무, 감탕나무, 먼나무, 낙상홍, 피라칸타, 까치밥나무, 굴거리나무, 호랑가시나무, 남천, 노박덩굴

6. 잔디 및 초본류

6-1 잔디의 분류 및 특징★

난지형잔디	한지형잔디(상록성)
주로 한국잔디 (금잔디, 고려잔디, 들잔디, 비로드잔디, 갯잔디) 서양잔디 중 버뮤다그래스	주로 서양잔디 (켄터키블루그래스, 벤트그래스, 페스큐그래스, 톨페스큐, 라이그래스 등)
내건성, 내척박성, 내산성이 강함	내음성과 내한성이 강함
내음성이 약함	고온과 병에 약함
주로 영양번식(뗏장)	주로 종자번식
내답압성, 훼손에 강하고 관리가 용이	비배관리, 관수에 노력을 요함

버뮤다그래스는 서양잔디이지만 난지형 잔디로 포기로 번식하는 특징이 있다.

6-2 초본의 종류

1년생 초화류	봄뿌림	샐비어, 피튜니아, 맨드라미, 채송화, 매리골드 백일홍, 색비름 등
	가을뿌림	팬지, 금잔화, 프리뮬러, 데이지, 알리섬 등
2년생 초화류		디기탈리스, 초롱꽃, 접시꽃 등
다년생초화류		국화, 꽃창포, 붓꽃, 옥잠화, 숙근플록스, 작약, 베고니아, 도라지꽃, 꽃잔디, 은방울꽃 등
구근류		다알리아, 칸나, 튤립, 히아신스, 나리, 수선화, 글라디올러스, 상사화, 크로커스 등

핵심 KEY

가을뿌림 1년생 초화류는 이듬해 이른 봄에 개화하며 동년에 결실 후 죽는다. 또한 봄뿌림 1년생 초화류는 여름~가을 이후에 개화하며 결실 후 죽는다. 반면 2년생 초화류는 1년 동안은 영양생장하고, 월동 후 이듬해 봄이나 여름에 꽃을 피운 후 결실하고 죽는다.

6-3 화단의 유형★

입체화단	기식화단 (모둠화단)	중심에서 외주부로 갈수록 키가 작은 초화를 심어 작은 동산 모양으로 조성, 사방에서 감상 가능한 화단
	경재화단	건물의 벽이나 울타리 등을 따라 벽쪽으로 갈수록 키 큰 식물을 심어 한쪽 면에서 감상하는 화단
	노단화단	계단식으로 층층마다 초화를 심어 조성하는 화단
평면화단	화문화단 (자수화단)	키 작은 초화를 기하학적 모양으로 설계하고 식재하여 모전화단, 양탄자 화단이라고 함
	리본화단	띠 모양으로 좁고 길게 만든 화단으로 대상화단이라고도 함
	포석화단	돌을 배치하고 돌 사이에 키 작은 초화류를 식재하여 조성
특수화단	침상화단	지면보다 1m 정도 낮게 조성하여 내려다보며 감상 가능한 화단
	수재화단	수생식물과 연못을 이용한 화단

개념잡기

양탄자 화단에 적합하지 않은 화초는?

① 팬지　　　　　　② 알리섬
③ 색비름　　　　　④ 금잔화

색비름은 키가 1.5m까지 자라는 초화로 양탄자 화단은 키 작은 초화를 주로 이용하기 때문에 적합하지 않다.

정답 : ③

03 자주 출제되는 식물

수종명	특징	연관 수종
소나무	• 상록침엽교목 • 양수 • 2엽 속생 • 내척박성, 내건성 강 • 이식성, 내공해성 약	• 백송 • 리기다소나무 • 해송(곰솔) • 반송
전나무	• 내공해성 약 • 원추형	• 독일가문비
잣나무	• 5엽 속생 • 내공해성, 이식성 강	• 스트로브잣나무 • 눈잣나무 • 섬잣나무
히말라야시더	• 내공해성 약 • 개잎갈나무	• 일본잎갈나무(낙엽송) • 잎갈나무(이깔나무)
독일가문비	• 한대림 수종 • 공해와 전정 약	• 가문비나무
구상나무	• 한국 특산종 • 한대림 수종 • 내공해성 약 • 수피흰빛	• 솔송나무 • 분비나무
주목	• 성장속도 매우 느림 • 내음성, 맹아력 강 • 단독식재(형상수 이용) • 목재가 붉고, 열매 붉은색	• 눈주목
비자나무	• 난대림 수종 • 내음성 강 • 열매 구충제	• 개비자나무
측백나무	• 양수 • 생울타리, 차폐용(맹아력 강)	• 서양측백
편백	• 내음성 강 • 생울타리, 차폐용(지하고 낮고 수고 큼)	• 화백
향나무	• 양수 • 내공해성, 내건성, 맹아력 강	• 가이즈까향나무 • 눈향나무
메타세쿼이아	• 양수, 속성수 • 내공해 강, 습지 강 • 낙엽침엽교목으로 가로수 이용	• 금송(낙우송과)
낙우송	• 양수, 호습성 • 기근 발달	

수종명	특징	연관 수종
밤나무	• 6월 단성화 • 목재 이용	• 참나무과 : 상수리나무, 갈참, 떡갈나무, 신갈나무, 졸참나무, 굴참
가시나무	• 상록활엽교목의 난대림 수종 • 방풍, 방화, 방음용	• 참나무과(상록) : 참가시, 졸가시, 개가시, 홍가시, 붉가시나무
느티나무	• 정자목이나 가로수 이용 • 잔가지 감상 • 내공해성 약	• 느릅나무 • 참느릅나무 • 당느릅나무
팽나무	• 정자목이나 가로수 이용 • 검은 열매 식용	
오리나무	• 비료목과 사방공사용 • 내건성, 내습성 강	• 산오리나무 • 물오리나무 • 사방오리나무
자작나무	• 흰색수피 이용 • 내공해성과 전정 약 • 양수	• 서어나무
버드나무	• 양수 • 속성수 • 이식력 강	• 용버들 • 능수버들 • 은백양나무
백목련	• 이른 봄 흰꽃 감상 • 붉은 열매 • 이식과 전정에 약	• 일본목련 • 함박꽃나무(산목련)
태산목	• 상록활엽교목 • 늦봄 흰꽃 향기 감상	
튤립나무	• 낙엽활엽교목으로 가로수 이용 • 백합나무 • 6월 황색꽃/노란 단풍 감상 • 속성수	
박태기나무	• 낙엽활엽관목 • 4월 진분홍꽃	
자귀나무	• 낙엽활엽교목 • 여름 분홍꽃 • 잎의 수면운동	
아까시나무	• 5~6월 흰꽃 • 속성수로 사방공사용	• 주엽나무 • 회화나무
등(등나무)	• 만경목 • 5~6월 보라색꽃	
왕벚나무	• 4월 흰꽃 • 가로수 • 공해와 전정 약	• 산벚나무 • 벚나무

수종명	특징	연관 수종
명자나무	• 3월 붉은꽃 • 낙엽활엽관목 • 가시울타리	
매화나무	• 3월 흰꽃 • 여름 매실 • 초록 줄기와 가시	• 살구나무
황매화	• 낙엽활엽관목 • 5월 노란꽃 • 생울타리	• 죽단화
피라칸타	• 상록활엽관목 • 가시생울타리 • 가을 붉은 열매	
팥배나무	• 5월 흰꽃 • 가을 붉은 열매와 붉은 단풍	• 배나무, 사과나무, 산사나무
마가목	• 5월 흰꽃 • 가을 붉은 열매와 붉은 단풍	
조팝나무	• 4월 흰꽃 • 사면이나 생울타리용	• 공조팝나무, 꼬리조팝나무 등
층층나무	• 속성수 • 단정한 수형 • 5월 흰꽃과 가을 붉은 열매 감상	• 산딸나무
산수유	• 낙엽활엽교목 • 3월 노란꽃과 가을 붉은 열매 감상	• 생강나무(봄노란꽃)
흰말채나무	• 낙엽활엽관목으로 생울타리용 • 5월 흰꽃과 가을 흰색 열매와 붉은 줄기 감상	• 말채나무, 노랑말채나무
미선나무	• 4월 흰꽃 • 1속 1종(특산종) • 가을부채형태의 열매	• 개나리
쥐똥나무	• 5월 흰꽃과 가을 검은 열매 감상 • 낙엽활엽관목으로 생울타리	• 광나무(상록)
수수꽃다리	• 낙엽활엽관목 • 4월 꽃향기 감상	• 미스킴라일락
이팝나무	• 낙엽활엽교목으로 가로수 이용 • 5월 흰꽃과 가을 검정 열매 감상	
단풍나무	• 낙엽활엽교목 • 내공해성, 이식성 강 • 붉은 단풍 감상	• 청단풍 • 홍단풍
중국단풍	• 정형적 수형 • 가로수용	

수종명	특징	연관 수종
복자기	• 단풍색 가장 고움 • 벗겨지는 수피감상	
네군도단풍	• 속성수 • 노란 단풍 • 내공해성과 이식성 강	• 고로쇠나무 • 신나무
가중나무	• 속성수 • 내공해성, 전정, 이식성 강 • 가로수	• 가죽나무
칠엽수	• 낙엽활엽교목으로 가로수 이용 • 6월 황색 꽃	• 마로니에
녹나무	• 상록활엽교목의 가로수 이용 • 향기 감상	• 생강나무 • 후박나무
양버즘나무	• 플라타너스 • 낙엽활엽교목으로 가로수 이용 • 내공해성, 이식성, 전정, 내건성 강	• 버즘나무
사철나무	• 상록활엽관목으로 생울타리용 • 가을 붉은 열매 감상 • 내공해성, 이식성, 맹아력 강	• 화살나무
배롱나무	• 여름 자색꽃과 얼룩무늬 수피감상 • 낙엽활엽교목	
붉나무	• 낙엽활엽관목 • 선홍빛 단풍 • 염부목	• 옻나무
산철쭉	• 내공해성, 전정, 이식 강 • 산울타리용	• 진달래, 철쭉
보리수나무	• 비료목 • 내산성, 내공해성, 척박지 강 • 4월 흰꽃과 6월 붉은 열매 감상	• 뜰보리수
무궁화	• 여름에서 가을까지 다양한 꽃색 감상 • 내공해성, 전정, 이식성 강	• 부용

개념잡기

다음 중 옳지 않은 것은?

① 가로수 – 메타세쿼이아, 은행나무, 이팝나무
② 생울타리 – 화살나무, 회양목, 산철쭉
③ 속성수 – 네군도단풍, 아까시나무, 주목
④ 황색단풍 – 낙우송, 튤립나무, 고로쇠나무

주목은 매우 느리게 자라는 수종이다.

정답 : ③

CHAPTER 02

인공재료

KEYWORD 가연성, 열전도율과 보온성, 통나무, 조각재, 각재, 판재, 합판, 춘재와 추재, 생목비중, 기건비중, 전건비중, 목재의 함수율, 섬유포화점, 자연건조법, 인공건조법, 방부법

01 목재

1. 목재의 특징과 분류

1-1 목재의 장·단점 ★★

장점	단점
• 열전도율이 낮다. • 가볍다. • 비중이 적은데 비해 압축강도가 크다. • 촉감과 미관이 우수하다. • 온도에 따라 신축성이 있다. • 산과 알칼리에 강하다.	• 가연성이 있어 불에 약하다(내화력 약). • 부패의 우려가 있다(내구성 약). • 건조변형의 우려가 있다. • 큰 부재를 얻기 어렵다(가공재로 보완).

1-2 목재의 종류

원목

통나무	• 대경목 : 말구지름 30cm 이상 • 중경목 : 말구지름 14cm 이상 30cm 미만 • 소경목 : 말구지름 14cm 미만
조각재	• 대조각재 : 최소단면 30cm 이상 • 중조각재 : 최소단면 14cm 이상 30cm 미만 • 소조각재 : 최소단면 14cm 미만

저자 어드바이스

인공재료는 건축적인 요소와 공통적인 부분이 많다. 또한 조경구조물이나 시설물은 종류가 다양하고, 최근 들어 새로운 공법과 재료들이 많이 등장하고 있기 때문에 공부하기 까다로울 수 있다.

핵심 KEY

목재는 원목, 제재목, 가공재로 크게 나뉘며, 가공재의 종류는 아주 다양하다.

제재목

각재	폭이 두께의 3배 미만인 제재목을 말한다. 두께가 6cm 미만이면 소각재
판재	폭이 두께의 3배 이상인 제재목을 말한다. 두께가 3cm 이상이면 후판재 두께가 3cm 미만이고 폭이 12cm 이상이면 판재 두께가 3cm 미만이고 폭이 12cm 미만이면 소폭판재

가공재

- 제재 과정이나 자라면서 생긴 여러 종류의 흠, 수분에 의한 수축 변형이나 구조에 따른 재질의 불균일 등을 없애고 질을 높여 얻고자 하는 특성의 목재를 생산하기 위해 다양한 방법으로 목재를 가공하여 만든 것으로 가장 널리 쓰이는 합판을 비롯하여 집성재, 파티클 보드, 중밀도섬유판(MDF), 플로어링 등이 있다.

- 합판 : 홀수개의 단판을 나뭇결의 방향이 서로 직교(直交)하도록 접착제로 붙인 것으로, 쪼개짐이나 수축과 팽창과 같은 결점을 보완하며, 목재의 이용효율을 높일 수 있다. 합판을 만드는데 쓰는 박판제법에는 로타리 베니어, 쏘드 베니어, 슬라이스 베니어 등이 있다.

1-3 목재의 비중 ★

비중
물질의 질량과 물질과 같은 부피를 가진 표준물질(물)의 질량과의 비율로서 밀도와 비슷한 개념이다.

목재의 비중
목재의 비중은 함수율에 따라 차이가 있으며 함수율 15% 정도의 비중을 기건비중(기건상태), 함수율 0%의 비중을 전건비중(전건상태), 벌목 직후의 비중을 생목비중이라고 한다.

섬유포화점
목재 세포 안에 유리수는 없고, 결합수만이 존재하는 상태로 섬유포화점인 약 30% 이상의 함수율에서는 목재의 수축, 팽창과 강도는 변함이 없고 그 이하에서는 함수율이 감소함에 따라 목재의 강도는 증가되며, 수축도 증가된다.

> 참고
> 박판제법의 종류
> 로타리 베니어
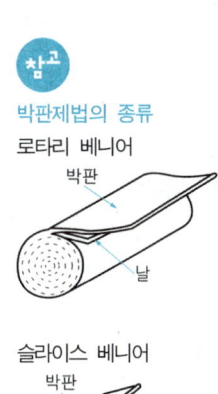
> 슬라이스 베니어
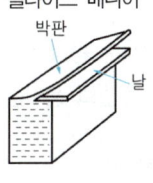
> 쏘드 베니어

1-4 목재의 구조

춘재와 추재

춘재	봄과 여름에 생성된 세포층으로 세포벽이 얇고 크기가 커서 비교적 재질이 연하고 옅은 색의 부분
추재	가을과 겨울에 생성된 세포층으로 세포벽이 두껍고 밀집되어 있어 재질이 단단하고 치밀하면서 짙은 색을 띠는 부분
나이테	춘재와 추재가 번갈아서 형성되면서 색이 달라 진한색층(추재) 부분이 얇은 줄무늬로 보이게 되는데 이것을 나이테라고 한다.
수심	원목의 가장 중심 부분

변재와 심재

변재	수피 근처에 있는 바깥부분, 강도와 내구성이 적고 수축이 크다.
심재	수심 근처에 있는 부분으로 세포가 밀집되어 수축이 적고 강도와 내구성이 크다.

2. 목재의 가공

2-1 목재의 건조 ★

건조의 목적

부식과 해충피해를 방지하여 내구성 증대, 목질의 강도 증대, 운반비 절약, 방부처리 및 기타 약제 주입의 용이성 증대

목재의 함수율(%)

$$\frac{건조전중량 - 건조중량}{건조중량} \times 100$$

일반적으로 목재의 함수율은 15~20% 정도를 사용(기건상태 15%)

자연건조법	공기건조법 : 옥외공간에 수직으로 엇갈리게 쌓아 건조한다.
	침엽수는 3~6개월, 활엽수는 3~12개월
	침지법(침수법) : 물속에 담가 수액을 씻겨나가게 한 후 건조한다.

> **핵심 KEY**
> 목재에서 함수율이 낮을수록 강도는 증가한다. 하지만 일반적으로 대기중에서 이용하기 때문에 기건상태까지 건조하여 이용한다.

인공건조법	열기건조법 : 건조실 안에 뜨거운 공기로 건조하는 방법으로, 설치비가 많이 들지만 입지 조건의 제약없이 건조하며 건조효과가 좋음
	진공건조법 : 진공상태에서 물의 끓는 점이 낮아지는 원리를 이용하여 목재를 건조하는 방법으로 고온 건조의 장점을 지니면서 고온 건조에서 발생하는 건조 결함이 최소화
	자비법 : 열탕에 넣고 찐 후 공기 건조
	증기건조법 : 건조실을 증기로 가열하여 건조시키는 방법으로 가장 흔한 방법
	기타 : 고주파건조법, 훈연법, 약품건조법

2-2 목재의 방부처리★

방부제의 조건

- 방부력이 강하고 효력이 영구적일 것
- 사람이나 가축에 무해할 것
- 방부제 위에 도장이 가능할 것
- 목재침투성이 강하며 금속을 부식시키지 않을 것
- 목재의 강도, 색조를 손상시키지 않으며, 인화성이 아닐 것

방부제의 종류

유성목재방부제	크레오소트
수용성목재방부제	크롬·구리·비소화합물계(CCA), 산화크롬·구리 화합물계(ACC)
유용성목재방부제	유기요오드화합물계(IPBC), 유기요오드인화합물계(IPBCP)

방부처리법

도포법	크레오소트, 콜타르, PCP 등의 방부제를 표면에 도포나 뿜칠로 바르는 방법
표면탄화법	3~4mm 정도를 불로 태워 표면에 수분을 없애는 방법
침지법	약액 속에 침지하여 방부
가압주입법	일정 농도를 7~12기압하에서 계속 주입(효과 강)
상압주입법	보통 압력하에서 방부제를 주입
생리적주입법	벌목 전 생목에 약액을 주입하여 목질부 내에 침투(효과 약)

> **개념잡기**
>
> 목재가 기건상태일 때의 함수율은?
>
> ① 약 15% 　② 약 25%
> ③ 약 35% 　④ 약 50%
>
> 목재의 기건 함수율은 보통 15~20%이다.　　　　정답 : ①

02 석재 및 점토질재료

1. 석재

1-1 석재의 장단점 ★

장점	단점
• 단단하고 강도가 크다. • 미관이 좋고 청결하다. • 흡습성이 거의 없으며 유지관리가 용이하다. • 불연성이며 다양하게 가공이 가능하다.	• 비중이 커서 가공 및 운반이 어렵다. (비중 2.0~2.7) • 가격이 비싸다. • 종류에 따라서 내화성이 약하다.

1-2 석재의 규격

각석	폭이 두께의 3배 미만인 직육면체 형태의 돌
판석	폭이 두께의 3배 이상이며, 두께 15cm 미만의 돌
견치석	접촉면의 각을 고르게 한 것, 찰쌓기, 메쌓기에 사용 재두각추체로 접촉면의 폭은 1변 평균 길이의 1/10 이상, 접촉면의 길이는 1변 평균 길이의 1/2 이상인 돌
사고석	고건축의 담장 등 옛 궁궐에서 사용, 1변의 길이는 15~20cm로 길이는 최소변의 1.2배 이상인 돌
깬돌	견치돌에 준한 돌로 치수가 불규칙하고 일반적으로 뒷면이 없는 돌
잡석	길이 10~30cm의 막깬 돌

> **참고**
>
> 견치석
> 4방락견치돌
>
>
>
> 2방락견치돌
>
>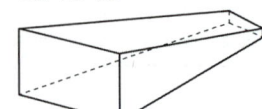

전석	0.5m³ 이상이 되는 석괴
호박돌	직경 20~30cm 정도의 둥글넓적한 천연석재
조약돌	가공하지 않은 천연석으로서 지름 10~20cm 정도의 계란형의 돌
굵은 자갈	가공하지 않은 천연석으로서 지름 7.5cm 정도의 둥근돌
자갈	가공하지 않은 천연석으로서 지름 0.5~7.5cm 정도의 둥근돌
마름돌	직육면체로 다듬은 돌(30×30×50~60cm)
테라조	인조석의 일종으로 대리석의 부순 돌을 써서 마무리한 것
인조석	천연석의 모조로서 모르타르나 콘크리트의 표면에 각종 돌가루, 돌조각을 넣은 건축재료

1-3 석재의 분류와 특성 ★★

성인에 의한 분류		석재명	특성
화성암	심성암	화강암	압축강도와 비중(2.7)이 가장 높음 밝은색 암석으로 우리나라에서 생산되는 돌의 70%, 내화력이 약함
		섬록암	각섬석과 사장석을 주성분으로 하며 녹색이나 회색 등이며, 조직이 단단하고 치밀
	화산암	현무암	어두운색 암석으로 다공질이며 입자가 치밀
		안산암	어두운색 암석으로 강도가 높은 편
수성암		이판암, 점판암	점토가 퇴적되어 이루어진 암석
		사암	모래가 퇴적되어 이루어진 암석
		역암	자갈이 퇴적되어 이루어진 암석
		응회암	화산재가 퇴적되어 이루어진 암석으로 흡수율이 가장 높은 암석
		석회암	석회가 퇴적되어 이루어진 암석
변성암		대리석	석회암이 변성작용을 받아 이루어진 암석
		사문암	감람석 등이 변성작용을 받아 이루어진 암석

석재의 압축강도

화강암 > 대리석 > 안산암 > 사암 > 응회암

핵심 KEY

암석은 주로 성인(생성요인)에 따라 분류하지만 규산과 염기의 함유량에 따라 분류할 수도 있다. 규산이 많으면 산성암, 염기가 많으면 염기성암으로 분류할 수 있다. 규산암(산성암)은 밝은색을 많이 띠며, 염기성암은 어두운 색을 띠는 성질이 있다.

자연석의 종류 ★

입석	세워서 쓰는 돌, 모든 방향에서 감상
횡석	가로로 눕혀서 쓰는 돌
평석	윗부분이 평평하여 안정감이 있는 돌
환석	둥근 모양의 돌
와석	소가 누워있는 모양의 돌
각석	각이 진 돌, 삼각이나 사각
사석	비스듬이 세워서 이용하는 돌, 해안절벽과 같은 풍경
괴석	괴이한 모양의 돌

자연석의 종류

입석   횡석   평석   환석

각석   사석   와석   괴석

1-4 석재의 가공

거친다듬
끌로 거친면을 깎아낸 거친 표면 마무리

혹두기
능각의 선 또는 줄눈 부분을 정확히 가공하고, 기타 면은 거친면을 그대로 두어 마무리

정다듬
울퉁불퉁한 면을 정으로 쪼아 평탄하게 마무리

도드락다듬(비산다듬)
정다듬 면에 도드락망치로 표면의 볼록함을 균등하게 다듬어 평탄하게 마무리

잔다듬
날망치(외날망치, 양날망치)로 정다듬 또는 도드락 다듬면 위를 일정방향, 평행선 등으로 나란히 찍고 다듬어 평탄하게 마무리

버너마감
강렬한 불꽃으로 태워 표피를 벗겨 마감하는 방법

물갈기(광내기)
곱게 다듬은 돌면을 물 묻힌 연마지 또는 숫돌 등으로 곱게 갈아 마무리

> **개념잡기**
>
> 조경용 석재 중 압축강도가 가장 큰 것은?
>
> ① 응회암 ② 화강암
> ③ 안산암 ④ 사문암
>
> 화강암은 우리나라에서 생산되는 돌의 70% 이상을 차지하는 석재로 압축강도가 높고 미관이 좋아서 다양하게 이용된다.
>
> 정답 : ②

2. 점토질 재료

2-1 벽돌

벽돌의 종류

규격에 따라	표준형	190×90×57(mm)
	기존형	210×100×60(mm)
	이형벽돌	보통 벽돌보다 형상, 치수가 규격에 정한 바와 다른 특이한 벽돌. 아치, 창문 주변 등에 이용
재료에 따라	붉은벽돌	진흙을 주원료로 하고, 모래, 석회 등을 섞어서 직방체로 성형하여 건조·소성한 제품
	시멘트벽돌	시멘트와 모래, 자갈 따위를 물로 반죽한 다음 섞어 압축, 성형(成型)하여 굳힌 벽돌
	내화벽돌	내화재를 성형, 소성(燒成)한 것으로 고도의 내화도를 가진 벽돌

참고

벽돌구성의 명칭

길이
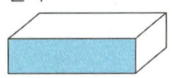

마구리
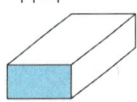

면
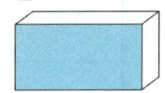

벽돌쌓기

• 벽돌쌓기 종류★

형태	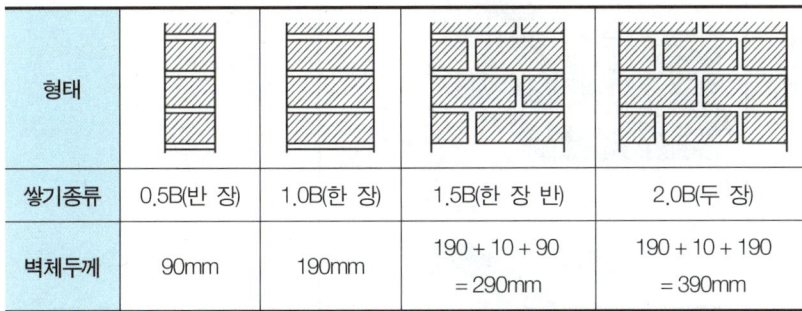			
쌓기종류	0.5B(반 장)	1.0B(한 장)	1.5B(한 장 반)	2.0B(두 장)
벽체두께	90mm	190mm	190 + 10 + 90 = 290mm	190 + 10 + 190 = 390mm

- 벽돌쌓기 기준량(m²당 매수)★

	반 장 쌓기	한 장 쌓기	한 장 반 쌓기	두 장 쌓기
표준형	75	149	224	298
기존형	65	130	195	260

벽돌시공 유의사항

- 한 번에 쌓아올릴 수 있는 높이는 최대 1.5m 표준 1.2m 이하, 12시간이 경과 후 다시 쌓는다.
- 규준 틀을 만들어 시공 전에 표시
- 줄눈은 10mm 기준
- 통줄눈을 피하고 막힌줄눈으로 시공

벽돌 마름질

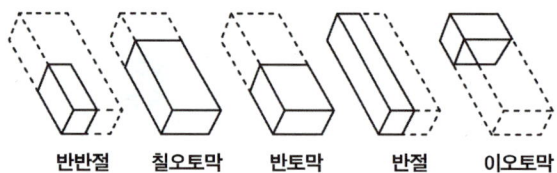

반반절 / 칠오토막 / 반토막 / 반절 / 이오토막

> **참고**
> 통줄눈과 막힌줄눈
> 통줄눈
>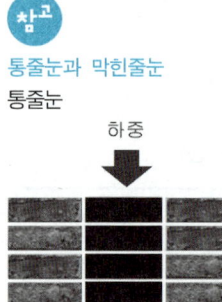
> 막힌줄눈
>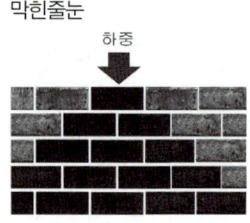

쌓기 형식★★

영국식 쌓기 (영식 쌓기)	길이 쌓기와 마구리 쌓기를 번갈아 사용하고, 모서리 부분에 반절이나 이오토막을 사용	
네덜란드식 쌓기 (화란식 쌓기)	영식 쌓기와 동일하나 모서리에 칠오토막 사용	
프랑스식 쌓기 (불식 쌓기)	한 켜에 길이와 마구리를 번갈아 나오도록 쌓는 방법	

미국식 쌓기 (미식 쌓기)	표면에 치장벽돌을 사용하여 다섯 켜를 길이 쌓기로 하고 다음 한 켜는 마구리 쌓기로 쌓는 방법	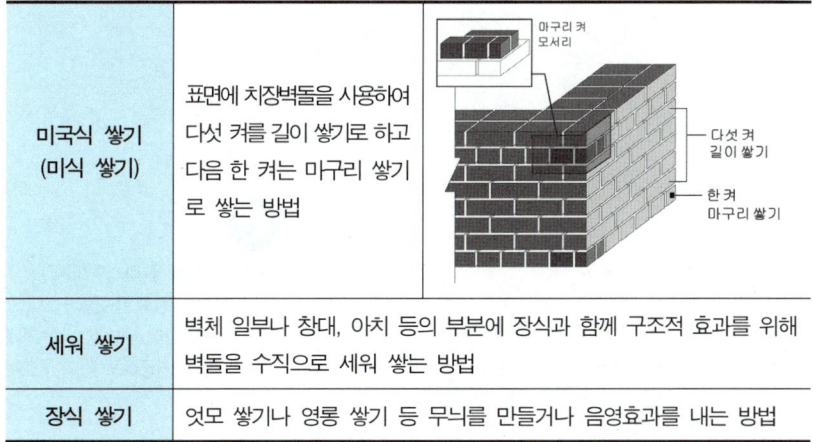
세워 쌓기	벽체 일부나 창대, 아치 등의 부분에 장식과 함께 구조적 효과를 위해 벽돌을 수직으로 세워 쌓는 방법	
장식 쌓기	엇모 쌓기나 영롱 쌓기 등 무늬를 만들거나 음영효과를 내는 방법	

2-2 도자기

점토에 장석, 석영 따위의 가루를 섞어 성형, 건조, 소성한 제품. 토기, 석기, 도기, 자기 따위를 통틀어 말한다.

소성
조합된 원료를 가열하여 경화성 물질을 만드는 조작

토기	점토질로 유약을 바르지 않은 것이며, 700 ~ 900℃의 낮은 온도에서 소성한 것
석기	저급의 점토, 즉 석영, 철화합물 등의 불순물을 포함한 점토를 주성분으로 1,200 ~ 1,300℃의 온도에서 소지의 흡수성이 거의 없을 정도로 구운 것
도기	점토질의 원료에 석영, 도석, 납석 및 소량의 장석질 원료를 배합하고 1,200 ~ 1,300℃ 부근에서 소지를 구운 뒤 유약을 입혀 1,050 ~ 1,100℃의 온도로 소성한 것
자기	• 점토, 석영, 장석, 도석을 배합한 배토를 성형 건조한 후 1,300 ~ 1,450℃에서 충분히 구운 것 • 백색으로 흡수성이 없고, 투광성이 있으며, 때리면 맑은 금속음을 내고 기계적 강도가 비교적 크며, 전기가 잘 통하지 않으며 화학적으로 내식성, 내열성 등이 우수

개념잡기

다음 중 제품의 제작 과정이 다른 것은?

① 시멘트벽돌   ② 붉은벽돌
③ 점토벽돌   ④ 내화벽돌

시멘트벽돌은 시멘트를 주 재료로 하여 제작하였으며 다른 벽돌들은 점토를 고온에서 구워 제작하였다.

정답 : ①

03 합성수지재료

1. 합성수지의 종류와 특징

1-1 장·단점 ★

장점	단점
• 비중이 매우 적은데 비해 강도가 크다. • 투광성이 양호하다. • 가공성이 좋다. • 표면이 평탄하고 미관상 좋다.	• 표면경도 및 내마모성이 약하다. • 내화력, 인화성이 없다. • 열에 의한 변형 신축성이 크다. • 변색되며 내구성이 약하다.

유리섬유강화 플라스틱(FRP)
유리섬유로 강화한 플라스틱으로 가볍고 단단하며 내열성이나 기계적 강도가 높다. 인공폭포 등의 구조재로 사용된다.

1-2 열경화성수지

열을 가하여 경화 성형하면 다시 열을 가해도 형태가 변하지 않는 수지로 일반적으로 내열성, 내용제성, 내약품성, 기계적 성질, 전기절연성이 좋다.

페놀수지	강도, 전기절연성, 내산성, 내열성, 내수성이 양호하여 접착제, 벽체, 파이프 등으로 사용
에폭시수지	금속도료 및 접착제로 주로 쓰이며, 접착력, 내열성 우수
폴리에스테르수지	가공성이 좋아 다양한 재료로 쓰이며, 섬유재료로 주로 많이 쓰이며, 필름, 플라스틱병, 목재제품의 마감재 등으로 사용
실리콘수지	500℃ 이상 견디는 유일한 수지. 내수성, 내열성이 우수해 방수제, 도료, 접착제로 사용
멜라민수지	열, 산, 용제에 강하고 전기적 성질 우수, 착색성이 좋아 식기, 주방용품 등의 성형품, 적층판, 내수합판용 접착제로 사용

1-3 열가소성수지

열을 가하여 성형한 뒤에도 다시 열을 가하면 형태를 변형시킬 수 있는 수지로 압출성형·사출성형에 의해 능률적으로 가공할 수 있다는 장점이 있는 반면, 내열성·내용제성은 열경화성수지에 비해 약한 편이다.

폴리염화비닐	강도, 전기절연성, 내약품성이 양호하여 바닥용 타일, 시트 접착제, 도료로 사용, 온도에 약함
폴리스티렌	스티롤 수지라고도 하며, 가공성이 좋고 단단한 성형품과 전기절연 재료로 사용
폴리프로필렌	가볍고 탄성이 있으며, 전기적 성질이 우수하고 가공성이 좋아 일용잡화, 섬유, 완구, 보온재 등 다양하게 사용
폴리에틸렌	매우 가벼우며, 내수성, 내약품성, 전기절연성이 우수하여 건축용 성형품, 보온관 등으로 사용
아크릴수지	투광성이 크고 내후성, 착색이 양호하여 채광판, 유리대용품으로 사용

개념잡기

다음중 열가소성수지에 대한 일반적인 설명으로 부적합한 것은?

① 축합반응을 하여 고분자로 된 것이다.
② 열에 의해 연화된다.
③ 수장재로 이용된다.
④ 냉각하면 그 형태가 붕괴되지 않고 고체로 된다.

열경화성 수지가 축합반응을 하여 고분자로 된 것이다.   정답 : ①

---

04 시멘트, 콘크리트재료

1. 시멘트

1-1 종류★★★

포틀랜드 시멘트	1종 보통	• 비중 3.05~3.15 • 단위용적중량 : 1,500kg/m³	간단한 공사에 보편적으로 사용
	2종 중용열	수화열과 건조수축, 발열량이 적으며, 장기강도가 높다.	매스콘크리트, 수밀콘크리트, 서중콘크리트, 방사선 차단용

포틀랜드 시멘트	3종 조강	• 조기강도가 높다. (보통시멘트 7일 강도가 3일에 발휘) • 수화발열량이 크다.	긴급공사나 한중콘크리트용
	4종 저열	중용열 포틀랜드 시멘트보다 수화열이 매우 작으며 건조수축이 매우 작고 균열이 적다.	매스콘크리트(댐이나 항만), 서중콘크리트용
	5종 내황산염	황산염을 포함한 바닷물, 토양, 지하수에 대한 저항성이 크다.	해수에 접촉하는 구축물, 도시 하수 공사용
	백색 포틀랜드	산화철이 거의 포함되지 않고 회분이 거의 없어 백색으로 보이며, 안료를 혼합하여 여러 색깔을 낼 수 있다.	도장용, 조각용, 미장용, 인조석 원료용
혼합 시멘트	고로슬래그 시멘트	용광로에서 선철을 제조할 때 생기는 부산물인 슬래그(광재)에 포틀랜드 시멘트와 석고를 혼합하여 만든 시멘트 • 초기강도보다는 장기강도가 크다. • 수화열, 화학저항성이 크다. • 비중이 낮다.	매스콘크리트용, 바닷물, 황산염 및 열의 작용을 받는 콘크리트용
	플라이애시 시멘트	포틀랜드 시멘트에 미분탄(微粉炭)을 연소시킨 구상(球狀)의 플라이애시를 혼합한 시멘트 • 워커빌리티가 양호하다. • 초기강도는 약하고 장기강도가 크다. • 건조수축 및 수화열이 작다. • 내화학성이 크다.	매스콘크리트, 수밀콘크리트용
	포졸란 시멘트	수산화 칼슘과 반응하여 경화하는 화산재, 플라이애시 등 규산질 혼화재를 혼합한 시멘트 • 초기강도는 약하나 장기강도는 조금 크고 수화열이 작다. • 건조수축이 크다.	매스콘크리트, 수밀콘크리트용
특수 시멘트	알루미나 시멘트	알루미나 성분이 많아 내식성, 내화성이 우수한 시멘트 • 단기강도는 크나 장기강도는 약하다. • 해수, 화학약품에 대한 저항성이 크다. • 조기강도가 매우 높아 24시간에 보통 포틀랜드 시멘트의 28일 강도가 발현된다.	긴급공사, 해안공사, 방수공사용

매스콘크리트
댐이나 교각처럼 큰 구조체를 만들기 위한 것으로 시멘트의 수화열에 의한 온도상승 및 강하를 고려하여 설계, 시공하여야 하는 콘크리트를 말한다.

포졸란
화산회, 화산암의 풍화물로, 가용성 규산을 많이 포함하고, 그 자신은 수경성(水硬性)은 없으나 물의 존재로 쉽게 석회와 화합하여 경화하는 성질의 것을 총칭해서 말한다. 천연 포졸란과 플라이애시(fly-ash) 등의 인공 포졸란이 있다.

1-2 용어정리 ★

수화작용
시멘트와 물이 만나서 반응할 때 열이 발생하면서 굳어지는 작용

응결 및 경화
응결은 액체 상태에서 점성이 증가해서 유동성이 사라지는 상태를 말하며, 시멘트의 응결시간은 시작 1시간 이후부터 10시간 이내에 끝난다. 응결된 시멘트 고체가 서서히 굳어져서 강도가 커지고 조직이 치밀해지는 상태를 경화라고 한다.

풍화작용
시멘트의 수분을 흡수하여 수화작용을 한 결과로 생긴 수산화석회와 공기 중의 탄산가스가 작용하여 탄산칼슘을 생기게 하는 작용으로 응결이 늦어지고 강도가 낮아진다.

분말도
시멘트 1g 전입자의 표면적으로 분말도가 커질수록 강도는 증가한다.

혼화재료
다량으로 사용되는 것을 혼화재, 소량으로 사용되는 것을 혼화제라고 하며 시멘트, 물, 골재 및 섬유보강재 이외의 재료를 적당량 첨가하여 콘크리트의 성질을 개선, 향상시킬 목적으로 사용하는 재료를 통칭한다.

1-3 저장 및 보관

- 시멘트 한 포는 40kg으로 저장 시 최대 13포대 이상은 금지하며, 장기간 저장 시엔 7포대 미만으로 한다.
- 저장구조는 지상 30cm 이상 되는 마루 위에 적재하며, 방습처리하며 기밀하게 하여 통풍이 안 되게 처리한다. 또한 선입·선출하도록 적재한다.
- 3개월 이상 저장한 시멘트 또는 습기를 받았다고 생각되는 시멘트는 반드시 사용 전에 재시험한다.

2. 콘크리트

2-1 장·단점 ★

장점	단점
• 원하는 임의의 형태 제작이 가능하다.	• 자중이 크고 균열이 생기기 쉽다.
• 재료의 조달이 용이하다.	• 품질과 시공관리가 까다롭다.
• 시공이 비교적 용이하며 유지관리비가 적다.	• 개조 및 파괴가 곤란하다.
• 내구성이 우수하며, 압축강도가 높다.	• 인장강도가 작다(철근으로 보완).

- 시멘트풀 = 시멘트 + 물
- 모르타르 = 시멘트 + 모래 + 물
- 콘크리트 = 시멘트 + 모래 + 자갈 + 물

시멘트 저장에 필요한 창고면적(m^2)

$0.4 \times \dfrac{전체\ 포대수}{쌓은\ 포대수}$

2-2 굳지 않은 콘크리트의 성질 ★★

워커빌리티(Workability)	반죽질기에 따른 작업의 난이도 및 재료분리에 저항하는 정도. 시공 난이도
반죽질기(consistency)	반죽의 되고 진 정도
성형성(plasticity)	거푸집에 쉽게 다져 넣을 수 있고, 거푸집을 떼어내면 허물어지거나 재료분리가 일어나지 않는 성질
피니셔빌리티(finishability)	콘크리트 타설면을 마감할 때 작업성의 난이를 나타내는 아직 굳지 않은 콘크리트의 성질

슬럼프시험
굳지 않은 콘크리트의 반죽질기를 시험하는 방법으로 값이 적을수록 품질이 우수한 것이다.

2-3 굳어진 콘크리트의 성질

단위용적중량
2,300 ~ 2,400kg

압축강도
재령 28일 기준 100 ~ 400kg/cm^2

수밀성
물이 흡수나 침투하지 못하게 하는 성질

크리프(creep)
일정한 온도와 습도하에서 일정한 하중을 계속적으로 가하면 콘크리트의 소성변형이 증가

분리	재료의 선택이나 배합불량으로 워커빌리티가 불량할 때 콘크리트는 점성과 가소성이 적고 재료가 분리된다.
블리딩(bleeding)	아직 굳지 않은 콘크리트에서 혼합수가 시멘트 입자와 골재의 침강에 의해 윗 방향으로 떠올라 생기는 현상
레이턴스(Laitance)	블리딩 현상에 따라 콘크리트 표면에 떠올라 표면의 물이 증발하고 표면에 남은 것

슬럼프시험 기기

2-4 물시멘트비

물시멘트비(W/C)

시멘트풀의 농도를 나타내고 콘크리트 강도와 내구성을 지배하는 가장 중요한 요소이다. 물과 시멘트의 중량비로 나타낸다. 보통 40 ~ 70%의 범위이다. 수밀콘크리트는 50% 이하로 한다.

$$\frac{W}{C} = \frac{물무게}{시멘트무게} \times 100 = 40 \sim 70\%$$

물시멘트비가 커지면 강도저하, 재료분리, 수밀성저하, 응결지연, 크리프증대 등의 현상이 나타난다.

2-5 콘크리트 배합

용적배합	단위용적(1m³)당 각 재료의 비율을 부피에 의해 결정하는 것으로 간편하지만 오차가 있다. 보통 시멘트 : 모래 : 자갈의 비율을 1 : 2 : 4는 철근콘크리트, 1 : 3 : 6는 무근콘크리트에서 사용한다.
중량배합	단위용적(1m³)당 각 재료의 비율을 중량(무게)에 의해 결정하는 것으로 용적배합보다 더욱 정확하다.

2-6 콘크리트 혼화재료

사용목적	• 시공연도(워커빌리티)의 개선 • 응결, 경화의 촉진 또는 지연 • 재료분리 감소 • 마감면 품질향상 • 수밀성, 강도 증진	
종류	혼화재	• 성질개량 및 중량재로서 시멘트량의 5% 이상 사용하는 재료 • 플라이애시, 포졸란, 슬래그분말
	혼화제	• 시멘트량의 1% 미만으로써 약품적 성질 • 공기연행제(AE제), 응결경화 촉진제, 방수제, 발포제, 감수제, 방동제 등

핵심 KEY

- 콘크리트의 배합은 주로 용적배합이 쓰이지만, 시멘트는 무게로서 계량한다.
- 무근콘크리트는 철근을 넣지 않는 콘크리트를 말한다.
- 콘크리트의 혼화재료는 혼화재와 혼화제로 나뉘며, 차이점을 알아두도록 한다.

> **개념잡기**
>
> 굵은 골재의 최대치수, 잔골재율, 잔골재의 입도, 반죽질기 등에 따르는 마무리하기 쉬운 정도를 말하는 굳지 않은 콘크리트의 성질은?
>
> ① workability
> ② plasticity
> ③ consistency
> ④ finishability
>
> | | |
> |---|---|
> | 워커빌리티 (workability) | 반죽질기에 따른 작업의 난이도 및 재료분리에 저항하는 정도. 시공 난이도 |
> | 반죽질기 (consistency) | 반죽의 되고 진 정도 |
> | 성형성 (plasticity) | 거푸집에 쉽게 다져 넣을 수 있고, 거푸집을 떼어내면 허물어지거나 재료분리가 일어나지 않는 성질 |
> | 피니셔빌리티 (finishability) | 콘크리트 타설면을 마감할 때 작업성의 난이를 나타내는 아직 굳지 않은 콘크리트의 성질 |
>
> 정답 : ④

3. 골재

3-1 종류

잔골재

모래라고도 하며 5mm체에 전 무게의 85% 이상 통과하는 것

굵은 골재

자갈이라고도 하며 5mm체에 전 무게의 85% 이상 걸리는 것

천연골재

모래, 강자갈, 산모래, 산자갈, 천연경량골재(화산자갈) 등

가공골재

순돌, 부순모래, 인공경량골재 등

3-2 공극률과 실적률

비중

평균 2.6이며, 경량골재는 2.5 이하, 중량골재는 2.7 이상

단위무게

잔골재는 1,450 ~ 2,700kg/m^3, 굵은 골재는 1,550 ~ 1,850kg/m^3

공극률

골재의 단위용적(m^3) 중의 공극을 백분율(%)로 나타낸 값

실적률

골재의 단위용적(m^3) 중의 실적용적을 백분율(%)로 나타낸 값

공극률 + 실적률 = 100%

$$실적률(\%) = \frac{단위용적중량(ton)}{비중} \times 100$$

$$공극률(\%) = 100 - 실적률$$

3-3 골재의 함수상태★

절대 건조상태 (절건)	골재를 100~110℃의 온도에서 질량변화가 없어질 때까지 건조한 상태
공기 중 건조상태 (기건)	골재를 공기 중에 건조하여 내부는 수분을 포함하고 있는 상태
표면건조내부 포수상태(표건)	골재입자의 표면에는 물이 없으나 내부의 공극에는 물이 꽉차있는 상태
습윤상태	골재의 내부는 이미 포화상태이고, 표면에도 물이 묻어 있는 상태

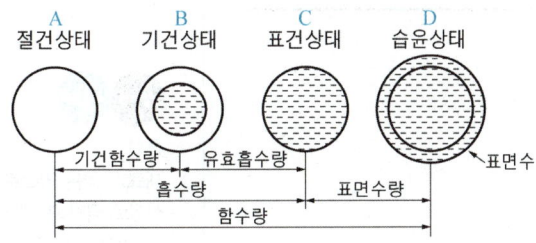

함수량	습윤상태무게 - 절건상태무게
흡수량	표건상태무게 - 절건상태무게
표면수량	습윤상태무게 - 표건상태무게
유효흡수량	표건상태무게 - 기건상태무게

- 함수율(%) = $\frac{함수량}{절건중량} \times 100$
- 흡수율(%) = $\frac{흡수량}{절건중량} \times 100$
- 표면수율(%) = $\frac{표면수량}{표건중량} \times 100$
- 유효흡수율(%) = $\frac{유효흡수량}{절건중량} \times 100$

> **개념잡기**
>
> 비중이 2.6인 골재 1m³의 무게가 2ton일 때, 공극률은?
>
> ① 77% ② 56% ③ 23% ④ 2%
>
> 실적률을 구한 후 공극률을 구하면 된다. 실적률은 2.0/2.6×100이므로 약 77%가 된다. 100%에서 77%를 빼면 약 23%가 공극률이 된다.
>
> 정답 : ③

05 기타재료

1. 금속재료

순철	탄소함유량 0.02% 이하, 기계적 성질이 낮고, 용접성이 우수
탄소강(강재)	탄소함유량 0.02 ~ 2.0%, 강도 및 인성이 높고 가공성이 우수
주철(선철)	탄소함유량 3.0 ~ 4.5%, 인성, 용융점이 낮고 유동성이 좋음
스테인레스강	• 최소 10.5 혹은 11%의 크롬이 들어간 강철 합금 • 내식성, 내마모성, 내화성, 내열성이 우수 • 강도가 크고 표면가공이 다양

1-1 비철금속

구리합금

황동(구리와 아연합금), 청동(구리와 주석합금)

알루미늄 합금

비중이 비교적 적고 강도가 높으며 전성과 연성이 풍부하다. 또한, 내식성이 뛰어나며, 주조가 용이하여 합금의 종류가 많다.

1-2 장·단점

장점	단점
• 광택이 좋고 재질이 균일 • 하중에 대한 강도 높음 • 전성과 연성, 가주성, 인성이 있음	• 불에 타지 않지만 열에 약함 • 색채와 질감이 차가운 느낌 • 화학적 결함(부식과 녹)

> **용어 정리**
>
> **전성**
> 재료가 얇은 막으로 펼쳐질 수 있는 성질로 금박이나 은박 등으로 가공할 수 있다.
>
> **연성**
> 탄성한계 이상의 힘을 받아도 파괴되지 않고 늘어나는 성질로 재료를 늘어뜨려 철사의 형태로 될 수 있다.
>
> **내식성**
> 부식에 견디는 능력이다.

1-3 철금속 제품

형강, 강봉, 강판, 철선, 와이어로프, 긴결철물 등

2. 도장재료

2-1 도장의 효과

- 물체의 보호(방습, 방청, 방식 등)
- 열과 전기전도성의 조절
- 생물부착 방지

2-2 종류

일반페인트	유성페인트	• 안료 + 건성유 + 건조제 + 희석제 • 내후성과 내마모성이 우수하고 건조 느림 • 알칼리에 약함
	에나멜페인트	• 안료 + 유성바니시 + 수지 에나멜 • 유성페인트와 유성바니시의 중간 성능 • 내후성, 내수성, 내열성, 내약품성 우수
	수성페인트	• 물 + 접착제 + 카세인 + 안료 • 건물내부용도, 내구성과 내수성이 약함
	에멀젼페인트	• 수성페인트 + 합성수지 + 유화제 • 수성페인트의 일종으로 발수성이 있음 • 내구성와 내수성이 있어 내외부 도장용
바니시		• 휘발성바니시 : 휘발성용제 + 수지류, 건조가 빠르고 내구성이 약함 • 유성바니시 : 지방유+수지류로, 건조가 느리고 내후성이 약함
래커		섬유소나 합성수지 용액에 수지, 가소제, 안료 따위를 섞은 도료로 건조가 빠르고 내유성, 내구성, 내수성 우수
녹막이도료		광명단(철재용), 징크로메이트계(알루미늄이나 아연철판용), 방청산화철도료, 그라파이트 도료, 워시프라이머 등
합성수지도료		• 건조가 빠르고 도막이 견고하며 내산성, 내알칼리성 • 페놀수지, 비닐계수지도료, 에폭시 수지도료, 아크릴수지 등

탄소강의 열처리

담금질	고온가열 후 물이나 기름에서 급랭(경도증가)
뜨임	담금질한 강철에 변태점 이하에서 가열 후 공기 중 냉각 (인성증대)
풀림	고온가열 후 노속에서 서냉 (연화)
불림	고온가열 후 공기 중에서 서냉 (강도증가)

2-3 시공 시 주의사항

- 바람이 강하게 부는 날은 작업하지 않는다.
- 온도 5℃ 이하, 습도 85% 이상은 작업하지 않는 것이 좋다.
- 칠하는 횟수를 구분하기 위해, 초벌, 재벌, 정벌의 색을 바꾸는 것이 좋다.
- 솔칠은 위에서 밑으로, 왼쪽에서 오른쪽으로 재의 길이 방향으로 한다.
- 도료는 직사광선을 피하고 환기가 잘 되는 곳에 보관한다.

2-4 도장별 공정 방법

목부 유성 페인트칠

바탕만들기 → 초벌칠 → 퍼티칠 → 연마 → 재벌칠 → 연마 → 정벌칠

철부 유성 페인트칠

바탕만들기 → 방청제 및 퍼티칠 → 연마 → 재벌칠 1회 → 연마 → 재벌칠 2회 → 연마 → 정벌칠

수성페인트

바탕만들기 → 바탕누름 → 초벌칠 → 연마 → 정벌칠

바니시

바탕만들기 → 초벌칠 → 연마 → 재벌칠 → 연마 → 정벌칠 → 마무리

방청제
녹을 방지하기 위한 도장재료(녹막이)

퍼티
유지 혹은 수지 등의 충전재를 혼합하여 만든 것으로 도장 바탕을 고르는 데 사용하는 재료

3. 미장재료

3-1 용도

구조재의 결함을 감추고 외벽을 보호하며 아름답게 하기 위한 재료로서, 모르타르, 회반죽, 벽토 등의 종류가 있다.

3-2 종류

모르타르	시멘트에 모래를 적당한 비율로 섞어 물로 갠 것을 말한다. 바닥이나 벽, 벽돌쌓기, 돌쌓기, 타일붙이기 등의 접착재료로 사용하며 주로 1 : 3(시멘트 : 모래)의 비율로 하며 중요한 곳은 1 : 2, 더 중요한 곳은 1 : 1의 비율로 하여 시공한다.
회반죽	소석회에 여물, 모래, 해초풀 등을 물에 섞어 이긴 것으로 흰색 매끄러운 표면을 만든다.
벽토	진흙에 고운 모래, 짚여물, 착색안료와 물을 혼합하여 사용하며 자연적 분위기를 살릴 수 있는 미장재료이다.

4. 기타재료

4-1 섬유재료

녹화마대	황마를 원료로 하여 만든 것으로 부피가 작고 운반이 용이하며 수간보호용으로 주로 사용한다.
새끼줄	뿌리분을 감거나 수간보호 시에 사용한다. 새끼줄의 단위는 속(束)으로 10타래가 1속이다.
볏짚	해충의 잠복소를 만들거나 월동조치 시에 사용한다.
밧줄	마 섬유를 꼬아 만든 것으로 수목의 이동 등에 쓰인다.

잠복소
수간에 볏짚을 둘러싸서 해충의 월동 장소를 제공하는 것으로 봄이 되면 떼어내 불태우는 방법으로 해충을 방제한다.

4-2 유리재료

유리는 규사와 탄산석회 등의 원료를 용융된 상태에서 냉각하여 얻는 재료로서 투광성, 성형성, 경도가 높고 재생성이 있어 다양하게 쓰인다. 조경시설에서는 온실, 환경조형물, 수족관의 수조 등으로 사용하며, 유리블록은 벽면이나 바닥포장용으로도 사용된다.

4-3 역청재료

이황화탄소에 녹는 물질을 말하며, 천연산과 인공역청재로 나뉜다. 아스팔트, 타르 등의 종류가 있으며, 아스팔트는 석유 원유의 성분 중에서 휘발성 유분이 대부분 증발하였을 때의 잔류물로 대표적인 역청재료이며 도로 포장재료로 주로 쓰인다. 타르는 석탄 가스와 코크스를 제조할 때 부산물로 얻어지는 콜타르로서 방부제, 방수재료, 호안재료, 줄눈재료 등으로 쓰인다.

4-4 물재료

- 동적인 이용 : 폭포, 분수, 벽천
- 정적인 이용 : 호수, 연못, 풀(pool)

개념잡기

벤치, 인공폭포, 인공암, 수목보호판 등으로 이용하기 가장 적합한 것은?

① 경질염화비닐관 ② 유리섬유강화플라스틱
③ 폴리스티렌수지 ④ 염화비닐수지

유리섬유강화플라스틱은 플라스틱의 단점을 보완한 것으로 강도가 높아 조경시설물에 많이 쓰인다.

정답 : ②

조경기능사 수목감별 표준수종 목록

순서	수목명	순서	수목명	순서	수목명	순서	수목명
1	가막살나무	31	돈나무	61	산벚나무	91	졸참나무
2	가시나무	32	동백나무	62	산사나무	92	주목
3	갈참나무	33	등	63	산수유	93	중국단풍
4	감나무	34	때죽나무	64	산철쭉	94	쥐똥나무
5	감탕나무	35	떡갈나무	65	살구나무	95	진달래
6	개나리	36	마가목	66	상수리나무	96	쪽동백나무
7	개비자나무	37	말채나무	67	생강나무	97	참느릅나무
8	개오동	38	매화(실)나무	68	서어나무	98	철쭉
9	계수나무	39	먼나무	69	석류나무	99	측백나무
10	골담초	40	메타세쿼이아	70	소나무	100	층층나무
11	곰솔	41	모감주나무	71	수국	101	칠엽수
12	광나무	42	모과나무	72	수수꽃다리	102	태산목
13	구상나무	43	무궁화	73	쉬땅나무	103	탱자나무
14	금목서	44	물푸레나무	74	스트로브잣나무	104	백합나무
15	금송	45	미선나무	75	신갈나무	105	팔손이
16	금식나무	46	박태기나무	76	신나무	106	팥배나무
17	꽝꽝나무	47	반송	77	아까시나무	107	팽나무
18	낙상홍	48	배롱나무	78	앵도나무	108	풍년화
19	남천	49	백당나무	79	오동나무	109	피나무
20	노각나무	50	백목련	80	왕벚나무	110	피라칸타
21	노랑말채나무	51	백송	81	은행나무	111	해당화
22	녹나무	52	버드나무	82	이팝나무	112	향나무
23	눈향나무	53	벽오동	83	인동덩굴	113	호두나무
24	느티나무	54	병꽃나무	84	일본목련	114	호랑가시나무
25	능소화	55	보리수나무	85	자귀나무	115	화살나무
26	단풍나무	56	복사나무	86	자작나무	116	회양목
27	담쟁이덩굴	57	복자기	87	작살나무	117	회화나무
28	당매자나무	58	붉가시나무	88	잣나무	118	후박나무
29	대추나무	59	사철나무	89	전나무	119	흰말채나무
30	독일가문비	60	산딸나무	90	조릿대	120	히어리

• 삭제 : 카이즈카향나무, 꽃사과나무
• 추가 : 스트로브잣나무, 풍년화, 오동나무

※ 해당 목록은 큐넷에 나온 기준으로 작성되었습니다.
※ 조경기능사 실기에서는 해당 표준목록 범위와 명칭 기준을 준수하여, 해당 120수종 범위에서 출제됩니다.
※ 수험자 답안 작성 시 해당 수목명으로 작성하여야만 정답으로 인정됩니다.

PART 04

조경시공

01 시공이론
02 부문별공사

 단원 들어가기 전

조경시공은 도면의 내용을 바탕으로 실제로 만들어 내는 것을 말한다.
조경공사는 토목, 건축, 기계, 전기공사 등과 병행하거나 후속공종으로 추진하게 되는데,
공종의 규모가 상대적으로 작고 다양한 특징이 있다.

CHAPTER 01

시공이론

KEYWORD 시공계획, 공정표, 공정관리, 품질관리, 원가관리, 표준시방서와 전문시방서, 감리, 시공주와 시공자, 직영공사와 도급공사, 일반경쟁입찰과 수의계약, 설계시공일괄입찰(턴키)

01 시공계획 및 관리

1. 시공계획 및 관리

1-1 시공계획

시공계획의 목표는 공사의 목적으로 하는 시설을 도면과 시방서에 따라서 공사기간 내 예산에 맞게 최소의 비용으로 안전하게 시공할 수 있는 방법 및 과정을 정하는 것이다. 보통 사전조사, 시공기술계획, 조달계획, 관리계획 등으로 이루어진다. 시공계획서에는 공사개요, 공정표, 현장조직표, 기계와 인원 동원계획, 자재반입계획, 품질관리계획, 환경/교통/안전계획, 가설구조물/설비계획, 가식장계획 등이 포함된다.
무엇보다 발주자가 제시한 계약조건, 현장의 공사조건, 기본공정표, 시공법과 시공순서 등이 검토할 중점 과제가 된다.

1-2 시공관리 ★

시공관리란 시공계획에 따른 실제시공의 기능상의 조정을 하는 모든 노력을 시공관리라고 한다. 공정관리, 품질관리, 원가관리가 3대 목적이다.

공정관리
공사 진행상황이 공정계획서대로 이루어지기 위해 공정 운영을 감독, 지도하는 것

품질관리
설계도서에 규정된 품질에 일치하고, 안정되도록 관리

저자 어드바이스

조경시공은 공종이 다양하고, 마무리 공사가 주를 이루며 생물을 다루는 점(규격 및 표준화가 곤란)이 다른 건축분야와의 차이점이다. 조경시공의 특징과 주요 내용 위주로 공부하는 것이 좋다.

시공주
주문자 및 발주자

시공자
발주자의 주문에 따라 공사를 완성하고 그 대가를 받는 자

감독관
발주자를 대신하여 공사현장을 총 지휘 감독하는 자로 대리인과 보조자도 포함

감리자
시공자 측의 자문에 응하고 설계도나 시방서대로 시공되는지를 확인하는 자

현장대리인
공사업자를 대리하여 현장에 상주하는 책임시공기술자. 현장소장

원가관리

공사를 경제적으로 시공하기 위해 재료비, 노무비, 현장경비 등의 회계관리

2. 시방서★★★

2-1 정의

설계도에 작성되지 않는 내용 즉, 공사비나 공사절차, 재료의 품질이나 검사 등 기타시공에 필요한 제반사항을 기록한 문서이다.

2-2 종류

표준시방서

시설물의 안전 및 공사시행의 적정성과 품질확보를 위한 표준적인 시공기준을 기재한다. 또한 공사의 명칭, 종류, 규모, 구조 등 시공상의 일반사항 및 도급자, 발주자, 시공기술자 등의 법적, 제약적, 행정적 요구사항을 기록한다.

전문시방서

특정한 공사의 시공 또는 공사시방서의 작성에 활용하기 위한 기준으로 특별(특기)시방서라고도 한다. 표준시방서 상에 명시되지 않은 사항을 보충하며, 표준시방서보다 우선 적용된다.

2-3 주요 기재사항

시공에 대한 주의사항, 시공방법의 정도와 완성정도, 시공에 필요한 각종 설비, 재료 및 시공에 관한 검사, 재료의 종류 및 품질

2-4 조경공사 시방서

- 감독관의 재량권에 관한 능력과 범위 및 감독관이 할 수 없는 문제에 대한 대응책 명시
- 검수 기준 명시(생물재료는 미달 규격품일지라도 계약 당시 규격의 10% 이내 검수가능)
- 안전사고 방지의 주의점 및 대응방안 명시
- 공사 후 뒤처리로 가설물과 청소 등에 관한 사항 명시
- 하자보증기간을 명시 및 제반사항 규정(하자보증기간 - 2년)

3. 공정계획

3-1 공정계획

각 공종별로 각각의 공정에 관하여 시공순서 및 시공기간을 결정하고, 총 공사시간 범위 안에서 시공속도의 균등배분, 공기 내의 완성을 목표로 한다.

3-2 공정표★

공종별로 시공순서를 정하고, 작업가능일수 및 1일 시공량을 고려하여 공정별 공사소요 기간을 도표화한 것이다.

막대 공정표(횡선식 공정표)	네트워크 공정표
(막대 공정표 그림)	(네트워크 공정표 그림)
작성이 용이하고 일목요연하다.	작성에 숙련도가 요구되며, 복잡하다.
작업간 상호관계가 불명확하다.	전체와 부분의 관련을 알기 쉽고, 작업간 상호관계가 명료하다.
합리성이 떨어진다.	설득력과 합리성이 높다.
수정 시 탄력성이 떨어진다.	수정 및 변경에 많은 시간이 요구된다.
간단한 공사나 시급을 요하는 공사	복잡한 공사나 대형공사

핵심 KEY
한 눈에 일목요연하고 편하게 사용할 수 있는 것은 횡선식 공정표이며, 복잡하지만 대형공사의 경우에 사용하거나 변경사항에 유연하게 대처할 수 있는 것은 네트워크 공정표이다.

4. 공사계약과 시공방식

4-1 공사계약

건설사업관계자★

발주자	사업의 인허가, 주민동의 등의 법적 책임 공사도급계약의 작성, 계약체결 및 공사대금 지불
설계자	발주자와 계약에 따라 기술적 서비스 제공
감리자	• 검측감리 : 설계도서대로 시공여부 확인 • 시공감리 : 설계도서대로 시공여부 확인, 공법변경 등 기술지도 • 책임감리 : 설계도서대로 시공여부 확인, 공법변경 등 기술지도, 발주자 공사감독 권한대행

시공자	발주자와 도급계약에 의해 설계도와 시방서에 따라 계약공기 내에 목적물을 완성
건설사업관리자	계획, 조사, 설계, 유지관리 등 건설사업 전 과정을 통해 공사비, 공사기간, 품질, 안전이 확보되도록 하는 역할

건설공사의 계약과정

발주방법 결정 → 입찰공고 → 현장설명 → 입찰 → 개찰 → 낙찰자 결정(낙찰자격 여부 심사) → 계약체결 → 계약이행 → 검사 → 대가지급

4-2 공사입찰방식 ★

일반경쟁입찰	일정자격(기술능력, 자본금, 시설, 장비)을 갖춘 불특정 다수의 희망자를 입찰경쟁에 참가시켜 가장 유리한 조건을 제시한 자를 낙찰자로 선정하여 계약 체결 • 장점 : 공정성과 저렴한 공사비 확보 • 단점 : 과다경쟁으로 인한 부작용 및 낙찰자의 신뢰부족
제한경쟁입찰	계약의 목적이나 성질 등에 따라 입찰참가자의 자격을 제한할 수 있도록 한 제도로 일반경쟁입찰과 지명경쟁입찰의 단점을 보완하고 장점을 취함 (지역 제한, 시공능력 또는 공사실적을 고려)
지명경쟁입찰	적합하다고 인정되는 특정 다수의 경쟁 참가자를 입찰 및 낙찰자로 결정한 후 계약체결 • 장점 : 경쟁자들의 신뢰가 확보되어 공정한 경쟁이 가능 • 단점 : 불공정한 담합이나 지명 고정의 부작용
제한적 평균가낙찰제	중소규모 공사를 대상으로 일정 예산금액 미만의 낙찰자 결정방법으로 낙찰 적격자가 2인 이상인 경우 입찰금액을 평균하여 평균금액에 가까운 금액으로 입찰한 자를 낙찰자로 결정하는 제도 • 장점 : 과도한 경쟁 방지, 적정이윤 보장 • 단점 : 기술개발 의욕의 위축과 계획적 수주활동에 지장
설계시공 일괄입찰 (턴키)	도급자가 금융, 토지조달, 설계, 시공, 기계기구설치, 시운전까지 발주자가 필요로 하는 모든 설계와 시공내용 일체를 조달하여 준공 후 인도할 것을 약정하는 입찰방식 • 장점 : 공정관리 용이, 공사비 절감 및 공기단축 • 단점 : 질적평가의 반영이 어려움, 중소건설업체의 육성을 저해, 응찰사의 과다한 설계비 지출
수의계약	공사예정 가격을 공개하지 아니한 가운데 견적서를 제출하게 함으로써 경쟁입찰에 단독으로 참가하는 방식이다. 소규모 공사나 특허공법에 의한 공사, 계약 목적가격이 소액인 경우 실시하며 경쟁계약에 대립되는 개념이다.

4-3 공사실시방식 ★★

직영공사	도급공사
발주자가 재료를 구입하고 기술인력을 일시적으로 고용하여 시공일체의 실무사항을 직접 처리하고 자신의 감독 하에 시공하는 방식 (발주자 = 시공자)	발주자가 일정 시공자에게 공사의 시행을 의뢰하는 것으로 도급계약을 체결하고, 도급자가 공사를 완성하여 발주자에게 인도하는 것
입찰경쟁의 폐단 방지 및 복잡한 행정절차 불필요, 책임소재 파악 및 공사감독의 곤란성 없음	전문성과 기술 확보 비용절감 면에서 합리적인 시공 가능
전문성 부족에 의한 공사지연 우려	책임소재 파악 불명확 공사변경 절차가 복잡하며 어려움
공사내용이 단순하고 시공과정이 용이할 때, 저렴한 노동력과 재료가 확보 가능할 때, 도급으로 단가를 정하기 곤란할 때 적정한 방법	시급한 준공을 필요로 할 때, 전문적인 인력과 기술적인 사항이 요구될 때 적정한 방법

일식도급	분할도급	공동도급
공사 전체를 도급자에게 맡겨 재료, 노무, 시공업무 일체를 일괄하여 시행 • 책임소재 명료, 공사관리 용이, 공사비가 절감되는 장점	공사 내용 세분 후 각각 도급자 선정 • 전문공종별, 공정별, 공구별, 직종별 분할 도급	도급주체가 여럿인 것으로 위험이 분산되며, 공사이행의 확실성이 보장 • 도급주체 간 이해충돌이 있을 수 있고, 임기응변 처리가 어려우며 하자책임이 불분명한 단점

4-4 도급금액 결정방식

총액도급	총공사비를 경쟁입찰에 붙여 최저가 입찰자와 계약을 체결하는 방식
단가도급	일정기간 시공과 관련한 재료 및 노력이 요구될 때 재료단가, 노력단가 또는 재료와 노력이 가해진 수량 및 면적, 체적단가만을 결정하여 공사를 도급 하는 방식
실비정산 보수가산도급	공사의 실비를 기업주와 도급자가 확인 정산하고, 시공자는 미리 정한 보수율에 따라 도급자에게 그 보수액을 지급하는 방법으로 보수가 보장되어 양심적인 시공과 신뢰 가능 공사 기일이 지연될 우려가 있고, 공사비 절감에 대한 노력이 부족한 단점

견적
적산에서의 수량에 단가를 곱한 것을 말하며 견적하는 사람의 입장과 견해에 따라 변할 수 있다.

공사비 계산서
공사를 시공하기 전에 설계도면을 기초로 하여 소요되는 예산을 산출한다.

설계서(내역서)
공사원가계산서와 공종별 내역서로 구분, 소수점을 사용하지 않는다.

> **개념잡기**
>
> 공사 전체를 한 도급자에게 위탁하는 도급방법은?
>
> ① 일식도급 ② 분할도급
> ③ 단가도급 ④ 실비도급
>
> 공사를 공종별, 공구별 등으로 나누어서 도급하는 것은 분할도급, 전체를 한 도급자에게 위탁하는 것은 일식도급이다.
>
> 정답 : ①

02 적산

1. 수량계산의 기준 및 할증률

1-1 용어정의

적산

공사에 필요한 모든 경비를 계산하는 것을 말한다. 공사에 소요되는 재료, 노무의 수량, 단가 등을 계산하는 것으로 사용자재의 종별, 수량 및 품질, 소요시간 등을 조사하고 각각의 단가에 자재량 및 노동량을 곱하여 금액을 산출하는 과정을 모두 포함한다.

품셈

단위공사에 필요한 재료의 수량 및 노무 공량을 셈하는 것을 말한다. 국토교통부에서 표준품셈을 제정하여 시행한다.

견적

적산에서의 수량에 단가를 곱한 것을 말한다.

일위대가표

단위 목적물 1개에 소요되는 재료비, 노무비, 경비를 산출해 낸 것을 말한다.

1-2 수량의 종류

설계수량	실시설계 및 상세설계에 표시된 재료 및 치수에 의하여 산출된 수량 (설계도면상의 수량)
계획수량	설계도에 명시되어 있지 않으나 시공현장 조건에 따라 시공계획 수립상 소요되는 수량
소요수량	설계수량과 계획수량의 산출량에 운반, 저장, 가공 및 시공과정에서 발생되는 손실량을 예측하여 부가한 할증수량(공사비 계산서에 사용)

1-3 수량계산의 기준

- 수량의 단위는 M, K, S(meter-kilogram-second) 사용
- 단위 및 소수위는 표준품셈 단위표준에 의거
- 수량계산은 지정 소수위 이하 1위까지, 끝수는 4사5입
- 계산에 쓰이는 분도는 분까지, 원주율, 삼각함수의 유효숫자는 세자리까지
- 면적 등의 계산은 보통 수학공식에 의하는 것 외에 좌표면적계산법, 삼사법 또는 구적기(planimeter)에 의한다. 다만, 구적기 사용 시 3회 이상 측정하여 평균값을 취함
- 체적계산은 의사공식에 의함을 원칙으로 하나 토사의 체적은 양단면평균값에 거리를 곱하여 산출
- 다음의 체적과 면적은 구조물의 수량에서 공제하지 않는다.
  볼트의 구멍, 모따기, 물구멍, 이음줄눈의 간격, 포장공종의 1개소당 0.1m² 이하의 구조물 자리, 철근콘크리트 중의 철근
- 절토량은 자연상태의 설계도의 양으로 함.

절토
흙을 깎아내는 것을 말하며, 흙의 상태는 다져진 상태, 자연 상태, 흐트러진 상태로 나누어 진다.

1-4 재료 및 금액의 단위

재료의 단위

종목	단위	소수
공사면적	m²	1위
모래, 자갈, 모르타르, 콘크리트	m³	2위
목재	m³	3위

금액의 단위

종목	단위	지위	비고
설계서의 총계	원	1,000	이하 버림 (단, 만 원 이하일 때 100원 이하 버림)
설계서의 소계	원	1	미만 버림
설계서의 금액	원	1	미만 버림
일위대가표의 총계	원	1	미만 버림
일위대가표의 금액	원	0.1	미만 버림

할증률(%)

재료		할증률	재료	할증률
목재	각재	5	도료	2
	판재	10	원형철근	5
	일반용합판	3	이형철근	3
	수장용합판	5	강판	10
타일		3	강관	5
경계블록		3	조경용잔디	10
벽돌	붉은벽돌	3	조경용수목	10
	내화벽돌	3	재료비 = 단가×총 소요량 (할증률 포함)	
	시멘트벽돌	5		

원형철근(KS R3504)

표면에 리브와 마디의 돌기가 없음

이형철근(KS D3504)

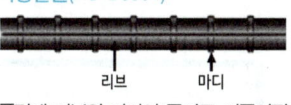

표면에 리브와 마디의 돌기로 이루어짐

2. 공사원가계산서★

총공사원가	순공사원가	재료비	• 직접재료비 : 공사 목적물의 기본 구성요소의 비용 • 간접재료비 : 공사에 보조적으로 소요되는 비용 (지주목, 거푸집, 동바리, 전정가위 등)
		노무비	• 직접노무비 : 직접작업에 참여하는 인부의 노임 • 간접노무비 : 현장에서 보조로 종사하는 감독자 등에게 드는 비용(직접노무비의 15% 이내)
		경비	수도광열비, 도서인쇄비, 산재보험료, 안전관리비, 기계경비, 전력비, 운반비, 소모품비, 통신비, 가설비, 연구개발비, 기술료, 특허사용료 등
	일반관리비		순공사원가×비율(5~6%) = 회사가 사무실 운영에 드는 비용
	이윤		(순공사원가+일반관리비-재료비)×15%
	세금		총원가×10%

3. 표준품셈과 일위대가표

3-1 조경공사 표준품셈〈예시〉

굴취('13, '19년 보완) (10주당)

구분	단위	수량(나무높이)			
		0.3m 미만	0.3 ~ 0.7m 이하	0.8 ~ 1.1m 이하	1.2 ~ 1.5m 이하
조경공	인	0.07	0.14	0.22	0.34
보통인부	인	0.01	0.03	0.04	0.06

[주] ① 본 품은 근원부에서 분지되어 다년생으로 자라는 관목수종에 적용한다.
② 본 품은 분 보호재(녹화마대, 녹화끈 등)를 활용하여 분을 보호하지 않은 상태로 굴취되는 작업을 기준으로 한 것이다.
③ 나무높이가 1.5m를 초과할 때는 나무높이에 비례하여 할증할 수 있다.
④ 나무높이보다 수관폭이 더 클 때는 그 크기를 나무높이로 본다.
⑤ 굴취수목의 운반을 위하여 운반로를 개설하여야 하는 경우에는 그 비용을 별도 계산한다.
⑥ 녹화마대, 녹화끈을 사용하여 분을 보호할 경우 '[공통부문] 4-3-2 굴취(나무높이)'를 적용한다.
⑦ 굴취 시 야생일 경우에는 굴취품의 20%까지 가산할 수 있다.

개념잡기

조경공의 1일 노임단가가 169,758이고, 보통인부의 노임단가는 125,427원이다. 위 표를 참고하여 무궁화(H0.5×W0.5) 20주의 굴취품을 구하면?

① 약 55,000원   ② 약 27,500원
③ 약 50,000원   ④ 약 100,000원

조경공사 표준품셈 〈예시〉 표의 수량에 따르면 관목 10주당 조경공은 0.14인이, 보통인부는 0.03인이 필요하다. 따라서 각각의 노임단가에 곱하여 더하면 총 굴취품이 나온다. 거기에 20주의 수량이므로 2배를 곱하면 된다.
[(169,758×0.14) + (125,427×0.03)]×2 = 55,057.86이다.
답은 ①이 가장 근사치이다.

정답 : ①

3-2 일위대가표〈예시〉

잣나무(H3.0×W1.5) 식재

공종 (수종)	규격	단위	수량	합계 단가	합계 금액	노무비 단가	노무비 금액	재료비 단가	재료비 금액	경비 단가	경비 금액
잣나무	H3.0×W1.5	주	1.1	50,000	50,000			50,000	50,000		
조경공	특별인부	인	0.51	87,542	44,656	87,542	44,656				
보통인부	보통인부	인	0.3	66,662	19,986	66,662	19,986				
지주목	PE	EA		55,800	55,800			55,800	55,800		
합계				260,004	170,442	154,204	64,642	105,800	105,800		

H는 수고, W는 수관폭을 나타내는 기호이다. 모두 m를 단위로 하며 표시는 생략한다. 조경수목의 규격은 표준품셈상 정하는 것을 기준으로 하는데, 대체로 다음과 같다.

H×W	상록교목류, 관목류
H×R	대부분 낙엽교목류 만경목
H×B	일부 낙엽교목류

CHAPTER 02
부문별공사

KEYWORD 지형도, 등고선, 계곡과 능선, 평판측량, 측량의 3요소, 절성토, 더돋기, 량변화율, L값과 C값, 중력식옹벽, 캔틸레버옹벽, 부벽식옹벽, 명거와 암거, 혼화재와 혼화제, 한중콘크리트와 서중콘크리트, 슬럼프 시험, 메쌓기와 찰쌓기, 켜쌓기와 골쌓기, 조도

01 조경시설물공사

1. 지형 및 토공

1-1 지형도와 등고선 ★

지형 표시법에는 음영법, 점고법, 등고선법이 있으며 일반적인 지형도는 등고선으로 땅의 높낮이를 나타내며 수계, 교통로, 취락, 지명 등이 표시되어 있다. 대축척은 1 : 1,000 이상, 중축척은 1 : 1,000 ~ 1 : 10,000, 소축척은 1 : 10,000 이하의 지도이다. 축척에 따라 등고선의 간격이 달라진다.

축척 등고선	1 : 5,000	1 : 25,000	1 : 50,000	정의	비고
계곡선	25m	50m	100m	주곡선 5개마다 표시한 굵은 실선	굵은 실선
주곡선	5m	10m	20m	지형을 표현한 주실선	가는 실선
간곡선	2.5m	5m	10m	주곡선의 1/2간격으로 표시	가는 파선
조곡선	1.25m	2.5m	5m	간곡선의 1/2간격으로 표시	가는 점선

등고선의 성질 ★★

- 등고선은 지표면상의 어느 수평면을 자른 면이기 때문에 반드시 폐곡선이다.
- 등고선은 도면 안팎에서 소실되지 않고, 다른 등고선과 교차하지 않는다.
  예외) 산정, 요지, 동굴, 절벽 등

저자 어드바이스

조경공사는 공종이 다양하기 때문에 시험에서 다루는 범위도 넓다. 조경공사는 측량에서부터 시작하여 지반조성 - 가설공사 - 지하매설물 설치 - 시설물공사 - 식재공사 순으로 이루어진다.

등고선
면의 위나 밑으로 동등한 고저의 모든 점을 연결하여 평면 위에 그려진 선을 말한다.

- 급경사지는 간격이 좁고, 완경사지는 간격이 넓다.
- 등경사지에서는 등고선의 간격이 같다.
- 등고선이 저위부에 밀집, 고위부에서 간격이 멀어지면 철사면, 등고선이 고위부에 밀집, 저위부에서 간격이 멀어지면 요사면이다.
- 숫자가 높은 쪽으로 구부러지면 계곡이며, 낮은 쪽으로 구부러지면 능선이다.

등고선에서 '현애'란 절벽을 의미한다.

1-2 측량

측량은 지면상 여러 점들의 위치를 결정하고 이를 수치나 도면으로 나타내거나 현지에서 측정하는 것을 말하며 모든 조경공사의 기초가 된다.

평판측량

평판측량의 3요소	정준(정치)	기계를 수평으로 세우는 것
	치심(구심)	지상의 측점과 도상의 측점을 일치시키는 것
	표정(정위)	남북방향을 맞추는 것으로 평판을 일정한 방향에 따라 고정시키는 작업(오차가 가장 큼)
평판측량 방법	방사법	장애물이 없을 때 한 번에 세워 하는 방법으로, 비교적 좁은 구역이나 세부측량에 이용한다.
	전진법	장애물이 많아 한 번에 측량이 불가능할 때, 측점에서 측점으로 차례로 방향과 거리를 관측하여 전진하면서 도상에 트래버스를 만들어가면서 측량한다.
	교회법 (교선법)	측량구역의 내외에 적당한 기준점(기지점)을 취하여 기선을 만들어 그 양단의 기준점으로부터 각 측점 또는 지형지물을 시준하여 그 방향선의 교점에 의하여 측점의 위치를 결정하고 도시하는 방법이다. 전방교회법, 측방교회법, 후방교회법 등이 있다.

정지계획의 목적
- 자연배수로의 조성
- 안전성 확보
- 방음 및 방풍 프라이버시 보호
- 식물생육에 부적절한 지하상태 개선
- 운동장, 건물, 노단 등과 같은 평평한 부지 조성
- 계곡, 능선, 비탈면, 급경사 등 불리한 지형 교정

핵심 KEY

정지작업 시 절토지역이 성토지역에서 멀수록 운반비가 증가하여 전체적인 공사비가 증가하게 된다. 따라서 시공기준면을 중심으로 흙깎기와 흙쌓기의 균형을 맞추어 별도의 사토나 취토가 없도록 하는 것이 매우 중요하다.

수준측량(고저측량, 레벨측량)
- 여러 점의 표고 또는 고저차를 구하거나 목적하는 높이를 설정하는 측량으로, 평균 해수면을 기준으로 한다.
- 레벨, 함척, 줄자 등이 사용된다.

항공사진측량

시설비용이 많이 들어 좁은 지역의 측량에서 보다 넓은 지역의 측량에서 효율적이며, 동적인 대상물의 측량이 가능하다. 분업화에 의한 작업능률성이 높고, 축척변경이 용이한 장점이 있다.

사토	토공에서 흙을 버리는 일
취토	용토가 부족할 경우 흙을 채취하는 일

1-3 토공용어

토공
흙일이라는 뜻으로, 시설물 시공 및 부지 정지 작업을 위해 흙의 굴착, 싣기, 쌓기, 다지기 등 흙을 대상으로 하는 모든 작업을 말함

절토
흙을 파내는 작업이나 흙을 깎아 내는 일로 굴삭, 굴착이라고도 함

준설
수중에서 토사나 암반을 굴착하는 작업

절취
시설물의 기초를 다지기 위해 지표면의 흙을 약 20cm 정도만 걷어내는 작업

터파기
절취 이상의 땅을 파내는 작업

성토
흙을 쌓는 작업

더돋기(여성고)
성토 시에 침하에 의하여 계획한 높이를 유지하기 위해 더돋기를 실시한다. 토질이나 성토높이, 시공방법 등에 따라 차이가 있으나 일반적으로 10% 내외이다.

마운딩
경관의 변화, 방음이나 방풍의 목적으로 흙을 쌓아 동산을 만드는 것

매립
수중에서의 성토, 저지대에 상당한 면적으로 흙을 넣어 메우는 것

축제
하천 제방이나 도로, 철도 등과 같이 긴 형태의 성토

정지
부지 내에서의 성토와 절토를 말함

전압
흙이나 포장 재료를 롤러로 굳게 다지는 일

잔토처리
터파기 후에 기초와 되메우기 흙을 묻고 남은 잔여 흙의 처리를 말하며, 잔여 토량을 잔토처리량이라고 함(터파기체적 - 되메우기체적 = 잔토처리량)

1-4 부지정지공사

토공사의 안정
흙을 무너지게 하는 힘은 자중과 외력이고 이에 저항하는 힘은 점토의 경우는 점착력, 사토의 경우는 내부마찰각이다. 흙깎기와 흙쌓기의 비탈 안정을 위해서는 비탈 경사를 그 흙의 안식각보다 작게 하는 것이 좋다.

비탈면 경사★★
비탈면 경사는 수직높이 1에 대한 수평거리 n의 비율을 말하며, 보통 토사에서 흙깎기 비탈면은 1 : 1, 흙쌓기 비탈면의 경우에는 1 : 1.5의 경사로 한다.

또는 % 경사로 나타낼 수 있는데 $\dfrac{수직거리}{수평거리} \times 100$의 공식으로 구할 수 있다.

1 : n	1 : 1	1 : 2
%표시	100%	50%

> **참고**
> 품에서 포함된 것으로 규정된 소운반 거리는 20m 이내의 수평거리이며, 20m를 초과하거나 경사지의 경우 품이 첨가된다.

개념잡기

수직고가 20m, 수평거리는 30m일 때, 1 : n으로 경사면을 표시한 방법으로 옳은 것은?

① 1.5 : 1 ② 1 : 15
③ 15 : 1 ④ 1 : 1.5

수직거리 : 수평거리 = 20 : 30의 비율을 1 : n으로 바꾸면 1 : 1.5가 된다. 정답 : ④

토공기계

작업종류	토공기계
굴착	• 파워셔블 : 지면보다 높은 곳의 흙을 굴착, 경질의 흙 가능 • 드래그라인 : 연약지반, 수중굴착, 기계보다 낮은 곳 굴착 • 백호우 : 지면보다 낮은 곳의 흙을 굴착, 식혈공사 • 크램쉘 : 연약지반굴착 • 스크레이퍼 : 광범위한 성토와 정지작업, 굴착, 적재, 운반, 흙깔기, 흙다지기 가능 • 불도저 : 굴착 및 운반, 정지작업
적재	로더(무한궤도식, 차륜식)
정지	모터그레이더, 불도저
운반	크레인, 트럭크레인, 덤프트럭, 지게차, 체인블록
다짐	탬퍼, 컴팩터, 롤러

1-5 토적계산

양단면평균법	$V = \dfrac{L(A_1 + A_2)}{2}$	

토량변화율 ★

L (흐트러진 후의 토량 증가율)	C (다져진 후의 토량 감소율)
$L = \dfrac{\text{흐트러진 상태의 토량}(m^3)}{\text{자연상태의 토량}(m^3)}$	$C = \dfrac{\text{다져진 상태의 토량}(m^3)}{\text{자연상태의 토량}(m^3)}$

토량의 체적 변화율

종류	L	C	종류	L	C
경암	1.70 ~ 2.00	1.30 ~ 1.50	모래질흙	1.20 ~ 1.30	0.85 ~ 0.90
연암	1.30 ~ 1.50	1.00 ~ 1.30	점질토	1.25 ~ 1.35	0.85 ~ 0.95

모래질흙의 경우 L값이 1.20 ~ 1.30이고, C값은 0.85 ~ 0.90이다. 이것은 자연상태의 모래질흙 1m³을 파내어 놓으면 흐트러져서 1.2m³ ~ 1.3m³이 되며, 이를 다져 놓으면 0.85m³ ~ 0.9m³ 정도가 된다는 것이다.

핵심 KEY

흙의 부피는
다져진 상태(H) < 자연상태(N) < 흐트러진 상태(S) 순이다.

> **개념잡기**
>
> 성토 4,500m³을 축조하려 한다. 토취장의 토질은 점성토로 토량변화율은 L = 1.20, C = 0.90이다. 자연상태의 토량을 어느 정도 굴착하여야 하는가?
>
> ① 5,000m³ ② 5,400m³
> ③ 6,000m³ ④ 4,860m³
>
> 다져진 상태의 4,500m³의 흙을 조성하기 위해서는 다져지기 전 자연상태의 토량이 얼마만큼 필요한가를 묻는 문제이다. 자연상태의 토량을 A라고 한다면, A에 C값을 곱해서 4,500m³이 되어야 한다.
> A×0.9 = 4,500m³이므로, A = 5,000m³
>
> 정답 : ①

1-6 비탈면 보호공법

식물에 의한 보호공법

떼심기	비탈면에 떼를 심어 녹화하는 방법이며 평떼, 줄떼 등을 시공한다.
종자뿜어붙이기 (hydroseeding)	종자, 비료, 섬유소, 색소 등을 섞어서 분사하는 방법으로 급경사지나 빠른 피폭을 위한 곳에 시공한다.
비탈면 식수공법	식혈과 객토를 하여 유묘나 성묘를 식재하는 방법으로 낮은 경사면에서 시공이 가능하다.
식생블록 및 식생자루 공법	식생블록과 식생자루(비료, 토양, 종자 포함)를 이용하여 경사면을 녹화하는 방법이다.

옹벽

종류	특징
중력식옹벽	• 옹벽의 자체중량으로 안정 유지 • 기초지반이 양호한 곳, 높이 3m 이하에 적용
캔틸레버옹벽	자중과 저판위의 토압으로 안정 • L형 : 앞굽을 길게 사용할 수 없을 경우, 높이 6m 이하에 적용 • 역T형 : L형에 비해 저판을 작게 할 수 있고, 높이 4~6m에 적용
부벽식옹벽 (부축벽옹벽)	중력식과 캔틸래버를 조합한 형태로 높이 6~10m에 적용 • 앞부벽식 : 부벽을 앞에 설치 • 뒷부벽식 : 부벽을 토압을 받는 뒤쪽에 설치
조립식옹벽	조립식 다공질 콘크리트 블록을 사용

참고

중력식옹벽
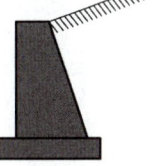

캔틸레버옹벽
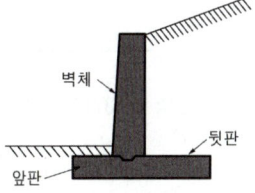

앞부벽식옹벽
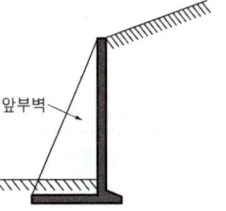

뒷부벽식옹벽
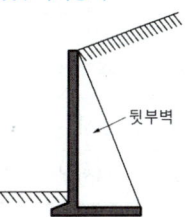

2. 관·배수공사

2-1 배수공사

배수방법

- 표면배수 : 지표면으로 물이 흐르는 경사를 두어 배수
- 명거배수 : 배수구를 지표면에 노출하는 것으로 조약돌형, 콘크리트형 측구 등이 있음
- 암거배수 : 배수관을 지하에 매설하여 배수관으로 배수
- 심토층배수 : 심토층에서 유출되는 물을 유공관이나 자갈층의 형성으로 배수

배수계통★

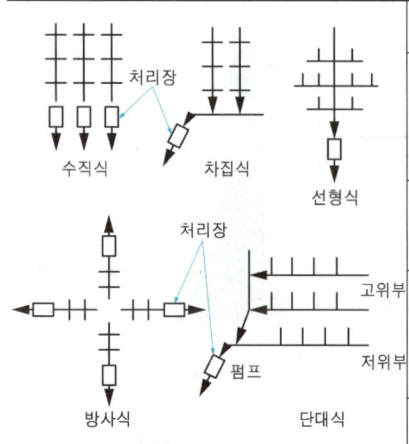

직각식 : 강으로 바로 연결, 소형관거
차집식 : 오수와 우수의 분리식으로 비올 때는 하천으로 방류하고 맑은 날에는 차집구로 하류에 위치한 하수처리장으로 유하시킴
선형식 : 지형이 한 방향으로 경사져 있을 때, 규칙적인 경사지에 설치
방사식 : 지형이 광대해서 한 곳으로 모으기 곤란할 때 배수지역을 분산하며, 경비가 절약되지만 처리장이 많이 필요
집중식 : 주로 저지대 배수처리에 사용

유공관
구멍이 뚫린 관

벙어리암거
맹암거라고 하며 지하에 도랑을 파고 모래, 자갈, 호박돌 등으로 공극을 만들어 물이 스며들어 배수하는 것으로 배수관을 설치하지 않는다.

암거배수망의 배치형태★

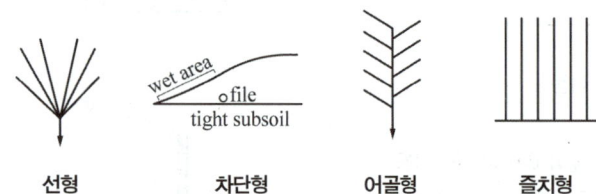

어골형	평탄지에서 전지역 균일배수를 요구하는 곳에 중앙에 큰 암거를 설치하고 좌우에 작은 암거를 연결시키는 형태
즐치형 (평행식)	주선에 지선을 직각방향으로 일정간격을 두고 평행하게 배치, 평탄지의 균일배수
선형	주관과 지관의 구분없이 같은 크기의 관을 하나의 지점으로 집중
차단형	경사면, 도로의 법면에 사용
자연형	완전배수가 필요치 않은 곳, 공원 등

배수관의 설치
- 동결심도 이하에 최저유속 0.6m/s
- 최소관경 : 오수관 200mm, 우수관거 250mm 이상

2-2 관수공사

관수는 식물생장에 중요한 습기가 유지되도록 수분을 인위적으로 공급하는 것이다. 수동적인 방법으로 지표관수법이 있지만 효율이 낮으며 주로 자동식 관수법을 이용한다. 살수식과 점적식이 대표적인 자동식 관수법이다.

살수기기의 장점 및 종류

살수기는 균일한 관수가 가능하며, 용수의 효율이 높다. 또한 농약과 비료를 동시에 살포 가능하며, 먼지나 공해물질을 식물표면에서 씻을 수 있는 장점이 있다. 살수기의 종류는 분무식, 회전식, 회전입상(팝업)식 등이 있다. 팝업살수기는 지하부에 있는 회전장치가 지상부로 10cm 정도 상승하여 작동하고 작동이 끝나면 원위치로 돌아가기 때문에 시각적으로 우수하다.

점적식 관수

수목의 뿌리 부분이나 지정된 지역의 지표나 지하에 특수한 구종의 점적기(emitter)구멍을 통해 정해진 일정 수량을 일정 시간동안 관수할 수 있는 방법으로, 용수의 이용 효율이 매우 높다.

3. 콘크리트공사

3-1 구성재료★

시멘트
1포대 40kg이며 1m³의 무게는 1,500kg이다. 비중은 3.05 ~ 3.150이다.

골재
잔골재는 모래, 굵은 골재는 자갈로 지름 25 ~ 40mm인 것이 주로 이용되며, 구형에 가까울수록 좋으며, 굳은 시멘트풀보다 강도가 높은 것이 좋다.

혼화재료
시멘트 물, 골재 이외에 필요에 따라 넣은 제4요소로서 성능개선 및 시공비 절감 등의 목적으로 사용되는데 크게 혼화재와 혼화제로 나뉜다.

혼화재	• 성질개량 및 중량재로서 시멘트량의 5% 이상 사용하는 재료	
	포졸란	콘크리트의 수밀성, 내구성, 장기강도 등을 높이고 수화열을 저하시킨다. 화학저항성이 커진다.
	플라이애시	미분탄 연소 시 보일러의 연소 가스로부터 집진기로 채취한 재이다. 조기강도는 낮으나 수화열이 감소되어 장기강도가 커지고 수밀성이 커지며 단위수량을 감소시킨다.
	슬래그	용광로에서 생성된 광재로 내해수성 및 내화학성이 강하고 장기강도를 증진시킨다.
혼화제	• 시멘트량의 1% 미만으로써 약품적 성질	
	AE제 (공기연행제)	• 동결융해저항성 증가 • 워커빌리티 개선(균일분포) • 단위수량 감소 • 수밀성 향상 • 발열량 감소 • 강도와 부착력이 저하될 수 있음
	응결경화촉진제	염화칼슘, 염화마그네슘, 규산소다 등
	감수제(분산제)	• 워커빌리티를 개선하는데 필요한 단위수량이 감소된다. • 유동성 향상, 골재분리가 적고 내구성이 증대된다.
	방수제	흡수성을 감소시키고 수밀성이 증대된다.
	지연제	여름철이나 장기간 공사 등에서 사용된다.

3-2 시공순서

배합 - 비비기 - 운반 - 치기 - 다지기 - 양생

배합	• 중량배합과 용적배합이 있으며, 주로 용적배합 이용 1 : 2 : 4는 일반 철근콘크리트, 1 : 3 : 6은 무근콘크리트 구조 • 시멘트양을 표준량보다 많이 넣는 배합을 부배합이라고 하며, 강도가 저하된다. 빈배합은 시멘트양을 표준량보다 적게 넣는 배합이다. • 물시멘트비는 콘크리트 강도와 내구성 및 수밀성의 중요 요소로 40 ~ 70%로 한다.
비비기	• 손삽비비기 : 설비가 간단하고 이동이 용이하나 부정확하고 기계비비기 보다 강도나 정밀도가 떨어진다. • 기계비비기 : 혼합기(mixer)에 의한 비비기로 콘크리트 재료를 1회분씩 혼합하는 배치믹서(batch mixer)를 사용하며, 1회 비빔양을 1배치(batch) 라고 한다.

참고

표준량보다 시멘트를 많이 배합하게 되면, 균열이 커지고, 강도는 저하된다.

운반	근거리 운반에는 일륜차나 이륜차를 이용하고, 대규모 운반에는 슈트나 벨트 컨베이어, 콘크리트 펌프를 이용한다. • 레미콘(ready mixed concreate) : 운반시간 1시간 이내로 한다.
치기	• 콘크리트를 거푸집 안에 넣는 것을 콘크리트 치기라고 한다. • 콘크리트를 치기 전에 거푸집 내부를 청소하고 물이나 박리제를 칠해 분리가 편하도록 한다. • 비비기에서 치기까지 작업과정은 1시간 이내로 한다. • 콘크리트를 부어 넣는 순서는 먼 곳부터 가까운 곳 순서로 한다. • 계획된 작업구역 내에서는 연속붓기를 한다. • 재료분리가 생겼을 때에는 물을 넣지 않고, 재비빔을 한다. • 콘크리트 반죽을 1.5m 이상에서는 떨어트리지 않으며, 거푸집 안에 고르게 평평하게 넣도록 한다. • 30℃ 이상이나 4℃ 이하는 치지 않는 것이 좋다.
다지기	• 인력다지기 : 진동기나 강재의 다짐대를 이용하여 찔러 다진다. • 기계다지기 : 진동기를 이용하여 20~30초씩 진동을 주어 다진다.
양생	양생이란 콘크리트를 쳐서 수화작용이 충분히 되도록 보존하는 것을 말한다. 보통 포틀랜드 시멘트의 경우 응결은 1시간 이후에 시작하여 10시간 이내에 끝난다. 양생기간은 재령(age)이라고 한다. • 일반적으로 습윤양생을 많이 사용하나, 피막양생, 증기양생, 전기양생 등의 방법이 있다.

3-3 슬럼프시험★

반죽의 질기를 측정하는 방법이며, 슬럼프 콘에 콘크리트 반죽을 10cm씩 3번 나누어 3단으로 넣고 다진 후 시험기를 수직으로 들어 빼낸 다음 무너진 높이를 잰다. 이 값을 슬럼프 값이라고 하며, 슬럼프 값이 적을수록 품질이 좋은 콘크리트이다.

3-4 거푸집 소요재료

격리제(separater)	거푸집 상호간의 간격 유지
긴장재(form tie)	콘크리트를 부었을 때 거푸집이 벌어지거나 우그러지지 않도록 연결
간격재(spacer)	철근과 거푸집간의 간격 유지
박리제(form oil)	콘크리트와 거푸집의 분리를 용이하게 미리 바르는 것

3-5 한중 콘크리트와 서중 콘크리트

한중 콘크리트	하루 평균기온 4℃ 이하 (저온기)	응결촉진제	가열 보온 양생
서중 콘크리트	하루 평균기온 25℃ 초과 (고온기)	응결지연제	쿨링 양생

4. 돌쌓기와 놓기

4-1 돌쌓기 공사

자연석 무너짐 쌓기

연못의 호안이나 정원과 같은 곳에 흙의 붕괴를 방지하고 경사면을 보호하며, 시각적으로도 조화를 이룰 수 있도록 자연스럽게 돌을 쌓는 것을 말한다. 주로 돌 사이 빈틈에 회양목이나 철쭉과 같은 관목류나 초화류를 이용하여 돌틈 식재를 하도록 한다.

기초 부분은 터파기하여 콘크리트 기초를 하며, 기초석을 놓고 크고 작은 돌이 잘 어울리도록 중간석과 상석을 배치하며 쌓아간다. 쌓을 때 큰 돌을 아래에 놓으며, 윗면은 수평선이 되도록 쌓는다.

호박돌 쌓기

자연스러운 멋을 내고자 할 때 사용하며, 안정성이 떨어지기 때문에 규칙적인 모양으로 쌓고, 굄돌을 잘 넣고 찰쌓기를 한다. 십자 줄눈을 피하여 시공한다.

| 자연석 무너짐 쌓기 | 호박돌 쌓기 |

마름돌 쌓기 ★

- 쌓는 모양에 따라

켜쌓기	골쌓기	막힌줄눈	통줄눈

- 모르타르 사용 여부에 따라

메쌓기	• 모르타르나 콘크리트를 사용하지 않음 • 굄돌을 고인 후, 잡석과 자갈 등의 골재로 뒤채움 • 배수가 잘 되지만 견고하지 못하여 높이에 제한 • 표준기울기는 1 : 0.3
찰쌓기	• 줄눈에 모르타르를, 뒤채움에 콘크리트를 사용 • 견고하나 배수가 불량해지면 토압 증가 우려 • 2 ~ 3m^2마다 배수관 설치 • 표준기울기는 1 : 0.2

마름돌
일정한 치수의 크기로 다듬어 놓은 돌을 말하며, 견치석, 각석 등이 있다.

삼재미
하늘(天), 땅(地), 사람(人)이 잘 조화될 때의 아름다움

4-2 경관석 놓기 ★

- 경관상 초점이 되거나 강조하고 싶은 장소에 자연석을 한 개 또는 몇 개를 조로 배치하여 감상하는 돌을 말한다.
- 단독으로 놓을 때는 위치, 높이, 길이, 중량감 등을 고려하도록 한다.
- 몇 개를 어울려 놓을 때는 주석과 부석을 조화롭게 놓고, 삼재미를 고려하여 배치한다.
- 일반적으로는 3, 5, 7 등의 홀수로 놓고, 돌 사이의 거리와 크기 등을 고려한다.
- 경관석 주변에 관목이나 초화류를 심을 수 있다.

4-3 디딤돌 놓기

- 보행의 편의나 지피식물의 보호, 시각적인 효과를 위해 디딤돌을 놓는다.
- 한발로 디디는 돌의 지름은 25 ~ 30cm, 두발로 디디는 돌은 50 ~ 60cm가 적당하다. 지면에서는 3 ~ 6cm 높게 설치한다.
- 직선상으로 일정한 돌만을 배치하지는 않으며, 크고 작은 것을 자연스럽게 배치하도록 한다.
- 돌의 좁아지는 방향과 보행방향을 일치하게 하며, 안정감이 없으면 굄돌이나 모르타르, 콘크리트로 기초를 하여 안정되게 한다.

5. 기초공사와 포장공사

5-1 기초공사의 분류

직접기초	확대기초	독립기초, 복합기초, 연속기초
	전면기초	온통기초
깊은기초	말뚝기초	나무 말뚝기초, 콘크리트 말뚝기초 등
	케이슨기초	우물통기초, 공기케이슨기초

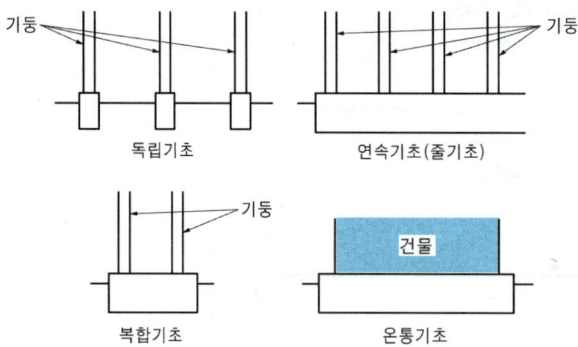

- 기초 : 기둥, 벽, 토대 및 동바리 등으로부터 받는 하중을 지반 또는 지정에 전달시키기 위해 만든 건축물 하부의 구조이다.
- 지정 : 기초를 보강하거나 지반의 지지력을 증가시키는 부분으로 잡석지정, 자갈지정, 말뚝지정 등이 있다.

5-2 포장공사

포장재료에 따른 분류 ★

인공재료	벽돌, 투수콘, 시멘트콘크리트, 아스콘, 콘크리트블록, 타일 등
자연재료	자연석, 판석, 호박돌, 조약돌, 사괴석, 마사토, 통나무 등

포장재료의 선정기준

- 내구성이 있고, 시공이 편리하며 관리가 용이할 것
- 구하기 쉽고, 저렴한 재료인 것
- 재료의 질감과 미관이 우수한 것
- 재료표면이 태양광선의 반사가 적고, 적정한 마찰력을 가진 것

콘크리트 블럭포장	보도블록	• 문양과 색채를 넣을 수 있고, 공사비가 저렴하다. • 결합력이 약하다. • 포장방법 : 지반을 다지고, 모래를 3~5cm 깔고 보도블록이 마감되는 자리에 경계블록을 설치한다. 배수를 위해 1~2% 물매를 잡아 기준실에 맞춰 보도블록을 깔아나간다. 이때, 경계블록의 상단과 보도블록의 표면높이를 맞추도록 한다. 평면 진동기로 고르게 다진 뒤 모래를 깔고 비로 쓸어 줄눈에 완전히 채운 후 모래를 제거하고 청소한다.
	소형고압블록 (ILP)	• 차도용은 8cm, 보도용 6cm 두께 사용 • 고압으로 성형된 콘크리트 블록으로 결합력과 강도를 보완한 제품이다. • 연약지반에도 시공이 용이하고 유지관리가 용이하며, 하중분산에 유리한 포장 방법이다.
벽돌포장		• 질감과 미관상 우수하며 보행감이 좋다. • 마모와 탈색이 쉬우며, 동결융해에 대한 저항력이 약하다. • 압축강도가 약하고 결합력이 약하다. • 평깔기와 모로세워깔기의 방법이 있다.
콘크리트포장		• 광장, 자전거 도로 등 넓은 면적과 내구성을 요하는 곳에 사용된다. • 내구성과 내마모성이 우수하며, 시공이 용이하다. • 파괴와 보수가 어렵고, 보조기층이 튼튼하지 않으면 부등침하가 생긴다. • 두께를 최소 10cm 이상으로 시공하며, 하중을 받는 곳은 철근이나 와이어 메쉬를 넣어 보강한다. • 포장콘크리트는 물시멘트비 50% 이내, 골재최대치수를 40mm 이하로 한다. • 신축줄눈 : 도로변화나 습윤과 건조로 인한 균열을 방지하기 위해 미리 채움재를 사용하여 설치하는 것 • 수축줄눈 : 포장슬래브면을 일정간격으로 잘라 놓아 균열을 방지 • 포장마감에는 흙손이나 빗자루로 표면을 긁어 요철을 주거나 광선의 반사를 방지
투수콘포장		• 아스팔트 유제에 다공질 재료를 혼합하여 표면수의 통과를 가능하게 한 포장으로 친환경적이다. • 보행감각이 좋고 미끄러짐과 눈부심이 적으며, 표면수의 과잉을 막을 수 있다. • 지하매설물의 보수 및 교체 시 시공이 어렵다. • 하중을 많이 받지 않는 보도나 광장 또는 자전거 도로에 사용한다.
판석포장		• 가공법에 따라 다양한 질감과 포장패턴의 구성이 용이하여, 주로 보행동선에 사용한다. • 시각적 효과가 우수하나 포장면의 유출량이 많은 것이 단점이다. • 시공방법 : 기층은 잡석다짐 후 콘크리트를 치고 모르타르로 판석을 고정한다. 판석은 십자 줄눈보다는 Y자 줄눈으로 시공한다.
석재타일포장		• 강조지역이나 청결해야 하는 지역에 적합하다. • 미끄럽고 반사가 많을 수 있다는 단점이 있다. • 견고하며, 질감과 색채가 우수하다.

판석포장

6. 수경시설 및 조명시설공사

수경시설에는 연못, 분수, 벽천, 폭포 등이 있으며, 주요공사는 방수공사, 호안공사, 급·배수공사 등이 포함된다.

6-1 연못

- 급수구와 배수구를 설치하며 급수구의 위치는 표면 수면보다 높게, 배수구는 연못바닥의 가장 낮은 곳에 설치한다.
- 항상 일정한 수위를 유지하기 위해 월류구(일류구, overflow)는 급수구보다 낮게 하여 수면과 같은 위치에 잉여수가 빠지도록 설치한다.
- 순환펌프나 정수시설이 있는 기계실은 지하에 설치하거나 관목을 이용하여 차폐한다.
- 수밀콘크리트도 방수 처리하며, 콘크리트를 치지 않을 때는 바닥에 점토(진흙다짐)로 다진다.

6-2 분수

- 중요한 주의집중 요소로서 생동감과 활력을 줄 수 있기 때문에 경관적 효과가 큰 곳에 배치한다.
- 노즐에 수압을 주고 물을 순환시키기 위해 펌프를 사용하여 작동한다.
- 수조의 너비는 분수높이의 2배, 바람의 영향이 있는 곳은 분수높이의 4배를 기준으로 한다.
- 단일관분수, 분사식분수, 폭기식분수, 모양분수 등 다양한 종류가 있다.

6-3 벽천

- 독일에서 고안되었으며, 지형의 높이차를 이용하여 모양과 소리를 즐기는 조경시설물로 좁은 공간의 수직적 이용이 가능하다.
- 토수구, 수반, 벽체의 3요소로 이루어진다.

6-4 조명시설공사

광원	효율(lm/W)	수명(h)	광색	연색성	특징
백열등	7 ~ 22	1,000 ~ 1,500	적색	우수	수명이 짧고 효율이 낮음(열발생) 부드러운 색으로 강조조명에 사용
수은등	30 ~ 55	10,000 ~ 20,000	청백색	낮음	도로조명 및 투광조명에 적합 수명이 가장 김
할로겐등	75 ~ 100	2,000 ~ 3,000	백색	우수	광장의 투광조명, 경기장에 사용
나트륨등	80 ~ 150	6,000 ~ 12,000	저압 - 등황색 고압 - 황백색	낮음	교량 및 터널조명에 이용 따뜻한 색상이지만 연색성이 낮음
형광등	48 ~ 80	7,500 ~ 12,000	백색	양호	정원이나 실내등에 사용
메탈할라이드등	70 ~ 80	6,000 ~ 12,000	등황색	우수	연색성이 뛰어나며 옥외조명, 공원등으로 적합

조도(lx)
조명시설의 밝기를 말하며, 투하된 광속의 밀도이다(빛의 세기를 나타내는 양).

연색성
인공조명의 색 재현 정도이며, 물체의 색을 달리 결정하는 조명광원의 성질이다.

7. 관리시설 및 기타

7-1 관리시설

화장실	1인당 소요면적은 3.3m²이며, 청결하고 위생적인 곳에 배치한다.
관리소	주 진입 지점에 위치하도록 하며, 식별성을 높인다.

7-2 경계시설

볼라드	보행동선과 차량동선의 분리를 위해 설치하는 시설물로 차도 경계부에서 2m 정도에 높이 30 ~ 70cm 정도로 설치한다. 바닥 포장재료와 대비되는 재료를 사용하며, 형광을 이용하여 야간에 식별되기 쉽도록 한다.
트렐리스	트렐리스는 격자 울타리라는 뜻으로, 주로 목재나 플라스틱재로 설치된다. 덩굴식물로 장식할 수 있으며, 반투과적인 시설물로 눈가림 구실을 하여 정원을 넓어 보이게 하는 효과가 있다.

7-3 안내시설

정보전달을 주 목적으로 설치하며, 보행의 교차점이나 주요 시설의 입구에 설치한다. 식별성과 통일성을 강조하여 설치하여야 한다. 황색바탕에 검정글씨 또는 백색바탕에 청색글씨 등 가시성이 높은 색을 조합하여 사용한다.

개념잡기

경관석 놓기 설명으로 가장 옳은 것은?

① 경관석 주변에는 식재를 하지 않는다.
② 일반적으로 3, 5, 7 등 홀수로 배치한다.
③ 경관석은 항상 단독으로만 배치한다.
④ 경관석의 배치는 돌 사이의 거리나 크기 등을 조정 배치하여 힘이 분산되도록 한다.

경관석은 일반적으로 홀수로 배치한다.

정답 : ②

---

02 식재공사

1. 규격표시와 식재품산정

1-1 수목규격표시와 측정방법★★★

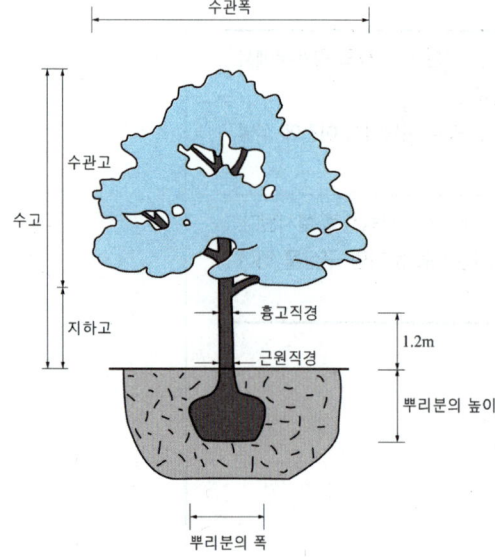

규격과 측정방법

수고(H)	지표면에서 수관 정상까지의 수직 거리로 수목의 키를 말함 (도장지는 제외)	단위 : m
수관폭(W)	수관 양단의 직선거리로 타원형의 수관을 최소폭과 최대폭을 합하여 평균하여 측정(도장지는 제외)	단위 : m
근원직경(R)	지제부의 수간의 직경을 말하며 윤척 등으로 측정	단위 : cm
흉고직경(B)	지표면에서 1.2m 부근의 수간의 직경	단위 : cm
지하고(BH)	지표면에서 수간 최하단부 가지까지의 수직높이	단위 : m
잔디	가로와 세로의 크기를 일정한 규격을 정하여 표시, 평떼는 흙두께도 표시(단위는 매)	단위 : m
초본류	분얼, POT	

규격의 종류

교목	H×W	상록교목류(잣나무, 전나무, 히말라야시더, 아왜나무)
	H×W×R	소나무
	H×R	낙엽교목류[목련, 매화나무(매실나무), 산수유, 느티나무, 모과나무, 감나무, 배롱나무, 단풍나무, 자귀나무 등]
	H×B	낙엽교목류 일부(플라타너스, 왕벚나무, 은행나무, 튤립나무, 메타세쿼이아, 자작나무, 현사시나무, 층층나무, 은단풍, 가중나무, 계수나무, 벽오동, 수양버들 등)
관목	H×W	일반관목류(철쭉, 진달래, 병꽃나무, 조팝나무 등)
	H×주립수(지)	개나리, 쥐똥나무 등
묘목	간장(H)×근원직경(R) ×근장(R, 단위 : cm)	간장과 근원직경에 근장을 병행하여 사용
만경목	간장(H)×근원직경(R)	등(등나무), 능소화 등

도장지
웃자란 가지

식혈
식재구덩이

환상박피
수피의 겉표면 부분을 벗겨내는 것을 말한다. 수피 안쪽에 생장조직이 있기 때문에 이곳이 자극되면, 세포분열이 왕성해진다.

뿌리분
수목을 굴취하여 이식하기 위해 뿌리 부분을 새끼나 녹화마대를 이용하여 분모양을 만든 것

1-2 품의 적용

교목	• 수고에 의한 식재품 적용 : H×W 적용수종(상록수) • 흉고직경에 의한 식재품 적용 : H×B 적용수종(낙엽수 일부) • 근원직경에 의한 식재품 적용 : H×R 적용수종(낙엽수)
관목	• 수고에 의한 식재품 적용 • 수고보다 수관폭이 더 클 때에는 수관폭을 수고로 보고 적용 • 수고 1.5m 이상일 때는 높이에 따라 품을 가산

유지관리	• 수목의 수간보호 : 근원직경에 의해 계산
	• 일반전정 : 흉고직경에 의해 계산(수종과 수고에 따라 20% 품 증가)
	• 지주목을 세우지 않을 때
	  - 인력시공 시 : 인력품의 10% 감함
	  - 기계시공 시 : 인력품의 20% 감함
	• 객토를 하는 경우는 품의 10% 가산

굴취	• 뿌리돌림을 하지 않을 경우 품의 20%를 감함

> **핵심 KEY**
>
> 표준 품셈 적용 시 같은 낙엽교목이지만 플라타너스(H×B)는 흉고직경에 의한 식재품을 적용하고, 느티나무(H×R)는 근원직경에 의한 품을 적용한다. 또한 상록수(H×W)는 모두 수고(H)에 의한 식재품을 적용하며, 수관폭(W)에 의한 식재품은 존재하지 않는다.

2. 수종별 이식 시기와 방법

2-1 이식 계획

한 장소에 있는 수목을 다른 장소에 옮겨 심는 것을 말한다. 이식하기 전에 기존 지역환경 및 이식의 난이도, 인원계획, 기계사용계획, 운반계획, 운반로의 상태, 운반수단, 식재지반의 토양, 식재가능 수량, 인원동원규모, 장비사용 여부, 식재시기 등의 조사가 이루어져야 한다.

2-2 이식 시기

수목을 이식하는 데 있어 시기는 매우 중요하다. 보통은 눈이 트기 직전의 이른 봄과 휴면으로 접어드는 가을철이 적기이다. 가을 이식은 침엽수류는 9월에서 10월 하순까지가 적기이며, 낙엽활엽수는 10월 ~ 11월이 적당하다. 봄 이식의 경우 일찍 눈이 움직이는 단풍나무, 버드나무, 명자나무, 매화나무 등은 3월 중순이, 내한성이 약하고 늦게 눈이 움직이는 배롱나무, 백목련, 석류나무, 능소화 등은 4월 중순이 안정적인 이식 시기이다. 상록활엽수류는 추위에 저항력이 약하기 때문에 3월 하순 ~ 4월 중순이 이식 적기이나, 습도가 높은 장마철에도 이식이 가능하다.

2-3 뿌리돌림과 굴취

뿌리돌림★	• 이식 후에 활착이 용이하도록 이식 전에 뿌리를 잘라 조치하는 단근 작업의 일종이다. • 이식이 어려운 나무와 부적기 이식 시에 실시하며, 노목이나 병목의 세력 갱신을 위해서도 실시한다. • 뿌리돌림의 시기는 이식 1~2년 전이 적당하며, 최소 6개월 전 초봄이나 늦가을이 적당하다. • 이식이 특히 어려운 나무는 2~3년 전부터 뿌리의 1/2 또는 1/3 정도를 해마다 순차적으로 작업한다. • 뿌리돌림의 방법은 근원 직경의 4~6배 지점을 파내려 간 뒤 단근 작업을 하는데, 네방향 정도의 굵은 뿌리는 남겨놓도록 한다. 남겨놓는 뿌리는 15cm 정도 환상박피한다. • 뿌리돌림 작업 후에는 가지와 잎을 솎아 지상부와 지하부의 균형을 맞춘다.

굴취	• 수목을 캐내는 작업을 말한다.
	• 분의 크기는 일반적으로 근원직경의 4~6배 정도로 한다.
	  또는 공식을 적용한다 : 24 + (N - 3)×d (N은 근원직경, d는 상수)
	• 뿌리분의 모양
	  ① 접시분 ② 보통분 ③ 조개분
	• 근원직경을 d라고 할 때, ① 접시분은 2d, ② 보통분은 3d, ③ 조개분은 4d의 깊이로 한다.

3. 수목식재공사

3-1 가식

당일식재가 불가능할 경우 적합한 장소에 임시로 식재하는 것을 가식이라고 한다. 특별 시방서에 정하는 바가 없을 때에는 배수가 잘 되고 사질양토인 곳에 하도록 한다. 가식장을 조성하기 전 가식기간 중의 관리를 위한 작업통로를 설치하며, 가식 수목 간에는 원활한 통풍을 위하여 충분한 식재 간격을 확보하도록 한다.

가식 수목의 뿌리분은 충분히 복토하여 공기 중에 노출되지 않도록 하는 것과 뿌리분 주변에 공기가 없도록 충분히 관수하는 것이 중요하다. 또한 가식 후에는 가지주나 연결형 지주를 설치하여 안정되도록 한다.

3-2 운반

뿌리분의 보호를 철저히 하며, 수간도 녹화마대로 보호한다. 이중적재를 금하며, 수목과 접촉하는 부위는 짚이나 가마니 등의 완충재를 깔도록 한다. 뿌리분은 차의 앞쪽을 향하고 수관이 뒤쪽을 향하도록 적재한다.

3-3 식재

식혈파기	• 식재구덩이는 뿌리분보다 1.5~3배 정도 크게 판다. 불순물을 제거하고, 배수가 불량한 지역의 경우 객토할 수 있다.
식재	• 식재구덩이에 수목을 앉히고 원래 깊이와 방향대로 맞춘다. • 미리 채취해둔 표토를 먼저 넣고, 뿌리분을 넣은 뒤 흙을 2/3 정도 채운 후 죽쑤기한다. 물이 스며든 다음 나머지 흙을 채워 덮고 물집을 만든 후 충분히 관수하고 멀칭한다. • 흐리고 바람이 없는 날의 저녁이나 아침이 적절하다.
흙조임과 물조임	• 흙짐 : 물을 사용하면 분이 깨질 우려가 있거나 물의 사용이 어려운 수종의 경우, 흙만으로 다져 넣는다. 소나무 같은 경우 이 방법을 적용한다. • 물짐 : 뿌리분을 앉힌 뒤 1/2~2/3까지 흙을 채우고 충분히 관수한다. 관수 후 나머지 흙을 채워 공극이 없도록 한다. 대부분의 수목은 이 방법을 적용한다.
비탈면식재	• 교목식재지는 1 : 3보다 낮게 한다. • 관목식재지는 1 : 2보다 낮게 한다. • 잔디 및 초화류는 1 : 1보다 낮게 한다. • 기계로 잔디를 깎기 위해서는 경사를 1 : 3 이하로 한다.

물집
수목 식재 후, 뿌리분 둘레 정도의 크기로 얕은 구덩이를 파서 물을 고이게 하는 것을 말한다.

멀칭
지면을 흙이나 피복재료로 피복하는 것을 말한다. 온도유지, 수분유지, 병해충방제, 잡초방제 등의 목적이 있다.

3-4 식재 후 조치

전정

지상부와 지하부의 중량 비율을 T/R률이라고 한다. 이식 시에는 T/R률을 맞추어 주어 생리조정을 위한 전정을 한다. 손상된 지하부만큼 지상부도 솎아 주어야 하는 것이다. 대부분의 수목의 T/R률은 1 정도이며, 과수는 1보다 다소 낮은 것이 좋다.
또한 밀생지나 도장지, 열매 등을 솎아주며, 활착을 돕기 위해 발근촉진제와 수분증발억제제를 뿌려 줄 수도 있다.

발근촉진제
뿌리의 발근력을 촉진하는 약제로 루톤 등이 있다.

수분증발억제제
이식 시 수분증발을 억제하도록 하는 약제로 OED그린 등이 있다.

지주목★

단각지주	• 수고 1.2m 이하의 묘목에 적용 • 1개의 말뚝을 수목의 주간과 같이 묶어 고정시킨다.
이각지주	• 수고 1.2~2.5m의 수목에 적용 • ㄷ자 모양의 지주를 깊이 30cm 정도로 박고 고정시킨다.
삼발이형지주	• 경관상 중요치 않은 곳에 적용 • 3개의 각재를 이용하여 주간에 걸쳐 묶어 고정시킨다.
삼각지주	• 미관상 중요한 곳, 통행량이 많은 곳에 적용 • 3개의 가로목과 중간목으로 고정한 뒤 다리를 연결하여 고정한다.
사각지주	• 삼각지주와 같은 방식으로 4개의 가로목과 중간목을 대어 고정한 뒤 다리를 연결한다. • 미관이 좋고 튼튼하지만 지주비용이 추가된다.
연계형지주	• 같은 종류 수목의 군식에 적용 • 대나무, 통나무, 철선 등을 수평으로 이어서 설치한다.
당김줄형지주	• 대형목이나 경관상 중요한 곳에 적용 • 턴버클과 지표에 박은 말뚝을 이용하여 고정한다.

삼각지주

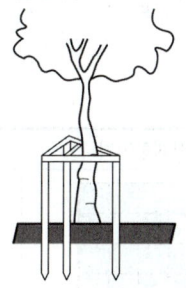

삼발이형지주

수피감기

- 수분증산 억제, 병충해 예방, 동해예방, 피소 방지
- 껍질이 얇고 매끈한 나무에 실시한다(단풍나무, 은행나무, 벚나무).
- 소나무 식재 시 새끼를 감고 진흙을 바르는 것은 수분증발억제, 소나무좀의 피해예방에 목적이 있다.

시비

- 이식 당시에는 시비를 하지 않는 것이 원칙이다.
- 질소질비료는 동해를 입을 우려가 있어 뿌리 활착이 완료된 7월 중순 이후에는 시비를 금하고, 칼륨비료와 인산비료만 시비하도록 한다.
- 과습하거나 건조할 때에는 시비하지 않는다.

피소
일소, 볕데기라고도 하며, 직사광에 의해 줄기가 타서 피해를 입는 것을 말한다.

시비와 관련된 내용은 조경관리 단원에서 자세히 다루기 때문에 참고한다.

4. 잔디 및 초화류 식재공사

4-1 잔디식재

떼심기

전면떼붙이기	어긋나게붙이기	줄떼붙이기

- 전면떼붙이기는 빠르게 경관이 조성되지만, 비용이 많이 소모되기 때문에 주로 어긋나게 붙이기나 줄떼붙이기로 시공하는 것이 효율적이다.
- 뗏장의 규격은 가로 30cm, 세로 30cm, 두께 3cm로 흙을 붙인 흙잔디와 흙털이잔디가 있다.
- 뗏장 시공 시 이음새와 가장자리 부분에 흙이 잘 채워져야 하며, 뗏장 위에 뗏밥도 채워주도록 한다.
- 뗏장을 붙인 다음에는 롤러로 전압하고, 충분한 관수를 하도록 한다.
- 경사면 시공 시에는 떼꽂이 등으로 고정할 수 있고, 경사면 아래에서 위쪽으로 심어 나간다.
- 종자파종에 비해 녹화속도가 빠르다.

종자파종

- 시공순서 : 경운 → 시비 → 정지 및 전압 → 파종 → 전압(2차) → 관수 → 멀칭
- 대부분의 잔디는 pH6.0 ~ 7.0이 적정
- 배수가 양호하고 비옥한 사질양토

난지형 잔디	한지형 잔디
• 발아적온 30 ~ 35℃	• 발아적온 20 ~ 25℃
• 늦봄에서 초여름 파종	• 늦여름에서 초가을 파종

뗏밥주기

- top dressing 또는 배토작업이라고도 한다. 모래, 토양 등에 유기물과 비료, 토양개량제 등을 혼합하여 잔디시공면에 뿌려주는 것을 말한다. 지하경이 토양과 분리되는 것을 막고, 잔디의 생육을 왕성하게 하기 위한 작업이다.
- 일반적으로
  - 난지형잔디는 생육이 왕성한 4월에서 6월 사이가 적기이다.
  - 한지형잔디는 봄(3 ~ 4월)과 가을(9 ~ 10월)이 적기이다.

4-2 초화류식재

품질

새잎이 많고 뿌리 발달이 충실하며, 꽃송이가 많은 것이 좋다.

운반 및 보관

직사광에 노출되지 않도록 운반하며, 통기를 좋게 한다.

식재시기

7~8월 하절기와 12~2월의 동절기를 피하고 식재하는 것이 좋으며, 구근류는 이른 봄부터 5월 이내 또는 11월부터 2월의 휴면기가 적기이다.

식재방법

불순물을 제거하고 땅을 고른 후 중앙부터 바깥으로 식재해 나가도록 한다. 뿌리분 사이에 흙을 잘 채우고 관수한다. 바람이 없고 흐린 날이나, 이른 아침과 저녁이 식재하기에 좋은 때이다.

화단조성

계절별로 연중 3~5회 정도 갈아심기하며, 키가 작고 꽃의 수가 많으며, 개화기간이 길고, 지면을 치밀하게 피복할 수 있는 것이 선호된다.

개념잡기

큰 나무의 뿌리돌림에 대한 설명 중 옳지 못한 것은?

① 굵은 뿌리를 3~4개 정도 남겨둔다.
② 굵은 뿌리 절단 시에는 톱으로 깨끗이 절단한다.
③ 뿌리돌림을 한 후에 새끼로 뿌리분을 감아두면 뿌리의 부패를 촉진하여 좋지 않다.
④ 뿌리돌림을 하기 전 지주목을 설치하여 작업하는 것이 좋다.

뿌리돌림을 한 후에 새끼로 뿌리분을 감아두면 굴취할 때에 유용할 수 있다.

정답 : ③

PART 05

조경관리

01　조경관리일반
02　조경식물관리

조경기능사의 주요 직무 내용이 대부분 포함되어 있는 단원이기 때문에 무엇보다 중요하다.
용어 정리부터 실무 관련 내용까지 자세히 공부하는 것이 좋다.

CHAPTER 01

조경관리일반

KEYWORD 직영관리와 위탁관리, 연간 작업계획, 운영관리, 이용관리, 유지관리, 레크리에이션 관리

01 조경관리 계획

1. 조경관리의 범위와 정의

1-1 조경관리의 정의

조경관리란 조경 공간의 시설과 식물이 설계자의 의도에 따라 운영되고, 이용하는 사람들이 요구하는 기능을 유지할 수 있도록 관리하는 것을 뜻한다. 조경은 계획 - 설계 - 시공 - 관리의 과정을 거치며, 조경관리는 서비스개시 - 기능의 유지 및 확보 - 개선 - 개조 등의 일련의 과정을 거친다.

1-2 조경관리의 대상

일상생활 공간
주택정원, 건물주변의 전정 또는 중정, 옥상정원, 실내정원 등

녹지공간
도시지역의 공원녹지인 근린공원, 소공원, 어린이공원, 시설녹지, 완충녹지 등 녹지공간

시설조경공간
도로, 철도, 공업단지, 주택단지 등

국립공원이나 문화재주변, 자연공원 등

저자 어드바이스

조경관리는 크게 시설물관리와 식물관리로 나뉜다. 그 중에서도 식물관리는 과학적인 요소들이 많고, 살아있는 재료를 다루는 것이기 때문에 심도 있는 학습이 필요하며 실습 또한 중요하다.

조경관리의 특성
- 비생산성 : 농업이나 임업은 생산력 극대화를 지향하는 반면 조경은 질적 이용과 여가선용, 안정된 자연이 목적이다.
- 기능의 다양성과 유동성 : 정원에서 오픈스페이스까지 다양하고, 유동성이 있는 공간을 대상으로 한다.
- 자연수렴 : 조경의 유지관리는 자연에 수렴이 목적이다.

1-3 조경관리 계획

- 관리계획 단위는 장기계획은 15 ~ 30년 단위로 시설이나 구조물의 내용을 다루며, 단기계획은 2 ~ 3년 단위로 보수계획을 다룬다. 연간계획은 1년 단위로 작성한다.
- 작업의 중요도에 따라 우선순위를 정하며, 우선순위에 따라 예산계획을 세운다.
- 관리운영은 직영관리와 위탁관리의 장단점을 비교하여 결정한다. ★

	직영관리	위탁관리
대상 업무	• 빠른 대응이 필요한 업무 • 금액이 적고 간편한 업무 • 일상적인 유지관리 업무	• 장기에 걸쳐 단순작업을 행하는 업무 • 전문지식과 기능, 자격을 요하는 업무 • 규모가 크고, 관리주체가 보유한 설비로 불가능한 업무
장점	• 관리책임소재 명확 • 긴급한 대응과 임기응변 조치 가능 • 양질의 서비스제공 가능 • 애착심조성으로 관리효율의 향상	• 관리의 단순화가 가능 • 전문적 지식, 기능 자격에 의한 양질의 서비스 제공 가능 • 비용면에서 합리적이며, 장기적으로 안정적
단점	• 전문성이 떨어짐 • 업무타성화와 인사정체의 우려 • 인건비 과다소요 우려	• 책임소재와 권한 범위가 불명확 • 전문업자를 충분히 활용하지 못할 수 있음

연간 작업계획의 예시

기반시설관리 연간 작업계획

구분			작업 시기(월)	비고
			1 2 3 4 5 6 7 8 9 10 11 12	
정기적 작업	점검	순회 점검	────────────────────	경미한 수선 포함
		안전 점검	─── ───	태풍 전 동절기 후
	계획 수선	전면 도장	────	봄
		도로 보수	──── ────	봄 또는 가을
	청소	청소	────────────────────	매일, 매월 정기적
비정기적 작업	일반 수선	부분 수선·교체	────────	시설별, 공정별
	개량	개량·신설	──── ────	봄 또는 가을
	재해 대책	복구 공사	───────	재해 직후
		방제 검사	────	안전 점검 직후
	하자 대책	하자 조사	────	준공 후 1~2년 경과
		하자 공사	──── ────	하자 조사 직후

2. 조경관리의 구분

2-1 유지관리

- 식재 수목, 초화류, 잔디, 기반시설물, 편익 및 유희시설물, 건축물을 대상으로 원래의 조성목적을 가능케 하는 기술적인 관리행위
- 사전관리는 예방대책, 사후관리는 복구대책을 세운다.
- 유지관리에 영향을 미치는 요인으로는 이용 빈도와 이용실태, 유지관리비, 재료와 시공방법, 자연적 성상 등이 있다.

> **핵심 KEY**
> 조경관리는 크게 운영관리, 유지관리, 이용관리 세 가지로 나뉜다.

2-2 운영관리

예산, 재무제도, 조직, 재산 등과 관련된 분야이며, 관리대상의 기능을 경제적, 효율적으로 하는 것을 목적으로 한다.

운영관리 계획

구분	내용
이용조사	계절별, 월별, 시간별 이용상황을 추적, 파악하여 이용자의 이용행태나 동태를 분석한다. 또한 이용의식 및 심리상태 등을 조사파악한다.
양의변화	시간의 변화에 따른 조경식물이나 시설물에 대해 관리계획을 수립한다. 식물의 경우 생장이나 번식, 천이에 따른 변화 대응계획, 시설물의 경우 손상이나 이용증가에 따른 보충과 개선 등이다.
질의변화	대상물의 기능적이고 내적인 변화 요구에 대한 관리
공원대장	설립경위와 연혁 등을 기록, 공원구역 공원시설, 점용물건 등의 현황 등을 파악하여 공원별 조서와 도면으로 구성한다.

2-3 이용관리 ★

이용자의 행태와 선호도를 조사분석하여 그 시대와 사회에 맞는 이용 프로그램을 개발하고 홍보하기 위함이다.

이용지도

공원녹지의 보존, 안전하고 쾌적한 이용, 다양한 요구에 부응하기 위한 것으로 공원 내 행위의 금지 및 주의 이용안내, 상담, 레크리에이션 지도 등의 내용이 있다.

행사나 홍보

행정홍보의 수단과 커뮤니티 활동의 일환으로 공원녹지를 활용하여 이용률을 높임과 동시에 관심의 제고와 계몽을 목적으로 한다.

안전관리

설치하자에 의한 사고, 관리하자에 의한 사고, 이용자나 보호자 또는 행사주최자의 부주의에 의한 사고 등으로 나뉜다.

아른스테인(S.Arnstein)의 주민참여의 단계 ★

비참가의 단계	조작(manipulation)
	치료(therapy)
형식참가의 단계	정보제공(informing)
	상담(consultation)
	유화(placation)
시민권력의 단계	파트너십(partnership)
	권한위양(delegated power)
	자치관리(citizen control)

3. 레크리에이션 관리

3-1 개념

생태적 측면

이용자의 레크리에이션 이용에 따라 발생하는 유지관리이며, 생태적 악영향을 미치는 주요 요인으로 반달리즘, 무지, 과밀이용 등이 있다.

사회적 측면

이용자 관리

3-2 도시공원 녹지의 경우

이용자의 레크리에이션 경험의 질 유지가 중점이고, 자연공원지역은 자연의 보존과 보호에 중점이 있다.

3-3 레크리에이션 관리체계의 3가지 기본요소

이용자관리	이용자의 질을 극대화하기 위한 사회적 관리로, 이용자 관리가 곧 유지관리의 문제이다.
자연자원관리	모니터링, 부지관리, 식생관리, 경관관리, 생태계관리, 안전관리 등의 내용으로, 이용자의 만족도가 좌우되는 요소이다.
서비스관리	이용자 수용을 위한 관리로, 접근로 및 특정의 서비스 제공 등이다.

3-4 레크리에이션 관리의 전략

- 완전방임형 : 훼손지 스스로 회복을 기대
- 폐쇄 후 자연회복형 : 자원중심형 자연지역의 경우에서 쓰는 방식으로, 회복에 오랜 시간이 소요
- 폐쇄 후 육성관리 : 짧은 회복기를 가지며, 빠른 회복을 위한 적당한 육성관리
- 순환식 개방에 의한 휴식기간 확보 : 충분한 시설과 공간이 확보되는 경우
- 계속적 개방, 이용상태 하에서의 육성관리 : 가장 이상적 방식이나 자연적 생산력이 크고 안정된 부지에 적용가능

3-5 레크리에이션 수용능력

어떤 행락지에 있어 그 공간의 물리적·생물적 환경과 이용자의 행락의 질에 심각한 악영향을 주지 않는 범위의 이용수준을 말한다.

관리기법★

직접적 이용제한	세금부과, 구역감시강화, 시간에 따른 이용, 순환식 이용, 이용자별 이용구간 설정, 예약제 도입, 이용시간 제한, 이용자수 제한
간접적 이용제한	안보교육, 생태교육, 입장료, 계절이나 시간별 차등요금제

개념잡기

조경수목의 연간 관리작업계획표를 작성하고자 한다. 작업 내용에 포함되는 것이 아닌 것은?

① 병충해 방제　　　② 시비
③ 뗏밥주기　　　　④ 수관손질

뗏밥주기는 잔디의 관리 내용이다.　　　　　정답 : ③

02 조경시설물 관리

1. 재료별 유지관리

1-1 목재★

손상의 유형	특징	보수방법
인위적 힘에 의한 파손	물리적인 손상	• 파손부분 교체나 보수
온도와 습도에 의한 파손	건조 불충분으로 인한 수액 부패	• 파손부분 제거 후 나무못 박기 • 퍼티 채움
균류에 의한 피해	균의 분비물로 인해 목질 융해 및 부패	• 방부처리 전에 건조하며 함수량 18~25% 이내로 함 • 유성방부제, 수용성방부제, 유용성방부제 등 사용
충류에 의한 피해	• 건조재 가해 해충 : 좀벌레, 수염벌레, 하늘소 • 습윤재 가해 해충 : 흰개미류	• 유기염소계, 유기인계 방충제 사용
내화처리	• 내화력을 높이기 위한 목적 • 표면처리 : 내화페인트, 규산나트륨, 붕사 등 • 내화제주입 : 인산염화암모늄, 황산암모늄, 탄산나트륨 등	
기초 부위	2년이 경과된 것은 특별히 관리하며, 정기적으로 점검하고 부패가 심한 부분은 재도장하며 콘크리트를 발라 보수	
갈라짐 보수	갈라진 부분에 페인트와 이물질을 제거한 뒤 틈 사이에 퍼티를 채운 후 충분히 건조, 샌드페이퍼로 보수부위와 목재표면을 일치시키고 바니스 칠 시행	

1-2 석재

흡수율이 큰 다공질일수록 동해를 받기 쉽고 내구성이 약하다.

파손부분 보수
접착 부위를 에틸알코올로 세척 후 접착제(에폭시계, 아크릴계)로 접착, 고무로프로 24시간 고정한다.

균열부
균열 폭이 작은 경우는 표면실링공법, 균열 폭이 큰 경우는 고무압식 주입공법

석재의 흡수율은 응회암이 가장 높고, 화강석과 대리석이 가장 낮다.

1-3 콘크리트 ★

미관을 위한 콘크리트 포장 보수는 3년에 1회씩 주기적으로 하는 것이 좋다.

표면실링공법
0.2mm 이하의 균열부에 적용하는 방법으로 표면 청소 후 에어컴프레셔로 먼지를 제거, 에폭시계 실링재 도포

V자형 절단 공법
표면실링보다 효과적인 공법으로 누수가 있을 경우 폴리우레탄폼계 수용성 발포재 사용

고무압식 주입공법
주입구와 주입파이프 중간에 고무튜브를 설치하여 시멘트 반죽이나 고무유액을 혼합하여 주입

1-4 기타

금속재
- 부식이 약한 경우
  녹슨 부위를 브러시나 샌드페이퍼 등으로 닦아낸 뒤 도장
- 부식이 심한 경우
  부식된 부분을 절단, 새로운 재료를 이용하여 용접 후 원상태로 복구
- 물리적 힘에 의해 손상된 경우
  나무망치를 사용하거나 심한 경우 부분절단 후 용접, 용접부분이 식은 후 그라인더로 용접 잔해를 갈아내고 도장

합성수지재
- 급수시설 : 합성수지재는 얼어서 파손되기 쉬우므로 동파에 주의하여 방한시설 또는 땅속에 묻는다(동결심도 이하).
- 합성수지재는 내열성, 내후성이 약하고 경도가 약해 쉽게 마모된다. 또한 마모된 부위의 보수가 곤란하여 교체하는 경우가 많다.
- 탈색된 부분에는 합성수지 페인트를 칠하여 보수한다.

동결심도
겨울철에 땅이 어는 깊이로, 서울을 기준으로 1.2m 정도이다.

내후성
기후에 견딜 수 있는 성질

2. 시설물별 유지관리★

종류	구조	내용연수	계획보수	보수사이클	정기점검보수	보수목표
원로, 광장	아스팔트 포장	15년	-	-	균열	• 전면적의 5~10% 균열 • 함몰이 생길 때(3~5년) • 전반적인 노화(10년)
	평판포장	15년	-	-	• 평판보수 • 평판교체	• 전면적의 10% 이상 이탈(3~5년) • 파손장소가 특히 눈에 띌 때(3~5년)
	모래자갈 포장	10년	노면수정 자갈보충	6개월~1년	배수정비	배수가 불량할 때 청소(2~3년)
수경시설	분수	15년	전기기계 조정점검	1년	• 펌프 밸브 등의 교체 • 절연성 점검	• 수중펌프 내용연수(5~10년) • 펌프의 마모에 따라 연못, 계류의 순환 펌프에도 적용
			물교체, 낙엽제거	6개월~1년		
			파이프류 도장	3~4년		
퍼걸러	금속재	20년	도장	3~4년	서까래보수	서까래의 부식도에 따라 목재는 5~10년, 철재는 10~15년, 갈대발은 2~3년
	목재	10년	도장	3~4년	서까래보수	
벤치	목재	7년	도장	2~3년	좌판보수	전체의 10% 이상 파손, 부식이 생길 때 (5~7년)
	플라스틱	7년	-	-	• 좌판보수 • 볼트너트조이기	전체의 10% 이상 파손, 부식이 생길 때 (3~5년)
	콘크리트	20년	도장	3~4년	파손장소 보수	파손 장소가 눈에 띌 때(5년)
그네	금속재	15년	도장	2~3년	• 좌판교체 • 볼트너트조이기 • 고리교체	• 부식도에 따라 조속히(3~5년) • 정기점검 때 처리 • 마모도에 따라 조속히(5~7년)
미끄럼틀	금속재	15년	도장	2~3년	미끄럼판 보수	마모도에 따라(5~7년)
모래사장	콘크리트	20년	모래보충 연석도장	1년 2~3년	• 모래경운 • 배수정비	모래 보충 시 적당히
정글짐	철재	15년	도장	2~3년	볼트너트조이기	정기점검 시 처리
시소	철재	10년	도장	2~3년	• 베어링보수 • 좌판보수	• 베어링 마모(3~4년) • 부식도에 따라
목재놀이 기구	목재	10년	도장	2~3년	• 볼트조이기 • 부품교체	• 정기점검 시 처리 • 마모도와 부식도에 따라
화장실	목조	15년	도장	2~3년	• 문보수 • 배관보수 • 탱크보수	파손상황에 따라(1년)
	철근 콘크리트	20년	도장	2~3년	• 문보수 • 배관보수 • 변기류보수	
안내판	철재	10년	글씨 교체	3~4년	파손장소보수	파손상황에 따라
	목재	7년	글씨 교체	2~3년	파손장소보수	
가로등	가로등	15년	• 전주도장 • 전등청소	• 3~4년 • 1~3년	• 전등교체 • 부속기구교체	• 끊어진 것, 조도가 낮아진 것, 절연저하, 기능저하

3. 기반시설관리

3-1 포장시설

아스팔트 콘크리트 ★★

파손원인	특징	보수방법
균열	• 아스콘 혼합물 배합불량, 아스팔트량 부족, 점도불량, 기층의 지지력 부족, 아스팔트 두께 부족 시 발생 • 선상 균열은 부등침하나 시공이음새 불량의 경우 발생 • 균열방치 시 우수침투로 인해 심각한 파손을 초래	• 패칭공법 : 절단 후 이물질을 제거하고 택코팅 실시, 아스팔트 혼합물을 충전하여 다짐 • 노면치환공법 : 아스팔트와 골재 또는 아스팔트로 균열부 메움 • 오버레이공법 : 패칭으로 부분보수 후 기존포장을 재생해서 새로운 포장으로 조성
국부침하	기초의 시공 불량(성토다짐불량, 혼합물 불량), 노상의 지지력 부족 및 불균형	• 꺼진 곳 메우기 • 치환설치 : 파손부분을 충분한 넓이의 각형으로 수직으로 파냄
파상요철	기층, 보조기층, 노상의 지지력 불균형, 아스팔트의 과잉, 차량통과, 아스콘 입도불량 및 공극률 부족	• 솟은 부분 깎아냄 • 쇄석 살포 후 롤러로 롤압
표면연화	아스팔트량의 과잉, 골재의 입도불량, 연질의 아스팔트 사용, 택코트 과잉	• 석분이나 모래를 균등하게 살포하여 전압
박리	아스팔트의 부족, 혼합물의 과열, 혼합 불량, 지하수위가 높은 지역	• 패칭이나 덧씌우기 공법 • 국부적인 곳은 꺼진 곳 메우기 공법

골재의 입도
크고 작은 골재가 혼합되어 있는 정도, 입도분포가 좋은 골재는 크기별로 골고루 혼합되어 있는 골재이다.

택코트
상층과 기층의 접촉을 좋게 하기 위한 아스팔트 혼합물

시멘트 ★

파손형태	보수방법
줄눈 및 표면 균열	충전법, 꺼진곳 메우기, 덧씌우기, 모르타르 주입공법, 패칭 등
콘크리트 슬래브 침하	시멘트 주입공법으로 파손 예방
박리	시멘트풀을 바르고 심한 박리에는 시멘트 모르타르를 바른다.

블록포장

• 블록 모서리 파손 : 소요강도 부족, 무거운 하중, 블록의 부등 침하
• 블록 자체 파손 : 재료배합비, 양생방법, 양생기간 부족으로 인한 재료불량
• 블록포장 요철, 단차 : 연약지반, 노반의 쇄석 및 안전 모래층 시공 불량
• 블록 아래에 안전층 모래 3~4cm를 포설하며 보도용은 6cm, 차도용은 8cm인 것을 사용한다.

3-2 옹벽

석축옹벽

- 균열이 있을 경우 토압이 증가되면 배수구를 만들어 토압을 감소
- 일부에 구멍이 났을 경우는 뒷면에 이상이 없을 때는 콘크리트로 채우고 이상이 있을 때는 구멍부분을 재시공
- 석축 전체가 옆으로 넘어지려고 하는 경우는 석축 앞에 콘크리트옹벽을 덧댐
- 기초에 세굴이 원인인 경우는 세굴부분을 채워주고 콘크리트와 사석으로 성토

콘크리트옹벽

- 기존지반의 암질이 좋을 경우는 P.C 앵커 공법으로 시공
- 기초지반이 암반이고 침하우려가 없다면 부벽을 덧대어 시공
- 옹벽 유동 발생 시 옹벽 전면에 수평으로 암을 따서 말뚝에 의한 압성토 공법 시공
- 옹벽 뒷면에 용수가 있을 경우 그라우팅 공법 시공

세굴현상
흐르는 물에 의해 지면이 씻겨 파이는 현상

개념잡기

콘크리트의 보수 방법으로 옳지 않은 것은?

① 충전법   ② 덧씌우기
③ 모르타르 주입공법   ④ 소딩(sodding)

소딩(sodding)은 떼붙이기를 말한다.   정답 : ④

CHAPTER 02
조경식물관리

KEYWORD 정지와 전정, 생장억제, 생리조정, 계절별 전정의 이해, 순따기, 단근과 뿌리돌림, 무기질비료와 유기질비료, 질소, 인산, 칼륨, 병징과 표징, 마이코플라즈마, 선충, 살균제, 살충제, 살비제, 제초제, 보조제, 빗자루병, 적성병, 흡즙성해충, 수간주사

01 수목관리

1. 정지와 전정

1-1 정지, 전정의 목적에 따른 분류

- 조형을 위한 전정(정형수의 형태유지)
- 생장조정을 위한 전정(곁가지를 잘라 주간을 키우는 것)
- 생장을 억제하기 위한 전정(울타리의 키 유지를 위한 전정)
- 갱신을 위한 전정(묵은 가지를 잘라 새 가지를 나게 함)
- 생리조정을 위한 전정(이식 시 균형유지를 위한 전정)
- 개화결실을 촉진하기 위한 전정(해걸이 방지를 위한 전정)

1-2 수목의 생장 습성

정아우세
교목성 수종이나 직립성 수종의 경우 가지 끝눈이 우세하게 신장하는 것

밑가지 우세 및 선단지 열세
줄기의 밑부분 가지가 윗부분 가지보다 굵게 자라고 윗부분은 약하게 자라는 것

수액상승의 법칙
수목의 수분과 양분은 수평이동보다 수직이동이 강하여, 가지가 수평이 되면 수세가 약해지고 위로 뻗으면 수세가 강해지는 것

저자 어드바이스

조경식물은 그 종류가 다양하며, 계절별, 용도별로 관리내용이 다르다. 식물의 특징과 생리를 잘 이해하여 적절한 시기에 적절한 관리가 이루어져야 한다.

용어 정리

정지
수목의 수형을 영구히 유지 또는 보존하기 위하여 줄기나 가지의 생장을 조절하여 목적에 알맞은 수형을 인위적으로 조성한다.

전정
수목의 개화나 결실, 미관, 생육상태, 발육도모 등을 목적으로 가지나 줄기의 일부를 정리한다.

1-3 꽃눈의 형성

당년생 가지에 꽃눈형성	장미, 무궁화, 협죽도, 배롱나무, 싸리, 능소화, 포도, 감나무, 등(등나무)
2년생 가지에 꽃눈형성	매화나무(매실나무), 수수꽃다리, 개나리, 박태기나무, 벚나무, 목련, 진달래, 철쭉류, 복숭아, 생강나무, 산수유, 앵도나무(앵두나무), 살구나무
3년생 가지에 꽃눈형성	사과나무, 배나무, 명자나무(산당화)
정아에서 꽃눈형성	목련, 철쭉, 후박나무, 백당나무
측아에서 꽃눈형성	명자나무, 목서류, 벚나무, 매화나무, 등(등나무), 조팝나무
가지끝과 곁눈에 꽃눈형성	개나리, 동백나무, 모란, 수국, 무궁화, 싸리나무, 능소화

꽃눈형성

당년생 가지에 꽃눈이 형성되는 수종은 늦봄에서 여름에 개화하며, 2년생 이상 가지에 꽃눈이 형성되는 수종은 작년에 생긴 가지에서 이른 봄에 개화한다.

1-4 수종별 전정 횟수 및 시기 ★

- 침엽수는 연 1회, 상록활엽수는 맹아력이 큰 수종은 3회, 약한 수종은 2회 정도 실시한다.
- 낙엽활엽수는 연 2회 정도 봄과 가을에 실시하되, 생장력을 감안한다. 벚나무와 꽃아그배나무는 전정을 거의 하지 않는 수종이다.

봄전정 (3 ~ 5월)	• 상록수의 수형다듬기 전정 • 화목류는 꽃이 진 후 전정 • 소나무의 순지르기(순따기) • 생장이 왕성한 종류의 산울타리
여름전정 (6 ~ 8월)	• 웃자람 가지, 혼잡한 가지, 바람 피해목 위주의 전정 • 꽃눈분화 이전에 전정을 끝내는 것을 원칙
가을전정 (9 ~ 11월)	• 휴면시기가 빠른 낙엽활엽수 일부 전정 • 상록활엽수의 전정 적기 • 여름에 자란 산울타리의 혼잡한 가지를 정리 • 덩굴식물의 전정
겨울전정 (12 ~ 3월)	• 낙엽활엽수류의 대부분은 겨울에 강전정(내한성이 약한 수종은 제외) • 상록수는 동계전정 시 강전정을 피함

1-5 전정 방법 ★

- 수관 위에서 아래쪽으로, 수관 밖에서 안쪽방향 순으로 자른다.
- 큰 가지에서 작은 가지로, 굵은 가지에서 가는 가지의 순으로 자른다.

굵은 가지의 전정

한 번에 내리자르지 않으며 3번에 걸쳐 자른다. 줄기에서 10 ~ 15cm 부근을 밑에서 위쪽으로 1/3깊이까지 톱질한다. 톱질한 곳에서 가지 바깥쪽으로 살짝 떨어진 곳을 위에서 아래로 자른다. 남은 가지의 밑둥을 톱으로 깨끗이 잘라낸다.

산울타리 전정

식재 후 최소 3년 이상 되어야 전정하며, 상부는 강하게, 하부는 약하게 전정한다. 산울타리가 사람의 키보다 낮을 때는 윗면부터, 높을 때에는 옆면부터 자른다. 보통은 1년에 2회 전정하며, 맹아력이 좋은 수종은 3 ~ 4회 할 수 있다.

토피어리(topiary)

형상수를 말하며, 6월 중순경까지 혹은 9월이 적기이다. 도장지는 즉시 제거하도록 한다.

소나무류 순따기

지나치게 자라는 가지의 신장을 억제하기 위해 신초의 선단부를 따주는 작업이다. 5 ~ 6월경 새순이 5 ~ 10cm 길이로 자랐을 때 2 ~ 3개의 순을 남기고 중심순을 포함하여 나머지는 따버리는 것이다. 노목이나 약해보이는 나무는 다소 빨리 실시하도록 한다.

적아

필요없는 눈을 제거하는 작업

잎솎기

소나무류의 잎솎기는 8월에 진행하여 투광을 좋게 하고 생장을 양호하게 한다.

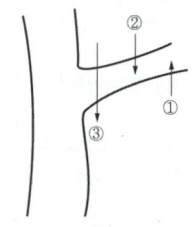

참고

굵은 가지의 전정
3cm 이상의 굵은 가지는 톱으로, 그 이하는 가위로 전정할 수 있다.

개념잡기

조경수 전정의 방법이 옳지 않은 것은?

① 전체적인 수형의 구성을 미리 정한다.
② 충분한 햇빛을 받을 수 있도록 가지를 배치한다.
③ 병해충 피해를 받은 가지는 제거한다.
④ 아래에서 위로 올라가면서 전정한다.

전정은 위에서 아래로 하는 것이 원칙이다.

정답 : ④

2. 단근 및 시비

2-1 단근

목적

수목뿌리와 지상부의 균형유지 및 뿌리의 노화현상을 방지하기 위해 단근 작업을 한다. 또한 단근 작업을 통해 아랫가지의 발육을 좋게 하고 꽃눈의 수를 늘릴 수 있다. 이는 C/N률(탄질률)과 관계가 있는데 수목의 C/N률이 높아지면 꽃눈의 발생이 촉진된다. 단근 작업을 통해 뿌리에서 흡수하는 질소질양분의 비율이 상대적으로 줄어들어 C/N률이 높아지게 된다.

방법

근원직경의 5~6배 되는 길이로 땅을 40~50cm 파내려 간다. 부패방지를 위해 톱(굵은 뿌리)이나 가위로 절단면을 깔끔히 하고 45도나 직각으로 자른다. 4개 방향의 굵은 뿌리는 남기고 작업한다.

2-2 시비의 목적과 종류

시비의 목적

수목의 건전한 생육과 저항력을 증진시키게 한다. 또한 건강한 꽃과 과실을 맺게 하고, 토양 미생물의 번식을 도와 식물이 토양의 양분을 이용하기 쉽게 해준다. 비료란 식물에 영양을 공급하거나 식물의 재배를 돕기 위해 토양과 식물에 공급되는 물질을 통틀어 말하는데, 식물체의 뿌리털에서 가장 흡수가 왕성하며, 이온상태로 주로 흡수된다.

양분흡수의 환경조건

양분흡수에는 온도, 광선, 토양공기, 수분 등의 요소가 영향을 미친다.
뿌리의 양분흡수 속도는 5~35℃까지는 지온이 상승함에 따라 빨라지고, 광합성은 20~30℃까지가 왕성하며 이상의 온도에서는 오히려 저하된다. 또한 광선은 뿌리의 대사작용과 호흡에 관여하며, 광합성작용과 증산작용의 원동력이 된다.

무기질비료 (화학비료)	유기질비료 (유박, 계분, 어분, 골분, 퇴비, 재, 부엽토, 톱밥, 왕겨 등)
속효성	지효성(완효성)
주로 덧거름(추비)	주로 밑거름(기비)
토양산성화의 우려가 있다.	충분히 부숙되지 않으면 해가 된다.

C/N률
수목내의 탄수화물(C)과 질소(N)의 비율을 말한다. 탄수화물의 양이 상대적으로 많으면 C/N률이 높아지고, 질소의 비율이 많아지면 C/N률은 낮아진다. C/N률은 꽃눈의 분화와 밀접한 관련이 있다.

광합성작용
식물이 빛과 이산화탄소, 물을 이용하여 산소와 양분(포도당)과 수증기를 생성해내는 반응이다. 식물의 에너지변환 과정이다.

증산작용
식물의 잎에서 수증기가 빠져나가는 현상으로, 뿌리로부터 흡수된 물이 물관부를 통해 이동하기 위해서는 증산작용이 물을 끌어올리는 원동력이 된다.

2-3 주요 비료성분

비료의 배합

비료는 주성분과 부성분으로 이루어진다. 주성분은 주로 식물생육에 필요한 16가지 필수원소 중 하나 또는 다수로 이루어져 있고, 주성분을 제외한 나머지 성분은 증량제 등의 부성분으로 이루어져 있다. 주성분이 한 가지인 것을 단질비료, 주성분을 2종 이상 배합한 것을 복합비료라고 한다. 복합비료 중 화학처리를 한 것을 화성비료, 화학처리를 하지 않고 혼합한 것을 배합비료라고 한다.

복합비료에서 10-20-30으로 표기된 것은 질소-인산-칼륨의 비율을 말하며 질소 10%, 인산 20%, 칼륨 30%인 것을 말한다. 즉, 주성분이 60%, 나머지 40%는 부성분으로 이루어져 있다는 것이다.

단질 비료의 종류

질소질	황산암모늄, 요소, 질산암모늄, 석회질소
인산질	과린산석회, 용성인비
칼리질	염화칼륨, 황산칼륨
석회질	생석회, 소석회, 탄산석회, 황산석회

필수원소 16종

다량원소 중 C(탄소), H(수소), O(산소)는 공기 중과 수분에서 흡수되어 따로 공급할 필요는 없다. 그 밖의 원소들은 토양에서 이온상태로 흡수된다. 다량원소는 식물이 필요로 하는 양이 많은 원소이고, 소량 흡수되지만 식물체의 생리기능에 필수적인 역할을 하는 원소를 미량원소라고 한다.

다량원소	C, H, O, N, P, K, Ca, S, Mg
미량원소	Mn, Zn, B, Cu, Fe, Mo, Cl
비료의 3요소	N(질소), P(인산), K(칼륨)

비료성분의 역할과 결핍증 ★

종류	역할	결핍증
질소 (N)	• 식물의 영양생장(뿌리, 잎, 줄기) • 광합성 촉진	• 생장위축 및 조기성숙 • 활엽수는 조기낙엽 및 황변 • 침엽수는 침엽이 짧아지고 황변 • 과잉 시 도장하며 약해지고 성숙이 지연된다.
인산 (P)	• 세포분열의 촉진, 꽃과 열매의 형성, 뿌리의 발육에 관여	• 꽃과 열매가 불량해진다. • 활엽수는 잎이 적어지고 조기낙엽과 꽃수 감소 • 침엽수는 침엽이 구부러지며 하부에서부터 고사 • 과잉증은 영양생장이 단축되어 빠른 노화가 진행된다.
칼륨 (K)	• 병해, 서릿발, 건조에 대한 저항성 향상 • 꽃과 열매의 향기와 색 조절	• 활엽수는 황화현상이 생기고 잎끝이 말리며 침엽수는 황색이나 적갈색으로 변하며 잎끝이 고사한다.

질소질비료는 주로 영양기관의 생장과 관련이 있어 엽비라고 하며, 인산질비료는 생식기관과 관련이 있어 화비라고 한다.

종류	역할	결핍증
칼슘 (Ca)	• 단백질 합성, 뿌리혹 박테리아의 질소 고정에 관여	• 활엽수는 잎의 백화 또는 괴사 • 침엽수는 정단부분의 생육이 정지하며 잎끝이 고사
마그네슘 (Mg)	• 광합성에 관여하는 효소의 활성화	• 활엽수는 조기낙엽 및 황백현상 • 침엽수는 잎끝이 황화현상
황 (S)	• 꽃과 열매의 향기 조절 • 호흡작용과 탄수화물의 대사작용에 관여	• 활엽수는 잎이 위축되고 짙어짐 • 침엽수는 질소부족 현상과 동일
철 (Fe)	• 엽록소 생성에 관여 • 산소의 운반 및 과산화수소의 분해	• 엽맥 사이 잎 조직이 비단무늬 모양으로 되며 황화현상이 일어난다. • 생육초기에 결핍증이 나타난다.

2-4 시비방법

표토시비법

표토에 비료를 섞어 주는 것으로 주로 질소질비료의 시비에 쓰이며, 작업은 신속하지만 비료의 유실이 많은 단점이 있다.

토양내시비법

비교적 녹기 어려운 비료를 시비하는데 효과적이며 시비 구덩이를 깊이 20cm, 폭 20~30cm로 근원직경의 3~7배 부분에 파서 묻는다.

전면거름주기	수관 아래 부분의 토양전면에 비료를 깔고 경운하여 토양전면에 시비하며, 밀식 시에 적합하다.
윤상거름주기	수관선을 기준으로 지면을 둥근 띠 모양으로 파서 환상시비한다. 폭 20~25cm, 너비는 20~30cm 정도로 파내어 비료를 묻는다.
격윤상거름주기	윤상과 같은 방법이지만 일정간격을 띄어 시비하고, 나머지 부분은 다음 번에 시비한다.
방사상거름주기	수간의 지제부에서 바깥쪽으로 방사상 모양으로 시비하는데, 수관선을 중심으로 하여 길이는 수관 폭의 1/3 정도로 한다.
천공(점상)거름주기	수관선상에 깊이 20cm 정도의 구멍을 군데군데 파내어 시비한다.
선상거름주기	산울타리와 같은 군식의 경우 도랑처럼 길게 파서 시비한다.

엽면시비법★

비료를 물에 희석하여 잎에 직접 살포하는 방법이다. 특히 미량원소의 부족 시에 빠른 효과를 얻을 수 있다. 뿌리에 장애를 받았을 경우에도 사용하며, 잎의 뒷면으로 뿌려주는 것이 흡수가 빠르다.

3. 병해충방제

3-1 용어정리 ★

주인과 유인	• 병 발생의 주요 원인과 2차적 원인
병원체(균)	• 병의 원인이 되는 생물이나 균류
소인	• 기주식물의 병원에 대해 침해당하기 쉬운 성질
감수성	• 식물이 어떤 병원체와 접할 때 기주가 병에 걸리기 쉬운 성질 (저항성의 반대)
저항성	• 감수성의 반대 개념으로 병에 걸리지 않는 성질
면역성	• 식물체가 어떤 병에 전혀 걸리지 않는 성질
내병성	• 감염되어도 기주가 실질적 피해를 적게 받는 성질
병징	• 병든 식물 자체에 조직의 변화가 나타나는 것 • 괴사, 비대, 위축, 부패, 잎마름, 위조, 색의 변화, 빗자루모양, 부란, 암종 등 • 다른 병해에도 같은 증상이 나타날 수 있다.
표징	• 병원체가 식물의 외부에 직접 드러나서 발병하는 것 • 환부에 곰팡이, 균핵, 점질물, 이상돌출물 등이 생긴다. • 표징은 병이 어느정도 진행된 후에 나타나므로 초기진단은 어렵지만 병원체 자체가 나타나므로, 병의 종류를 판단하는데 중요하다. 비전염성병이나 바이러스, 마이코플라즈마에 의한 병은 대부분 표징이 나타나지 않으며 진균성병이 표징이 잘 나타난다.
전반	• 병원체가 기주식물에 도달하는 것 • 물에 의한 전반, 바람, 곤충, 소동물, 토양, 종자, 묘목에 의한 전반 등
감염	• 병원체가 기주식물에 기생관계가 성립하는 것 • 감염 후 발병까지는 대부분 잠복기간이 있으며 감염 - 병징이나 표징 - (병사) - 전염원 - 침입 - 감염 순으로 병환이 반복된다.
기주교대	• 병원체가 생활사를 완성하기 위해 서로 다른 두 종의 식물을 기주로 삼는 것을 기주교대라고 하며, 두 기주를 번갈아 기생하는 균을 이종 기생균이라고 한다.
중간기주	• 두 기주 중 경제적 가치가 낮은 것을 중간기주라고 하며, 중간기주의 제거가 곧 방제가 된다.

전염성 병해
바이러스, 마이코플라즈마, 세균, 진균, 선충, 기생성종자식물류

비전염성 병해
부적당한 토양조건이나 기상조건, 유기물질에 의한 것, 농기구에 의한 기계적 상해 등 환경적 요인에 의한 발생

코흐의 4원칙	• 미생물이 반드시 식물체 환부에 존재해야 한다. • 미생물은 배지상에서 순수 배양이 되어야 한다. • 배양한 미생물을 접종하면 동일한 병이 발병해야 한다. • 발병한 식물체에서 접종에 사용된 미생물과 동일한 미생물이 재분리가 되어야 한다.
병의 성립	• 병원체가 기주식물인 식물에 접촉되어야만 하고, 식물이 감염될 수 있는 성질인 감수성이 있고 병원도 발병할 수 있는 능력인 병원성이 있어야 한다. 여기에 환경요인이 수반된다.
병원체의 영양기관	• 균사체, 균사속, 균사막, 근상균사속, 선상균사, 균핵, 자좌 등
병원체의 번식기관	• 포자, 분생자병, 분생자퇴, 분생자좌, 포자퇴, 포자낭, 병자각, 자낭각, 자낭구, 자낭반, 세균점괴, 포자각, 버섯 등
진균	• 사상균, 곰팡이라고도 하며, 실 모양의 균사체로 되어 있다. 조균류, 자낭균류, 담자균류, 불완전 균류로 나뉜다.
세균	• 가장 원시적인 원핵생물로 이분법으로 증식하며, 주로 자연개구나 상처침입으로 이루어진다. 병징만 나타난다.
바이러스	• 균류보다 미세한 생물로(병원체로 분류된다) 매개충에 의한 감염이 대부분이다. 약제를 이용한 화학적 직접방제가 어렵다.
파이토플라즈마	• 바이러스와 세균에 다 속하지 않는 특징이 있다. • 마이코플라즈마라고도 불리우며, 매개충에 의해 감염된다. 방제가 어려워 항생물질을 사용한다.

3-2 병원에 따른 분류

비생물성 병원	광선, 기온, 습도, 토양 등					
생물성 병원	균류	세균	대부분 간균(막대모양)에 의하며, 구균, 사상균 등이 있다. 뿌리혹병, 무름병, 점무늬병, 잎마름병, 시들음병, 세균성연부병, 세균성구멍병			
		점균	곰팡이와 버섯의 중간형태			
		진균	불완전균류	회색곰팡이병, 잎마름병		
			자낭균류	흰가루병, 그을음병, 줄기마름병, 벚나무 빗자루병, 갈색무늬병, 소나무 잎떨림병		
			담자균류		기주	중간기주
				소나무혹병	소나무	졸참나무, 신갈나무
				소나무 잎녹병	소나무	황벽나무, 참취, 잔대
				포플러 잎녹병	포플러 (여름, 겨울포자)	낙엽송 (녹포자, 녹병포자)
				배나무 적성병	배나무, 사과나무, 장미, 모과나무	향나무
				잣나무 털녹병	잣나무	송이풀, 까치밥나무
	바이러스	인공배양되지 않고 특정한 산 세포 내에서만 증식하여 매개충으로 전염되며, 주로 전신병징을 나타낸다(모자이크병).				
	파이토 플라즈마	대추나무, 오동나무 빗자루병과 뽕나무 오갈병의 병원체				
	선충	주로 토양이나 매개충에 의해 전염되는 동물성 병원체이다. 뿌리에 혹을 만들거나, 뿌리를 썩게 하거나, 잎에 반점을 만들거나, 종자를 해친다. 3만여 종에 이르며 흡즙성 피해나 매개충의 피해를 입힌다. 소나무재선충(솔수염하늘소가 매개충)				

> **참고**
> 같은 빗자루병이지만 벚나무 빗자루병은 진균에 의한 수병이며, 대추나무와 오동나무의 빗자루병은 파이토플라즈마에 의한 수병이다.

수목병의 대부분은 세균성병보다는 진균성(자낭균류)에 의한 병이 많다.

3-3 주요병해

병명	병원균	기주	특징
흰가루병★	진균 (자낭균)	참나무류, 밤나무, 단풍나무, 장미류	분생자세대의 표징인 흰가루가 발생하며, 가을철에 자낭세대 표징인 검은 알갱이가 발생한다. 미관을 해치지만, 저온기에 자연 치유되는 경우가 많다.
그을음병★	진균 (자낭균)	낙엽송, 소나무류, 주목, 머드나무	깍지벌레와 진딧물의 분비물인 감로에서 기생 깍지벌레와 진딧물을 방제한다.
빗자루병★	파이토 플라즈마	대추나무, 오동나무	대추나무 : 마름무늬매미충 오동나무 : 담배장님노린재 말단 가지와 잎이 빗자루처럼 변하며 왜화되고 회복은 불가하며, 가지를 잘라 소각한다. (옥시테트라사이클린 방제) 이와 달리 벚나무는 진균성 병이다.
모자이크병	바이러스	포플러	잎에 모자이크 무늬와 황색의 반문
참나무 시들음병	진균	참나무류 (신갈나무에서 심함)	매개충 : 광릉긴나무좀 잎이 낙엽되지 않고 빨갛게 변한 채 마른다. 피해목은 벌채 후 훈증소각한다.
배나무 적성병	진균 (담자균)	배나무, 사과나무(향나무)	4~5월 강우량이 많을 경우 발병하며, 배나무(모과, 사과)에서 녹포자, 녹병포자세대 - 점무늬와 잎뒷면 털, 미관 해침 향나무에서 여름, 겨울포자세대 - 황색포자
밤나무줄기 마름병	진균 (자낭균)	밤나무, 참나무, 단풍나무	균사 또는 포자의 형태로 병환부에서 월동, 줄기와 가지가 말라 죽는다. 동해예방과 휴면기에 석회황합제와 보르도액을 살포한다.
소나무 잎떨림병	진균 (자낭균)	소나무류	자낭포자의 형태로 땅위에 떨어진 병든 잎에서 월동, 기공으로 병원균 침입 여름에 담갈색 병반 발생, 월동 후 증세가 급진전되어 황갈색으로 변하고 수시낙엽
잣나무 털녹병	진균 (담자균)	잣나무 (송이풀, 까치밥나무)	수피색이 얼룩지고 거칠게 부풀어 오르며, 수피가 갈라지면서 송진이 나옴, 환부 위쪽이 고사하는 경우가 있음 약제효과가 거의 없으며 병든 식물은 벌목 후 소각, 중간기주 제거
소나무 재선충병★	선충	소나무, 잣나무, 해송	매개충 솔수염하늘소, 북방수염하늘소
뿌리혹병	세균	밤나무, 감나무, 포도나무	병환부에서 월동하고 땅속에서 다년간 생존 하며 뿌리에 암종을 형성
리지나뿌리 썩음병	진균 (자낭균)	소나무, 전나무, 낙엽송	40℃ 이상의 온도가 24시간 이상 지속되면 병원 균이 발아하여 병든 나무 주변에 갈색버섯 발생
소나무혹병	진균 (담자균)	소나무, 졸참나무, 신갈나무(참나무)	소생자가 날아가 1~2년만에 가지나 줄기에 혹 형성

보르도액

황산구리(황산동)와 수산화칼슘(석회유)을 원료로 하며, 석회유에 황산동액을 부어서 조제한다. 오래두면 앙금이 생기고 효과가 떨어지므로 조제 즉시 살포하도록 한다. 약해가 적으며 병징이 나타나기 전 보호살균제 용도로 사용한다.

황제

무기황제와 유기황제로 나뉘는데 무기황제 중 석회황합제는 흰가루병과 녹병 등에 널리 쓰인다.

항생물질

파이토 플라즈마에 의한 수병 치료에 효과를 보인다.
테트라 사이클린계 항생물질은 오동나무와 대추나무 빗자루병에 사용하며 사이클론헥시마이드는 잣나무 털녹병에 사용한다.

3-4 주요충해

분류	해충	내용
흡즙성 해충★	깍지벌레류	• 잎, 가지를 가해하고 그을음병 유발 • 천적 : 무당벌레, 풀잠자리, 기생벌 등 • 스미티온, 디메토에이트, 메티다티온(수프라사이드)
	응애류	• 거미강에 속하며, 살비제로 방제한다. • 잎, 생장점, 꽃잎 등에서 엽록소를 같이 흡즙한다. • 천적 : 무당벌레, 풀잠자리, 애꽃노린재, 거미 • 연용 시 저항성이 생겨 연용하지 않는다. • 디코폴유제(켈센)
	진딧물류	• 바이러스의 매개가 되며, 저온지속 시 이상번식을 하고 가뭄 시 발생이 많아진다. • 천적 : 무당벌레, 풀잠자리, 꽃등애, 기생벌 • 메타유제, 메타시스톡스, 포스팜제(다이메크론), DDVP
식엽성 해충 (트리클로르폰 : 디프제)	솔나방	• 유충인 송충이에 의한 피해가 크며 1년에 1회 발생 • 9~10월 잠복소를 설치하여 방제 • 천적 : 송충알좀벌, 노린재, 맵시벌, 기생벌, 꾀꼬리 • 말라티온, 스미티온, 스리사이드
	흰불나방	• 1년에 1회 발생하여 피해가 크다. • 천적 : 긴등기생파리, 송충알벌, 맵시벌, 꽃노린재 • 주론수화제(디밀린)
	독나방	• 잎을 가해하여 잎맥을 남겨 그물모양이 됨
	오리나무 잎벌	• 성충, 유충이 잎맥만 남기고 망상으로 식엽하며, 여름에 아랫잎부터 붉게 변함 • 천적 : 무당벌레
충영형성 해충	솔잎혹파리	• 1년에 1회 발생하며 소나무와 같은 이엽송에만 피해를 준다. • 침엽의 길이가 짧아지며 잎 기부에 혹이 형성된다. • 천적 : 산솔새, 먹좀벌, 거미 • 포스팜액제(다무르)
	밤나무혹벌	• 천적 : 좀벌류
천공성 해충	하늘소	• 천공성, 흡즙성 피해를 입히며, 재선충 등의 매개충이 되어 피해가 크다.
	소나무좀	• 소나무류 전반을 가해하며 수간에 구멍을 뚫어 흡즙한다.
	박쥐나방	• 목재 줄기를 뚫고 들어가 배설물을 구멍 외부에 싸서 피해를 준다.

흡즙성 해충
식물의 즙액을 빨아먹어 피해를 주는 해충

식엽성 해충
식물 잎을 갉아 먹어 피해를 주는 해충

충영형성 해충
암덩어리와 같은 충영을 형성하여 피해를 주는 해충

천공성 해충
식물 수간 등에 구멍을 뚫어 피해를 주는 해충

3-5 병해의 방제

예방법

환경조건개선, 전염원 제거, 중간기주 제거, 종묘소독(유기수은제, 티람제, 캡탄제), 토양소독, 검역 등

방제의 종류 ★

기계적 방제	경운법	임업적 방제	내충성품종 이용
	포살법		간벌
	유살법		시비
	차단법		윤작
생물적 방제	천적 이용	물리적 방제	온도조절
	병원미생물 이용		습도조절
화학적 방제	농약		방사선 이용

윤작
돌려짓기라고도 하며, 같은 종류의 작물을 연작하면 병해에 대한 저항력이 떨어지기 때문에 다른 종류의 작물을 돌려짓기한다.

3-6 농약의 종류

농약의 정의

농작물의 재배와 저장 중 발생하는 병·해충·잡초를 방제하는 데 사용하는 화학농약 및 생물농약, 농작물의 생리기능을 증진·억제하는 데 사용되는 생장조절제, 약효를 증진시키는 보조제 등의 총칭

사용목적에 따른 분류 ★★★

살균제	작물에 병원성이 있는 진균(곰팡이), 세균, 바이러스 등의 미생물을 방제하는 약제	• 보호살균제 : 보르도액, 결정석회황합제, 구리분제 • 직접살균제 : 유기수은제, 황제, 유기합성살균제, 항생물질계 • 종자소독제 : 베노밀, 티람수화제
살충제	작물을 가해하는 곤충, 응애, 선충류 등을 방제하는 약제	• 소화중독제(해충이 먹어서 중독) • 접촉제(접촉하여 중독) • 침투성 살충제(흡즙성 해충방제) • 훈증제 • 훈연제 • 유인제 • 기피제 • 불임제 • 점착제(이동 차단) • 생물농약(미생물 이용)

살선충제	식물의 뿌리나 토양에 기생하는 선충류를 방제하는 약제	
살비제	응애류를 죽이는 데 사용되는 약제	디코폴수화제 등
제초제	잡초 제거에 사용되는 약제	선택성 : 2,4-D, 반벨-D 비선택성 : 근사미(글라신액제), 　　　　　그라목손(패러콧)
보조제	농약의 효력을 높이기 위해 첨가되는 보조물질	전착제(주성분을 잘 묻게 함) 증량제(농도를 맞추기 위함) 용제(유효성분을 용해) 유화제(유제를 균일분산) 협력제(유효성분의 효력 증진) 영양제
식물생장 조절제	식물 호르몬제이며 식물의 생리기능을 증진하거나 억제하는 데 사용	옥신, 지베렐린, b-9

제제형태에 따른 분류

유제	유기용매에 녹여 유화제를 첨가한 용액으로 물에 희석하여 사용
액제	주제를 물에 녹이고 동결방지제를 가한 것
수화제	물에 녹지 않는 주제를 물에 혼합한 것
수용제	물에 잘 녹는 주제를 수용성 증량제로 희석하여 입상의 고형으로 만든 것
분제	분말 형태의 제제
입제	고체 알갱이 형태의 제제
연무제	원제를 고압가스에 녹인 다음 압축하여 스프레이통에 충전한 것

농약포장지의 색상★

살균제	살충제	살비제	보조제	생장조절제	제초제
분홍색	녹색	녹색	흰색	청색	선택성 - 노란색 비선택성 - 적색

4. 수목보호

4-1 추위에 의한 피해

서리의 해
- 조상 : 이른서리의 피해
- 만상 : 늦서리의 피해

상렬

추위에 의해 수피가 얼고 녹기를 반복하면서 수선방향으로 갈라지는 현상이다. 피해범위는 지상 0.5 ~ 1m 부위가 심하며, 일교차가 큰 수간의 남서쪽에서 발생하며 남사면에 있는 수목에서 주로 발생한다. 수간을 짚이나 마대로 보호하거나, 석회수를 칠하는 방법으로 예방한다.

컵쉐이크(cupshakes)

상렬과 반대로 수간의 외층조직이 갑자기 낮은 온도로 인해 팽창을 일으키는 것이다.

상해옹이

수간이나 가지, 갈라진 지주 등에서 지면 가까이에 있는 수목껍질과 신생조직이 피해를 받는 것이다.

동해

추위로 인해 식물의 세포막 벽 표면에 결빙현상이 일어나 원형질이 분리되어 피해를 입는다. 빙점 이하의 온도에서 일어나는 피해이다.

한해(寒害)

빙점 이상의 온도이지만 상대적인 저온에 의해 작물의 생육이 저해받는 것을 말한다. 주로 내한성이 약한 식물들이 피해를 받으며, 바람막이나 짚덮기 등의 방법으로 예방한다.

상주(서릿발)

땅 속의 물이 기둥모양으로 얼어 땅위에 솟아오르는 것으로, 파종한 어린 나무에만 피해가 있으며 습한 토양에서 피해가 크다.

4-2 더위에 의한 피해

한발(旱魃)

한해(旱害)라고도 하며, 여름에 기온이 높아 수분증발이 심해 말라 죽는 현상으로, 물 부족으로 발생하는 피해를 말한다.

피소

일소, 볕데기라고도 하며, 여름철에 강한 석양 빛으로 수피가 타는 현상이다. 껍질이 얇은 수종, 흉고직경 15 ~ 20cm 나무의 서쪽이나 남서쪽 수간에 피해가 크다. 목련, 느티나무, 벚나무, 단풍나무 등

> **참고**
>
> 한해(旱害)
> 건조에 의한 피해
>
> 한해(寒害)
> 추위에 의한 피해

4-3 수목외과수술

순서

부패부청소 → 공동내부다듬기 → 버팀대박기 → 소독 및 방부처리 → 살균, 살충제처리 → 공동충전 → 방수처리 → 매트처리 → 인공수피처리

공동충전재

기존에는 아트팔트, 콘크리트, 고무밀납 등으로도 사용하였으나 최근 다양한 합성수지가 사용된다. 비발포성수지는 에폭시, 불포화폴리에스테르, 우레탄 등으로 탄력성이 좋지만 가격이 고가이며, 발포성수지인 폴리우레탄 폼은 경제적이고 작업이 쉬우나 강도가 약하다.

4-4 수간주사

시기

수목생육이 왕성한 4월~9월 사이가 적합

방법

지상부의 10~15cm 되는 곳에 드릴로 3~4cm 깊이로 구멍을 뚫는다. 각도는 20~30°로 하며, 구멍 반대편으로 5~10cm 위쪽에 구멍을 같은 방법으로 뚫어 2개의 구멍을 뚫는다. 이때에는 구멍 안을 깨끗이 한다. 180cm 높이에 약액을 거치한 후 구멍에 주사한다. 모두 주입되면 구멍에 인공나무껍질과 매트처리를 하여 마무리한다.

개념잡기

양버즘나무(플라타너스)에 발생된 흰불나방을 방제하고자 할 때 가장 효과가 좋은 약제는?

① 디플루벤주론수화제 ② 결정석회황합제
③ 포스파미돈액제   ④ 티오파네이트메틸수화제

- 디플루벤주론수화제 : 나방류의 방제에 쓰이는 살충제
- 결정석회황합제 : 다황화칼슘(주로 CaS_5)을 주성분으로 하는 농업용 살균제
- 포스파미돈 액제 : 솔잎혹파리 등의 방제에 쓰이는 살충제
- 티오파네이트메틸수화제 : 살균제

정답 : ①

4-5 약액 희석

희석하고자 하는 물의 양

$$\frac{\text{사용량} \times \text{원액농도}}{\text{사용할 농도(\%)}}$$

ha당 소요약량

$$\frac{\text{총소요량}}{\text{희석배수}}$$

ha당 원액소요량

$$\frac{\text{ha당 사용량(cc)}}{\text{사용 희석배수}}$$

> **개념잡기**
>
> 농약 살포작업을 위해 물 100L를 가지고 1,000배액을 만들 경우 얼마의 약량이 필요한가?
>
> ① 50mL   ② 100mL   ③ 150mL   ④ 200mL
>
> 총 소요량이 100L이고 희석배수가 1,000배이므로 $\frac{100L}{1,000} = 0.1L$가 된다. 따라서 100mL이다.
>
> 정답 : ②

02 잔디 및 화단관리

1. 잔디관리

1-1 잔디의 용도와 분류

잔디식재 목적

관상가치가 있으며 피복물 역할을 하여 침식을 방지할 수 있다. 레크리에이션 장소가 되는 효과와 먼지감소 등의 효과도 부수적으로 얻을 수 있다.

한국잔디

대부분 난지형으로 내건성, 내척박성, 내산성이 우수하다. 여름철 고온기에도 강하나 내음성이 약한 것이 단점이다. 종자번식보다는 영양번식이 효율적이며, 잔디밭 조성기간이 오래 걸린다. 관리는 서양잔디에 비해 용이하다.

들잔디	• 우리나라에서 가장 많이 사용된다. • 광엽성 잔디로 엽폭이 넓고 질감이 거칠며 내한성이 강한 편이다. • 공원, 경기장, 법면녹화, 묘지 등에 사용된다.
금잔디 / 고려잔디	• 대전 이남 지역에 자생하며 내한성이 약하다. • 질감은 보통이며 치밀한 잔디밭을 얻을 수 있다. • 내음성과 내습성이 강한 편이다.
비로드잔디	• 정원, 공원, 골프장의 티나 그린, 페어웨이에 사용된다. • 질감이 가장 고우며, 내한성이 아주 약하다.
갯잔디	• 해안조경에 사용되며, 질감이 거칠고 생육정도가 약하다.

서양잔디

상록성의 다년초로 내음성이 강하나 고온과 병에 약하며 관수와 비배관리에 관리를 요한다.

버뮤다그래스	• 난지형 잔디이며 내음성과 내한성이 약하다. 내습성, 내건성이 강하며, 경기장용으로 사용한다.
켄터키블루그래스	• 여름 고온기에 이용이 제한되며 내음성은 강하나 병충해, 답압, 깎기, 건조에 약하다. 골프장 그린, 페어웨이, 티, 경기장, 일반 잔디밭에 이용 가능하다.
벤트그래스	• 질감이 아주 섬세하고 치밀한 잔디밭을 얻을 수 있어 골프장 그린에 주로 사용된다. 여름고온기에 병해가 심하며, 답압, 내건성이 약하다.
페스큐그래스	• 내한성이 가장 강한 종류로 파인페스큐와 톨페스큐의 종류가 있다. 파인페스큐는 내음성이 강해 하부식재에 사용되며, 톨페스큐는 질감이 아주 거칠고 토양적응성이 강하여 시설조경용으로 사용한다.
라이그래스	• 경기장이나 목초용으로 주로 쓰인다.
위핑러브그래스	• 초장이 길어서 늘어지는 자연스러운 경관을 형성할 수 있으며, 절개지 녹화용으로 사용된다.

1-2 잔디깎기

목적과 시기

이용의 편리와 잡초방제, 잔디분얼 촉진, 통풍, 병해예방 등을 위한 목적으로 시행한다. 한국잔디는 6 ~ 8월, 서양잔디는 5 ~ 6월과 9 ~ 10월이 적기이다.

잔디깎기 작업은 한 번에 초장의 1/3 이상을 깎지 않으며 토양이 젖어 있을 때를 피한다.

기계의 종류 ★

핸드모어	50평(150m²) 미만의 잔디밭 관리에 사용된다.
그린모어	골프장의 그린이나 테니스 코트 등에 사용되며, 깎은 면이 섬세하게 유지된다.
로터리모어	50평 이상의 골프장 러프, 공원의 수목하부 등에 다소 거칠게 깎여도 되는 부분에 사용된다.
어프로치모어	잔디 면적이 넓고 품질이 좋아야 하는 지역에 사용된다.
갱모어	골프장, 운동장이나 경기장 등 5,000평 이상 지역에서 사용되며 경사지나 평탄지에서도 균일하게 깎인다.

스캘핑(scalping)
한번에 잔디를 많이 깎으면 줄기나 포복경, 죽은 잎들이 노출되어 누렇게 되는 현상으로 생육이 억제되거나 심하면 고사할 수 있다.

태취(thatch)
깎은 잔디의 잎이나 말라죽은 잎이 땅위에 쌓여 스폰지 같은 구조가 된 것으로 물과 거름이 땅속에 스며드는 것을 막아 생육이 저해된다.

매트(mat)
태취 밑에 땅속줄기와 같은 섬유물질이 쌓인 상태이다.

1-3 제초

주요잡초
크로바, 바랭이, 개비름, 냉이, 광대나물, 방동사니 등

- 재배적 잡초방제
  경운, 시비, 깎기작업, 과습방지, 통기작업을 통해 재배적 방제가 가능하다.
- 화학적 잡초방제 ★

접촉성 제초제	닿아서 효력을 발휘하는 것으로 다년생 잡초의 지하부 제거가 어렵지만, 토양잔류성은 낮다(그라목손).
이행성 제초제	외부조직에서 흡수되어 체내로 이동해 식물전체가 고사하며 대부분의 선택성 제초제가 이에 속한다.
선택성 제초제	2,4-D, 반벨
비선택성 제초제 (모든 작물 고사)	근사미, 그라목손

1-4 시비 및 관수

- 생육이 왕성할 때 집중적으로 시비하는 것이 효과적이다. 또한, 깎는 횟수에 비례하여 시비횟수를 조정하여 준다.
- 질소질 성분을 많게 하며, 인산과 칼륨은 비슷하게 한다. 연간 잔디밭의 질소시비량은 4~16g/m²이다.
  1회당 질소시비는 4~5g/m²을 넘지 않도록 한다.
- 관수는 이른 아침이나 저녁이 적당하며, 겨울에는 오전 중이 적당하다. 여름철 고온기에 기후가 건조할 때 잔디 표면에 물을 분무해서 온도를 낮추어 주는데, 이 작업을 시린지(syringe)라고 한다.
- 관수 시에는 토양층이 15~20cm까지 젖도록 관수하는 것이 효과적이다.

뗏밥주기
배토 또는 topdressing이라고 하며, 잔디의 노출된 지하줄기의 보호, 지표면의 평탄화, 부정근과 부정아의 발달을 도와 생육을 원활하게 하는 효과가 있다. 모래 : 흙 : 유기물 = 2:1:1로 사용하며, 소량으로 자주 2~4mm두께로 뗏밥을 준다.
주고난 뒤에는 최소 15일 이후에 주도록 한다.

1-5 통기작업

연 1회 정도 토양의 고결화를 방지하고 지하경과 뿌리의 호흡을 유도하기 위하여 통기작업을 실시한다. 통기작업은 수분과 비료의 침투를 양호하게 하는 효과도 있다.

코어링	• 이른 봄에 폭 0.5~2cm, 깊이 2~5cm로 파내는 것으로, 물과 양분의 침투를 용이하게 하며 뿌리생육을 촉진하나 식물에 상처가 되고 해충의 서식지가 될 수 있다.
슬라이싱	• 칼로 토양을 절단하여 잔디의 밀도를 높인다.
스파이킹	• 끝이 뾰족한 못과 같은 것으로 구멍을 내는 것으로 회복에 걸리는 시간이 짧다.
버티컬모잉	• 슬라이싱과 유사한 자르는 기계로 수직으로 자른다.

2. 잔디의 병해관리

2-1 한국잔디

고온성 병	• 라지패치 : 토양전염병으로 고온다습지에서 질소과다시비 시 많이 발생 • 녹병 : 여름에서 초가을 사이에 질소부족 시 발병하나 기온이 떨어지면 자연소멸, 석회황합제나 다이센M 등의 약제 사용
저온성 병	• 춘고병 : 4월 중 건조지에 발생하며 10월 이후 질소시비 시, 서늘하고 다습 시 발병 • 푸사리움 패치 : 질소성분 과다 지역에서 주로 발병

잔디녹병

2-2 서양잔디

고온성 병	• 브라운패치(입고병, 엽고병) : 질소과다, 고온다습 시, 태치 축척 시 많이 발생하며, 수cm 정도의 원형 및 부정형 황갈색 병반을 이룬다. • 연부병 : 배수와 통풍이 불량하여 생기며, 잔디가 썩는 냄새가 나고 미끈한 감촉으로 변한다. • 달러스폿 : 밤낮의 기온차가 심할 때, 질소 부족 시 동전크기의 병반이 발생한다.
저온성 병	설부병

2-3 충해

잔디에 가장 많은 피해를 입히는 해충(특히 한국잔디)은 황금충으로, 유충이 지하경을 먹는 피해가 있다.

개념잡기

잔디밭에서 많이 발생하는 잡초인 클로버(토끼풀)를 제초하는 데 가장 효율적인 것은?

① 베노밀 수화제 ② 캡탄 수화제
③ 디코폴 수화제 ④ 디캄바 수화제

클로버 제거를 위해서는 선택성 제초제(디캄바 액제)가 쓰인다.
디코폴 수화제는 살충제이다. 베노밀과 캡탄 수화제는 살균제이다.

정답 : ④

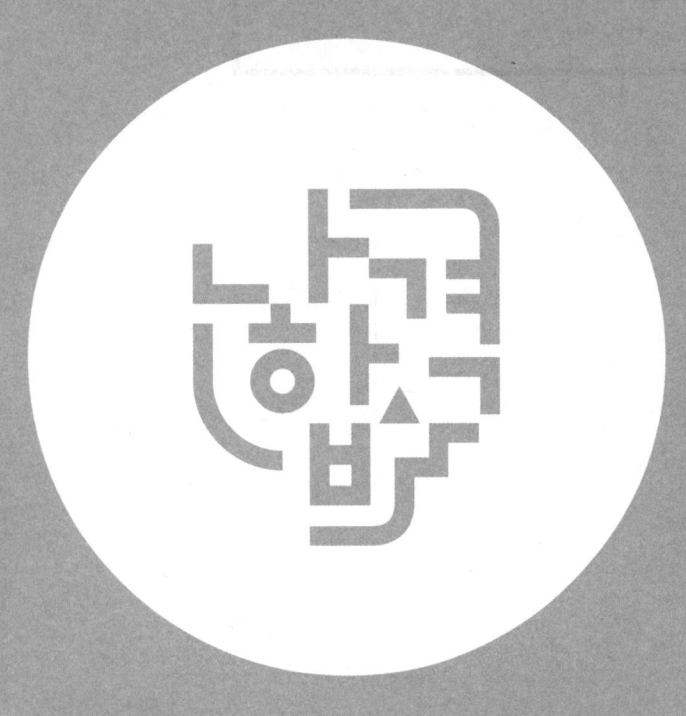

PART 06

합격족보

PART 01 조경사

제1장 조경일반

1. 조경 아름답고 유용하고 건강한 환경을 형성하기 위해 인문적·과학적 지식을 응용하여 토지와 경관을 계획·설계·조성·관리하는 문화적 행위

2. 조경가 광범위한 옥외 공간을 대상으로 하며, 도시계획, 토목 등의 전문가와 협업하는 기술자

3. 조경의 수행과정 조경계획 → 조경설계 → 조경시공 → 조경관리

제2장 조경양식과 조경사

1. 조경양식과 발생요인

조경양식

정형식	이탈리아 노단식	구릉지대에 정원을 계단식으로 조성
	프랑스 평면기하학식	저습평탄지에 축을 중심으로 기하학 모양으로 확장되는 형태로 조성
	스페인 중정식	건물로 둘러싸인 방형의 공간에 정원조성
자연식	영국 자연풍경식 (회화풍경식)	목가적인 풍경을 자연그대로 묘사
	일본 고산수식	해안풍경을 축소해서 상징적으로 묘사
	중국, 일본 회유임천식	숲과 연못을 조성하여 산책하며 감상하는 정원
절충식	우리나라 조선시대의 정원양식	정형식(건물형태)과 자연식(정원형태)의 혼합

발생요인

환경적 요인	지형(지배적 요인), 기후, 식생, 토양 등
사회적 요인	역사, 종교, 민족성, 시대사조 등

2. 서양조경

고대	이집트	• 데르엘 바하리의 장제신전 • 주택정원 • 묘지정원(사자의 정원)
	서부아시아	• 수렵원 • 공중정원 • 지구라트 • 파라다이스 가든
	그리스	• 주택정원(court) • 성림 • 짐나지움 • 아고라
	로마	• 주택정원(아트리움과 페리스틸리움, 지스터스) • 포룸 • 빌라발달
중세	유럽	• 성관정원 • 수도원정원
	이란	• 이스파한
	스페인	• 사라센문명 • 그라나다의 알함브라 궁전 • 헤네랄리페 이궁
	인도	• 타지마할
르네상스	이탈리아	• 15세기 : 카레기장, 메디치장 • 16세기 : 벨베데레원, 에스테장, 랑테장 • 17세기 : 알도브란디니장, 감베라이아장, 이졸라벨라장
	프랑스	• 앙드레 르 노트르 : 베르사이유와 보르비꽁트
	독일	• 식물원과 학교원
	네덜란드	• 수로·화훼 중심
근현대	영국	• 상업적 조경가 등장 : 조지 런던, 헨리 와이즈, 찰스 브릿지맨, 윌리엄 캔트, 브라운, 랩턴, 챔버 • 스토우 가든 • 스투어헤드 • 비큰히드 파크
	프랑스	• 쁘띠 트리아농
	독일	• 바이마르 공원 • 무스코성의 대임원 • 분구원
	미국	• 센트럴 파크(옴스테드) • 시카고 만국박람회 • 도시미화운동

3. 동양조경

중국	일본	한국
자연과의 대비	자연과의 조화	자연과의 조화

시대별 중국조경

한나라	• 상림원 • 태액지원
당나라	• 온천궁이궁(화청궁) • 이덕유의 평천산장
송나라	• 태호석 사용 • 화려하고 이국적인 화단(화오), 원정을 우리나라에 전파 • 창랑정
명나라	• 어화원(자금성후원)과 경산 • 작원 • 졸정원(왕헌신의 다양한 수경처리)
청나라	• 원명원이궁(동양 최초의 서양식정원) • 만수산이궁(이화원) • 열하피서산장 • 유원
소주 지방의 4대 명원	창랑정, 사자림, 졸정원, 유원

시대별 일본조경

아즈카 (비조)시대	임천식	신선설을 배경으로 섬과 연못 조성
	회유임천식	정원중심부에 연못을 파고 섬을 조성하고 다리를 놓아 주변을 산책하며 감상
무로마찌 (실정)시대	축산고산수식(14세기)	돌(폭포나 섬), 왕모래(물), 수목(산)을 이용해 조성 선사상과 묵화의 영향
	평정고산수식(15세기)	돌과 왕모래만을 이용하여 해안풍경묘사
모모야마 (도산)시대	다정양식(16세기)	다도(茶道)를 중심으로 하는 실용적인 정원
에도 (강호)시대	원주파임천식	임천식과 다정양식의 혼합형
근현대	축경식	오늘날 일본의 특징적인 형태

시대별 한국조경

• 사상적 배경
  - 신선사상: 신선의 거처를 표현하고, 정원의 첨경물에 신선사상과 관련하여 조성하였다. 연못과 연못 안에 섬을 배치하여 중도식 양식으로 조성하였다.
  - 유교사상: 건축물의 공간배치와 정원양식에 영향을 주었다.

- 음양오행설 : 음과 양의 조화와 금, 수, 목, 화 토의 오행의 개념을 근간으로 하는 사상으로 방지원도의 연못의 형태에 영향을 주었다. 둥근섬은 하늘(양)을 상징하고 네모난 연못은 땅(음)을 상징한다.

• 시대별 한국조경

삼국시대	• 고구려 : 진주지, 안학궁, 대성산성, 장안성 • 백제 : 임류각, 궁남지, 석연지, 수미산과 오교 • 신라 : 임해전지원(안압지), 포석정, 사절유택, 최치원의 별서풍습
고려시대	• 격구장 • 궁궐정원 : 동지(연못), 석가산과 화오(중국으로부터 도입) • 민간정원 : 맹사성고택, 이규보의 사륜정기 • 사원정원 : 청평사의 문수원남지
조선시대 (궁궐정원)	경복궁 : • 경회루(방지방도) • 교태전 후원(4단의 화계식) • 향원정(방지원도) • 자경전(10장생 굴뚝과 화문장) 창덕궁 : • 대조전후원과 낙선재후원 • 비원(금원, 북원, 후원) 창경궁 : • 통명전원 덕수궁 : • 석조전과 침상원
조선시대	• 주택정원 : 윤증고택, 선교장, 옥호정 • 별서정원 : 광한루, 소쇄원, 부용동원림(보길도)
근현대	• 파고다공원 : 최초의 서양식 도시공원

• 창덕궁 후원(비원, 금원)

부용정역	• 후원 입구쪽에 위치하며 남쪽 부용정, 북쪽 주합루, 동쪽 영화당, 서쪽 사정기비각이 위치 • 부용지는 방지원도로 조성, 부용정은 '亞'모양의 정자
애련정역	• 애련지(송대 주돈의 애련설 유래)와 계단식 화계 • 연경당 : 민가를 모방한 99칸의 건축물, 단청하지 않음
관람정역	• 상지에 존덕정(6각지붕정자)과 하지에 관람정(부채꼴) 위치 • 상지는 반월형 연못(반월지)과 하지는 한반도 모양의 자연곡지로 이루어짐 • 존덕정 : 가장 아름다운 정자로 겹지붕 양식
옥류천역	• 후원에 가장 안쪽에 자연계류를 이용해서 조성 • 곡수거와 인공폭포 조성 • 청의정 : 궁궐안의 유일한 모정
청심정역	• 가장 한적한 분위기

PART 02 조경계획과 설계

제1장 조경계획

1. 계획과 설계 기초

조경계획	조경설계
1. 목표설정	6. 기본설계
2. 조사 및 분석	
3. 종합	
4. 기본구상 및 대안작성	7. 실시설계
5. 기본계획(Master Plan) ★	
Planning	Design
장래 행위에 대한 구상	제작이나 시공을 목표로 아이디어를 도출하고 도면으로 구체적으로 표현
합리적인 측면이 요구됨	창의성, 독창성, 예술성이 요구됨
문제의 발견과 분석에 관련됨	문제의 해결과 종합에 관련됨
서술형식으로 표현	도면이나 그림, 스케치로 표현
수요예측, 경제적 가치 평가에 따라 양적표현 가능	질적인 측면에서 관심

2. 조경계획과정

현황조사분석

- 자연환경분석

지형	기후
지형도에서 정북방향과 축척, 등고선 및 지도 제작일, 최고점과 최저점, 등고선 간격 및 완경사와 급경사, 계곡과 능선, 산봉우리, 웅덩이, 절벽, 폭포 등을 확인하도록 한다. • 경사도분석 ★ 경사도 $G(\%) = D/L \times 100$ • D : 등고선 간격(수직거리) • L : 등고선에 직각인 두 등고선 간의 평면거리(수평거리)	• 지역기후 : 대상지의 강우량, 일조시간, 풍향, 풍속의 통계수치 • 미기후 : 국부적인 장소에 나타나는 특징적인 기후를 말하며, 공기의 유통, 태양열, 안개나 서리 발생 등 • 바람 : 밤에는 육지에서 바다로, 산에서 계곡으로 불며 낮에는 반대방향으로 향한다.

- 인문사회환경분석

토지이용조사								경제사회환경분석
주거지	농경지	상업용지	공원 및 녹지	공업용지	업무용지	학교	개발제한지역	• 역사성(지방사) : 문헌조사 또는 주민면담 • 이용자 분석 : 이용자들의 공간에 대한 선호도나 만족도 분석, 이용자들의 행태도면 작성 등 • 환경심리학 : Hall의 대인간격의 거리, 개인적거리, 영역성
노랑	갈색	빨강	녹색	보라	파랑	파랑	연녹색	

- 시각환경분석(경관분석)

K.Lynch의 기호화방법	Litton의 시각회랑(Visual Corridor)에 의한 방법	
• 기호를 이용하여 분석도면을 작성하고 물리적 형태를 이미지화 • 도시이미지 형성에 기여하는 물리적 요소 5가지 : 통로(path), 모서리(edge), 지역(district), 결절점(node), 랜드마크(landmarks)	기본유형	전경관(파노라믹경관)
		지형경관(landmark)
		위요경관
		초점경관
	보조유형	관개경관
		세부경관
		일시경관
	경관요소	우세요소(기본요소)
		가변요소(피복요소)
		시각요소

기본구상과 기본계획
- 기본구상 : 다이어그램 및 개념도 작성
- 기본계획 ★ : 6가지 부문별 계획

토지이용계획	기본구상 및 프로그램에 부합되는 토지의 용도를 정함
교통동선계획	도로, 주차장, 동선, 보행로 등의 계획
식재계획	수종선택, 배식, 녹지체계 등에 관한 계획
시설물계획	시설물의 유형, 규모, 배치 등의 계획
하부구조계획	전기, 상하수도, 가스, 전화 등 공급처리 시설 계획
집행계획	투자계획, 법규, 유지관리계획

3. 대상지유형별 계획

C.A Perry의 근린주구 이론

- 규모
  초등학교 하나가 필요하게 되는 인구에 대응한 규모로 인구 약 5,000명, 반경 400m 기준
- 경계
  통과교통의 배제, 쿨데삭(cul-de-sac) 도입, 슈퍼블록 설정

도시공원 및 녹지

구분			설치기준	유치거리	규모	시설율
도시공원	소공원		제한없음	제한없음	제한없음	20% 이하
	어린이공원		제한없음	250m 이하	1,500m² 이상	60% 이하
	근린공원	생활권	제한없음	500m 이하	10,000m² 이상	40% 이하
		도보권	제한없음	1,000m 이하	30,000m² 이상	
		도시지역권	❶	제한없음	100,000m² 이상	
		광역권	❶	제한없음	1,000,000m² 이상	
	역사공원		제한없음	제한없음	제한없음	제한없음
	문화공원		제한없음	제한없음	제한없음	제한없음
	수변공원		❷	제한없음	제한없음	40% 이하
	묘지공원		❸	제한없음	100,000m² 이상	20% 이상
	체육공원		❶	제한없음	10,000m² 이상	50% 이하
	도시농업공원		제한없음	제한없음	10,000m² 이상	40% 이하
녹지	완충녹지 / 경관녹지 / 연결녹지					

❶ 해당 도시공원의 기능을 충분히 발휘할 수 있는 장소에 설치
❷ 하천·호수 등의 수변과 접하고 있어 친수공간을 조성할 수 있는 곳에 설치
❸ 정숙한 장소로 장래 시가화가 예상되지 아니하는 자연녹지지역에 설치

제2장 조경설계

1. 제도

도면의 종류

평면도 ★	• 입체를 수평면상에 투영하여 그린 도면 • 시설물 위치, 수목의 위치, 부지경계선, 지형, 방위, 식생 등의 계획 전반 사항을 표시 • 시설물평면도, 식재평면도
입면도	• 입체를 서서 바라본 형태의 도면으로 대상의 외면 각부의 형태를 나타낸다. 평면도와 같은 축척을 이용하여 정면도, 배면도, 측면도 등으로 세분화될 수 있다.
단면도	• 대상을 수직으로 자른 단면을 보여주는 도면으로 구조물의 내부 구조 및 공간구성을 표현할 수 있다. • 평면도에 단면부위를 반드시 표시하여야 하며, 지상과 지하 부분 설명 시 사용될 수 있다.
상세도	• 실제 시공이 가능하도록 표현한 도면으로 재료, 공법, 치수 등을 자세히 기입한다. • 평면도나 단면도에 비해 대축척(1/10 ~ 1/50)을 사용한다.
투시도	• 완공되었을 경우를 가정하여 원근을 고려, 입체적으로 대상을 표현한 그림이다. • 소점에 따라 1소점, 2소점, 3소점으로 나뉜다. 조감도 등의 광범위한 부지는 시점이 높은 투시도로 3소점으로 나타낸다.
투상도	• 입체적인 형상을 평면적으로 그리는 방법으로 1각법과 3각법으로 그릴 수 있다.
스케치	• 눈높이나 눈높이보다 조금 높은 위치에서 보이는 공간을 실제에 가깝게 표현하는 그림

2. 조경설계기준

기본설계	기본계획의 각 부분을 더욱 구체적으로 발전시키는 것
실시설계	실제 시공이 가능하도록 상세한 시공도면을 작성하는 것
설계기준 (시설물)	• 경사로(램프) : 8% 이내 경사, 유효폭 1.2m 이상 • 계단 2h + w = 60 ~ 65cm(h : 단높이, w : 폭) • 주차단위구획 : 평행주차(2.0m×6.0m), 평행주차 외(2.5m×5.0m) • 파고라 : 높이 2.2 ~ 2.7m • 벤치 : 1인용 45 ~ 60cm, 2인용 120 ~ 160cm, 3인용 180 ~ 200cm
식재설계	• 정형식식재 : 단식, 대식, 열식, 교호식재, 집단식재, 요점식재 등 • 자연식식재 : 부등변삼각형식재, 임의식재, 모아심기, 배경식재 등 • 식재기능 : 차폐식재, 녹음식재, 방풍식재, 방음식재, 방화식재, 방설식재, 지피식재, 야조유치식재 등

3. 조경미학

경관구성요소 ★

축	공간을 통일하는 요소로서 공간의 중심이 됨	
대칭	축을 기준으로 하며 동적 대칭은 비례	
균형	대칭적 균형과 비대칭적 균형이 있으며 두 개의 힘이 서로 평균한 상태에 놓이는 것으로 무게와 방향성이 결정	
눈가림	변화와 거리감을 강조하는 수법	
통경선	시선의 집중과 먼곳의 풍경을 조망할 때, 조망의 초점을 인상깊게 하고 원근감을 강조하여 거리감을 조성하게 됨	
단순미	일제림 등에서 느껴지는 것으로 같은 것만을 사용하는 것이 아닌 비슷한 것을 사용하되 일체감을 느끼게 함	
반복	단순미가 되풀이 될 때 반복미가 발생	
점이	반복가 유사가 복합되어 자연적인 순서의 질서를 갖게 된 것	
점층	점진적으로 일정하게 변화하는 형태	
조화	서로 다른 것들의 색이나 모양이 서로 잘 융화되는 것	
대비	색, 종류, 형상, 질량 등이 모두 달라 상호의 특징이 강조되어 느껴지는 현상	
비례	한 부분과 전체에 대한 척도 사이의 조화	
운율	연속하는 선, 반복되는 선, 면, 형, 색채, 질감 등에 의한 질서	

색채학

색의 3속성	• 색상 : 색의 종명으로 색이 구별되는 특성 • 명도 : 색의 밝기 정도로 grayscale을 기준척도로 사용 • 채도 : 색의 선명도, 색의 진하고 엷음을 나타내는 포화도
색의 혼합	• 가산혼합 : 빨강(R), 초록(G), 파랑(B) • 감산혼합 : 마젠타(M), 노랑(Y), 시안(C)
먼셀 색상환	(먼셀 색상환 그림: 빨강 R, 주황 YR, 노랑 Y, 연두 GY, 초록 G, 청록 BG, 파랑 B, 남색 PB, 보라 P, 자주 RP)
색의 대비	• 계시대비 • 동시대비 : 색상대비, 명도대비, 채도대비, 보색대비, 한난대비, 면적대비

PART 03 조경재료

제1장 식물재료

1. 식물의 구조와 환경요인

학명 ★
- 학명 = 속명(첫글자 대문자) + 종명(소문자) + 명명자

식물의 분류

유연관계에 따라	포자식물	양치식물, 선태식물		
	종자식물	속씨식물	외떡잎식물	
			쌍떡잎식물	
		겉씨식물		
크기에 따라	교목, 관목, 만경목, 지피식물			
잎의 모양에 따라	침엽수, 활엽수			
계절적 변화에 따라	상록수, 낙엽수			

식물과 환경요인

토성	사토	곰솔, 해당화, 사철나무, 향나무, 돈나무, 보리수나무, 백합나무, 아까시나무 등
	양토	주목, 잣나무, 목련류, 단풍류, 철쭉, 칠엽수, 히말라야시다, 가시나무 등
	식토	편백, 화백, 참나무류, 낙우송, 비자나무, 가문비나무, 구상나무, 벚나무 등
광선	음수	주목, 전나무, 서어나무, 독일가문비, 측백나무, 후박나무, 녹나무, 호랑가시나무, 굴거리 나무, 회양목, 팔손이, 식나무 등
	중용수	잣나무, 스트로브잣나무, 편백, 화백 등
	양수	소나무, 해송, 오리나무, 낙엽송, 일본잎갈나무, 삼나무, 메타세쿼이아, 향나무, 플라타너스, 단풍나무, 느티나무, 자작나무, 층층나무, 배롱나무, 벚나무, 감나무, 모과나무, 목련, 개나리, 철쭉, 박태기나무 등
기온	한대림	가문비나무, 독일가문비, 분비나무, 주목, 전나무, 자작나무 등
	온대림	소나무, 참나무류, 단풍나무, 물푸레나무, 서어나무 등
	난대림	가시나무, 녹나무, 동백나무, 사철나무, 굴거리나무, 조록나무 등

2. 식물의 이용별 분류

가로수		• 지하고가 높은 낙엽교목 • 가중나무, 계수나무, 느릅나무, 느티나무, 왕벚나무, 배롱나무, 백합나무, 양버즘나무, 산딸나무, 층층나무, 은단풍, 이팝나무, 칠엽수(마로니에), 회화나무
생울타리		• 맹아력이 좋은 상록관목 • 눈주목, 눈향나무, 옥향나무, 광나무, 꽝꽝나무, 남천, 돈나무, 사철나무, 식나무, 팔손이, 호랑가시나무, 회양목
꽃관상	흰색계통	조팝나무, 미선나무, 백목련, 산딸나무, 층층나무, 개쉬땅나무, 불두화, 팥배나무, 꽃사과나무, 아그배나무, 귀룽나무, 벚나무, 매화나무, 야광나무, 아까시나무, 이팝나무, 쥐똥나무, 돈나무, 가막살나무, 백당나무, 덜꿩나무, 흰말채나무
	황색계통	튤립나무, 산수유, 매자나무, 모감주나무, 생강나무, 개나리, 황매화, 매자나무, 영춘화, 풍년화
	붉은색계통	댕강나무, 모란, 모과나무, 배롱나무, 박태기나무, 명자나무, 해당화, 동백나무
	보라색계통	수수꽃다리, 진달래, 산철쭉, 무궁화, 등(등나무), 참오동나무
	향기감상	생강나무, 팥배나무, 해당화, 아그배나무, 분꽃나무, 수수꽃다리, 등(등나무), 녹나무, 목서류
개화 시기별 수종	2월	풍년화, 히어리, 영춘화, 동백나무
	3월	매화나무, 살구나무, 생강나무, 산수유, 개나리, 목련, 진달래
	4월	왕벚나무, 산벚나무, 앵도나무(앵두나무), 자두나무, 복숭아나무, 배나무, 모과나무, 명자나무, 미선나무, 박태기나무, 산철쭉, 수수꽃다리, 조팝나무, 귀룽나무, 황매화, 죽단화
	5월	산딸나무, 층층나무, 함박꽃나무, 때죽나무, 이팝나무, 일본목련, 쪽동백나무, 노각나무, 꽃사과나무, 산사나무, 팥배나무, 아까시나무, 병아리꽃나무, 흰말채나무, 찔레, 댕강나무, 괴불나무, 가막살나무, 모란, 병꽃나무, 장미류, 쥐똥나무, 다정큼나무, 국수나무, 호랑가시나무
	6월	매자나무, 등(등나무), 칠엽수, 말채나무, 해당화, 튤립나무, 인동덩굴, 싸리나무, 밤나무, 낙상홍, 딱총나무, 개쉬땅나무
	7~8월	자귀나무, 좀작살나무, 모감주나무, 무궁화, 회화나무, 배롱나무, 석류나무, 쉬나무, 나무수국, 부용
	9~10월	목서류
	11~12월	팔손이, 비파나무

	난지형 잔디	한지형 잔디(상록성)
잔디 및 초본류	주로 한국잔디 (금잔디, 고려잔디, 들잔디, 비로드잔디, 갯잔디) 서양잔디 중 버뮤다그래스	주로 서양잔디 (켄터키블루그래스, 벤트그래스, 페스큐그래스, 톨페스큐, 라이그래스 등)
	내건성, 내척박성, 내산성이 강함	내음성과 내한성이 강함
	내음성이 약함	고온과 병에 약함
	주로 영양번식(뗏장)	주로 종자번식
	내답압성, 훼손에 강하고 관리가 용이함	비배관리, 관수에 노력을 요함

제2장 인공재료

목재	• 장점 : 열전도율이 낮고 가벼운데 비해 강도가 크다. • 단점 : 불에 약하고 부패나 건조변형의 우려가 있다. • 종류 : 원목, 제제목, 가공재(합판) 등 • 구조 : 춘재와 추재, 변재와 심재로 나눌 수 있다. • 목재의 건조 : 자연건조법(공기건조법, 침지법)와 인공건조법(열기건조법, 진공건조법, 자비법, 증기건조법, 고주파건조법 등) • 방부제 : 유성 / 유용성 / 수성
석재	• 장점 : 강도가 크며 미관이 좋고 청결하다. • 단점 : 비중이 커서 가공과 운반이 힘들고 비싸다. • 성인에 의한 분류 : 화성암(화강암, 현무암, 안산암)과 수성암(사암, 역암, 응회암, 석회암), 변성암(대리석, 사문암)으로 분류
벽돌	• 표준형 190×90×57(mm) • 기존형 210×100×60(mm) • 재료에 따라 붉은벽돌, 시멘트벽돌, 내화벽돌 등이 있다. • 벽돌쌓기 기준량 (m²당 매수) | | 반 장 쌓기 | 한 장 쌓기 | 한 장 반 쌓기 | 두 장 쌓기 | |---|---|---|---|---| | 표준형 | 75 | 149 | 224 | 298 | | 기존형 | 65 | 130 | 195 | 260 | • 벽돌쌓기 형식 | | | |---|---| | 영국식 쌓기 (영식 쌓기) | 길이 쌓기와 마구리 쌓기를 번갈아 사용하고, 모서리 부분에 반절이나 이오토막을 사용 | | 네덜란드식 쌓기 (화란식 쌓기) | 영식 쌓기와 동일하나 모서리에 칠오토막 사용 | | 프랑스식 쌓기 (불식 쌓기) | 한 켜에 길이와 마구리를 번갈아 나오도록 쌓는 방법 | | 미국식 쌓기 (미식 쌓기) | 표면을 치장벽돌을 사용하여 5켜를 길이 쌓기로 하고 다음 한 켜는 마구리 쌓기로 쌓는 방법 | | 세워 쌓기 | 벽체 일부나 창대, 아치 등의 부분에 장식과 함께 구조적 효과를 위해 벽돌을 수직으로 세워 쌓는 방법 | | 장식 쌓기 | 엇모 쌓기나 영롱 쌓기 등 무늬를 만들거나 음영효과를 내는 방법 |
합성수지 재료	• 장점 : 비중이 매우 적은데 비해 강도가 크며, 가공성이 좋다. • 단점 : 내마모성, 내후성, 내열성, 내구성이 약하다. | 열경화성 | 열가소성 | |---|---| | • 열을 가하여 성형하면 다시 열을 가해도 형태가 변하지 않는 수지 • 페놀, 에폭시, 폴리에스테르, 실리콘, 멜라민 등 | • 열을 가하여 성형한 뒤에도 다시 열을 가하면 형태를 변형시킬 수 있는 수지 • 폴리염화비닐, 폴리스티렌, 폴리프로필렌, 폴리에틸렌, 아크릴 등 |

- 시멘트 종류

포틀랜드시멘트	1종 보통 / 2종 중용열 / 3종 조강 / 4종 저열 / 5종 내황산염 / 백색 포틀랜드
혼합시멘트	• 고로슬래그시멘트 • 플라이애시시멘트 • 포졸란시멘트
특수시멘트	알루미나시멘트

- 콘크리트 장단점

장점	단점
• 원하는 임의의 형태 제작가능하다. • 재료의 조달이 용이하다. • 시공이 비교적 용이하며 유지관리비가 적다. • 내구성이 우수하며, 압축강도가 높다.	• 자중이 크고 균열이 생기기 쉽다. • 품질과 시공관리가 까다롭다. • 개조 및 파괴가 곤란하다. • 인장강도가 작다(철근으로 보완).

- 굳지 않은 콘크리트의 성질

워커빌리티 (Workability)	반죽질기에 따른 작업의 난이도 및 재료분리에 저항하는 정도. 시공 난이도
반죽질기 (consistency)	반죽의 되고 진 정도
성형성 (plasticity)	거푸집에 쉽게 다져 넣을 수 있고, 거푸집을 떼어내면 허물어지거나 재료분리가 일어나지 않는 성질
피니셔빌리티 (finishability)	콘크리트 타설면을 마감할 때 작업성의 난이를 나타내는 아직 굳지 않은 콘크리트의 성질

시멘트 콘크리트

- 콘크리트 혼화재료

혼화재	플라이애시, 포졸란, 슬래그분말
혼화제	공기연행제(AE제), 응결경화 촉진제, 방수제, 발포제, 감수제, 방동제 등

- 콘크리트의 공극률과 실적률

$$실적률(\%) = \frac{단위용적중량(ton)}{비중} \times 100$$

$$공극률(\%) = 100 - 실적률$$

PART 04 조경시공

제1장 시공이론

1. 시공계획 및 관리

시공계획	• 시공계획의 목표는 공사의 목적으로 하는 시설을 도면과 시방서에 따라서 공사기간 내 예산에 맞게 안전하게 시공할 수 있는 방법 및 과정을 정하는 것이다.	
시공관리	• 공정관리 : 공사일정 관리 • 품질관리 : 설계도서에 규정된 품질이 되도록 관리 • 원가관리 : 경제적으로 시공하기 위한 관리	
시방서	• 설계도에 작성되지 않는 내용 즉, 공사비나 공사절차, 재료의 품질이나 검사 등 기타시공에 필요한 제반사항을 기록한 문서	
공정표	• 막대 공정표 : 일목요연하고 작성이 용이해 간단한 공사에 사용 • 네트워크 공정표 : 설득력과 합리성이 높아 복잡한 공사나 대형공사에 사용	
건설사업 관계자	발주자	• 사업의 인허가, 주민동의 등의 법적 책임 • 공사도급계약의 작성, 계약체결 및 공사대금 지불
	설계자	• 발주자와 계약에 따라 기술적 서비스 제공
	감리자	• 검측감리 : 설계도서대로 시공여부 확인 • 시공감리 : 설계도서대로 시공여부 확인, 공법변경 등 기술지도 • 책임감리 : 설계도서대로 시공여부 확인, 공법변경 등 기술지도, 발주자 공사감독 권한대행
	시공자	• 발주자와 도급계약에 의해 설계도와 시방서에 따라 계약공기 내에 목적물을 완성
	건설사업 관리자	• 계획, 조사, 설계, 유지관리 등 건설사업 전 과정을 통해 공사비, 공사기간, 품질, 안전이 확보되도록 하는 역할
공사입찰방식	• 일반경쟁입찰 / 제한경쟁입찰 / 지명경쟁입찰 / 제한적 평균가낙찰제 / 설계시공 일괄입찰(턴키) / 수의계약	
공사실시방식	직영공사	• 공사내용이 단순하고 시공과정이 용이할 때 적절하나 전문성 부족에 의한 공사지연 우려가 있음
	도급공사	• 시급한 준공이 필요할 때, 전문성이나 기술이 필요할 때 적절하며 • 비용절감 면에서 합리적이지만 책임소재가 불명확하고 공사변경이 까다로움
		• 도급공사의 종류 : 일식도급 / 분할도급 / 공동도급

2. 적산

적산	공사에 필요한 모든 경비를 계산하는 것
품셈	단위공사에 필요한 재료의 수량 및 노무 공량을 셈하는 것
견적	적산에서의 수량에 단가를 곱한 것
일위대가표	단위 목적물 1개에 소요되는 재료비, 노무비, 경비를 산출해 낸 것
수량의 종류	설계수량 / 계획수량 / 소요수량(공사비계산서에 사용)

공사원가 계산서	총 공사 원가	순 공사 원가	재료비	• 직접재료비 : 공사 목적물의 기본 구성요소 • 간접재료비 : 공사에 보조적으로 소요되는 비용 (지주목, 거푸집, 동바리, 전정가위 등)
			노무비	• 직접노무비 : 직접작업에 참여하는 인부의 노임 • 간접노무비 : 현장에서 보조로 종사하는 감독자 등에게 드는 비용(직접노무비의 15% 이내)
			경비	수도광열비, 도서인쇄비, 산재보험료, 안전관리비, 기계경비, 전력비, 운반비, 소모품비, 통신비, 가설비, 연구개발비, 기술료, 특허사용료 등
		일반관리비		순공사원가×비율(5~6%) = 회사가 사무실 운영에 드는 비용
		이윤		(순공사원가 + 일반관리비 - 재료비)×15%
	세금			총원가×10%

제2장 부문별공사

1. 조경시설물공사

토공	• 토공사의 안정 : 흙을 무너지게 하는 힘은 자중과 외력이고 이에 저항하는 힘은 점토의 경우는 점착력, 사토의 경우는 내부마찰각이다. 흙깎기와 흙쌓기의 비탈 안정을 위해서는 비탈 경사를 그 흙의 안식각보다 작게 하는 것이 좋다. • 토공 용어 정리 : 절토 / 준설 / 절취 / 터파기 / 성토 / 더돋기 / 마운딩 / 축제 / 정지 / 전압 등 • 토량변화율

L (흐트러진 후의 토량 증가율)	C (다져진 후의 토량 감소율)
$L = \dfrac{\text{흐트러진 상태의 토량}(m^3)}{\text{자연상태의 토량}(m^3)}$	$C = \dfrac{\text{다져진 상태의 토량}(m^3)}{\text{자연상태의 토량}(m^3)}$

• 비탈면 보호공법

식물에 의한 보호공법	옹벽
떼심기 종자뿜어붙이기 비탈면 식수공법 식생불록 및 식생자루	중력식 옹벽 캔틸레버 옹벽 부벽식 옹벽 조립식 옹벽

관·배수 공사	• 배수방법		
	표면배수	지표면으로 물이 흐르는 경사를 두어 배수	
	명거배수	배수구를 지표면에 노출하는 것	
	암거배수	배수관을 지하에 매설하여 배수관으로 배수	
	심토층배수	심토층에서 유출되는 물을 유공관이나 자갈층의 형성으로 배수	
	• 암거배수망의 배치형태		
	어골형	평탄지에서 전 지역 균일 배수를 요구하는 곳의 중앙에 큰 암거를 설치하고 좌우에 작은 암거를 연결시키는 형태	
	즐치형(평행식)	주선에 지선을 직각방향으로 일정간격을 두고 평행하게 배치, 평탄지의 균일배수	
	선형	주관과 지관의 구분 없이 같은 크기의 관을 하나의 지점으로 집중	
	차단형	경사면, 도로의 법면에 사용	
	자연형	완전배수가 필요치 않은 곳, 공원 등	
	• 관수공사 : 지표관수법, 살수식, 점적식		

콘크리트 공사	• 시공순서 : 배합 - 비비기 - 운반 - 치기 - 다지기 - 양생		
	• 슬럼프시험 : 반죽질기 시험, 값이 적을수록 좋은 품질		
	• 골재 : 잔골재는 모래, 굵은 골재는 자갈로 지름 25 ~ 40mm인 것이 주로 이용되며, 구형에 가까울수록 좋으며, 굳은 시멘트풀보다 강도가 높은 것이 좋다.		
	한중콘크리트	하루 평균기온 4℃ 이하(저온기)	응결촉진제	가열 보온 양생
	서중콘크리트	하루 평균기온 25℃ 초과(고온기)	응결지연제	쿨링 양생

돌쌓기와 놓기	• 자연석 무너짐 쌓기 : 돌틈에 관목 등을 식재
	• 호박돌 쌓기 : 안정감이 없으므로 모르타르로 뒤채움
	• 마름돌 쌓기(켜쌓기와 골쌓기 / 메쌓기와 찰쌓기)
	• 경관석 놓기 : 홀수로 배치
	• 디딤돌 놓기 : 자연스럽게 배치

기초공사와 포장공사	• 기초의 종류 : 독립기초 / 연속기초 / 복합기초 / 온통기초	
	• 포장재료의 종류	
	콘크리트 블록포장	• 지반을 다지고 모래를 3 ~ 5cm 깔고 그 위에 블록설치, 표면높이를 맞추고 모래를 줄눈에 채운 후 청소하여 시공 • ILP : 보도블록의 결합력과 강도 보완
	벽돌포장	• 질감과 미관이 좋지만 마모와 탈색, 동결에 약함
	콘크리트 포장	• 내구성을 요하는 곳, 넓은 면적 시공에 적합 • 파괴와 보수가 어렵고 침하 등이 발생 • 신축줄눈과 수축줄눈 설치
	투수콘포장	• 아스팔트 유제에 다공질 재료를 혼합하여 표면수의 통과로 친환경적 • 하중을 받지 않는 곳에 적합

2. 식재공사

수목의 규격

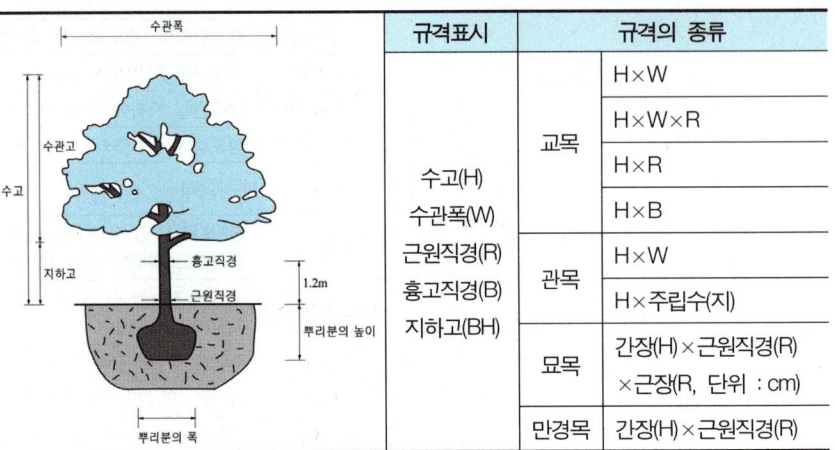

규격표시	규격의 종류	
수고(H) 수관폭(W) 근원직경(R) 흉고직경(B) 지하고(BH)	교목	H×W
		H×W×R
		H×R
		H×B
	관목	H×W
		H×주립수(지)
	묘목	간장(H)×근원직경(R) ×근장(R, 단위 : cm)
	만경목	간장(H)×근원직경(R)

수목 식재공사

이식계획	• 기존 지역환경 및 이식의 난이도, 인원계획, 기계사용계획, 운반계획, 운반로의 상태, 운반수단, 식재지반의 토양, 식재가능 수량, 인원동원규모, 장비사용 여부, 식재시기 등의 조사
이식시기	• 보통은 눈이 트기 직전의 이른 봄이나 가을철 • 침엽수류는 9~10월 하순까지 / 낙엽활엽수는 10월~11월
뿌리돌림	• 이식 후에 활착이 용이하도록 이식 1~2년 전 또는 최소 6개월 전 초봄이나 늦가을에 뿌리를 단근하는 작업이다.
굴취	• 접시분 2d • 보통분 3d • 조개분 4d • 분의 크기는 일반적으로 근원직경의 4~6배
가식	• 특별시방서에 정하는 바가 없을 때에는 배수가 잘 되고 사질양토인 곳에 충분한 식재간격을 두고 하도록 한다.
운반	• 이중적재를 금하며, 완충재를 사용한다. 뿌리부분은 차의 앞쪽을 향하도록 적재한다.
식재	• 뿌리분의 1.5~3배 크기로 식재구덩이 파기 • 수목을 전생지의 방향과 깊이로 앉힌 후 식재 • 흙죔 또는 물죔으로 공극이 없도록 조치 • 비탈면 식재 시는 교목은 1 : 3 이하, 관목은 1 : 2 이하, 잔디 및 초본은 1 : 1 이하로 한다.
식재후조치	• 전정 : T/R률을 맞추어 전정 • 지주목 : 수종의 크기나 환경조건에 맞추어 종류를 선택 • 수피감기 : 증산억제, 병충해 예방, 피소 방지 • 시비 : 이식 시에는 시비를 금하며 질소질비료는 7월 중순 이후 시비를 금한다.

잔디 식재 공사

떼심기	• 전면떼붙이기 / 어긋나게붙이기 / 줄떼붙이기 • 종자파종에 비해 녹화속도가 빠르다.
종자파종	• 경운 - 시비 - 정지 및 전압 - 파종 - 전압(2차) - 관수 - 멀칭 • 난지형 잔디는 30~35℃, 한지형 잔디는 20~25℃ • 배수가 양호하고 비옥한 사질양토
뗏밥주기	• top dressing 또는 배토작업이라고도 하며, 모래, 토양 등에 유기물과 비료, 토양개량제 등을 혼합하여 잔디시공면에 뿌려주는 것 • 난지형 잔디는 4~6월, 한지형 잔디는 3~4월 봄이나 9~10월 가을이 적기
초화류식재	• 바람이 없고 흐린 날 이른 아침이나 저녁 • 중앙부터 바깥으로 식재해 나감

PART 05 조경관리

제1장 조경관리일반

1. 조경관리 계획

조경관리	• 유지관리 : 수목이나 시설물의 조성목적을 유지하고자 하는 것 • 운영관리 : 예산, 재무제도, 조직, 재산 등과 관련된 관리분야 • 이용관리 : 이용지도, 행사나 홍보, 안전관리, 주민참여 등	
	직영관리	**위탁관리**
직영관리와 위탁관리 — 대상업무	• 빠른 대응이 필요한 업무 • 금액이 적고 간편한 업무 • 일상적인 유지관리 업무	• 장기에 걸쳐 단순작업을 행하는 업무 • 전문지식과 기능, 자격을 요하는 업무 • 규모가 크고, 관리주체가 보유한 설비로 불가능한 업무
장점	• 관리책임소재명확 • 긴급한 대응과 임기응변 조치가능 • 양질의 서비스제공 가능 • 애착심조성으로 관리효율의 향상	• 관리의 단순화가 가능 • 전문적 지식, 기능 자격에 의한 양질의 서비스 제공 가능 • 비용면에서 합리적이며, 장기적으로 안정적
단점	• 전문성이 떨어짐 • 업무타성화와 인사정체의 우려 • 인건비 과다소요 우려	• 책임소재와 권한 범위가 불명확 • 전문업자를 충분히 활용하지 못할 수 있음

2. 조경시설물관리

목재	• 인위적 힘에 의한 파손 • 온도와 습도에 의한 파손 • 균류에 의한 피해 • 충류에 의한 피해 • 내화처리 • 기초부위 • 갈라짐	• 파손부분 교체나 보수 • 퍼티채움 • 방부처리와 건조처리 • 방충제 사용 • 표면처리나 내화제 주입 • 2년마다 관리, 콘크리트를 발라 보수 • 청소 뒤 퍼티채움
석재	• 파손부분 보수 : 에틸알코올로 세척 후 접착제로 접착 후 고정 • 균열부 : 표면실링공법이나 고무압식 주입공법	
콘크리트	• 표면실링공법, v자형 절단 공법, 고무압식 주입공법	
시설물별 내용연수	• 목재 퍼걸러 10년, 금속재 퍼걸러 20년 • 목재 벤치 7년, 플라스틱재 7년, 콘크리트재 20년	
포장시설	• 아스팔트 콘크리트 : 균열, 국부침하, 파상요철, 표면연화, 박리 등을 관리 • 시멘트 : 균열, 융기, 줄눈에 의한 단차, 침하, 박리, 마모 등을 관리 • 블록포장 : 모서리 파손, 자체 파손, 포장 요철 등을 관리	

제2장 조경식물관리

1. 수목관리

정지전정

목적에 따른 분류	• 조형을 위한 것 / 생장조정을 위한 것 / 생장억제를 위한 것 / 갱신을 위한 것 / 생리조정을 위한 것 / 개화결실을 촉진하기 위한 것
수목의 생장 습성	• 정아우세 : 직립성 수종의 끝눈이 우세하게 신장하는 것 • 밑가지 우세 및 선단지 열세 • 수액상승의 법칙 : 수분과 양분은 수평이동보다 수직이동이 강함
전정 횟수와 시기	**봄전정 (3~5월)** • 상록수의 수형다듬기 전정 • 화목류는 꽃이 진 후 전정 • 소나무의 순지르기(순따기) • 생장이 왕성한 종류의 산울타리 **여름전정 (6~8월)** • 웃자람 가지, 혼잡한 가지, 바람 피해목 위주의 전정 • 꽃눈분화 이전에 전정을 끝내는 것을 원칙 **가을전정 (9~11월)** • 휴면시기가 빠른 낙엽활엽수 일부 전정 • 상록활엽수의 전정 적기 • 여름에 자란 산울타리의 혼잡한 가지를 정리 • 덩굴식물의 전정 **겨울전정 (12~3월)** • 낙엽활엽수류의 대부분은 겨울에 강전정 (내한성이 약한 수종은 제외) • 상록수는 동계전정 시 강전정을 피함
전정 방법	• 위에서 아래로, 수관 밖에서 안으로 • 큰 가지에서 작은 가지로, 굵은 가지에서 가는 가지로 • 굵은 가지 전정 : 내리자르지 않고 3번에 걸쳐 자름 • 산울타리 전정 : 식재 후 최소 3년 뒤, 보통 연 2회

단근과 시비

단근	• 지하부와 지상부의 균형유지와 노화현상의 방지를 위해 또는 아랫가지의 발육과 꽃눈의 수 증가를 위해 실시 • C/N률이 높아지면 꽃눈 발생이 촉진
시비	• 비료의 종류 | 무기질비료 (화학비료)	유기질비료 (유박, 계분, 어분, 골분, 퇴비, 재, 부엽토, 톱밥, 왕겨 등)
속효성	지효성(완효성)
주로 덧거름(추비)	주로 밑거름(기비)
토양산성화의 우려가 있다.	충분히 부숙되지 않으면 해가 된다. | • 식물생육에 필요한 필수원소 | 다량원소	C, H, O, N, P, K, Ca, S, Mg
미량원소	Mn, Zn, B, Cu, Fe, Mo, Cl
비료의 3요소	N(질소), P(인산), K(칼륨)	

병해충

병원에 따른 분류	• 비생물성 병원 • 생물성 병원		
		균류	세균, 점균, 진균(자낭균류와 담자균류)
		바이러스	모자이크병 등(매개충으로 전염되며, 전신병징)
		파이토플라즈마	대추나무와 오동나무의 빗자루병 뽕나무 오갈병 등
		선충	토양이나 매개충에 의해 전염되는 벌레 소나무재선충(솔수염하늘소 매개)
주요 병해	• 흰가루병 / 그을음병 / 빗자루병 • 모자이크병 / 참나무 시들음병 / 밤나무 줄기마름병 • 배나무 적성병 / 소나무혹병 / 소나무잎녹병 / 잣나무 털녹병 등		
주요 충해	• 흡즙성해충(깍지벌레, 응애, 진딧물류) • 식엽성해충(솔나방, 흰불나방, 독나방, 오리나무 잎벌) • 충영형성해충(솔잎혹파리, 밤나무혹벌) • 천공성해충(하늘소, 소나무좀, 박쥐나방)		
방제법	• 기계적방제 : 경운법, 포살법, 유살법, 차단법 • 생물적방제 : 천적이용, 병원미생물 이용 • 화학적방제 : 농약 • 임업적방제 : 내충성품종이용, 간벌, 시비, 윤작 • 물리적방제 : 온도조절, 습도조절, 방사선 이용		
농약의 종류	• 살균제 : 보호살균제, 직접살균제, 종자소독제 등 • 살충제 : 소화중독제, 접촉제, 침투성 살충제, 훈증제, 훈연제, 유인제, 기피제, 불임제, 점착제, 생물농약 등 • 살선충제 • 살비제(응애) • 제초제(비선택성과 선택성) • 보조제 : 전착제, 증량제, 용제, 유화제, 협력제, 영양제 등 • 식물생장조절제 : 호르몬이나 생리기능 증진과 억제		

수목보호

추위에 의한 피해	상렬, 컵쉐이크, 상해옹이, 동해, 한해(寒害), 상주(서릿발)
더위에 의한 피해	한발(旱魃), 피소
외과수술	부패부청소 - 공동내부다듬기 - 버팀대박기 - 소독 및 방부처리 - 살균, 살충제처리 - 공동충전 - 방수처리 - 매트처리 - 인공수피처리
수간주사	• 시기 : 수목생육이 왕성한 4~9월 • 방법 : 지상부의 10~15cm 되는 곳에 드릴로 3~4cm 깊이로 구멍을 뚫는다. 각도는 20~30°로 하며, 구멍 반대편으로 5~10cm 위쪽에 구멍을 같은 방법으로 뚫어 2개의 구멍을 뚫는다. 이때에는 구멍 안을 깨끗이 한다. 180cm 높이에 약액을 거치한 후 구멍에 주사한다. 모두 주입되면 구멍에 인공나무껍질과 매트처리를 하여 마무리한다.

2. 잔디 및 화단관리

분류	• 한국잔디 : 대부분 난지형으로 내건성, 내척박성, 내산성이 우수(들잔디, 금잔디, 비로드잔디, 갯잔디 등) • 서양잔디 : 상록성의 다년초로 내음성이 강하나 고온과 병에 약하며 관수와 비배관리가 요함(켄터키블루그래스, 벤트그래스, 페스큐그래스, 라이그래스)
잔디깎기	• 이용의 편리와 잡초방제, 잔디분얼 촉진, 통풍, 병해예방 등을 위한 목적 • 한국잔디는 6~8월, 서양잔디는 5~6월과 9~10월 실시 • 기계 : 핸드모어, 그린모어, 로터리모어, 어프로치모어, 갱모어 등
제초	• 접촉성 제초제, 이행성 제조제, 선택성 제초제, 비선택성 제초제 등
시비 및 관수	• 시비 : 생육이 왕성할 때 집중적으로 시비하며, 1회당 질소시비는 4~5g/m^2을 넘지 않도록 한다. • 관수 : 이른 아침이나 저녁에 실시. 여름철 고온기에는 시린징 실시
통기작업	• 코어링 • 슬라이싱 • 스파이킹 • 버티컬모잉
병해	• 한국잔디 : 고온성 병은 라지패치와 녹병, 저온성 병은 춘고병과 푸사리움 패치 등 • 서양잔디 : 고온성 병은 브라운패치, 연부병, 달러스폿, 저온성 병은 설부병 등

PART 07

CBT 복원문제

2017년 제1, 3회 CBT 복원문제
2018년 제1, 3회 CBT 복원문제
2019년 제1, 3회 CBT 복원문제
2020년 제1, 3회 CBT 복원문제
2021년 제1, 3회 CBT 복원문제
2022년 제1, 3회 CBT 복원문제
2023년 제1, 3회 CBT 복원문제
2024년 제1, 3회 CBT 복원문제
2025년 제1, 3회 CBT 복원문제

 단원 들어가기 전

기능사 필기시험이 2016년 5회부터 CBT 방식으로 전면 시행되었기 때문에 시험문제가 공개되지 않습니다.
본 서에 구성된 CBT 복원문제를 통해 최신경향을 파악하고 실력을 키워보세요.

CBT 복원문제 — 2017 * 1

*2016년 5회부터 CBT(컴퓨터 기반 시험)방식으로 변경되어 문제가 공개되지 않아 복원된 문제가 일부 상이할 수 있습니다.

01
다음 중 조선시대 중엽 이후에 정원양식에 가장 큰 영향을 미친 사상은?

① 음양오행설 ② 신선설
③ 자연복귀설 ④ 임천회유설

해설및용어설명 | 조선 중엽 이후에는 유교사상의 영향으로 정원양식에 음양오행설이 큰 영향을 미쳤다.

02
골프장에서 우리나라 들잔디를 사용하기가 가장 어려운 지역은?

① 페어웨이 ② 러프
③ 티 ④ 그린

해설및용어설명 | 우리나라 들잔디는 난지형으로 질감이 거친 편에 속한다. 골프장의 그린지역은 아주 고운 질감의 잔디를 사용하기 때문에 부적절하다.

03
다음 중 몰(mall)에 대한 설명으로 옳지 않은 것은?

① 도시환경을 개선하는 한 방법이다.
② 차량은 전혀 들어갈 수 없게 만들어진다.
③ 보행자 위주의 도로이다.
④ 원래의 뜻은 나무그늘이 있는 산책길이란 뜻이다.

해설및용어설명 | 몰은 종류에 따라 차량통행이 다르다. 풀몰(full mall)은 차량통행을 완전히 차단하지만, 트랜짓몰(transit mall)과 세미몰(semi mall)은 차량통행을 허용한다.

04
다음 중 시점이 가장 높은 투시도는?

① 평면투시도 ② 등각투시도
③ 조감도 ④ 평면도

해설및용어설명 | 조감도는 새의 위치에서 내려다본 시점이다.

05
고속도로에서 사고방지 기능의 식재방법에 속하는 것은?

① 지표식재 ② 보호식재
③ 방음식재 ④ 명암순응식재

해설및용어설명 | 명암순응식재는 고속도로의 터널 앞뒤로 설치하는 식재방법으로, 고속도로 사고방지 기능에 속한다.

정답 01 ① 02 ④ 03 ② 04 ③ 05 ④

06

위성도시 내용 중에서 관계가 먼 것은?

① 대도시를 건전하게 발달시킨다.
② 소도시의 기능을 분산시킨다.
③ 대도시 주변에 중소 도시를 육성시킨다.
④ 거대도시의 인구 집중에 따르는 부작용을 시정한다.

해설및용어설명 | 위성도시는 대도시의 기능을 분산시키는 목적을 가지고 있다.

07

디자인 요소를 같은 양, 같은 간격으로 일정하게 되풀이하여 움직임과 율동감을 느끼게 하는 것으로 리듬의 유형 중 가장 기본적인 것은?

① 반복　　② 점층
③ 방사　　④ 강조

해설및용어설명 | 경관구성요소는 자주 출제되는 부분이고 헷갈리기 쉬워서 정확하게 알아두는 것이 좋다.

축	공간을 통일하는 요소로서 공간의 중심이 됨
대칭	축을 기준으로 하며 동적 대칭은 비례
균형	대칭적 균형과 비대칭적 균형이 있으며 두 개의 힘이 서로 평균한 상태에 놓이는 것으로 무게와 방향성이 결정
눈가림	변화와 거리감을 강조하는 수법
통경선	시선의 집중과 먼 곳의 풍경을 조망할 때, 조망의 초점을 인상 깊게 하고 원근감을 강조하여 거리감을 조성하게 됨
단순미	일제림 등에서 느껴지는 것으로 같은 것만을 사용하는 것이 아닌 비슷한 것을 사용하되 일체감을 느끼게 함
반복	단순미가 되풀이 될 때 반복미가 발생
점이	반복간 유사가 복합되어 자연적인 순서의 질서를 갖게 된 것
점층	점진적으로 일정하게 변화하는 형태
조화	서로 다른 것들의 색이나 모양이 서로 잘 융화되는 것
대비	색, 종류, 형상, 질량 등이 모두 달라 상호의 특징이 강조되어 느껴지는 현상
비례	한 부분과 전체에 대한 척도 사이의 조화
운율	연속하는 선, 반복되는 선, 면, 형, 색채, 질감 등에 의한 질서

08

콘크리트용 혼화재로 실리카흄(Silica fume)을 사용한 경우 효과에 대한 설명으로 잘못된 것은?

① 내화학약품성이 향상된다.
② 단위수량과 건조수축이 감소된다.
③ 알칼리 골재반응의 억제효과가 있다.
④ 콘크리트의 재료분리 저항성, 수밀성이 향상된다.

해설및용어설명 | 실리카흄은 실리콘 등의 규소합금 제조 시 발생하는 폐가스를 집진하여 얻어진 초미립자의 부산물이며, 고강도 콘크리트 제조 시 사용된다. 초미립자의 혼화재로 강도 및 내화학성, 수밀성, 기밀성이 증대되나 건조수축이 증대되고 단위수량이 증가되는 단점이 있다.

09

목재의 심재와 변재에 관한 설명으로 옳지 않은 것은?

① 심재는 수액의 통로이며 양분의 저장소이다.
② 심재의 색깔은 짙으며 변재의 색깔은 비교적 엷다.
③ 심재는 변재보다 단단하여 강도가 크고 신축 등 변형이 적다.
④ 변재는 심재 외측과 수피 내측 사이에 있는 생활세포의 집합이다.

해설및용어설명 | 수액의 통로는 관다발조직으로 변재에 위치한다. 심재는 양분이 아니라 죽은 세포들이 밀집되어 이루고 있다.

10

다음 설명하는 잡초로 옳은 것은?

- 일년생 광엽잡초
- 논잡초로 많이 발생할 경우는 기계수확이 곤란
- 줄기 기부가 비스듬히 땅을 기며 뿌리가 내리는 잡초

① 메꽃　　② 한련초
③ 가막사리　　④ 사마귀풀

해설및용어설명 | 메꽃은 다년생덩굴이며, 한련초와 가막사리는 직립성이다.

11

조경식재 설계도를 작성할 때 수목명, 규격, 본수 등을 기입하기 위한 인출선 사용의 유의사항으로 올바르지 않은 것은?

① 가는 선으로 명료하게 긋는다.
② 인출선의 수평부분은 기입 사항의 길이와 맞춘다.
③ 인출선간의 교차나 치수선의 교차를 피한다.
④ 인출선의 방향과 기울기는 자유롭게 표기하는 것이 좋다.

해설및용어설명 | 모든 인출선의 방향과 기울기는 일정하게 맞추어주는 것이 좋다.

12

다음 중 온도감이 따뜻하게 느껴지는 색은?

① 보라색
② 초록색
③ 주황색
④ 남색

해설및용어설명 | 난색은 색상환 중 빨강, 주황, 노랑의 장파장의 색이다. 반면 한색은 청, 청록색과 그 유사색으로 차가운 색을 말한다. 보라색과 초록색, 연두색은 중간색이다.

13

다음 중 물체가 있는 것으로 가상되는 부분을 표시하는 선의 종류는?

① 실선
② 파선
③ 1점 쇄선
④ 2점 쇄선

해설및용어설명 | 물체가 이동하여 있을 것으로 가상되는 부분을 표시하는 선은 2점 쇄선이다. 파선은 물체 아래에 가려진 물체를 나타낼 때 쓴다.

> **저자 TiP**
> 선의 용도는 헷갈리게 문제가 여러 번 출제되었다. 1점 쇄선과 2점 쇄선 그리고 파선의 용도를 헷갈리지 않게 정리해 두도록 한다!

14

물체의 절단한 위치 및 경계를 표시하는 선은?

① 실선
② 파선
③ 1점 쇄선
④ 2점 쇄선

해설및용어설명 | 절단선과 경계선은 1점 쇄선이 쓰인다.

15

다음 선의 종류와 선긋기의 내용이 잘못 짝지어진 것은?

① 파선 : 숨은선
② 가는 실선 : 수목인 출선
③ 1점 쇄선 : 경계선
④ 2점 쇄선 : 중심선

해설및용어설명 | 중심선은 보통 1점 쇄선으로 나타낸다.

16

제도에서 사용되는 물체의 중심선, 절단선, 경계선 등을 표시하는데 가장 적합한 선은?

① 실선
② 파선
③ 1점 쇄선
④ 2점 쇄선

해설및용어설명 | 2점 쇄선은 물체가 있을 것으로 가상되는 부분에 사용한다.

정답 : 11 ④ 12 ③ 13 ④ 14 ③ 15 ④ 16 ③

17

줄기나 가지가 꺾이거나 다치면 그 부근에 있던 숨은 눈이 자라 싹이 나오는 것을 무엇이라 하는가?

① 휴면성 ② 생장성
③ 성장력 ④ 맹아력

해설및용어설명 | 휴면성은 종자 등의 발아와 관련이 있고, 맹아력은 숨은 눈이 싹트는 능력을 말한다.

18

합성수지 중에서 파이프, 튜브, 물받이통 등의 제품에 가장 많이 사용되는 열가소성 수지는?

① 페놀수지 ② 멜라민 수지
③ 염화비닐 수지 ④ 폴리에스테르 수지

해설및용어설명 | 염화비닐 수지(PVC)는 내수성, 내화학약품성 등이 크고 가벼운데 비해 단단하며 탄성이 있기 때문에 판, 펌프, 탱크, 수조 등에 많이 사용되는 열가소성 수지이다. 멜라민수지와 페놀수지, 폴리에스테르 수지는 열경화성 수지이다.

열가소성	열경화성
폴리에틸렌	페놀(석탄산) : 강도가 우수하고, 내산성, 전기절연성 등이 우수하나 내알칼리성이 약함. 내수합판과 접착제 등으로 쓰임
폴리프로필렌	에폭시 : 접착력이 가장 우수한 수지
폴리스티렌	폴리에스테르
폴리염화비닐(PVC) : 전기절연성, 내약품성 등이 양호하여 파이프나 간단한 성형품, 비닐 등으로 쓰임, 온도에 약함	요소 : 목재 접착제 등으로 이용
아크릴 : 투명하고 탄성이 있으며, 착색이 자유로워 유리 대신 이용	멜라민 : 무색 투명하여 착색이 자유롭고 견고하고 내수성, 전기절연성, 내후성, 강도가 우수하다. 식기 등의 성형품, 치장, 적층판, 내수 합판용 접착제, 섬유 처리제로 이용
	실리콘수지 : 500℃ 이상 견디는 유일한 수지. 내수성, 내열성이 우수해 방수제, 도료, 접착제로 쓰임

19

다음 중 난대림의 대표 수종인 것은?

① 녹나무 ② 주목
③ 전나무 ④ 분비나무

해설및용어설명 | 난대림이란 열대와 온대의 경계에 있는 삼림으로 상록활엽수대라고도 하며 연평균 기온이 14℃ 이상이다. 주목, 전나무, 분비나무는 상록침엽으로 한대림에 속하는 수종이다.

20

다음 복합비료 중 주성분 함량이 가장 많은 비료는?

① 0 - 40 - 10 ② 11 - 21 - 11
③ 21 - 21 - 17 ④ 18 - 18 - 18

해설및용어설명 | 복합비료는 주성분과 부성분으로 이루어진다. 주성분은 질소-인산-칼륨 순으로 그 비율을 표시하며, 복합비료에서 이 세 가지 성분을 합한 것이 주성분의 함량이다. 그러므로 합이 가장 큰 것이 주성분의 함량이 가장 많은 것이다.

21

표준품셈에서 포함된 것으로 규정된 소운반 거리는 몇 m 이내를 말하는가?

① 10m ② 20m
③ 30m ④ 40m

해설및용어설명 | 국토교통부 건설공사표준품셈을 참고하도록 한다.

정답 17 ④ 18 ③ 19 ① 20 ③ 21 ②

22

다음 그림과 같은 땅깎기 공사 단면의 절토 면적은?

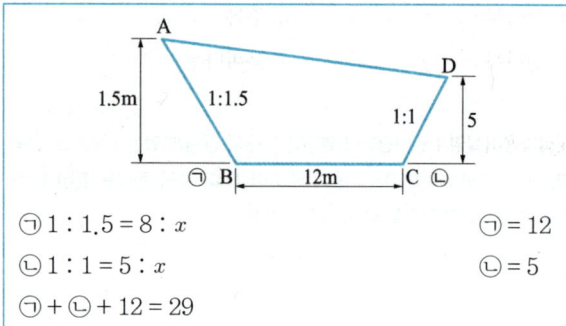

㉠ $1 : 1.5 = 8 : x$ ㉠ = 12
㉡ $1 : 1 = 5 : x$ ㉡ = 5
㉠ + ㉡ + 12 = 29

① 64
② 80
③ 102
④ 128

해설및용어설명 |
사다리꼴 면적 = 사다리꼴을 포함한 직사각형 면적 - 왼쪽삼각형
     - 오른쪽삼각형 - 위쪽삼각형
㉠ 사다리꼴을 포함한 직사각형 면적 = 29 × 8 = 232m²
㉡ 왼쪽삼각형 = 1/2 × 8 × 12 = 48m²
㉢ 오른쪽삼각형 = 1/2 × 5 × 5 = 12.5m²
㉣ 위쪽삼각형 = 1/2 × 3 × 29 = 43.5m²
㉠ - ㉡ - ㉢ - ㉣ = 128m²

> **저자 Tip**
> 면적, 체적 등의 계산문제가 적산때문에 종종 출제가 된다.

23

수목에 영양공급 시 그 효과가 가장 빨리 나타나는 것은?

① 토양천공시비
② 수간주사
③ 엽면시비
④ 유기물시비

해설및용어설명 | 비료를 용액의 상태로 잎에 살포하는 시비법. 작물은 뿌리에서 뿐만 아니라 잎에서도 비료 성분을 흡수할 수 있으므로 필요할 때에는 비료를 용액 상태로 잎에 뿌려 준다. 엽면시비는 토양시비보다 비료 성분의 흡수가 빠르나, 일시에 다량으로 줄 수 없다.

24

다음 토양층위 중 집적층에 해당되는 것은?

① A층
② B층
③ C층
④ AO층

해설및용어설명 | 토양의 생성 과정과 단면

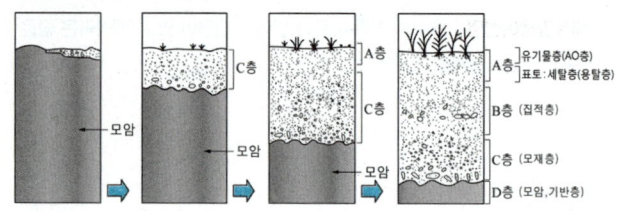

25

벽면에 벽돌 길이만 나타나게 쌓는 방법은?

① 길이 쌓기
② 마구리 쌓기
③ 옆세워 쌓기
④ 네덜란드식 쌓기

해설및용어설명 |

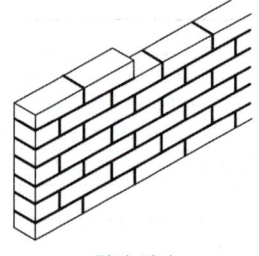

길이 쌓기

26

근린주구의 기초 이론을 제창한 사람은?

① C.A페리　　② 르 꼬르뷔지에
③ 옴스테드　　④ 켄트

해설및용어설명 |
① C.A페리 : 근린주구의 기초 개념 제시
② 르 꼬르뷔지에 : 찬란한 도시론(기능주의)
③ 옴스테드 : 현대조경의 아버지, 센트럴파크 설계
④ 켄트 : 자연은 직선을 싫어한다. 근대 영국의 풍경식조경가

27

전원도시 이론에 대해 맞게 설명한 것은?

① 토지의 자유로운 개발을 위하여 토지를 사유화한다.
② 도시중심부의 밀도를 높여야 한다.
③ 독립된 도시이다.
④ 도시인구의 제한은 2만 명을 이상적으로 한다.

해설및용어설명 | 전원도시란 대도시에서 독립되어 자연적 이점을 누릴 수 있는 자급자족적 소도시를 목표로 한다.

28

농약 살포작업을 위해 물 100L를 가지고 1,000배액을 만들 경우 얼마의 약량이 필요한가?

① 50mL　　② 100mL
③ 150mL　　④ 200mL

해설및용어설명 | 1,000배액이라고 함은 물을 1,000배 희석하는 것이므로 물 100L의 1/1,000인 100mL의 약이 소요된다.

29

임해매립지 식재지반에서의 조경 시공 시 고려하여야 할 사항으로 가장 거리가 먼 것은?

① 지하수위조정　　② 염분제거
③ 발생가스 및 악취제거　　④ 배수관부설

해설및용어설명 | 임해매립지 지반은 염분제거문제와 지하수위를 조절하기 위한 배수문제가 가장 중요시된다.

30

조경양식 중 노단식 정원양식을 발전시키게 한 자연적인 요인은?

① 기후　　② 지형
③ 식물　　④ 토질

해설및용어설명 | 이탈리아에서는 구릉지 지형이 많아 노단식 정원양식이 발달하게 되었다.

31

조선시대 전기 조경관련 대표 저술서이며, 정원식물의 특성과 번식법, 괴석의 배치법, 꽃을 화분에 심는 법, 최화법(催花法), 꽃이 꺼리는 것, 꽃을 취하는 법과 기르는 법, 화분 놓는 법과 관리법 등의 내용이 수록되어 있는 것은?

① 양화소록　　② 작정기
③ 동사강목　　④ 택리지

해설및용어설명 | 양화소록은 조선시대 최초의 정원지침서로 강희안이 작성하였다. 이에 부록으로 화암수록이 있다.

정답 26 ① 27 ③ 28 ② 29 ③ 30 ② 31 ①

32

콘크리트의 균열발생 방지법으로 옳지 않은 것은?

① 물시멘트비를 작게 한다.
② 단위 시멘트량을 증가시킨다.
③ 콘크리트의 온도상승을 작게 한다.
④ 발열량이 작은 시멘트와 혼화제를 사용한다.

해설및용어설명 | 시멘트 사용량이 많아질수록 균열이 증가한다.

33

다음 중 야외용 조경 시설물 재료로서 가장 내구성이 낮은 재료는?

① 미송
② 나왕재
③ 플라스틱재
④ 콘크리트재

해설및용어설명 | 나왕은 인도네시아와 필리핀 등지에 걸쳐 널리 분포하는 상록교목으로 속성수이며, 재질이 유연하다.

34

여름에 꽃을 피우는 수종이 아닌 것은?

① 배롱나무
② 석류나무
③ 조팝나무
④ 능소화

해설및용어설명 | 조팝나무는 이른 봄(3~4월)에 흰 꽃이 핀다.

35

일정한 응력을 가할 때, 변형이 시간과 더불어 증대하는 현상을 의미하는 것은?

① 탄성
② 취성
③ 크리프
④ 릴랙세이션

해설및용어설명 |
- 탄성 : 물체가 외력을 받아 변형을 일으키고 다시 외력이 제거되면 원래의 상태로 되돌아 오려는 성질
- 취성 : 물체가 파괴되기 쉬운 성질
- 릴랙세이션 : PC 강재에 고장력을 가한 상태 그대로 장기간 양끝을 고정해 두면, 점차 소성 변형하여 인장 응력이 감소하는 현상

36

다음 중 산울타리 수종이 갖추어야 할 조건으로 틀린 것은?

① 전정에 강할 것
② 아랫가지가 오래갈 것
③ 지엽이 치밀할 것
④ 주로 교목활엽수일 것

해설및용어설명 | 주로 맹아력이 좋은 관목이 산울타리용으로 쓰인다.

37

수목의 식재 시 해당 수목의 규격을 수고와 근원직경으로 표시하는 것은? (단, 건설공사 표준품셈을 적용한다)

① 목련
② 은행나무, 느티나무
③ 자작나무
④ 현사시나무

해설및용어설명 |
- H×R : 목련, 느티나무 등
- H×B : 은행나무, 자작나무, 현사시나무 등

38

다음 중 미국흰불나방 구제에 가장 효과가 좋은 것은?

① 디캄바액제(반벨)
② 디니코나졸수화제(빈나리)
③ 시마진수화제(씨마진)
④ 카바릴수화제(세빈)

해설및용어설명 | 디캄바액제(반벨), 시마진수화제(씨마진)는 제초제이다. 디니코나졸수화제(빈나리)는 침투이행성 살균제이다.

39

다음 중 정형식 배식유형은?

① 부등변삼각형식재
② 임의식재
③ 군식
④ 교호식재

해설및용어설명 | 교호식재는 두 줄로 어긋나게 식재하는 유형을 말한다.

40

우리나라 조선정원에서 사용되었던 홍예문의 성격을 띤 구조물이라 할 수 있는 것은?

① 정자
② 테라스
③ 트렐리스
④ 아치

해설및용어설명 | 홍예문에서 홍예(虹霓)는 무지개의 뜻을 가지고 있다. 따라서 무지개 모양의 문인 아치를 뜻한다.

41

다음 중 어린이 공원의 설계 시 공간구성 설명으로 옳은 것은?

① 동적인 놀이공간에는 아늑하고 햇빛이 잘 드는 곳에 잔디밭, 모래밭을 배치하여 준다.
② 정적인 놀이공간에는 각종 놀이시설과 운동시설을 배치하여 준다.
③ 감독 및 휴게를 위한 공간은 놀이공간이 잘 보이는 곳으로 아늑한 곳에 배치한다.
④ 공원 외곽은 보행자나 근처 주민이 들여다볼 수 없도록 밀식한다.

해설및용어설명 |
① 동적인 놀이공간은 놀이시설물로 구성한다.
② 잔디밭, 모래밭은 정적인 놀이공간으로 배치한다.
④ 어린이들을 보호자가 관찰할 수 있도록 주변부 밀식을 피한다.

42

다음 중 휴게시설물로 분류할 수 없는 것은?

① 퍼걸러(그늘시렁)
② 평상
③ 도섭지(발물놀이터)
④ 야외탁자

해설및용어설명 | 도섭지(발물놀이터)는 유희시설에 속한다.

공원시설	종류
1. 조경시설	관상용 식수대·잔디밭·산울타리·그늘시렁·못 및 폭포 그 밖에 이와 유사한 시설로서 공원경관을 아름답게 꾸미기 위한 시설
2. 휴양시설	가. 야유회장 및 야영장(바비큐시설 및 급수시설을 포함한다) 그 밖에 이와 유사한 시설로서 자연공간과 어울려 도시민에게 휴식공간을 제공하기 위한 시설 나. 경로당, 노인복지관 다. 수목원(「수목원·정원의 조성 및 진흥에 관한 법률」 제2조 제1호에 따른 수목원을 말한다)
3. 유희시설	시소·정글짐·사다리·순환회전차·궤도·모험놀이장, 유원시설(「관광진흥법」에 따른 유기시설 또는 유기기구를 말한다), 발물놀이터·뱃놀이터 및 낚시터 그 밖에 이와 유사한 시설로서 도시민의 여가선용을 위한 놀이시설

정답 38 ④ 39 ④ 40 ④ 41 ③ 42 ③

공원시설	종류
4. 운동시설	가. 「체육시설의 설치·이용에 관한 법률 시행령」 별표 1에서 정하는 운동종목을 위한 운동시설. 다만, 무도학원·무도장 및 자동차경주장은 제외하고, 사격장은 실내사격장에 한하며, 골프장은 6홀 이하의 규모에 한한다. 나. 자연체험장

5. 교양시설	가. 도서관 및 독서실
	나. 온실
	다. 야외극장, 문화예술회관, 미술관 및 과학관
	라. 「장애인복지법 시행규칙」 별표 4 제2호가목에 따른 장애인복지관(국가 또는 지방자치단체가 설치하는 경우로 한정한다), 「사회복지사업법」 제34조의5에 따른 사회복지관(국가 또는 지방자치단체가 설치하는 경우로 한정한다) 및 「지역보건법」 제14조에 따른 건강생활지원센터
	마. 청소년수련시설(생활권 수련시설에 한한다) 및 학생기숙사(「대학설립·운영규정」 별표 2에 따른 지원시설 및 「평생교육법 시행령」 별표 5에 따른 지원시설로 한정한다)
	바. 다음의 어느 하나에 해당하는 어린이집
	  (1) 「영유아보육법」 제10조제1호에 따른 국공립어린이집
	  (2) 「혁신도시 조성 및 발전에 관한 특별법」 제2조에 따른 이전공공기관이 이전한 지역 내 도시공원에 설치하는 「영유아보육법」 제10조제4호에 따른 직장어린이집
	  (3) 「산업입지 및 개발에 관한 법률」 제2조제8호가목부터 다목까지의 규정에 따른 국가산업단지, 일반산업단지 또는 도시첨단산업단지 내 도시공원에 설치하는 「영유아보육법」 제10조제4호에 따른 직장어린이집
	사. 「유아교육법」 제7조제1호 및 제2호에 따른 국립유치원 및 공립유치원
	아. 천체 또는 기상관측시설
	자. 기념비, 고분·성터·고옥, 그 밖의 유적 등을 복원한 것으로서 역사적·학술적 가치가 높은 시설
	차. 공연장(「공연법」 제2조제4호의 규정에 의한 공연장을 말한다) 및 전시장
	카. 어린이 교통안전교육장, 재난·재해 안전체험장 및 생태학습원(유아숲체험원 및 산림교육센터를 포함한다)
	타. 민속놀이마당 및 정원
	파. 그 밖에 가목부터 카목까지와 유사한 시설로서 도시민의 교양함양을 위한 시설

6. 편익시설	가. 우체통·공중전화실·휴게음식점[「자동차관리법 시행규칙」 별표 1 제1호·제2호 및 비고 제1호가목에 따른 이동용 음식판매 용도인 소형·경형화물자동차 또는 같은 표 제2호에 따른 이동용 음식판매 용도인 특수작업형 특수자동차(이하 "음식판매자동차"라 한다)를 사용한 휴게음식점을 포함한다]·일반음식점·약국·수화물예치소·전망대·시계탑·음수장·제과점(음식판매자동차를 사용한 제과점을 포함한다) 및 사진관 그 밖에 이와 유사한 시설로서 공원이용객에게 편리함을 제공하는 시설 나. 유스호스텔 다. 선수 전용 숙소, 운동시설 관련 사무실, 「유통산업발전법」 별표에 따른 대형마트 및 쇼핑센터, 「지역농산물 이용촉진 등 농산물 직거래 활성화에 관한 법률 시행령」 제5조제1호에 따른 농산물 직매장
7. 공원관리시설	창고·차고·게시판·표지·조명시설·폐쇄회로 텔레비전(CCTV)·쓰레기처리장·쓰레기통·수도, 우물, 태양에너지 설비(건축물 및 주차장에 설치하는 것으로 한정한다), 그 밖에 이와 유사한 시설로서 공원관리에 필요한 시설
8. 도시농업시설	도시텃밭, 도시농업용 온실·온상·퇴비장, 관수 및 급수 시설, 세면장, 농기구 세척장, 그 밖에 이와 유사한 시설로서 도시농업을 위한 시설
9. 그 밖의 시설	가. 「장사 등에 관한 법률」 제2조제15호에 따른 장사시설 나. 특별시·광역시·특별자치시·특별자치도·시 또는 군(광역시의 관할 구역에 있는 군은 제외한다)의 조례로 정하는 역사 관련 시설 다. 동물놀이터 라. 국가보훈관계 법령(「국가보훈 기본법」 제3조제3호에 따른 법령을 말한다)에 따른 보훈단체가 입주하는 보훈회관 마. 무인동력비행장치(「항공안전법 시행규칙」 제5조제5호가목에 따른 무인동력비행장치로서 연료의 중량을 제외한 자체중량이 12킬로그램 이하인 무인헬리콥터 또는 무인멀티콥터를 말한다) 조종연습장 바. 국제경기장을 활용하는 공익목적 시설로서 특별시·광역시·특별자치시·특별자치도·시 또는 군(광역시의 관할 구역에 있는 군은 제외한다)의 조례로 정하는 시설

43

다음 중 이식하기 어려운 수종이 아닌 것은?

① 소나무　　　② 자작나무
③ 섬잣나무　　④ 은행나무

해설 및 용어설명 | 은행나무는 이식, 병충해, 공해 등에 대한 저항성이 강하다.

저자 TIP

이식이 쉬운 수종	낙우송, 메타세쿼이아, 편백, 화백, 측백나무, 가이즈카향나무, 은행나무, 플라타너스, 단풍나무류, 쥐똥나무, 박태기나무, 화살나무, 회양목, 무궁화 등
이식이 어려운 수종	소나무류, 독일가문비, 전나무, 주목, 가시나무, 굴거리나무, 태산목, 목련, 자작나무, 칠엽수, 다정큼나무 등

44

활엽수이지만 잎의 형태가 침엽수와 같아서 조경적으로 침엽수로 이용하는 것은?

① 은행나무 ② 산딸나무
③ 위성류 ④ 이나무

해설및용어설명 | 위성류는 분류는 활엽수(속씨식물)이나 잎의 생김새가 얇고 길어 조경적으로 침엽수로 이용이 가능하다.

45

다음 중 조경공간의 포장용으로 주로 쓰이는 가공석은?

① 견치돌(간지석) ② 각석
③ 판석 ④ 강석(하천석)

해설및용어설명 | 판석포장은 미관상 우수하여 조경공간에 주로 많이 쓰인다.

46

다음 중 건설공사에서 마지막으로 행하는 작업은?

① 터닦기 ② 식재공사
③ 콘크리트공사 ④ 급·배수 및 호안공

해설및용어설명 | 건설공사에서는 터닦기가 가장 우선적으로 시행되며 식재공사는 생물을 다루기 때문에 가장 나중에 시행된다.

47

콘크리트의 단위중량 계산, 배합설계 및 시멘트의 품질판정에 주로 이용되는 시멘트의 성질은?

① 분말도 ② 응결시간
③ 비중 ④ 압축강도

해설및용어설명 | 비중은 어떤 물질의 질량과, 이것과 같은 부피를 가진 표준물질의 질량과의 비율을 말한다. 시멘트의 비중이 높으면 강도가 높고 단위중량이 크다.
- 분말도 : 시멘트 1g 전입자의 표면적
- 응결시간 : 액체상태에서 점성이 증가해서 유동성이 사라지는 상태를 말하며 시멘트의 응결시간은 1시간 이후부터 10시간 이내를 말한다.
- 압축강도는 재료 내부로 향하는 힘에 대한 강도를 말하며, 콘크리트는 압축강도가 큰데 비하여 인장강도가 적은 것이 특징이다.

48

심근성 수목을 굴취할 때 뿌리분의 형태는?

① 접시분 ② 사각평분
③ 보통분 ④ 조개분

해설및용어설명 | 뿌리분의 형태는 깊이에 따라 크게 접시분, 보통분, 조개분의 종류가 있다. 심근성 수목은 깊은 형태의 조개분을 뜨도록 한다.

보통분	조개분	접시분
A/2, A/4, A	A/2, A/2, A	A/2, A

49

정원석을 쌓을 면적이 60m², 정원석의 평균 뒷길이 50cm, 공극률이 40%라고 할 때 실제적인 자연석의 체적은 얼마인가?

① 12m³
② 16m³
③ 18m³
④ 20m³

해설및용어설명 | 공극률이 40%이므로 실적률은 60%이다. 전체 자연석 쌓기의 부피에 실적률을 곱하면 된다.
60×0.5×0.60이므로 18m³이다.

50

단풍나무를 식재 적기가 아닌 여름에 옮겨 심을 때 실시해야 하는 작업은?

① 뿌리분을 크게 하고, 잎을 모조리 따내고 식재
② 뿌리분을 적게 하고, 가지를 잘라낸 후 식재
③ 굵은 뿌리는 자르고, 가지를 솎아내고 식재
④ 잔뿌리 및 굵은 뿌리를 적당히 자르고 식재

해설및용어설명 | 이식성이 나쁘지 않은 낙엽활엽수의 경우 뿌리분을 크게 하고, 잎을 모조리 따내어 여름에 이식하는 경우가 있다.

> **저자 TiP**
> 이식공사는 수종별로 이식적기와 이식방법이 차이가 있으므로 유의하도록 한다.

51

일반적인 조경관리에 해당되지 않는 것은?

① 운영관리
② 유지관리
③ 이용관리
④ 생산관리

해설및용어설명 | 운영관리, 유지관리, 이용관리는 조경관리에 속한다.

52

다음 중 전정을 할 때 큰 줄기나 가지자르기를 삼가야 하는 수종은?

① 벚나무
② 수양버들
③ 오동나무
④ 현사시나무

해설및용어설명 | 벚나무는 부후균의 발생 위험이 높아 큰 줄기나 가지를 자를 때 특히 주의하여야 한다.

> **저자 TiP**
> 식물재료의 특성을 알고 있어야 식물재료의 관리가 용이하다. 건조지와 습지에 자라는 수종 및 전정에 약한 수종과 전정에 강한 수종들을 알아두는 것이 좋다.

53

다음 중 들잔디의 관리 설명으로 옳지 않은 것은?

① 들잔디의 깎기 높이는 2~3cm로 한다.
② 뗏밥은 초겨울 또는 해동이 되는 이른 봄에 준다.
③ 해충은 황금충류가 가장 큰 피해를 준다.
④ 병은 녹병의 발생이 많다.

해설및용어설명 | 들잔디는 난지형 잔디로 6-8월경 뗏밥주기를 하는 것이 좋다.

54

다음 중 별서의 개념과 가장 거리가 먼 것은?

① 은둔생활을 하기 위한 것
② 효도를 하기 위한 것
③ 수목을 가꾸기 위한 것
④ 별장의 성격을 갖기 위한 것

해설및용어설명 | 별서는 주택에 대비하여 별도로 다양한 용도로 지은 별채를 말하며, 별장, 별당, 별업, 누정원림 등 다양한 형태를 가지고 있다. 농사를 짓는 경우는 있었으나 수목을 가꾸는 목적으로 보기는 어렵다.

정답 49 ③ 50 ① 51 ④ 52 ① 53 ② 54 ③

55

우리나라의 조선 시대 전통 정원을 꾸미고자 할 때 다음 중 연못시공으로 적합한 호안공은?

① 자연석 호안공 ② 사괴석 호안공
③ 편책 호안공   ④ 마름돌 호안공

해설및용어설명 | 사괴석이란 사방 6치(18cm) 정도의 방형 육면체를 말하는데 전통정원에 담장 등에 주로 쓰였다.

56

다음 중 벌개미취의 꽃색으로 가장 적합한 것은?

① 황색   ② 연자주색
③ 검은색   ④ 황녹색

해설및용어설명 | 벌개미취는 최근 사면이나 도로기에 많이 심는 초본류로, 연자주색 꽃이 핀다.

57

조선 시대 궁궐의 침전 후정에서 볼 수 있는 대표적인 것은?

① 자수 화단(花壇)
② 비폭(飛瀑)
③ 경사지를 이용해서 만든 계단식 노단
④ 정자수

해설및용어설명 | 정자수는 궁궐의 침전 후정에 배치하기는 적당하지 못하며, 자수 화단은 서양의 중세 정형식 정원에서 주로 사용되었다. 비폭은 역동적인 폭포의 요소를 말한다. 후정에는 경사지를 이용한 노단(화계)식 양식이 조성되었다.

58

다음 중 곰솔(해송)에 대한 설명으로 옳지 않은 것은?

① 동아(冬芽)는 붉은색이다.
② 수피는 흑갈색이다.
③ 해안지역의 평지에 많이 분포한다.
④ 줄기는 한 해에 가지를 내는 층이 하나여서 나무의 나이를 짐작할 수 있다.

해설및용어설명 | 적송의 겨울눈은 붉은 색인데 비하여 곰솔의 겨울눈은 흰빛이 많이 도는 특징이 있다.

59

우리나라에서 1929년 서울의 비원(祕苑)과 전남 목포지방에서 처음 발견된 해충으로 솔잎 기부에 충영을 형성하고 그 안에서 흡즙해 소나무에 피해를 주는 해충은?

① 솔껍질깍지벌레   ② 솔잎혹파리
③ 솔나방   ④ 솔잎벌

해설및용어설명 | 솔나방, 솔잎벌 등은 식엽성 해충이며, 솔껍질깍지벌레도 충영을 형성하지는 않는다.

60

데밍의 품질 관리 사이클 이론과 관련이 없는 것은?

① 계획(Plan)   ② 개발(Development)
③ 검토(Check)   ④ 조치(Action)

해설및용어설명 | 데밍의 품질관리 사이클은 계획(Plan) - 추진(Do) - 검토(Check) - 조치(Action)로 이루어진다.

> **저자 TiP**
> 데밍의 품질 관리 사이클은 경영학에서 다루어지는 품질 관리 이론이지만 조경관리의 분야에도 적용될 수 있으며, 최근에는 더욱 넓은 범위의 문제들이 출제되는 경향이 있다.

정답 55 ② 56 ② 57 ③ 58 ① 59 ② 60 ②

CBT 복원문제 2017 * 3

*2016년 5회부터 CBT(컴퓨터 기반 시험)방식으로 변경되어 문제가 공개되지 않아 복원된 문제가 일부 상이할 수 있습니다.

01
사대부나 양반 계급에 속했던 사람이 자연 속에 묻혀 야인으로서의 생활을 즐기던 별서정원이 아닌 것은?

① 소쇄원　　② 방화수류정
③ 다산초당　④ 부용동정원

해설및용어설명 | 방화수류정은 수원화성에 위치한 정자로 한적한 곳에 떨어져 짓는 별서와는 거리가 멀다.

02
앞으로 조경학의 중심적 시도 분야가 될 것으로 추정되는 것은?

① 생태적 접근
② 토목, 건축 등의 기술분야
③ 미학과 예술분야
④ 원예, 식물에 관한 재료의 접근

해설및용어설명 | 최근들어 건축, 토목, 조경 분야 모두 생태적 이슈가 더욱 대두되는 추세가 강하다.

03
조경양식을 형태적으로 분류했을 때 성격이 다른 것은?

① 평면기하학식　② 중정식
③ 회유임천식　　④ 노단식

해설및용어설명 | 평면기하학식, 중정식, 노단식은 정형식 정원에 속하나 회유임천식은 자연식 정원에 속한다.

04
조감도는 소점이 몇 개인가?

① 1개　　② 2개
③ 3개　　④ 4개

해설및용어설명 | 소점은 물체가 기준이 되는 면, 즉 기면과 평행으로 무한히 멀어지면 수평선상 한 점에 모이는데 이 점을 말한다. 조감도는 위에서 바라다본 시점이기 때문에 좌우말고도 아래쪽으로 소점이 있어서 총 3개의 소점이 있다.

01 ②　02 ①　03 ③　04 ③

05

주차장법 시행규칙상 주차장의 주차단위구획 기준은?
(단, 평행주차형식 외의 장애인전용 방식이다)

① 2.0m 이상×4.5m 이상
② 3.0m 이상×5.0m 이상
③ 2.3m 이상×4.5m 이상
④ 3.3m 이상×5.0m 이상

해설및용어설명 |

평행주차형식	너비(M)	길이(M)	평행주차형식 외의 경우	너비(M)	길이(M)
경형	1.7	4.5	경형	2.0	3.6
일반형	2.0	6.0	일반형	2.5	5.0
			확장형	2.6	5.2
			장애인전용	3.3	5.0

06

옴스테드와 캘버트 보가 제시한 그린스워드안의 내용이 아닌 것은?

① 평면적 동선체계
② 차음과 차폐를 위한 주변식재
③ 넓고 쾌적한 마차 드라이브 코스
④ 동적놀이를 위한 운동장

해설및용어설명 | 그린스워드안의 내용으로는 입체적 동선체계, 차음과 차폐를 위한 두터운 외주부식재, 마차 드라이브 코스, 넓은 운동장, 호수 등이 계획되었다.

07

다음 중 거푸집에 미치는 콘크리트의 측압 설명으로 틀린 것은?

① 경화속도가 빠를수록 측압이 크다.
② 시공연도가 좋을수록 측압은 크다.
③ 붓기속도가 빠를수록 측압이 크다.
④ 수평부재가 수직부재보다 측압이 작다.

해설및용어설명 | 측압이란 거푸집에 콘크리트를 다져넣을 때 콘크리트 반죽의 유동성 때문에 수평방향으로 생기는 압력을 말한다. 따라서 시공연도가 좋을수록(슬럼프 값이 클수록) 반죽의 유동성이 크기 때문에 측압이 커진다. 또한 빨리 다져넣을수록 측압이 크다.
반면 빈배합일수록, 온도가 높을수록, 경화속도가 빠를수록 측압은 작아진다. 측압은 측면으로 받는 압력을 말하기 때문에 수직부재보다 수평부재가 측압이 더 작다.

08

다음 중 상록용으로 사용할 수 없는 식물은?

① 마삭줄
② 불로화
③ 골고사리
④ 남천

해설및용어설명 | 불로화는 국화과의 한해살이풀로 멕시코엉겅퀴라고도 한다.

정답 05 ④ 06 ① 07 ① 08 ②

09

다음 골재의 입도(粒度)에 대한 설명 중 옳지 않은 것은?

① 입도시험을 위한 골재는 4분법(四分法)이나 시료분취기에 의하여 필요한 양을 채취한다.
② 입도란 크고 작은 골재알[粒]이 혼합되어 있는 정도를 말하며 체가름 시험에 의하여 구할 수 있다.
③ 입도가 좋은 골재를 사용한 콘크리트는 공극이 커지기 때문에 강도가 저하한다.
④ 입도곡선이란 골재의 체가름 시험결과를 곡선으로 표시한 것이며 입도곡선이 표준입도곡선 내에 들어가야 한다.

해설및용어설명 | 입도가 좋은 골재란 크고 작은 골재알[粒]이 혼합되어 있는 정도를 말하며 입도가 좋은 골재는 작은 골재알이 큰 골재알 사이에 채워져 공극이 더 작아져서 강도가 증가한다.

10

수준측량과 관련이 없는 것은?

① 레벨　　　　　② 표척
③ 앨리데이드　　④ 야장

해설및용어설명 | 앨리데이드는 평판측량 시 사용되는 시준기이다.

11

다음 수종들 중 단풍이 붉은색이 아닌 것은?

① 신나무　　　　② 복자기
③ 화살나무　　　④ 고로쇠나무

해설및용어설명 | 고로쇠나무는 노란색의 단풍이 든다.

12

단위용적중량이 $1.65t/m^3$이고 굵은 골재 비중이 2.65일 때 이 골재의 실적률(A)과 공극률(B)은 각각 얼마인가?

① A : 62.3%, B : 37.7%　② A : 69.7%, B : 30.3%
③ A : 66.7%, B : 33.3%　④ A : 71.4%, B : 28.6%

해설및용어설명 | 골재의 실적률(%) = 단위용적중량(ton/m³)/비중 × 100
실적률(%) + 공극률(%) = 100(%)이다.
1.65/2.65 × 100 = 62.26%이므로 실적률은 약 62.3%이다.
100 - 62.3 = 37.7이므로 공극률은 37.7%이다.

13

골재알의 모양을 판정하는 척도인 실적률(%)을 구하는 식으로 옳은 것은?

① 공극률 − 100　　② 100 − 공극률
③ 100 − 조립률　　④ 조립률 − 100

해설및용어설명 | 골재의 단위용적 중의 골재 사이의 빈틈을 제외한 골재의 실질 부분의 비를 실적률이라고 하며, 이 단위용적 중에 포함되어 있는 골재 사이의 빈틈 비율을 공극률이라고 한다. 공극률과 실적률을 합치면 100%가 되어야 한다.

14

단위용적 중량이 $1,700kg_f/m^3$, 비중이 2.6인 골재의 공극률은 약 얼마인가?

① 34.6%　　　② 52.94%
③ 3.42%　　　④ 5.53%

해설및용어설명 | 골재의 공극률(%) : 100% - 골재의 실적률(%)
비중 2.6인 골재는 100% 실적률이라고 가정하면 단위부피당 2,600kg이 된다. 하지만 실제 단위부피당 중량은 1,700kg이기 때문에 이 골재의 실적률은 (1,700/2,600)×100%가 된다. 따라서 이 골재의 실적률은 65.38%이다. 그러므로 골재의 공극률은 100 - 65.38 = 34.62%이다.

15

다음 [보기]의 조건을 활용한 골재의 공극률 계산식은?

- D : 진비중
- W : 겉보기 단위용적중량
- W_1 : 110℃로 건조하여 냉각시킨 중량
- W_2 : 수중에서 충분히 흡수된 대로 수중에서 측정한 것
- W_3 : 흡수된 시험편의 외부를 잘 닦아내고 측정한 것

① $\dfrac{W_1}{W_3 - 2W_2}$

② $\dfrac{W_3 - W_1}{W_1} \times 100$

③ $\left(1 - \dfrac{D}{W_2 - W_1}\right) \times 100$

④ $\left(1 - \dfrac{W}{D}\right) \times 100$

해설및용어설명 | 겉보기 단위용적 중량을 진비중으로 나누면 골재의 실적률이 나온다.
또한 실적률 + 공극률 = 100%이므로 (1 - 골재의 실적률)×100 = 골재의 공극률이 된다.

> **저자 Tip**
> 목재의 공극률과 실적률 그리고 골재의 공극률과 실적률을 혼동하지 않도록 한다.

16

블리딩 현상에 따라 콘크리트 표면에 떠올라 표면의 물이 증발함에 따라 콘크리트 표면에 남는 가볍고 미세한 물질로서 시공 시 작업이음을 형성하는 것에 대한 용어로서 맞는 것은?

① Workability ② consistency
③ Laitance   ④ Plasticity

해설및용어설명 | 콘크리트용어

- 워커빌리티(Workability) : 반죽질기에 따른 작업의 난이도 및 재료분리에 저항하는 정도, 시공 난이도
- 반죽질기(Consistency) : 반죽의 되고 진 정도
- 성형성(Plasticity) : 거푸집에 쉽게 다져넣을 수 있고, 거푸집을 떼어내면 허물어지거나 재료분리가 일어나지 않는 성질
- 피니셔빌리티(Finishability) : 콘크리트 타설면을 마감할 때 작업성의 난이를 나타내는 아직 굳지 않은 콘크리트의 성질
- 레이턴스(Laitance) : 블리딩 현상에 따라 콘크리트 표면에 떠올라 표면의 물이 증발하고 표면에 남은 것
- 슬럼프시험 : 굳지 않은 콘크리트의 반죽질기를 시험하는 방법
- 물시멘트비 : 콘크리트 내에 물과 시멘트의 중량비. 경화강도를 크게 좌우하므로 콘크리트 품질을 나타내는 중요한 값
- 양생 : 콘크리트 치기가 끝난 다음 유해한 영향을 받지 않도록 보호 관리하는 것

17

나무를 옮겨 심었을 때 잘려진 뿌리로부터 새 뿌리가 나오게 하여 활착이 잘 되게 하는데 가장 중요한 것은?

① 호르몬과 온도
② C/N율과 토양의 온도
③ 온도와 지주목의 종류
④ 잎으로부터의 증산과 뿌리의 흡수

해설및용어설명 | 증산 작용이 활발해야 뿌리로부터 흡수가 촉진되는데, 이것이 새 뿌리가 나오는데 영향을 미친다.

정답 15 ④ 16 ③ 17 ④

18

벽돌 쌓기에서 사용되는 모르타르의 배합비 중 가장 부적합한 것은?

① 1 : 1
② 1 : 2
③ 1 : 3
④ 1 : 4

해설및용어설명 | 모르타르의 배합비는 시멘트와 모래를 보통 1 : 3으로 하고, 중요한 곳은 1 : 2, 매우 중요한 곳은 1 : 1 정도로 한다.

19

솔수염하늘소의 성충이 최대로 출연하는 최성기로 가장 적합한 것은?

① 3 ~ 4월
② 4 ~ 5월
③ 6 ~ 7월
④ 9 ~ 10월

해설및용어설명 | 솔수염하늘소는 소나무재선충의 매개충으로 6 ~ 7월이 성충이 출연하는 최성기이다.

20

다음 중 공사 현장의 공사 및 기술관리, 기타 공사업무 시행에 관한 모든 사항을 처리하여야 할 사람은?

① 공사 발주자
② 공사 현장대리인
③ 공사 현장감독관
④ 공사 현장감리원

해설및용어설명 |
- 발주자 : 공사를 의뢰하는 주체
- 현장대리인 : 공사실무에 있어서 책임시공기술자로 공사시행에 관한 모든 사항을 처리하는 사람
- 현장감독관 : 발주자 대신 공사현장의 지휘감독을 하는 사람
- 현장감리원 : 발주자를 대신해 설계대로 시공이 되는지 확인하는 사람

21

다음 배수관 중 가장 경사를 급하게 설치해야 하는 것은?

① φ100mm
② φ200mm
③ φ300mm
④ φ400mm

해설및용어설명 | 배수관의 지름이 적을수록 경사를 급하게 설치하도록 한다.

22

지역이 광대해서 하수를 한 개소로 모으기가 곤란할 때 배수지역을 수개 또는 그 이상으로 구분해서 배관하는 배수 방식은?

① 직각식
② 차집식
③ 방사식
④ 선형식

해설및용어설명 |

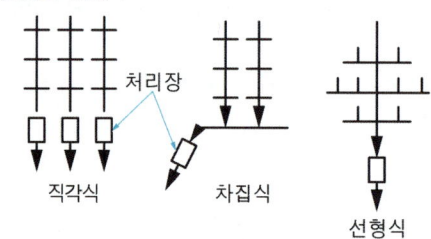

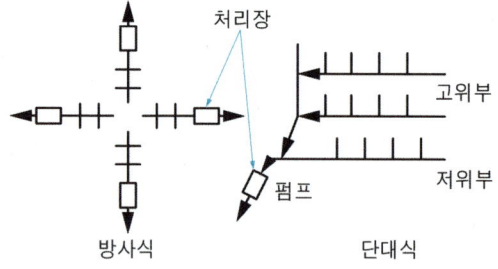

23

중국 청나라 때의 유적이 아닌 것은?

① 자금성 금원 ② 원명원 이궁
③ 이화원 ④ 졸정원

해설및용어설명 | 졸정원은 명나라 때 왕헌신이 조성한 중국 소주 지방의 명원이다.

24

먼셀의 색상환에서 BG는 무슨 색인가?

① 연두색 ② 남색
③ 청록색 ④ 보라색

해설및용어설명 | BG는 B(파랑색)과 G(녹색)의 혼합색으로 청록색을 의미한다.

25

주축선 양쪽에 짙은 수림을 만들어 주축선이 두드러지게 하는 비스타(vista) 수법을 가장 많이 이용한 정원은?

① 영국정원 ② 독일정원
③ 이탈리아정원 ④ 프랑스정원

해설및용어설명 | 비스타 수법은 프랑스 평면기하학식 정원에서 적극적으로 사용되었다.

26

다음 [보기]에서 설명하는 수종은?

- 낙엽활엽교목으로 부채꼴형 수형이다.
- 야합수(夜合樹)라 불리기도 한다.
- 여름에 피는 꽃은 분홍색으로 화려하다.
- 천근성 수종으로 이식에 어려움이 있다.

① 자귀나무 ② 치자나무
③ 은목서 ④ 서향

해설및용어설명 | 자귀나무는 잎이 빛에 반응하여 어두워지면 반으로 접히기 때문에 야합수라고도 한다. 여름에 자색으로 꽃이 피는 낙엽활엽교목이다.

27

다음 중 화성암 계통의 석재인 것은?

① 화강암 ② 점판암
③ 대리석 ④ 사문암

해설및용어설명 | 점판암, 대리석, 사문암은 변성암에 속한다.

28

석재의 분류방법 중 가장 보편적으로 사용되는 방법은?

① 화학성분에 의한 방법 ② 성인에 의한 방법
③ 산출상태에 의한 방법 ④ 조직구조에 의한 방법

해설및용어설명 | 석재는 보통 생성요인(성인)에 의한 분류방법을 사용하는데, 마그마가 식어서 만들어진 암석을 화성암, 운반작용에 의해 운반된 광물이 퇴적작용을 거쳐 만들어진 퇴적암, 화성암이나 퇴적암이 변성작용을 받아 만들어진 변성암의 세 종류로 나뉜다.

정답 23 ④ 24 ③ 25 ④ 26 ① 27 ① 28 ②

29

수종에 따라 또는 같은 수종이라도 개체의 성질에 따라 삽수의 발근에 차이가 있는데 일반적으로 삽목 시 발근이 잘 되지 않는 수종은?

① 오리나무
② 무궁화
③ 개나리
④ 꽝꽝나무

해설및용어설명 | 무궁화, 개나리, 꽝꽝나무 등은 가지를 절단하여 뿌리를 내는 발근력이 우수하다.

30

다음 사항 중 옳지 않은 것은?

① 쿨데삭(cul-de-sac)이란 가로망 형태의 하나로 막다른 골목길을 말한다.
② 중세 도시가 규모가 작았던 것은 그당시 이미 도시의 적정인구 규모를 고려하여 계획했기 때문이다.
③ 1,300m 정도의 거리는 사람을 보아서 분간할 수 있는 최대의 거리이다.
④ 인간척도는 도시를 설계하는 데 고려해야 할 중요한 요소 중의 하나이다.

해설및용어설명 | 중세 도시에서는 주로 계획도시의 모델이 있지 않았다.

31

기건상태에서 목재 표준 함수율은 어느 정도인가?

① 5%
② 15%
③ 25%
④ 35%

해설및용어설명 | 기건상태의 목재는 15~20%의 함수율을 나타낸다.

32

혼화재의 설명 중 옳은 것은?

① 혼화재는 혼화제와 같은 것이다.
② 종류로는 포졸란, AE제 등이 있다.
③ 종류로는 슬래그, 감수제 등이 있다
④ 혼화재료는 그 사용량이 비교적 많아서 그 자체의 부피가 콘크리트의 배합계산에 관계된다.

해설및용어설명 | 혼화재료는 배합계산에 관계되며, 혼화제는 배합계산에 관계되지 않는다. AE제와 감수제 등은 혼화제이다.

33

줄기의 색이 아름다워 관상가치를 가진 대표적인 수종의 연결로 옳지 않은 것은?

① 백색계의 수목 : 자작나무
② 갈색계의 수목 : 편백
③ 적갈색계의 수목 : 소나무
④ 흑갈색계의 수목 : 벽오동

해설및용어설명 | 벽오동은 녹색의 수피를 가진 수종이다.

34

좋은 콘크리트를 만들려면 좋은 품질의 골재를 사용해야 하는데, 좋은 골재에 관한 설명으로 옳지 않은 것은?

① 골재의 표면이 깨끗하고 유해 물질이 없을 것
② 굳은 시멘트 페이스트보다 약한 석질일 것
③ 납작하거나 길지 않고 구형에 가까울 것
④ 굵고 잔 것이 골고루 섞여 있을 것

해설및용어설명 | 좋은 골재는 굳은 시멘트 페이스트보다 강해야 깨지지 않고 소요의 강도를 낼 수 있다.

정답 29 ① 30 ② 31 ② 32 ④ 33 ④ 34 ②

35

질소기아 현상에 대한 설명으로 옳지 않은 것은?

① 탄질율이 높은 유기물이 토양에 가해질 경우 발생한다.
② 미생물과 고등식물 간에 질소경쟁이 일어난다.
③ 미생물 상호 간의 질소경쟁이 일어난다.
④ 토양으로부터 질소의 유실이 촉진된다.

해설및용어설명 | 질소기아 현상이란 토양 중에 질소양이 충분하나 탄질율이 30 이상 높은 유기물을 넣을 때 미생물이 토양 중 질소를 빼앗아 이용하여 질소부족현상이 되는 것을 말한다.

36

다음 중 세균에 의한 수목병은?

① 밤나무 뿌리혹병   ② 뽕나무 오갈병
③ 소나무 잎녹병   ④ 포플러 모자이크병

해설및용어설명 | 뽕나무 오갈병은 마이코플라즈마에 의한 수병이며, 소나무 잎녹병은 진균에 의한 수병이다. 포플러 모자이크병은 바이러스에 의한 수목병이다.

37

겨울 전정의 설명으로 틀린 것은?

① 12 ~ 3월에 실시한다.
② 상록수는 동계에 강전정하는 것이 가장 좋다.
③ 제거 대상가지를 발견하기 쉽고 작업도 용이하다.
④ 휴면 중이기 때문에 굵은 가지를 잘라 내어도 전정의 영향을 거의 받지 않는다.

해설및용어설명 | 상록수는 동계에 강전정을 하지 않는다. 낙엽수만 필요 시 동계에 강전정을 할 수 있다.

38

다음 중 수목의 굵은 가지치기 방법으로 옳지 않은 것은?

① 잘라낼 부위는 먼저 가지의 밑둥으로부터 10 ~ 15cm 부위를 위에서부터 아래까지 내리 자른다.
② 잘라낼 부위는 아래쪽에 가지굵기의 1/3정도 깊이까지 톱자국을 먼저 만들어 놓는다.
③ 톱을 돌려 아래쪽에 만들어 놓은 상처보다 약간 높은 곳을 위에서부터 내리 자른다.
④ 톱으로 자른 자리의 거친 면은 손칼로 깨끗이 다듬는다.

해설및용어설명 | 굵은 가지는 한번에 내리자르지 않으며 3번에 걸쳐 자른다. 줄기에서 10 ~ 15cm 부근을 밑에서 위쪽으로 1/3 깊이까지 톱질한다. 톱질한 곳에서 가지 바깥쪽으로 살짝 떨어진 곳을 위에서 아래로 자른다. 남은 가지의 밑둥을 톱으로 깨끗이 잘라낸다.

39

지형도에서 U자 모양으로 그 바닥이 낮은 높이의 등고선을 향하면 이것은 무엇을 의미하는가?

① 계곡   ② 능선
③ 현애   ④ 동굴

해설및용어설명 | U자 모양으로 바닥이 낮은 높이 쪽을 향한 등고선은 중심부가 주변부보다 높다는 뜻이다. 높은 부분이 산등성이가 되는 능선이다.

참고 현애 = 절벽

40

정원수의 거름주기 설명으로 옳지 않은 것은?

① 속효성 거름은 7월 이후에 준다.
② 지효성의 유기질 비료는 밑거름으로 준다.
③ 질소질 비료와 같은 속효성 비료는 덧거름으로 준다.
④ 지효성 비료는 늦가을에서 이른 봄 사이에 준다.

해설및용어설명 | 지효성 비료는 효과가 느린 유기질 비료로 밑거름으로 준다. 반면 속효성 비료는 주로 효과가 빠른 무기질 비료로 덧거름으로 준다. 하지만 속효성 비료는 7월 이후에는 동해가 우려되어 시비하지 않는 것이 좋다.

41

흙깎기(切土) 공사에 대한 설명으로 옳은 것은?

① 보통 토질에서는 흙깎기 비탈면 경사를 1 : 0.5 정도로 한다.
② 흙깎기를 할 때는 안식각보다 약간 크게 하여 비탈면의 안정을 유지한다.
③ 작업물량이 기준보다 작은 경우 인력보다는 장비를 동원하여 시공하는 것이 경제적이다.
④ 식재공사가 포함된 경우의 흙깎기에서는 지표면 표토를 보존하여 식물생육에 유용하도록 한다.

해설및용어설명 | 흙깎기 공사는 안식각보다 작게 하여 비탈면의 안정을 유지할 수 있다. 또한 보통 토질에서는 흙깎기 비탈면 경사를 1 : 1.5까지 한다.

42

참나무 시들음병에 대한 설명으로 옳지 않은 것은?

① 매개충은 광릉긴나무좀이다.
② 피해목은 초가을에 모든 잎이 낙엽된다.
③ 매개충의 암컷등판에는 곰팡이를 넣는 균낭이 있다.
④ 월동한 성충은 5월경에 침입공을 빠져나와 새로운 나무를 가해한다.

해설및용어설명 | 참나무 시들음병의 병징은 낙엽이 아니라 빨갛게 시들면서 잎이 붙은 채로 급속히 말라 죽는 것이다. 겨울에도 잎이 떨어지지 않고 붙어 있다.

43

토공작업 시 지반면보다 낮은 면의 굴착에 사용하는 기계로 깊이 6m 정도의 굴착에 적당하며, 백호우라고도 불리는 기계는?

① 클램 쉘   ② 드랙 라인
③ 파워 쇼벨   ④ 드랙 쇼벨

해설및용어설명 | 건설기계의 용도

- 로더 – 적재, 운반, 하역
- 크레인, 체인블록 – 운반
- 진동 컴팩터, 탬퍼 – 다짐
- 모터그레이더 – 광범위한 정지, 절토, 굴삭(배토정지)
- 백호우(드래그 쇼벨) – 기계보다 낮은 면 굴착
- 파워 쇼벨 – 기계보다 높은 면 굴착
- 드래그 라인 – 연약지반을 얕게 긁어내거나 수중공사, 골재채취
- 클램 쉘 - 좁은 곳의 수직파기

44

다음 중 조경에 관한 설명으로 옳지 않은 것은?

① 주택의 정원만 꾸미는 것을 말한다.
② 경관을 보존 정비하는 종합과학이다.
③ 우리의 생활환경을 정비하고 미화하는 일이다.
④ 국토 전체 경관의 보존, 정비를 과학적이고 조형적으로 다루는 기술이다.

해설및용어설명 | 조경의 범위와 정의에 대한 문제이다. 좁은 의미에서는 정원을 넓은 의미에서는 모든 옥외공간을 대상으로 하며, 최근 들어 도시계획이나 토목 등의 분야 전반에 걸쳐 점점 그 범위가 넓어지고 있다. 따라서 주택의 정원만을 꾸미는 의미와 가장 거리가 멀다.

45

다음 중 사절우(四節友)에 해당되지 않는 것은?

① 소나무
② 난초
③ 국화
④ 대나무

해설및용어설명 |
- 사절우 : 매송국죽(매화나무(매실나무), 소나무, 국화, 대나무)
- 사군자 : 매난국죽(매화나무(매실나무), 난초, 국화, 대나무)

46

다음 설계도면의 종류에 대한 설명으로 옳지 않은 것은?

① 입면도는 구조물의 외형을 보여주는 것이다.
② 평면도는 물체를 위에서 수직방향으로 내려다 본 것을 그린 것이다.
③ 단면도는 구조물의 내부나 내부공간의 구성을 보여주기 위한 것이다.
④ 조감도는 관찰자의 눈높이에서 본 것을 가정하여 그린 것이다.

해설및용어설명 | 조감도는 새의 눈높이에서 본 것을 가정하여 그린 것이다.

저자 TiP

도면의 종류에 대한 문제는 빈번하게 출제되기 때문에 꼭 알아두는 것이 좋다.

평면도★	• 입체를 수평면상에 투영하여 그린 도면 • 시설물 위치, 수목의 위치, 부지경계선, 지형, 방위, 식생 등의 계획 전반 사항을 표시 • 시설물평면도, 식재평면도
입면도	• 입체를 서서 바라본 형태의 도면으로 대상의 외면 각부의 형태를 나타낸다. 평면도와 같은 축척을 이용하여 정면도, 배면도, 측면도 등으로 세분화 될 수 있다.
단면도	• 대상을 수직으로 자른 단면을 보여주는 도면으로 구조물의 내부 구조 및 공간구성을 표현할 수 있다. • 평면도에 단면부위를 반드시 표시하여야 하며, 지상과 지하 부분 설명시 사용될 수 있다.
상세도	• 실제 시공이 가능하도록 표현한 도면으로 재료, 공법, 치수 등을 자세히 기입한다. • 평면도나 단면도에 비해 대축척을 사용한다.(1/10 ~ 1/50)
투시도	• 완공되었을 경우를 가정하여 원근을 고려, 입체적으로 대상을 표현한 그림이다. • 소점에 따라 1소점, 2소점, 3소점으로 나뉜다. 조감도 등의 광범위한 부지는 시점이 높은 투시도로 3소점으로 나타낸다.
투상도	• 입체적인 형상을 평면적으로 그리는 방법으로 3각법과 1각법으로 그릴 수 있다.
스케치	• 눈높이나 눈높이보다 조금 높은 위치에서 보이는 공간을 실제에 가깝게 표현하는 그림이다.

정답 44 ① 45 ② 46 ④

47

다음 중 시방서에 포함되어야 할 내용으로 가장 부적합한 것은?

① 재료의 종류 및 품질
② 시공방법의 정도
③ 재료 및 시공에 대한 검사
④ 계약서를 포함한 계약 내역서

해설및용어설명 | 시방서
설계도에 작성되지 않는 내용 즉, 공사비나 공사절차, 재료의 품질이나 검사 등 기타시공에 필요한 제반사항을 기록한 문서이다. 표준시방서와 전문시방서가 있으며, 표준시방서에는 시설물의 안전 및 공사시행의 적정성과 품질확보를 위한 표준적인 시공기준을 기재한다. 또한 공사의 명칭, 종류, 규모, 구조 등 시공상의 일반사항 및 도급자, 발주자, 시공기술자등의 법적, 제약적, 행정적 요구사항을 기록한다.

48

다음 중 색의 대비에 관한 설명이 틀린 것은?

① 보색인 색을 인접시키면 본래의 색보다 채도가 낮아져 탁해 보인다.
② 명도단계를 연속시켜 나열하면 각각 인접한 색끼리 두드러져 보인다.
③ 명도가 다른 두 색을 인접시키면 명도가 낮은 색은 더욱 어두워 보인다.
④ 채도가 다른 두 색을 인접시키면 채도가 높은 색은 더욱 선명해 보인다.

해설및용어설명 | 보색인 색을 인접시키면 본래의 색보다 채도와 명도가 높아져 보여 더 선명하게 보이는 것을 보색대비라고 한다.

49

계단의 설계 시 고려해야 할 기준으로 옳지 않은 것은?

① 계단의 경사는 최대 30~35°가 넘지 않도록 해야 한다.
② 단 높이를 H, 단 너비를 B로 할 때 2H + B = 60~65cm가 적당하다.
③ 진행 방향에 따라 중간에 1인용일 때 단 너비 90~110cm 정도의 계단참을 설치한다.
④ 계단의 높이가 5m 이상이 될 때에만 중간에 계단참을 설치한다.

해설및용어설명 | 계단의 높이가 3m 이상이 되면 3m 이내마다 참을 두어야 하며, 그 폭은 120cm 이상이어야 한다.

50

조경설계기준에서 인공지반에 식재된 식물과 생육에 필요한 최소 식재토심으로 옳은 것은? (단, 배수구배는 1.5~2%, 자연토양을 사용)

① 잔디 : 15cm
② 초본류 : 20cm
③ 소관목 : 40cm
④ 대관목 : 60cm

51

골재의 함수상태에 대한 설명 중 옳지 않은 것은?

① 절대건조상태는 105±5℃ 정도의 온도에서 24시간 이상 골재를 건조시켜 표면 및 골재알 내부의 빈틈에 포함되어 있는 물이 제거된 상태이다.
② 공기 중 건조 상태는 실내에 방치한 경우 골재입자의 표면과 내부의 일부가 건조된 상태이다.
③ 표면건조포화상태는 골재 입자 내부에는 물이 포화상태, 골재 입자 표면에는 물이 없는 상태이다.
④ 습윤상태는 골재 입자의 표면에 물이 부착되어 있으나 골재 입자 내부에는 물이 없는 상태이다.

정답 47 ④ 48 ① 49 ④ 50 ① 51 ④

해설및용어설명 | 습윤상태는 골재 입자 내부에도 물이 포함되어 있으며 표면에도 물이 부착되어 있는 상태이다.

52

수중에 있는 골재를 채취했을 때 무게가 1,000g, 표면건조 내부포화상태의 무게가 900g, 대기건조 상태의 무게가 860g, 완전건조 상태의 무게가 850g일 때 함수율 값은?

① 4.65% ② 5.88%
③ 11.11% ④ 17.65%

해설및용어설명 |

골재의 함수율(%) = $\dfrac{(습윤상태무게 - 전건상태무게)}{전건상태무게} \times 100$

= $\dfrac{(1,000 - 850)}{850} \times 100 = 17.65\%$

> **저자 TiP**
> 골재의 함수율은 용어정리 및 함수율을 구하는 공식을 외워야 하며, 출제 빈도가 높다.

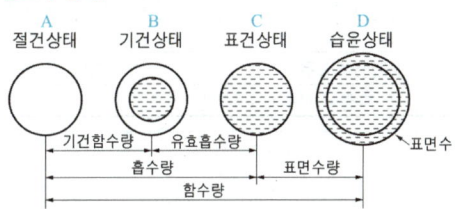

위의 표를 참고하여 함수율, 흡수율, 표면수율, 유효흡수율을 구할 수 있다.

- 함수율(%) : $\dfrac{함수량}{절건상태중량} \times 100$
- 흡수율(%) : $\dfrac{흡수량}{절건상태중량} \times 100$
- 표면수율(%) : $\dfrac{표면수량}{표건상태중량} \times 100$
- 유효흡수율(%) : $\dfrac{유효흡수량}{절건상태중량} \times 100$

절대건조상태 (절건)	골재를 100℃~110℃의 온도에서 질량 변화가 없어질 때까지 건조한 상태
공기 중 건조상태 (기건)	골재를 공기 중에 건조하여 내부는 수분을 포함하고 있는 상태
표면건조내부 포수상태(표건)	골재입자의 표면에는 물이 없으나 내부의 공극에는 물이 꽉 차있는 상태
습윤상태	골재의 내부는 이미 포화상태이고, 표면에도 물이 묻어 있는 상태

53

다음 중 아스팔트의 일반적인 특성 설명으로 옳지 않은 것은?

① 비교적 경제적이다.
② 점성과 감온성을 가지고 있다.
③ 물에 용해되고 투수성이 좋아 포장재로 적합하지 않다.
④ 점착성이 크고 부착성이 좋기 때문에 결합재료, 접착재료로 사용한다.

해설및용어설명 | 아스팔트는 석유원유가 주성분으로 물에 용해되지 않는다.

> **저자 TiP**
> 역청재료(아스팔트, 타르, 콜타르 등)
> 이황화탄소에 녹는 물질을 말하며, 천연산과 인공역청재로 나뉜다. 아스팔트, 타르 등의 종류가 있으며, 아스팔트는 석유원유의 성분 중에서 휘발성 유분이 대부분 증발하였을 때의 잔류물로 대표적인 역청재료로서 도로 포장재료로 쓰인다. 타르는 석탄가스와 코크스를 제조할 때 부산물로 얻어지는 콜타르로서 방부제, 방수재료, 호안재료, 줄눈재료 등으로 쓰인다.

54

다음 중 토양수분의 형태적 분류와 설명이 옳지 않은 것은?

① 결합수(結合水) - 토양 중의 화합물의 한 성분
② 흡습수(吸濕水) - 흡착되어 있어서 식물이 이용하지 못하는 수분
③ 모관수(毛管水) - 식물이 이용할 수 있는 수분의 대부분
④ 중력수(重力水) - 중력에 내려가지 않고 표면장력에 의하여 토양입자에 붙어있는 수분

해설및용어설명 | 중력수란 중력의 영향으로 토양에서 배수되는 물을 말한다. 중력에 내려가지 않고 표면장력에 의하여 토양입자에 붙어있는 수분은 흡습수이다.

55

다음 중 비탈면을 보호하는 방법으로 짧은 시간과 급경사 지역에 사용하는 시공방법은?

① 자연석 쌓기법
② 콘크리트 격자틀공법
③ 떼심기법
④ 종자뿜어 붙이기법

해설및용어설명 | 종자뿜어 붙이기공법은 종비토뿜어 붙이기, 하이드로시딩(hydroseeding)이라고도 하며, 교란된 지역에 일년생 또는 다년생 식물의 씨앗을 비료, 멀칭재, 접착용 토양과 물을 주입하여 식생 피복을 유도하는 것을 말한다.

56

콘크리트 포장에 관한 설명 중 옳지 않은 것은?

① 보조 기층을 튼튼히 해서 부등침하를 막아야 한다.
② 두께는 10cm 이상으로 하고, 철근이나 용접철망을 넣어 보강한다.
③ 물·시멘트의 비율은 60% 이내, 슬럼프의 최대값은 5cm 이상으로 한다.
④ 온도변화에 따른 수축·팽창에 의한 파손 방지를 위해 신축줄눈과 수축줄눈을 설치한다.

해설및용어설명 | 슬럼프 최대값은 2.5cm 이하로 한다.

> **저자 TiP**
> 포장재료의 특징과 시공법을 알아두어야 할 주요 포장재료는 콘크리트, 벽돌, 판석, 투수콘크리트, 마사토, 화강석블록, 소형고압블록 등이다.

57

다음 중 콘크리트의 공사에 있어서 거푸집에 작용하는 콘크리트 측압의 증가 요인이 아닌 것은?

① 타설 속도가 빠를수록
② 슬럼프가 클수록
③ 다짐이 많을수록
④ 빈배합일 경우

해설및용어설명 | 측압이란 거푸집에 콘크리트를 다져넣을 때 콘크리트 반죽의 유동성때문에 수평방향으로 생기는 압력을 말한다. 따라서 시공연도가 좋을수록(슬럼프 값이 클수록) 반죽의 유동성이 크기 때문에 측압이 커진다. 또한 빨리 다져 넣을수록 측압이 크다. 반면 빈배합일수록, 온도가 높을수록, 경화속도가 빠를수록 측압은 작아진다.

> **저자 TiP**
>
> | 측압적다 | 측압크다 |
> |---|---|
> | - | 시공연도가 좋을수록 |
> | 슬럼프값이 적을수록 | 슬럼프값이 클수록 |
> | 경화속도가 빠를수록 | 타설속도가 빠를수록 |
> | 온도가 높을수록 | 다짐이 많을수록 |
> | 빈배합일 경우 | 부배합일 경우 |
> | 수평부재보다 수직부재가 측압이 크다. ||

정답 55 ④ 56 ③ 57 ④

58

다음 중 여성토의 정의로 가장 알맞은 것은?

① 가라앉을 것을 예측하여 흙을 계획높이보다 더 쌓는 것
② 중앙분리대에서 흙을 볼록하게 쌓아 올리는 것
③ 옹벽 앞에 계단처럼 콘크리트를 쳐서 옹벽을 보강하는 것
④ 잔디밭에서 잔디에 주기적으로 뿌려 뿌리가 노출되지 않도록 준비하는 것

해설및용어설명 | 더돋기(여성토)
성토 시에 침하에 의하여 계획한 높이를 유지하기 위해 더돋기를 실시함. 토질이나 성토높이, 시공방법 등에 따라 차이가 있으나 일반적으로 10% 내외

> **저자 TiP**
> 자주 출제되는 토공 용어
> - 토공 : 흙일이라는 뜻으로, 시설물 시공 및 부지 정지 작업을 위해 흙의 굴착, 삼기, 쌓기, 다지기 등 흙을 대상으로 하는 모든 작업을 말함
> - 절토 : 흙을 파내는 작업이나 흙을 깎아 내는 일로 굴삭, 굴착이라고도 함
> - 준설 : 수중에서 토사나 암반을 굴착하는 작업
> - 절취 : 시설물의 기초를 다지기 위해 지표면의 흙을 약 20cm 정도만 걷어내는 작업
> - 터파기 : 절취 이상의 땅을 파내는 작업
> - 성토 : 흙을 쌓는 작업
> - 사토 : 흙을 버리는 일
> - 취토 : 흙을 취토장에서 가지고 오는 일

59

담금질을 한 강에 인성을 주기 위하여 변태점 이하의 적당한 온도에서 가열한 다음 냉각시키는 조작을 의미하는 것은?

① 풀림   ② 사출
③ 불림   ④ 뜨임질

해설및용어설명 |
- 풀림 : 상온가공에 의한 내부응력을 제거하기 위한 열처리(재질을 연하고 균일하게 함)
- 사출 : 형틀에 부은 후 굳혀서 제품을 만들어 내는 것
- 불림 : 강을 표준상태로 만들기 위한 열처리로 일정온도에서 가열한 후 공냉하여 표준화
- 뜨임질 : 담금질한 강철을 변태점 이하의 온도에서 가열한 후 공기 중 냉각하여 인성을 증가

60

화목류는 화아 분화기에 전정을 해야 한다. 다음 화목류 중 화아 분화기가 틀린 것은?

① 개나리 : 9~10월   ② 동백 : 6~7월
③ 백목련 : 4월   ④ 수수꽃다리 : 7~8월

해설및용어설명 | 화아 분화는 꽃눈을 형성하는 시기를 말하며, 수종별로 차이가 매우 크다. 예를 들면 개나리는 작년 9~10월 사이에 꽃눈을 분화시키며, 이는 다음 해 봄에 개화하게 된다. 백목련의 경우는 3~4월은 개화가 이루어지며, 그 이후 여름에 꽃눈분화가 일어나 다음 해 봄에 개화하게 된다.

정답 58 ① 59 ④ 60 ③

CBT 복원문제 2018 * 1

*2016년 5회부터 CBT(컴퓨터 기반 시험)방식으로 변경되어 문제가 공개되지 않아 복원된 문제가 일부 상이할 수 있습니다.

01
다음 중 식물재료의 특성으로 부적합한 것은?

① 생물로서, 생명 활동을 하는 자연성을 지니고 있다.
② 불변성과 가공성을 지니고 있다.
③ 생장과 번식을 계속하는 연속성이 있다.
④ 계절적으로 다양하게 변화함으로써 주변과의 조화성을 가진다.

해설및용어설명 | 불변성과 가공성은 인공재료의 특성이다.

02
조선시대 정자의 평면유형은 유실형(중심형, 편심형, 분리형, 배면형)과 무실형으로 구분할 수 있는데 다음 중 유형이 다른 하나는?

① 광풍각   ② 임대정
③ 거연정   ④ 세연정

해설및용어설명 | 광풍각, 임대정, 세연정은 모두 유실형 정자이며 중심형이다. 하지만 거연정은 배면형 정자이다.

03
노외주차장의 구조·설비기준으로 틀린 것은? (단, 주차장법 시행규칙을 적용한다)

① 노외주차장의 출구와 입구에서 자동차의 회전을 쉽게 하기 위하여 필요한 경우에는 차로와 도로가 접하는 부분을 곡선형으로 하여야 한다.
② 노외주차장의 출구 부근의 구조는 해당 출구로부터 2m를 후퇴한 노외주차장의 차로의 중심선상 1.0m의 높이에서 도로의 중심선에 직각으로 향한 왼쪽·오른쪽 각각 45도의 범위에서 해당 도로를 통행하는 자를 확인할 수 있도록 하여야 한다.
③ 노외주차장의 출입구 너비를 3.5m 이상으로 하여야 하며, 주차대수 규모가 50대 이상인 경우에는 출구와 입구를 분리하거나 너비 5.5m 이상의 출입구를 설치하여 소통이 원활하도록 하여야 한다.
④ 노외주차장에서 주차에 사용되는 부분의 높이는 주차바닥면으로부터 2.1m 이상으로 하여야 한다.

해설및용어설명 | 노외주차장의 출구 부근의 구조는 해당 출구로부터 2m를 후퇴한 노외주차장의 차로의 중심선상 1.4m의 높이에서 도로의 중심선에 직각으로 향한 왼쪽, 오른쪽 각각 60도의 범위에서 해당 도로를 통행하는 자를 확인할 수 있도록 하여야 한다.

정답 01 ② 02 ③ 03 ②

04

조경 제도 용품 중 곡선자라고 하여 각종 반지름의 원호를 그릴 때 사용하기 가장 적합한 재료는?

① 원호자 ② 운형자
③ 삼각자 ④ T자

해설및용어설명 | 운형자는 구름모양의 자로 부정형의 곡선을 그릴 때 사용된다.

05

주변지역의 경관과 비교할 때 지배적이며, 특징을 가지고 있어 지표적인 역할을 하는 것을 무엇이라고 하는가?

① vista ② districts
③ nodes ④ landmarks

해설및용어설명 | 경관의 지표가 되는 것을 랜드마크(landmarks)라고 한다. vista는 통경선, districts는 구역, nodes는 결절점을 말한다.

06

다음 중 조화(Harmony)의 설명으로 가장 적합한 것은?

① 각 요소들이 강약, 장단의 주기성이나 규칙성을 가지면서 전체적으로 연속적인 운동감을 가지는 것
② 모양이나 색깔 등이 비슷비슷하면서도 실은 똑같지 않은 것끼리 균형을 유지하는 것
③ 서로 다른 것끼리 모여 서로를 강조시켜 주는 것
④ 축선을 중심으로 하여 양쪽의 비중을 똑같이 만드는 것

해설및용어설명 |
• 각 요소들이 강약, 장단의 주기성이나 규칙성을 가지면서 전체적으로 연속적인 운동감을 가지는 것 : 율동
• 서로 다른 것끼리 모여 서로를 강조시켜 주는 것 : 대비
• 축선을 중심으로 하여 양쪽의 비중을 똑같이 만드는 것 : 대칭

07

다음 중 색의 3속성에 관한 설명으로 옳은 것은?

① 감각에 따라 식별되는 색의 종명을 채도라고 한다.
② 두 색상 중에서 빛의 반사율이 높은 쪽이 밝은 색이다.
③ 색의 포화상태 즉, 강약을 말하는 것은 명도이다.
④ 그레이 스케일(gray scale)은 채도의 기준척도로 사용된다.

해설및용어설명 |
• 감각에 따라 식별되는 색의 종명을 색상이라고 한다.
• 색의 포화상태 즉, 강약을 말하는 것은 채도이다.
• 그레이 스케일은 명도의 기준척도로 사용된다.

08

작은 색견본을 보고 색을 선택한 다음 아파트 외벽에 칠했더니 명도와 채도가 높아져 보였다. 이러한 현상을 무엇이라고 하는가?

① 색상대비 ② 한난대비
③ 면적대비 ④ 보색대비

해설및용어설명 | 면적이 커지면 명도와 채도가 증가하고 반대로 작아지면 명도와 채도가 낮아지는 현상을 면적대비라고 한다.

정답 04 ① 05 ④ 06 ② 07 ② 08 ③

09

다음 설명의 ( )에 들어갈 각각의 용어는?

- 면적이 커지면 명도와 채도가 (㉠).
- 큰 면적의 색을 고를 때의 견본색은 원하는 색보다 (㉡) 색을 골라야 한다.

① ㉠ 높아진다 ㉡ 밝고 선명한
② ㉠ 높아진다 ㉡ 어둡고 탁한
③ ㉠ 낮아진다 ㉡ 밝고 선명한
④ ㉠ 낮아진다 ㉡ 어둡고 탁한

해설및용어설명 | 같은 명도와 채도인 색이어도 면적이 커질수록 명도와 채도가 높아진다. 따라서 견본색에서 좀 더 어둡고 탁한 색을 골라서 큰 면적에 적용해야 한다. 이러한 것을 면적대비라고 한다.

10

어떤 두 색이 맞붙어 있을 때 그 경계 언저리에 대비가 더 강하게 일어나는 현상은?

① 연변대비 ② 면적대비
③ 보색대비 ④ 한난대비

해설및용어설명 |
- 연변대비 : 나란히 단계적으로 균일하게 채색되어 있는 색의 경계부분에서 일어나는 대비현상으로 인접색이 저명도인 경계부분은 더 밝아 보이고, 고명도인 경계부분은 더 어두워 보이는 현상
- 면적대비 : 동일한 색이 면적이 커짐에 따라서 명도와 채도가 증가하고 반대로 작아지면 명도와 채도가 낮아지는 현상
- 보색대비 : 서로 보색관계인 두 색을 같이 배치하면 서로의 영향으로 각각의 채도가 더 높아져 보이는 현상
- 한난대비 : 색의 차고 따뜻한 느낌의 지각 차이에 의해서 변화가 오는 현상

11

회색의 시멘트 블록들 가운데에 놓인 붉은 벽돌은 실제의 색보다 더 선명해 보인다. 이러한 현상을 무엇이라고 하는가?

① 색상대비 ② 명도대비
③ 채도대비 ④ 보색대비

해설및용어설명 | 화색은 채도가 낮고 붉은 색은 채도가 높아 채도 차이가 크다. 채도 차이가 큰 색의 배색은 흐린 색은 보다 흐리게, 채도가 높은 색은 더욱 맑은 색으로 보이게 된다.

12

다음 중 색의 3속성이 아닌 것은?

① 색상 ② 명도
③ 채도 ④ 대비

해설및용어설명 | 색의 3속성은 명도, 채도, 색상이다.

13

해가 지면서 주위가 어둑해질 무렵 낮에 화사하게 보이던 빨간 꽃이 거무스름해져 보이고, 청록색 물체가 밝게 보인다. 이러한 원리를 무엇이라고 하는가?

① 명순응 ② 면적 효과
③ 색의 항상성 ④ 푸르키니에 현상

해설및용어설명 | 푸르키니에 현상은 밝을 때는 빨간색이나 노란색이 밝게 보이고, 어두울 때는 파란색이 밝게 보이는 현상을 말한다. 즉, 주위 밝기의 변화에 따라 물체색의 명도가 다르게 보이는 현상이다.

14

다음 중 비료목에 속하지 않는 것은?

① 오리나무　　② 자귀나무
③ 싸리　　　　④ 아까시나무

해설및용어설명 | 아까시나무는 콩과식물에 속하지만, 땅을 비옥하게 하는 비료목으로 보기는 힘들며, 다른 작물의 생장을 저해한다.

15

정원수는 개화 생리에 따라 당년에 자란 가지에 꽃 피는 수종, 2년생 가지에 꽃 피는 수종, 3년생 가지에 꽃 피는 수종으로 구분한다. 다음 중 2년생 가지에 꽃 피는 수종은?

① 장미　　　　② 무궁화
③ 살구나무　　④ 명자나무

해설및용어설명 | 장미, 무궁화 등은 당년생 가지에서 꽃을 피우며, 명자나무는 3년생 가지에 꽃을 피우는 수종이다.

16

다음 합판의 제조 방법 중 목재의 이용효율이 높고, 가장 널리 사용되는 것은?

① 로터리 베니어(rotary veneer)
② 슬라이스 베니어(sliced veneer)
③ 소드 베니어(sawed veneer)
④ 플라이 우드(ply wood)

해설및용어설명 |

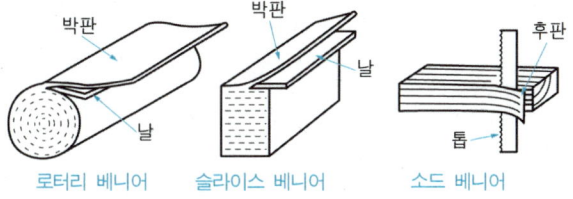

17

심근성 수종에 해당하지 않은 것은?

① 섬잣나무　　② 태산목
③ 은행나무　　④ 현사시나무

해설및용어설명 | 심근성 수종이란 뿌리가 아래로 곧게 깊이 뻗는 수종을 말하며, 현사시나무는 대표적인 천근성 수종이다.

18

흰말채나무의 설명으로 옳지 않은 것은?

① 층층나무과로 낙엽활엽관목이다.
② 노란색의 열매가 특징적이다.
③ 수피가 여름에는 녹색이나 가을, 겨울철의 붉은 줄기가 아름답다.
④ 잎은 대생하며 타원형 또는 난상타원형이고, 표면에 작은 털, 뒷면은 흰색의 특징을 갖는다.

해설및용어설명 | 흰말채나무는 흰색의 열매를 맺는 것이 특징이다.

19

목재의 강도에 대한 설명 중 가장 거리가 먼 것은?

① 휨강도는 전단강도보다 크다.
② 비중이 크면 목재의 강도는 증가하게 된다.
③ 목재는 외력이 섬유방향으로 작용할 때 가장 강하다.
④ 섬유포화점에서 전건상태에 가까워짐에 따라 강도는 작아진다.

해설및용어설명 | 섬유포화점에서 전건상태에 가까워질수록 목재의 함수율은 감소하고, 목재는 함수율이 감소할수록 강도가 높아진다.

20

인공폭포나 인공동굴의 재료로 가장 일반적으로 많이 쓰이는 경량소재는?

① 복합 플라스틱 구조재(FRP)
② 레드 우드(Red wood)
③ 스테인레스 강철(Staninless steel)
④ 폴리에틸렌(Polyethylene)

해설및용어설명 | 인공암석을 만들어 내는 재료로는 유리섬유 강화플라스틱(복합 플라스틱 구조재)인 FRP가 주로 많이 쓰인다.

21

다음 중 차폐식재로 사용하기 가장 부적합한 수종은?

① 계수나무
② 서양측백
③ 호랑가시나무
④ 쥐똥나무

해설및용어설명 | 계수나무는 낙엽 교목으로 차폐식재로는 부적합하다. 서양측백은 교목이지만 지하고가 낮고 가지가 빽빽하여 차폐로 적합하다.

22

다음 중 점토에 대한 설명으로 옳지 않은 것은?

① 암석이 오랜 기간에 걸쳐 풍화 또는 분해되어 생긴 세립자 물질이다.
② 가소성은 점토입자가 미세할수록 좋고 또한 미세부분은 콜로이드로서의 특성을 가지고 있다.
③ 화학성분에 따라 내화성, 소성 시 비틀림 정도, 색채의 변화 등의 차이로 인해 용도에 맞게 선택된다.
④ 습윤상태에서는 가소성을 가지고 고온으로 구우면 경화되지만 다시 습윤상태로 만들면 가소성을 갖는다.

해설및용어설명 | 점토를 고온으로 구우면 경화되고 한번 경화되면 다시 습윤상태로 만든다고 해서 가소성을 가지지는 않는다.

23

비중이 1.15인 이소푸로치오란 유제(50%) 100ml로 0.05% 살포액을 제조하는데 필요한 물의 양은?

① 104.9L
② 110.5L
③ 114.9L
④ 124.9L

해설및용어설명 | 50% 유제를 0.05%로 희석하고자 한다. 따라서 1,000배액을 만들면 된다. 100ml의 1,000배의 물이 필요하나 약제의 비중이 1.15이므로 물의 비중보다 1.15배 크다. 따라서 현재 유제에 1,000배액은 100L가 되고 여기에 1.15배를 곱하면 약 115L가 된다.

24

하수도 시설기준에 따라 오수관거의 최소관경은 몇 mm를 표준으로 하는가?

① 100mm
② 150mm
③ 200mm
④ 250mm

해설및용어설명 | 환경부 공고 하수도 시설기준에 따르면 오수관거는 200mm, 우수관거는 250mm를 최소관경으로 한다.

25

상록수를 옮겨 심기 위하여 나무를 캐 올릴 때 뿌리분의 지름으로 가장 적합한 것은?

① 근원직경의 1/2배
② 근원직경의 1배
③ 근원직경의 3배
④ 근원직경의 4배

26

다음 해충 중 성충의 피해가 문제되는 것은?

① 솔나방 ② 소나무좀
③ 뽕나무하늘소 ④ 밤나무순혹벌

해설및용어설명 |
- 솔나방은 유충의 식엽성 피해가 크다.
- 뽕나무하늘소는 유충이 구멍을 뚫어 가지 속으로 들어가는 피해가 있다.
- 밤나무순혹벌은 유충이 혹을 만드는 피해가 있다.

27

다음 중 농약의 보조제가 아닌 것은?

① 증량제 ② 협력제
③ 유인제 ④ 유화제

해설및용어설명 | 농약의 보조제 종류는 다음과 같다.
- 증량제 – 주성분의 농도낮춤
- 협력제 – 유효성분의 효력증진
- 유화제 – 성분의 균일분산
- 전착제 – 농약이 잘 묻어있도록 유지함

유인제는 살충제의 종류로 살충제의 기작에 따라 유인제, 기피제, 소화중독제, 침투성 살충제 등으로 나뉜다.

28

주로 종자에 의하여 번식되는 잡초는?

① 올미 ② 가래
③ 피 ④ 너도방동사니

해설및용어설명 | 올미, 가래, 너도방동사니는 주로 덩이줄기로 번식하며, 피는 벼과의 작물로 종자에 의해 주로 번식된다.

29

곁눈 밑에 상처를 내어 놓으면 잎에서 만들어진 동화물질이 축적되어 잎눈이 꽃눈으로 변하는 일이 많다. 어떤 이유 때문인가?

① C/N율이 낮아지므로
② C/N율이 높아지므로
③ T/R율이 낮아지므로
④ T/R율이 높아지므로

해설및용어설명 | 곁눈 밑에 상처를 내면 잎에서 만들어진 탄수화물의 이동이 막혀 축적되고 C/N율이 높아지는데 C/N율이 높아지면 꽃눈분화가 촉진된다.

30

다음 중 줄기의 수피가 얇아 옮겨 심은 직후 줄기 감기를 반드시 하여야 되는 수종은?

① 배롱나무 ② 소나무
③ 향나무 ④ 은행나무

해설및용어설명 | 배롱나무는 수피가 얇은 수종으로 이식 후 수간을 감아주는 것이 좋다.

31

내충성이 강한 품종을 선택하는 것은 다음 중 어느 방제법에 속하는가?

① 물리적 방제법   ② 화학적 방제법
③ 생물적 방제법   ④ 재배학적 방제법

해설및용어설명 |

기계적 방제	경운법
	포살법
	유살법
	차단법
물리적 방제	온도조절
	습도조절
	방사선이용
임업적 방제	내충성품종이용
	간벌
	시비
생물적 방제	천적이용
	병원미생물이용
화학적 방제	농약

재배학적 방제는 임업적 방제에 속한다.

32

작물 - 잡초 간의 경합에 있어서 임계 경합기간(critical period of competition)이란?

① 경합이 끝나는 시기
② 경합이 시작되는 시기
③ 작물이 경합에 가장 민감한 시기
④ 잡초가 경합에 가장 민감한 시기

33

다음 중 이탈리아 정원의 가장 큰 특징은?

① 평면기하학식   ② 노단건축식
③ 자연풍경식   ④ 중정식

해설및용어설명 | 이탈리아는 구릉지가 많아 노단건축식 정원양식이 발달하였다.

34

우리나라의 정원양식이 한국적 색채가 짙게 발달한 시기는?

① 고조선시대   ② 삼국시대
③ 고려시대   ④ 조선시대

해설및용어설명 | 고려시대까지는 중국의 영향이 지대했으나, 조선시대부터는 독자적인 정원양식이 발달하기 시작하였다.

35

주택정원의 세부공간 중 가장 공공성이 강한 성격을 갖는 공간은?

① 안뜰   ② 앞뜰
③ 뒤뜰   ④ 작업뜰

해설및용어설명 | 앞뜰은 입구(출입문과 현관)에 인접한 곳으로 공공성이 강한 공간이다.

36
우리나라에서 세계문화유산으로 등록되지 않은 곳은?

① 독립문 ② 고인돌 유적
③ 경주역사유적지구 ④ 수원화성

해설및용어설명 | 독립문은 사적 제32호에 해당되는 문화재이지만 세계문화유산에는 속하지 않는다.

37
스페인의 코르도바를 중심으로 한 지역에서 발달한 정원양식은?

① patio ② court
③ atrium ④ peristylium

해설및용어설명 | 스페인은 파티오(중정)가 발달하였다. court는 그리스의 중정을 말하며, atrium과 peristylium은 각각 로마의 주택정원의 제1중정과 제2중정을 말한다.

38
다음 중 성목의 수간 질감이 가장 거칠고, 줄기는 아래로 처지며, 수피가 회갈색으로 갈라져 벗겨지는 것은?

① 배롱나무 ② 개잎갈나무
③ 벽오동 ④ 주목

해설및용어설명 | 배롱나무, 벽오동은 수피가 갈라져 벗겨지지 않으며 밋밋하다. 배롱나무는 밝은 갈색이고 벽오동은 초록빛을 띤다. 주목은 수피가 세로로 갈라지나 붉은 빛을 띤다.

39
자연 경관을 인공으로 축경화(縮景化)하여 산을 쌓고, 연못, 계류, 수림을 조성한 정원은?

① 전원 풍경식 ② 회유 임천식
③ 고산수식 ④ 중정식

해설및용어설명 | 연못, 계류, 수림을 조성하여 주변을 산책하며 감상하는 정원양식을 회유 임천식이라고 한다.

40
형상수(Topiary)를 만들기에 알맞은 수종은?

① 느티나무 ② 주목
③ 단풍나무 ④ 송악

해설및용어설명 | 주목은 맹아력이 좋아 형상수를 만들기에 적합하다.

41
다음 설명하는 수종은?

- 학명은 "Betula schmidtii Regal"이다.
- Schmidt birch 또는 단목(檀木)이라 불리기도 한다.
- 곧추 자라나 불규칙하며, 수피는 흑색이다.
- 5월에 개화하고 암수 한그루이며, 수형은 원추형, 뿌리는 심근성, 잎의 질감이 섬세하여 녹음수로 사용 가능하다.

① 오리나무 ② 박달나무
③ 소사나무 ④ 녹나무

해설및용어설명 | 단군신화에 나오는 수목이라 단목이라고 불리기도 하였다.

정답 36 ① 37 ① 38 ② 39 ② 40 ② 41 ②

42

식물의 분류와 해당 식물들의 연결이 옳지 않은 것은?

① 한국잔디류 : 들잔디, 금잔디, 비로드잔디
② 소관목류 : 회양목, 이팝나무, 원추리
③ 초본류 : 맥문동, 비비추, 원추리
④ 덩굴성 식물류 : 송악, 칡, 등(등나무)

해설및용어설명 | 이팝나무는 낙엽활엽교목이며, 원추리는 다년생 초화이다.

43

수목을 관상적인 측면에서 본 분류 중 열매를 감상하기 위한 수종에 해당되는 것은?

① 은행나무
② 모과나무
③ 반송
④ 낙우송

해설및용어설명 | 모과나무는 크고 노란 열매를 맺는다.

44

소량의 소수성 용매에 원제를 용해하고 유화제를 사용하여 물에 유화시킨 액을 의미하는 것은?

① 용액
② 유탁액
③ 수용액
④ 현탁액

해설및용어설명 |
- 용액 : 두 가지 이상의 물질이 고르게 혼합하여 섞인 균일 혼합액
- 유탁액 : 유기용매에 기름에 녹는 원제를 녹여 계면활성제를 첨가한 용액
- 수용액 : 수용성 원제를 물에 녹인 용액
- 현탁액 : 콜로이드 입자의 크기보다 큰 고체입자가 분산된 용액

45

나무의 특성에 따라 조화미, 균형미, 주위 환경과의 미적 적응 등을 고려하여 나무 모양을 위주로 한 전정을 실시하는데, 그 설명으로 옳은 것은?

① 조경수목의 대부분에 적용되는 것은 아니다.
② 전정시기는 3월 중순 ~ 6월 중순, 10월 말 ~ 12월 중순이 이상적이다.
③ 일반적으로 전정작업 순서는 위에서 아래로 수형의 균형을 잃은 정도로 강한 가지, 얽힌 가지, 난잡한 가지를 제거한다.
④ 상록수의 전정은 6월 ~ 9월이 좋다.

46

일반적으로 빗자루병이 가장 발생하기 쉬운 수종은?

① 향나무
② 대추나무
③ 동백나무
④ 장미

해설및용어설명 | 대추나무는 빗자루병이 가장 발생하기 쉬운 수종으로 마이코플라즈마에 의한 수병이다.

47

다음 콘크리트와 관련된 설명 중 옳은 것은?

① 콘크리트의 굵은 골재 최대 치수는 20mm이다.
② 물-결합재비는 원칙적으로 60% 이하이어야 한다.
③ 콘크리트는 원칙적으로 공기연행제를 사용하지 않는다.
④ 강도는 일반적으로 표준양생을 실시한 콘크리트 공시체의 재령 30일일 때 시험값을 기준으로 한다.

해설및용어설명 | 굵은 골재 최대치수는 40mm이다. 강도는 일반적으로 표준양생을 실시한 콘크리트 공시체의 재령 28일일 때의 시험값을 기준으로 한다.

48

프랑스 평면기하학식 정원을 확립하는데 가장 큰 기여를 한 사람은?

① 르 노트르 ② 메이너
③ 브리지맨 ④ 비니올라

해설및용어설명 | 앙드레 르 노트르는 평면기하학식 정원의 선구자이며, 오답에 등장한 인물도 알아두도록 하자.
- 브리지맨 : 영국 풍경식 정원가로 스토우원에 하하기법을 도입한 인물
- 비니올라 : 이탈리아 랑테장을 설계

49

다음 중 도시공원 및 녹지 등에 관한 법률 시행규칙에서 공원 규모가 가장 작은 것은?

① 묘지공원 ② 체육공원
③ 광역권근린공원 ④ 어린이공원

50

도시공원 및 녹지 등에 관한 법률 시행규칙상 도시의 소공원 공원시설 부지면적 기준은?

① 100분의 20 이하 ② 100분의 30 이하
③ 100분의 40 이하 ④ 100분의 60 이하

해설및용어설명 | 도시공원 안 공원시설 부지면적 기준 중 소공원 부지면적 기준은 100분의 20 이하이다.

저자 Tip

도시공원 및 녹지 등에 관한 법률 시행규칙은 시험에 자주 나오는 부분이기 때문에 외워두는 것이 좋다.

〈별표3〉 도시공원의 설치 및 규모의 기준

분류			유치거리	규모
생활권 공원	소공원		제한없음	제한없음
	어린이공원		250m 이하	1,500m² 이상
	근린 공원	근린생활권	500m 이하	10,000m² 이상
		도보권	1,000m 이하	30,000m² 이상
		도시지역권	제한없음	100,000m² 이상
		광역권	제한없음	1,000,000m² 이상
주제 공원	역사공원		제한없음	제한없음
	문화공원		제한없음	제한없음
	수변공원		제한없음	제한없음
	묘지공원		제한없음	100,000m² 이상
	체육공원		제한없음	10,000m² 이상
	도시농업공원		제한없음	10,000m² 이상
	조례가 정하는 공원		제한없음	제한없음

〈별표4〉 도시공원 안 공원시설 부지면적

소공원	100분의 20 이하
어린이공원	100분의 60 이하
근린공원	100분의 40 이하
수변공원	100분의 40 이하
묘지공원	100분의 20 이상
체육공원	100분의 50 이하
도시농업공원	100분의 40 이하

51

조경계획 과정에서 자연환경 분석의 요인이 아닌 것은?

① 기후   ② 지형
③ 식물   ④ 역사성

해설및용어설명 | 역사성, 이용자분석, 교통분석 등은 인문환경 분석에서 다루는 내용이다.

52

다음 중 기본계획에 해당되지 않는 것은?

① 땅가름   ② 주요시설배치
③ 식재계획   ④ 실시설계

해설및용어설명 | 기본계획 단계에서 토지이용계획, 교통동선계획, 시설물배치계획, 식재계획, 하부구조계획, 집행계획 등의 부문별로 계획하여 마스터플랜을 작성한다. 실시설계는 설계 단계에서 실제 시공이 가능한 상세한 시공도면을 작성하는 것을 말한다.

53

수집된 자료를 종합한 후에 이를 바탕으로 개략적인 계획안을 결정하는 단계는?

① 목표설정   ② 기본구상
③ 기본설계   ④ 실시설계

해설및용어설명 | 자료분석 및 종합 이후에는 기본구상이 이루어진다. 이 단계에서 종합한 자료를 토대로 개발의 기본방향, 수요추정, 도입활동과 시설, 공간배분 등 개략적인 계획안이 만들어진다.

> **저자 TiP**
>
> | 조경계획 | 조경설계 |
> |---|---|
> | 1. 목표설정 | |
> | 2. 조사 및 분석 | 6. 기본설계 |
> | 3. 종합 | |
> | 4. 기본구상 및 대안작성 | 7. 실시설계 |
> | 5. 기본계획★ (Master Plan) | |
>
> 설계에서는 수행 과정 순서를 묻는 문제가 가장 많이 출제된다.

54

실제 길이가 3m는 축적 1/30 도면에서 얼마로 나타내는가?

① 1cm   ② 10cm
③ 3cm   ④ 30cm

해설및용어설명 | 300cm의 1/30이므로 10cm이다.

55

각 재료의 할증률로 맞는 것은?

① 이형철근 : 5% ② 강판 : 12%
③ 경계블록(벽돌) : 5% ④ 조경용수목 : 10%

해설및용어설명 | 각 재료의 할증률
- 이형철근 : 3%
- 강판 : 10%
- 경계블록(벽돌) : 3%

56

다음 설명하는 그림은?

- 눈높이나 눈보다 조금 높은 위치에서 보여지는 공간을 실제 보이는 대로 자연스럽게 표현한 그림
- 나타내고자 하는 의도의 윤곽을 잡아 개략적으로 표현하고자 할 때, 즉 아이디어를 수집, 기록, 정착화하는 과정에 필요
- 디자이너에게 순간적으로 떠오르는 불확실한 아이디어의 이미지를 고정, 정착화시켜 나가는 초기 단계

① 투시도 ② 스케치
③ 입면도 ④ 조감도

해설및용어설명 | 스케치는 아이디어의 개략적인 표현에 사용된다.

57

조경 수목의 규격에 관한 설명으로 옳은 것은? (단, 괄호안의 영문은 기호를 의미한다)

① 흉고직경(R) : 지표면 줄기의 굵기
② 근원직경(B) : 가슴 높이 정도의 줄기의 지름
③ 수고(W) : 지표면으로부터 수관의 하단부까지의 수직높이
④ 지하고(BH) : 지표면에서 수관 맨 아랫가지까지의 수직높이

해설및용어설명 |
- 흉고직경(B) : 가슴 높이 정도의 줄기의 지름
- 근원직경(R) : 지제부의 줄기의 지름
- 수고(H) : 지표면으로부터 수관 끝까지의 높이
- 지하고(BH) : 지표면에서 수관 맨 아랫가지까지의 수직높이

58

장미과(科) 식물이 아닌 것은?

① 피라칸타 ② 해당화
③ 아까시나무 ④ 왕벚나무

해설및용어설명 | 아까시나무는 흔히 아카시아로 잘못 부르고 있지만 정식명칭은 아까시나무이다. 아까시나무는 콩꼬투리와 비슷한 열매가 맺히는 콩과 식물이다.

> **저자 TiP**
> 장미과 수종들은 대부분 봄에 흰계열의 꽃을 맺는 수종이 많으며, 먹는 열매가 많다.
> 벚나무류, 사과나무류, 배나무류, 팥배나무, 조팝나무, 앵도나무(앵두나무), 매화나무, 살구나무, 해당화, 피라칸타, 다정큼나무 등이 장미과에 속한다.

정답 55 ④ 56 ② 57 ④ 58 ③

59

다음 석재의 역학적 성질 설명 중 옳지 않은 것은?

① 공극률이 가장 큰 것은 대리석이다.
② 현무암의 탄성계수는 후크(Hooke)의 법칙을 따른다.
③ 석재의 강도는 압축강도가 특히 크며, 인장강도는 매우 작다.
④ 석재 중 풍화에 가장 큰 저항성을 가지는 것은 화강암이다.

해설및용어설명 | 대리석은 변성암으로서 재질이 치밀한 편이다.

저자 TiP

암석은 주로 성인(생성요인)에 따라 분류하지만 규산과 염기의 함유량에 따라 분류할 수도 있다. 규산이 많으면 산성암, 염기가 많으면 염기성암으로 분류할 수 있다. 규산암(산성암)은 어두운 색을 많이 띠며, 염기성암은 밝은 색을 띠는 성질이 있다.

성인에 의한 분류		석재명	특성
화성암	심성암	화강암	압축강도와 비중(2.7)이 가장 높다. 밝은색 암석으로 우리나라에서 생산되는 돌의 70%, 내화력이 약함
		섬록암	각섬석과 사장석을 주성분으로 하며 녹색이나 회색 등이며, 조직이 단단하고 치밀
	화산암	현무암	어두운색 암석으로 다공질이며 입자가 치밀
		안산암	어두운색 암석으로 강도가 높은 편
수성암 (퇴적암)		이판암, 점판암	점토가 퇴적되어 이루어진 암석
		사암	모래가 퇴적되어 이루어진 암석
		역암	자갈이 퇴적되어 이루어진 암석
		응회암	화산재가 퇴적되어 이루어진 암석으로 흡수율이 가장 높은 암석
		석회암	석회가 퇴적되어 이루어진 암석
변성암		대리석	석회암이 변성작용을 받아 이루어진 암석
		사문암	감람석 등이 변성작용을 받아 이루어진 암석

60

적지선정을 위하여 도면결합법을 제시한 사람은?

① Hall   ② Mcharg
③ Lynch   ④ Leopold

해설및용어설명 | 맥허그는 도면을 중첩하여 적절한 대지를 선정하는 도면결합법을 제시하였고, 생태적 결정론을 주장하기도 하였다. 또한 최근 이슈가 되는 설계 방법론의 저자이기도 하다.

- 힐 : 대인간격의 거리를 제시했다.
- 린치 : 도시 이미지에 기여하는 5가지 요소를 제시했다.
- 레오폴드 : 경관분석에 있어서 계량화 방법을 제시했다.

정답 59 ① 60 ②

CBT 복원문제 — 2018 * 3

*2016년 5회부터 CBT(컴퓨터 기반 시험)방식으로 변경되어 문제가 공개되지 않아 복원된 문제가 일부 상이할 수 있습니다.

01
조선시대 후원양식에 대한 설명 중 틀린 것은?

① 중엽 이후 풍수지리설의 영향을 받아 후원양식이 생겼다.
② 건물 뒤에 자리 잡은 언덕배기를 계단 모양으로 다듬어 만들었다.
③ 각 계단에는 향나무를 주로 한 나무를 다듬어 장식하였다.
④ 경복궁 교태전 후원인 아미산, 창덕궁 낙선재의 후원 등이 그 예이다.

해설및용어설명 | 조선시대 후원에는 화계식으로 정원을 조성하였는데, 각 단에는 화목류나 초화류 등을 주로 식재하였다. 향나무 같은 교목을 식재하기에는 적합하지 못하다.

02
영국 정형식 정원의 특징 중 매듭화단이란 무엇인가?

① 낮게 깎은 회양목 등으로 화단을 기하학적 문양으로 구획한 화단
② 수목을 전정하여 정형적 모양으로 만든 미로
③ 가늘고 긴 형태로 한 쪽 방향에서만 관상할 수 있는 화단
④ 카펫을 깔아 놓은 듯 화려하고 복잡한 문양이 펼쳐진 화단

해설및용어설명 |
- 미로원 : 수목을 전정하여 정형적 모양으로 만든 미로
- 경재화단 : 가늘고 긴 형태로 한 쪽 방향에서만 관상할 수 있는 화단
- 화문화단(카펫화단) : 카펫을 깔아 놓은 듯 화려하고 복잡한 문양이 펼쳐진 화단

03
고려시대 궁궐정원을 맡아보던 관서는?

① 원야　　② 장원서
③ 상림원　④ 내원서

해설및용어설명 | 고려시대 궁궐정원을 맡아보는 관서를 내원서라 하였고, 이후에 조선 태조 때 상림원, 세조 때 장원서로 개정되었다.

04
다음 중 도시공원 및 녹지 등에 관한 법률 시행규칙에서 공원 규모가 가장 작은 것은?

① 묘지공원　　② 체육공원
③ 광역권근린공원　④ 어린이공원

해설및용어설명 |

			유치거리	규모
생활권 공원	소공원		제한없음	제한없음
	어린이공원		250m 이하	1,500m² 이상
	근린 공원	근린생활권	500m 이하	10,000m² 이상
		도보권	1,000m 이하	30,000m² 이상
		도시지역권	제한없음	100,000m² 이상
		광역권	제한없음	1,000,000m² 이상
주제 공원	역사공원		제한없음	제한없음
	문화공원		제한없음	제한없음
	수변공원		제한없음	제한없음
	묘지공원		제한없음	100,000m² 이상
	체육공원		제한없음	10,000m² 이상
	도시농업공원		제한없음	10,000m² 이상
	조례가 정하는 공원		제한없음	제한없음

정답 01 ③　02 ①　03 ④　04 ④

05

근대 독일 구성식 조경에서 발달한 조경시설물의 하나로 실용과 미관을 겸비한 시설은?

① 연못   ② 벽천
③ 분수   ④ 캐스케이드

06

다음 중 비옥지를 가장 좋아하는 수종은?

① 소나무   ② 아까시나무
③ 사방오리나무   ④ 주목

해설및용어설명 | 소나무, 아까시나무, 사방오리나무는 척박지에 강한 수종이다.

07

용광로에서 선철을 제조할 때 나온 광석 찌꺼기를 석고와 함께 시멘트에 섞은 것으로서 수화열이 낮고, 내구성이 높으며, 화학적 저항성이 큰 한편, 투수가 적은 특징을 갖는 것은?

① 실리카시멘트   ② 고로시멘트
③ 알루미나시멘트   ④ 조강 포틀랜드시멘트

해설및용어설명 | 용광로에서 선철을 제조할 때 나온 광석 찌꺼기를 슬래그라고 하며, 이것을 혼화재로 하여 만든 시멘트를 슬래그시멘트 또는 고로시멘트라고 한다.

08

다음 [보기]가 설명하는 식물명은?

- 홍초과에 해당된다.
- 잎은 넓은 타원형이며 길이 30~40cm로서 양끝이 좁고 밑부분이 엽초로 되어 원줄기를 감싸며 측맥이 평행하다.
- 삭과는 둥글고 잔돌기가 있다.
- 뿌리는 고구마 같은 굵은 근경이 있다.

① 히아신스   ② 튤립
③ 수선화   ④ 칸나

해설및용어설명 | 네 종 모두 구근식물에 속하며, 히아신스와 튤립은 백합과, 수선화는 수선화과에 속한다.

09

다음 수목 중 일반적으로 생장속도가 가장 느린 것은?

① 네군도단풍   ② 층층나무
③ 개나리   ④ 비자나무

해설및용어설명 | 비자나무는 주목과의 수종으로 생장속도가 매우 느리다.

10

목재 방부제에 요구되는 성질로 부적합한 것은?

① 목재에 침투가 잘 되고 방부성이 큰 것
② 목재에 접촉되는 금속이나 인체에 피해가 없을 것
③ 목재의 인화성, 흡수성에 증가가 없을 것
④ 목재의 강도가 커지고 중량이 증가될 것

해설및용어설명 | 목재 방부를 위해 사용하는 방부제는 지중이 적어 무게에 영향을 주지 않는 것이 좋다.

정답 05 ② 06 ④ 07 ② 08 ④ 09 ④ 10 ④

11

다음 [보기]가 설명하고 있는 것은?

- 열경화성 수지도료이다.
- 내수성이 크고 열탕에서도 침식되지 않는다.
- 무색 투명하고 착색이 자유로우며 아주 굳고 내수성, 내약품성, 내용제성이 뛰어나다.
- 알키드수지로 변성하여 도료, 내수베니어합판의 접착제 등에 이용된다.

① 석탄산수지 도료 ② 프탈산수지 도료
③ 염화비닐수지 도료 ④ 멜라민수지 도료

해설및용어설명 | 멜라민수지는 멜라민과 포름알데히드를 합성한 열경화성 수지이다. 식기 등의 성형품, 치장, 적층판, 내수 합판용 접착제, 섬유 처리제로 이용되고 금속 소부 도장으로서도 많이 쓰인다. 무색 투명하여 착색이 자유롭고 견고하고 내수성, 내용재성이며, 내열성이 120℃까지 될 수 있고 강도, 전기절연, 내후성 등도 우수하다. 이것을 원료로 하여 안료를 넣어 고운 무늬의 색채를 가진 장식판을 만들어 실내장식, 가구재 등으로 쓴다. 도료는 밀착성이 좋고, 도막은 착색과 무늬 광택이 좋으며 마멸성이 있는 도장을 할 수 있다.

열가소성	열경화성
폴리에틸렌	페놀(석탄산) : 강도가 우수하고, 내산성, 전기절연성 등이 우수하나 내알칼리성이 약함. 내수합판과 접착제 등으로 쓰임
폴리프로필렌	에폭시 : 접착력이 가장 우수한 수지
폴리스티렌	폴리에스테르
폴리염화비닐(PVC) : 전기절연성, 내약품성 등이 양호하여 파이프나 간단한 성형품, 비닐 등으로 쓰임, 온도에 약함	요소 : 목재 접착제 등으로 이용
아크릴 : 투명하고 탄성이 있으며, 착색이 자유로워 유리 대신 이용	멜라민 : 무색 투명하여 착색이 자유롭고 견고하고 내수성, 전기절연성, 내후성, 강도가 우수하다. 식기 등의 성형품, 치장, 적층판, 내수 합판용 접착제, 섬유 처리제로 이용
	실리콘수지 : 500℃ 이상 견디는 유일한 수지. 내수성, 내열성이 우수해 방수제, 도료, 접착제로 쓰임

12

다음 중 차폐식재로 사용하기 가장 부적합한 수종은?

① 계수나무 ② 서양측백
③ 호랑가시나무 ④ 쥐똥나무

해설및용어설명 | 계수나무는 낙엽 교목으로 차폐식재용으로는 부적합하다. 서양측백은 교목이지만 지하고가 낮고 가지가 치밀하여 차폐용으로 적합하다.

13

열경화성 수지의 설명으로 틀린 것은?

① 축합반응을 하여 고분자로 된 것이다.
② 다시 가열하는 것이 불가능하다.
③ 성형품은 용제에 녹지 않는다.
④ 불소수지와 폴리에틸렌수지 등으로 수장재로 이용된다.

해설및용어설명 | 불소수지와 폴리에틸렌수지는 열가소성이며, 구조재로 주로 이용된다. 열가소성 수지가 주로 수장재로 이용된다. 보통 미감작업이나 실내 외의 마무리 공사 중 하나인 수장공사 때 쓰이는 재료를 수장재라 한다.

14

다음 설명하는 열경화수지는?

- 강도가 우수하며, 베이클라이트를 만든다.
- 내산성, 전기 절연성, 내약품성, 내수성이 좋다.
- 내알칼리성이 약한 결점이 있다.
- 내수합판, 접착제 용도로 사용된다.

① 요소계수지 ② 메타아크릴수지
③ 염화비닐계수지 ④ 페놀계수지

해설및용어설명 | 요소계수지, 페놀계수지를 접착제용도로 주로 쓰지만 페놀계수지가 접착력이 우수하다. 메타아크릴과 염화비닐은 열가소성수지 이다.

열가소성	열경화성
폴리에틸렌	페놀(석탄산) : 강도가 우수하고, 내산성, 전기절연성 등이 우수하나 내알칼리성이 약함. 내수합판과 접착제 등으로 쓰임
폴리프로필렌	에폭시 : 접착력이 가장 우수한 수지
폴리스티렌	폴리에스테르
폴리염화비닐(PVC) : 전기 절연성, 내약품성 등이 양호하여 파이프나 간단한 성형품, 비닐 등으로 쓰임, 온도에 약함	요소 : 목재 접착제 등으로 이용
아크릴 : 투명하고 탄성이 있으며, 착색이 자유로워 유리 대신 이용	멜라민 : 무색 투명하여 착색이 자유롭고 견고하고 내수성, 전기절연성, 내후성, 강도가 우수하다. 식기 등의 성형품, 치장, 적층판, 내수 합판용 접착제, 섬유 처리제로 이용
	실리콘수지 : 500℃ 이상 견디는 유일한 수지. 내수성, 내열성이 우수해 방수제, 도료, 접착제로 쓰임

15

다음 중 열가소성 수지에 해당되는 것은?

① 페놀수지 ② 멜라민수지
③ 폴리에틸렌수지 ④ 요소수지

해설및용어설명 |

열가소성	폴리에틸렌
	폴리프로필렌
	폴리스티렌
	폴리염화비닐(PVC) : 전기 절연성, 내약품 등이 양호하여 파이프나 간단한 성형품, 비닐 등으로 쓰임, 온도에 약함
	아크릴 : 투명하고 탄성이 있으며, 착색이 자유로워 유리 대신 이용

16

다음 설명에 적합한 열가소성수지는?

- 강도, 전기전열성, 내약품성이 양호하고 가소재에 의하여 유연고무와 같은 품질이 되며 고온, 저온에 약하다.
- 바닥용타일, 시트, 조인트재료, 파이프, 접착제, 도료 등이 주용도이다.

① 페놀수지 ② 염화비닐수지
③ 멜라민수지 ④ 에폭시수지

해설및용어설명 | 염화비닐은 PVC로 널리 알려져 쓰이며 전기절연성, 내약품성 등이 양호하여 파이프나 간단한 성형품, 비닐 등으로 쓰이는 열가소성 수지이다. 페놀, 멜라민, 에폭시수지는 온도에 강한 열경화성 수지이다.

17
다음 중 조경공간의 포장용으로 주로 쓰이는 가공석은?

① 견치돌(간지석) ② 각석
③ 판석 ④ 강석(하천석)

해설및용어설명 | 판석포장은 미관상 우수하여 조경공간에 주로 많이 쓰인다.

18
조경설계 과정에서 가장 먼저 이루어져야 하는 것은?

① 구상개념도 작성 ② 실시설계도 작성
③ 평면도 작성 ④ 내역서 작성

해설및용어설명 | 개념도를 작성하는 것이 가장 개략적인 설계의 단계이다.

19
오늘날 세계 3대 수목병에 속하지 않는 것은?

① 잣나무 털녹병 ② 느릅나무 시들음병
③ 밤나무 줄기마름병 ④ 소나무류 리지나뿌리썩음병

20
자연석(조경석) 쌓기의 설명으로 옳지 않은 것은?

① 크고 작은 자연석을 이용하여 잘 배치하고, 견고하게 쌓는다.
② 사용되는 돌의 선택은 인공적으로 다듬은 것으로 가급적 벌어짐이 없이 연결될 수 있도록 배치한다.
③ 자연석으로 서로 어울리게 배치하고 자연석 틈 사이에 관목류를 이용하여 채운다.
④ 맨 밑에는 큰 돌을 기초석을 배치하고, 보기 좋은 면이 앞면으로 오게 한다.

해설및용어설명 | 자연석 쌓기에서는 인공적으로 다듬은 것의 사용을 자제하도록 한다.

21
벽돌 쌓기 시공에 대한 주의사항으로 틀린 것은?

① 굳기 시작한 모르타르는 사용하지 않는다.
② 붉은 벽돌은 쌓기 전에 충분한 물 축임을 실시한다.
③ 1일 쌓기 높이는 1.2m를 표준으로 하고, 최대 1.5m 이하로 한다.
④ 벽돌벽은 가급적 담장의 중앙부분을 높게 하고 끝부분을 낮게 한다.

해설및용어설명 | 벽돌벽은 평평한 면으로 마무리 한다.

22
한켜는 마구리 쌓기, 다음 켜는 길이 쌓기로 하고 길이켜의 모서리와 벽 끝에 칠오토막을 사용하는 벽돌 쌓기 방법은?

① 네덜란드식 쌓기 ② 영국식 쌓기
③ 프랑스식 쌓기 ④ 미국식 쌓기

해설및용어설명 | 길이켜의 모서리에 칠오토막을 사용하는 것은 네덜란드식 쌓기 방법이고, 마구리켜의 모서리에 이오토막을 사용하는 것은 영국식 쌓기 방법이다.

23

그림은 벽돌을 토막 또는 잘라서 시공에 사용할 때 벽돌의 형상이다. 다음 중 반토막 벽돌에 해당하는 것은?

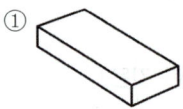 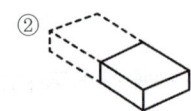

 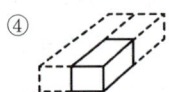

해설및용어설명 | ① 온장, ② 반토막, ③ 반장(반절), ④ 반반절

24

건설공사 표준품셈에서 사용되는 기본(표준형) 벽돌의 표준 치수(mm)로 옳은 것은?

① 180×80×57
② 190×90×57
③ 210×90×60
④ 210×100×60

해설및용어설명 | 표준품셈에서 정한 표준형 벽돌의 규격은 190×90×57mm이고, 기존형 벽돌의 규격은 210×100×60mm이다.

25

표준형 벽돌을 사용하여 1.5B로 시공한 담장의 총 두께는? (단, 줄눈의 두께는 10mm이다)

① 210mm
② 270mm
③ 290mm
④ 330mm

해설및용어설명 | 표준형 벽돌 한 장 반의 두께로 벽을 쌓는 담장을 말한다. 줄눈을 포함하므로 190+10+90 = 290이 된다.

26

벽돌 수량 산출방법 중 면적 산출 시 표준형 벽돌로 시공 시 $1m^2$를 0.5B의 두께로 쌓으면 소요되는 벽돌량은?

① 65매
② 130매
③ 75매
④ 149매

해설및용어설명 | 0.5B는 반장 쌓기를 의미한다. 표준형 벽돌은 반장 쌓기 시 $1m^2$당 약 75매가 소요된다(기존형 65매).

27

벽면적 $4.8m^2$ 크기에 1.5B 두께로 붉은 벽돌을 쌓고자 할 때 벽돌의 소요매수는? (단, 줄눈의 두께는 10mm이고, 할증률을 고려한다)

① 925매
② 963매
③ 1,109매
④ 1,245매

해설및용어설명 | 표준형 기준으로 벽돌벽 쌓기 시 면적 $1m^2$당 0.5B 쌓기는 75장, 1.0B 쌓기는 149장이 소요된다. 벽돌의 할증률은 3%이다. $4.8m^2$의 면적에 시공하고 1.5B 쌓기이므로 (75+149)×4.8×1.03 = 1,107.456이다.
약 1,109매가 소요된다.

28

조경수 전정의 방법이 옳지 않은 것은?

① 전체적인 수형의 구성을 미리 정한다.
② 충분한 햇빛을 받을 수 있도록 가지를 배치한다.
③ 병해충 피해를 받은 가지는 제거한다.
④ 아래에서 위로 올라가면서 전정한다.

해설및용어설명 | 조경수 전정은 위에서 아래로, 밖에서 안으로, 큰 가지에서 작은 가지 순으로 하는 것이 원칙이다.

29

직영공사의 특징 설명으로 옳지 않은 것은?

① 공사내용이 단순하고 시공 과정이 용이할 때
② 풍부하고 저렴한 노동력, 재료의 보유 또는 구입편의가 있을 때
③ 시급한 준공을 필요로 할 때
④ 일반도급으로 단가를 정하기 곤란한 특수한 공사가 필요할 때

해설및용어설명 | 시급한 준공을 필요로 할 때에는 직영공사보다 도급공사가 전문적인 인력과 기술을 가지고 있기 때문에 유리할 수 있다.

30

비탈면의 기울기는 관목 식재 시 어느 정도 경사보다 완만하게 식재하여야 하는가?

① 1 : 0.3보다 완만하게
② 1 : 1보다 완만하게
③ 1 : 2보다 완만하게
④ 1 : 3보다 완만하게

해설및용어설명 | 비탈면 기울기는 교목 식재 시 1 : 3보다 완만하게, 관목 식재 시 1 : 2보다 완만하게, 잔디 및 초화류 식재 시 1 : 1보다 완만하게 한다.

31

다음 수목 중 식재 시 근원직경에 의한 품셈을 적용할 수 있는 것은?

① 은행나무
② 왕벚나무
③ 아왜나무
④ 꽃사과나무

해설및용어설명 |

- 높이에 의한 식재품 적용 : 곰솔(3m 이상은 근원직경에 의한 식재품적용), 독일가문비, 동백나무, 리기다소나무, 섬잣나무, 아왜나무, 실편백, 잣나무, 전나무, 주목, 측백나무, 편백, 선향나무 등 이와 유사한 수종
- 흉고직경에 의한 식재품 적용 : 기중나무, 계수나무, 낙우송, 메타세쿼이아, 벽오동, 수양버들, 벚나무, 은단풍, 은행나무, 자작나무, 칠엽수, 튤립나무, 플라타너스, 현사시나무 등 기타 이와 유사한 수종
- 근원직경에 의한 식재품 적용 : 소나무, 감나무, 꽃사과나무, 노각나무, 느티나무, 대추나무, 마가목, 매화나무, 모감주나무, 모과나무, 배롱나무, 목련, 산딸나무, 산수유, 이팝나무, 자귀나무, 층층나무, 쪽동백나무, 단풍나무, 회화나무, 후박나무, 등(등나무), 능소화, 참나무류 등 기타 이와 유사한 수종

32

항공사진 측량의 장점 중 틀린 것은?

① 축척 변경이 용이하다.
② 분업화에 의한 작업능률성이 높다.
③ 동적인 대상물의 측량이 가능하다.
④ 좁은 지역 측량에서 50% 정도의 경비가 절약된다.

해설및용어설명 | 항공사진 측량
시설비용이 많이 들어 좁은 지역의 측량에서보다 넓은 지역의 측량에서 효율적이며, 동적인 대상물의 측량이 가능하다. 분업화에 의한 작업능률성이 높고, 축척변경이 용이한 장점이 있다.

33

조경의 직무는 조경설계기술자, 조경시공기술자, 조경관리기술자로 크게 분류할 수 있다. 그 중 조경설계기술자의 직무 내용에 해당하는 것은?

① 식재공사
② 시공감리
③ 병해충방제
④ 조경묘목생산

해설및용어설명 | 설계대로 시공되었는지 확인하는 시공감리는 설계기술자의 직무이다.

34

오방색 중 황(黃)의 오행과 방위가 바르게 짝지어진 것은?

① 금(金) – 서쪽 ② 목(木) – 동쪽
③ 토(土) – 중앙 ④ 수(水) – 북쪽

해설및용어설명 |

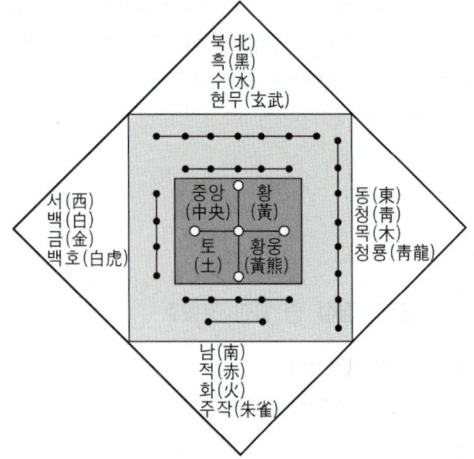

35

다음 보기의 (   ) 안에 들어갈 디자인 요소는?

> 형태, 색채와 더불어 (   )은(는) 디자인의 필수요소로서 물체의 조성 성질을 말하며, 이는 우리의 감각을 통해 형태에 대한 지식을 제공한다.

① 질감 ② 광선
③ 공간 ④ 입체

해설및용어설명 | 시각적인 질감은 조명에 의해 물체의 조성 성질을 감각하게 한다.

36

영국인 Brown의 지도 하에 덕수궁 석조전 앞뜰에 조성된 정원양식과 관계있는 것은?

① 빌라 메디치 ② 보르비콩트 정원
③ 분구원 ④ 센트럴 파크

해설및용어설명 | 덕수궁 석조전 앞에는 최초의 서양식 정원이 조성되었는데, 그 형태가 보르비콩트와 같은 평면기하학식으로 조성되었다.

37

경관구성의 미적 원리를 통일성과 다양성으로 구분할 때, 다음 중 다양성에 해당하는 것은?

① 조화 ② 균형
③ 강조 ④ 대비

해설및용어설명 |
- 통일성 : 조화, 균형, 대칭, 강조
- 다양성 : 비례, 율동, 대비

38

다음 조경 수목 중 음수인 것은?

① 비자나무 ② 소나무
③ 향나무 ④ 느티나무

해설및용어설명 | 소나무, 향나무, 느티나무는 극양수이다.

39

형상수로 이용할 수 있는 수종은?

① 주목 ② 명자나무
③ 단풍나무 ④ 소나무

해설및용어설명 | 주목은 맹아력이 좋은 수종으로 형상수로 이용된다.

40

생태복원을 목적으로 사용하는 재료로서 가장 거리가 먼 것은?

① 색생매트 ② 잔디블록
③ 녹화마대 ④ 식생자루

해설및용어설명 | 녹화마대는 수간보호용 자재로 쓰인다.

41

쾌적한 가로환경과 환경보전, 교통제어, 녹음과 계절성, 시선유도 등으로 활용하고 있는 가로수로 적합하지 않은 수종은?

① 이팝나무 ② 은행나무
③ 메타세쿼이아 ④ 능소화

해설및용어설명 | 능소화는 덩굴성 수목으로 가로수로는 적합하지 않다.

42

다음 [보기]에서 입찰의 순서로 옳은 것은?

㉠ 입찰공고	㉡ 입찰
㉢ 낙찰	㉣ 계약
㉤ 현장설명	㉥ 개찰

① ㉠ → ㉡ → ㉢ → ㉣ → ㉤ → ㉥
② ㉠ → ㉤ → ㉡ → ㉥ → ㉢ → ㉣
③ ㉠ → ㉡ → ㉥ → ㉢ → ㉣ → ㉤
④ ㉤ → ㉥ → ㉠ → ㉡ → ㉢ → ㉣

해설및용어설명 | 입찰공고가 게시된 뒤 입찰 전에 현장설명이 선행된다.

43

다음 중 수간주입 방법으로 옳지 않은 것은?

① 구멍속의 이물질과 공기를 뺀 후 주입관을 넣는다.
② 중력식 수간주사는 가능한 한 지제부 가까이에 구멍을 뚫는다.
③ 구멍의 각도는 50 ~ 60도 가량 경사지게 세워서, 구멍 지름을 20mm 정도로 한다.
④ 뿌리가 제구실을 못하고 다른 시비방법이 없을 때, 빠른 수세회복을 원할 때 사용한다.

해설및용어설명 | 수간주입 시 구멍의 각도는 20 ~ 30도 내외로 한다.

44

크롬산 아연을 안료로 하고, 알키드 수지를 전색료로 한 것으로서 알루미늄 녹막이 초벌칠에 적당한 도료는?

① 광명단 ② 파커라이징
③ 그라파이트 ④ 징크로메이트

해설및용어설명 | 광명단, 파커라이징은 철금속에 사용하는 방청도료이다. 징크로메이트는 주로 알루미늄같은 비철금속에 사용하는 방청도료이다.

정답 39 ① 40 ③ 41 ④ 42 ② 43 ③ 44 ④

45

생울타리처럼 수목이 대상으로 군식되었을 때 거름 주는 방법으로 가장 적당한 것은?

① 전면 거름주기 ② 방사상 거름주기
③ 천공 거름주기 ④ 선상 거름주기

해설및용어설명 | 띠모양으로 길게 울타리를 따라 거름을 주는 방식을 선상 거름주기라고 한다.

46

한국 잔디의 해충으로 가장 큰 피해를 주는 것은?

① 풍뎅이 유충 ② 거세미나방
③ 땅강아지 ④ 선충

해설및용어설명 | 풍뎅이 유충을 황금충이라고도 하며 한국잔디에서 피해가 심한 해충이다.

47

공사원가에 의한 공사비 구성 중 안전관리비가 해당되는 것은?

① 간접재료비 ② 간접노무비
③ 경비 ④ 일반관리비

해설및용어설명 | 경비는 순공사비 중 재료비, 노무비를 제외한 비용으로 수도광열비, 인쇄비, 기계경비, 전력비, 운반비, 소모품비, 통신비, 지급임차료, 가설비, 세금과 공과금, 연구개발비, 보험료, 안전관리비, 품질관리비, 기술료, 특허권사용료, 외주가공비, 교통비, 여비 등이 속한다.

48

어린이 놀이 시설물 설치에 대한 설명으로 옳지 않은 것은?

① 시소는 출입구에 가까운 곳, 휴게소 근처에 배치하도록 한다.
② 미끄럼대의 미끄럼판의 각도는 일반적으로 30~40도 정도의 범위로 한다.
③ 그네는 통행이 많은 곳을 피하여 동서방향으로 설치한다.
④ 모래터는 하루 4~5시간의 햇볕이 쬐고 통풍이 잘 되는 곳에 위치한다.

해설및용어설명 | 그네는 통행이 많은 곳을 피하여 남북방향으로 설치하도록 한다.

49

조경 양식을 형태(정형식, 자연식, 절충식)중심으로 분류할 때, 자연식 조경 양식에 해당하는 것은?

① 서아시아와 프랑스에서 발달된 양식이다.
② 강한 축을 중심으로 좌우 대칭형으로 구성된다.
③ 한 공간 내에서 실용성과 자연성을 동시에 강조하였다.
④ 주변을 돌 수 있는 산책로를 만들어서 다양한 경관을 즐길 수 있다.

해설및용어설명 | 서부아시아와 프랑스에서 발달된 양식, 강한 축을 중심으로 좌우 대칭형 형태는 정형식 조경 양식이다. 한 공간 내에서 실용성과 자연성을 동시에 강조하는 형태는 절충식이며, 주변을 돌 수 있는 산책로를 만들고 다양한 경관을 즐길 수 있도록 하는 것은 자연식 형태의 조경 양식이다.

정답: 45 ④ 46 ① 47 ③ 48 ③ 49 ④

50

다음 중 창덕궁 후원 내 옥류천 일원에 위치하고 있는 궁궐 내 유일한 초정은?

① 애련정　　② 부용정
③ 관람정　　④ 청의정

해설및용어설명 | 초정은 초가지붕의 정자를 의미하며 청의정은 창덕궁 후원 오류천 주변 정원에 있는 초정이다.

> **저자 TiP**
> 창덕궁 후원은 문제에 자주 출제되기 때문에 자세히 공부해 두는 것이 좋다.

부용정역	• 후원 입구쪽에 위치하며 남쪽 부용정, 북쪽 주합루, 동쪽 영화당, 서쪽 사정기비각이 위치 • 부용지는 방지원도로 조성, 부용정은 '亞'모양의 정자
애련정역	• 애련지(송대 주돈의 애련설 유래)와 계단식 화계 • 연경당 : 민가를 모방한 99칸의 건축물, 단청하지 않음
관람정역	• 상지에 존덕정(6각지붕정자)와 하지에 관람정(부채꼴) 위치 • 상지는 반월형 연못(반월지)와 하지는 한반도 모양의 자연 곡지로 이루어짐 • 존덕정 : 가장 아름다운 정자로 겹지붕 양식
옥류천역	• 후원에 가장 안쪽에 자연계류를 이용해서 조성 • 곡수거와 인공폭포 조성 • 청의정 : 궁궐 안의 유일한 모정
청심정역	• 가장 한적한 분위기

51

다음 중 정원에 사용되었던 하하(Ha-ha) 기법을 가장 잘 설명한 것은?

① 정원과 외부사이 수로를 파 경계하는 기법
② 정원과 외부사이 언덕으로 경계하는 기법
③ 정원과 외부사이 교목으로 경계하는 기법
④ 정원과 외부사이 산울타리를 설치하여 경계하는 기법

해설및용어설명 | 브릿지맨이 영국 스토우원에 사용한 풍경식 정원의 기법으로 울타리 조성도 인위적인 요소로 보고 정원의 경계를 수로를 파서 만든 기법을 말한다.

> **저자 TiP**
> 하하 기법은 수로에 발이 빠져 '하하' 웃게 된다는 의미에서 이름이 붙여지게 되었다.

52

중국 청나라 때의 유적이 아닌 것은?

① 자금성 금원　　② 원명원 이궁
③ 이화원　　　　④ 졸정원

해설및용어설명 | 졸정원은 중국 명나라 때 왕헌신이 조성한 국보급 정원으로 다양한 수경처리가 특징이며, 소주 지방의 4대 명원에 속한다.

> **저자 TiP**
> 중국은 명나라와 청나라 때의 조경유적이 주로 많이 출제되므로, 이 부분을 꼼꼼히 살펴보도록 하자.
>
> | | |
> |---|---|
> | 명나라 | • 어화원(자금성 후원)과 경산
• 작원
• 졸정원(왕헌신의 다양한 수경처리) |
> | 청나라 | • 원명원 이궁(동양최초의 서양식 정원)
• 만수산 이궁(이화원)
• 열파피서산장
• 유원 |

53

표준품셈에서 조경용 초화류 및 잔디의 할증률은 몇 %인가?

① 1% ② 3%
③ 5% ④ 10%

해설및용어설명 | 살아있는 생물재료(잔디, 초화, 수목)의 경우 할증률은 10%이다.

54

다음 중 방풍용수의 조건으로 옳지 않은 것은?

① 양질의 토양으로 주기적으로 이식한 천근성 수목
② 일반적으로 견디는 힘이 큰 낙엽활엽수보다 상록활엽수
③ 파종에 의해 자란 자생수종으로 직근(直根)을 가진 것
④ 대표적으로 소나무, 가시나무, 느티나무 등이 적당하다.

해설및용어설명 | 방풍용수는 심근성이고 뿌리가 강인해야 하므로 이식한 천근성 수목은 적당하지 않다.

저자 TiP

방풍용수의 요건	심근성이며 줄기와 가지가 강한 수종
	지엽이 치밀한 상록교목으로 수고가 높은 수종
주요 수종	소나무, 곰솔, 향나무, 편백, 회백, 녹나무, 가시나무, 후박나무, 동백나무, 감탕나무, 아왜나무, 녹나무, 구실잣밤나무

55

토양의 3상이 아닌 것은?

① 고상 ② 기상
③ 액상 ④ 임상

해설및용어설명 | 고상은 고체부분(광물질, 유기물), 기상은 기체부분(공극), 액상은 액체부분(물, 이온상태의 비료성분)으로 토양을 이루는 3상이라고 한다.

저자 TiP

토양의 구성성분은 토양입자 외에도 수분, 공기, 유기물 등으로 이루어져 있다. 특히 토양 중 토양입자(광물질)는 45%, 수분 30%, 공기 20%, 유기물 5% 정도가 식물생육에 이상적이다.

56

섬유포화점은 목재 중에 있는 수분이 어떤 상태로 존재하고 있는 것을 말하는가?

① 결합수만이 포함되어 있을 때
② 자유수만이 포함되어 있을 때
③ 유리수만이 포함되어 있을 때
④ 자유수와 결합수가 포함되어 있을 때

해설및용어설명 | 세포내강에는 자유수가 존재하지 않고 세포막은 결합수로 포화되어 있는 상태의 함수율을 섬유포화점이라고 한다.

57

종류로는 수용형, 용제형, 분말형 등이 있으며 목재, 금속, 플라스틱 및 이들 이종재(異種材)간의 접착에 사용되는 합성수지 접착제는?

① 페놀수지접착제
② 카세인접착제
③ 요소수지접착제
④ 폴리에스테르수지접착제

해설및용어설명 | 카세인, 요소수지접착제는 주로 목재접착용으로 쓰인다. 페놀수지접착제는 목재의 접착제로 쓰이며 접착력이 우수하여 이종재간의 접착에 사용될 수 있다.

58

조경에서 사용되는 건설재료 중 콘크리트의 특징으로 옳은 것은?

① 압축강도가 크다.
② 인장강도와 휨강도가 크다.
③ 자체 무게가 적어 모양변경이 쉽다.
④ 시공과정에서 품질의 양부를 조사하기 쉽다.

해설및용어설명 | 콘크리트는 압축강도가 매우 큰 것이 장점이나, 인장강도는 매우 약하다. 따라서 인장강도를 보완하기 위해 철근을 사용한다. 자중이 크고, 시공과정에서 품질의 양부를 바로 조사할 수 없는 것이 단점이다.

저자 Tip

장점	• 원하는 임의의 형태로 제작가능하다. • 재료의 조달이 용이하다. • 시공이 비교적 용이하며 유지관리비가 적다. • 내구성이 우수하며, 압축강도가 높다.
단점	• 자중이 크고 균열이 생기기 쉽다. • 품질과 시공관리가 까다롭다. • 개조 및 파괴가 곤란하다. • 인장강도가 작다(철근으로 보완).

59

토양환경을 개선하기 위해 유공관을 지면과 수직으로 뿌리 주변에 세워 토양 내 공기를 공급하여 뿌리 호흡을 유도하는데, 유공관의 깊이는 수종, 규격, 식재지역의 토양상태에 따라 다르게 할 수 있으나, 평균 깊이는 몇 m 이내로 하는 것이 바람직한가?

① 1m
② 1.5m
③ 2m
④ 3m

해설및용어설명 | 통기를 위한 유공관의 깊이는 평균 0.5~1.0m 정도가 바람직하다.

60

다음 중 가시가 없는 수종은?

① 금목서
② 음나무
③ 산초나무
④ 찔레꽃

해설및용어설명 | 음나무, 산초나무, 찔레꽃은 모두 가지에 가시가 많은 수종이다.

정답 57 ① 58 ① 59 ① 60 ①

CBT 복원문제 2019 * 1

* 2016년 5회부터 CBT(컴퓨터 기반 시험)방식으로 변경되어 문제가 공개되지 않아 복원된 문제가 일부 상이할 수 있습니다.

01
화단의 초화류를 엷은 색에서 점점 짙은 색으로 배열할 때 가장 강하게 느껴지는 조화미는?

① 통일미 ② 균형미
③ 점층미 ④ 대비미

02
센트럴 파크(Central park)에 대한 설명 중 틀린 것은?

① 르 코르뷔지에(Le corbusier)가 설계하였다.
② 19세기 중엽 미국 뉴욕에 조성되었다.
③ 면적은 약 334헥타르의 장방형 슈퍼블록으로 구성되었다.
④ 모든 시민을 위한 근대적이고 본격적인 공원이다.

해설및용어설명 | 르 코르뷔지에는 빛나는 도시론을 제시한 근대 건축가이자 도시계획가이다.

03
다음 중 음수대에 관한 설명으로 옳지 않은 것은?

① 표면재료는 청결성, 내구성, 보수성을 고려한다.
② 양지 바른 곳에 설치하고, 가급적 습한 곳은 피한다.
③ 유지관리상 배수는 수직 배수관을 많이 사용하는 것이 좋다.
④ 음수전의 높이는 성인, 어린이, 장애인 등 이용자의 신체 특성을 고려하여 적정높이로 한다.

해설및용어설명 | 수직 배수관은 역류할 우려가 있어 제한적으로 사용한다.

04
우리나라 들잔디(zoysia japonica)의 특징으로 옳지 않은 것은?

① 여름에는 무성하지만 겨울에는 잎이 말라 죽어 푸른빛을 잃는다.
② 번식은 지하경(地下莖)에 의한 영양번식을 위주로 한다.
③ 척박한 토양에서 잘 자란다.
④ 더위 및 건조에 약한 편이다.

해설및용어설명 | 들잔디는 대표적인 난지형 잔디로 난지형 잔디는 더위 및 건조에 강한 것이 특징이다.

05
담금질을 한 강에 인성을 주기 위하여 변태점 이하의 적당한 온도에서 가열한 다음 냉각시키는 조작을 의미하는 것은?

① 풀림   ② 사출
③ 불림   ④ 뜨임질

해설및용어설명 |
- 풀림 : 상온가공에 의한 내부응력을 제거하기 위한 열처리(재질을 연하고 균일하게 함)
- 사출 : 형틀에 부은 후 굳혀서 제품을 만들어 내는 것
- 불림 : 강을 표준상태로 만들기 위한 열처리로 일정온도에서 가열한 후 공냉하여 표준화
- 뜨임질 : 담금질한 강철을 변태점 이하의 온도에서 가열한 후 공기 중 냉각하여 인성을 증가

정답 01 ③ 02 ① 03 ③ 04 ④ 05 ④

06

강을 적당한 온도(800 ~ 1,000℃)로 가열하여 소정의 시간까지 유지한 후에 로(爐) 내부에서 천천히 냉각시키는 열처리법은?

① 풀림(annealing)   ② 불림(normalizing)
③ 뜨임질(tempering)   ④ 담금질(quenching)

해설및용어설명 |
- 풀림 : 상온가공에 의한 내부응력을 제거하기 위한 열처리(재질을 연하고 균일하게 함)
- 불림 : 강을 표준상태로 만들기 위한 열처리로 일정온도에서 가열한 후 공냉하여 표준화
- 뜨임질 : 담금질한 강철을 변태점 이하의 온도에서 가열한 후 공기 중 냉각하여 인성을 증가
- 담금질 : 고온의 재료를 물이나 기름에 급랭시켜 재질을 경화

07

미장재료 중 혼화재료가 아닌 것은?

① 방수제   ② 방동제
③ 방청제   ④ 착색제

해설및용어설명 | 방청제는 미장재료가 아니라 도장재료로서 금속의 녹을 방지하는 녹막이 도장재료이다.

08

다음 중 줄기의 색채가 백색 계열에 속하는 수종은?

① 모과나무   ② 자작나무
③ 노각나무   ④ 해송

해설및용어설명 | 모과나무는 녹색과 갈색의 얼룩무늬를 가지고 있고, 노각나무 또한 갈색의 얼룩무늬를 갖고 있다. 해송은 흑색의 수피를 갖고 있다.

09

보통포틀랜드 시멘트와 비교했을 때 고로(高爐)시멘트의 일반적 특성에 해당하지 않은 것은?

① 초기강도가 크다.
② 내열성이 크고 수밀성이 양호하다.
③ 해수(海水)에 대한 저항성이 크다.
④ 수화열이 적어 매스콘크리트에 적합하다.

해설및용어설명 | 고로시멘트는 초기강도보다는 장기강도가 크게 나타난다.

10

콘크리트를 혼합한 다음 운반해서 다져 넣을 때까지 시공성의 좋고 나쁨을 나타내는 성질 즉, 콘크리트의 시공성을 나타내는 것은?

① 슬럼프시험   ② 워커빌리티
③ 물시멘트비   ④ 양생

해설및용어설명 | 콘크리트 용어
- 워커빌리티(Workability) : 반죽질기에 따른 작업의 난이도 및 재료분리에 저항하는 정도. 시공 난이도
- 반죽질기(consistency) : 반죽의 되고 진 정도
- 성형성(Plasticity) : 거푸집에 쉽게 다져 넣을 수 있고, 거푸집을 떼어내면 허물어지거나 재료분리가 일어나지 않는 성질
- 피니셔빌리티(Finishability) : 콘크리트 타설면을 마감할 때 작업성의 난이를 나타내는 아직 굳지 않은 콘크리트의 성질
- 레이턴스(Laitance) : 블리딩 현상에 따라 콘크리트 표면에 떠올라 표면의 물이 증발하고 표면에 남은 것
- 슬럼프시험 : 굳지 않은 콘크리트의 반죽질기를 시험하는 방법
- 물시멘트비 : 콘크리트 내에 물과 시멘트의 중량비. 경화강도를 크게 좌우하므로 콘크리트 품질을 나타내는 중요한 값
- 양생 : 콘크리트 치기가 끝난 다음 유해한 영향을 받지 않도록 보호 관리하는 것

정답 06 ① 07 ③ 08 ② 09 ① 10 ②

11

콘크리트의 흡수성, 투수성을 감소시키기 위해 사용하는 방수용 혼화제의 종류(무기질계, 유기질계)가 아닌 것은?

① 염화칼슘　　② 탄산소다
③ 고급지방산　　④ 실리카질 분말

해설및용어설명 | 탄산소다는 유리나 비누 등의 원료로 방수제와는 거리가 멀다.

12

상해(霜害)의 피해와 관련된 설명으로 틀린 것은?

① 분지를 이루고 있는 오목한 지형에 상해가 심하다.
② 성목보다 유령목에 피해를 받기 쉽다.
③ 일차(日差)가 심한 남쪽 경사면보다 북쪽 경사면이 피해가 심하다.
④ 건조한 토양보다 과습한 토양에서 피해가 많다.

해설및용어설명 | 일차가 심한 남쪽 경사면이 피해가 크다.

13

다음 중 한발이 계속될 때 짚 깔기나 물주기를 제일 먼저 해야 될 나무는?

① 소나무　　② 향나무
③ 가중나무　　④ 낙우송

해설및용어설명 | 한발이란 가뭄을 말한다. 소나무, 향나무, 가중나무는 건조에 매우 강한 수종이나 낙우송은 습지를 좋아하는 수종이다.

14

표면건조 내부 포수상태의 골재에 포함하고 있는 흡수량의 절대 건조상태의 골재 중량에 대한 백분율은 다음 중 무엇을 기초로 하는가?

① 골재의 함수율　　② 골재의 흡수율
③ 골재의 표면수율　　④ 골재의 조립률

해설및용어설명 |

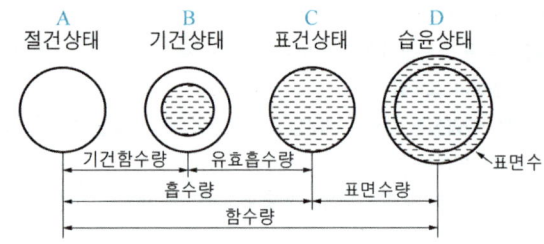

위의 표를 참고하여 함수율, 흡수율, 표면수율, 유효흡수율을 구할 수 있다.

- 함수율(%) : $\dfrac{\text{함수량}}{\text{절건상태중량}} \times 100$

- 흡수율(%) : $\dfrac{\text{흡수량}}{\text{절건상태중량}} \times 100$

- 표면수율(%) : $\dfrac{\text{표면수량}}{\text{표건상태중량}} \times 100$

- 유효흡수율(%) : $\dfrac{\text{유효흡수량}}{\text{절건상태중량}} \times 100$

15

다음 중 무거운 돌을 놓거나, 큰 나무를 옮길 때 신속하게 운반과 적재를 동시에 할 수 있어 편리한 장비는?

① 체인블록　　② 모터그레이더
③ 트럭크레인　④ 콤바인

해설및용어설명 | 건설기계의 용도
- 로더 – 적재, 운반, 하역
- 크레인, 체인블록 – 운반
- 진동 컴팩터, 탬퍼 – 다짐
- 모터그레이더 – 광범위한 정지, 절토, 굴삭(배토정지)
- 백호우(드래그 쇼벨) – 기계보다 낮은 면 굴착
- 파워 쇼벨 – 기계보다 높은 면 굴착
- 드래그 라인 – 연약지반을 얕게 긁어내거나 수중공사, 골재채취
- 클램 쉘 - 좁은 곳의 수직파기

16

다음 중 정원수의 덧거름으로 가장 적합한 것은?

① 요소　　② 생석회
③ 두엄　　④ 쌀겨

해설및용어설명 | 덧거름은 주로 무기질비료로 한다. 요소는 질소질 무기질비료이고 생석회, 두엄, 쌀겨는 유기질비료이다.

17

주택단지안의 건축물 또는 옥외에 설치하는 계단의 경우 공동으로 사용할 목적일 때 최소 얼마 이상의 유효폭을 가져야 하는가? (단, 단높이는 18cm 이하, 단너비는 26cm 이상으로 한다)

① 100cm　　② 120cm
③ 140cm　　④ 160cm

해설및용어설명 | 옥외에 설치하는 계단과 계단참의 경우 최소 120cm 이상의 유효폭을 가져야 한다.

18

다음 중 위요경관에 속하는 것은?

① 넓은 초원　　② 노출된 바위
③ 숲속의 호수　④ 계곡 끝의 폭포

해설및용어설명 | 위요경관은 수직적인 요소로 둘러싸인 평탄지가 있어야 한다. 숲으로 둘러싸인 호수는 위요경관이 될 수 있다.

19

다음 중 중국정원의 특징에 해당하는 것은?

① 정형식　　② 태호석
③ 침전조정원　④ 직선미

해설및용어설명 | 태호석은 중국 소주 지방 태호주변의 구릉에서 채취하는 검고 구멍이 많은 복잡한 형태의 기석을 말한다. 중국조경에서 주로 쓰였다.

정답 15 ③　16 ①　17 ②　18 ③　19 ②

20

조경계획을 위한 경사분석을 하고자 한다. 다음과 같은 조사항목이 주어질 때 해당지역의 경사도는 몇 %인가?

- 등고선 간격 : 5m
- 등고선에 직각인 두 등고선의 평면거리 : 20m

① 40% ② 10%
③ 4%   ④ 25%

해설및용어설명 | 경사도는 수직거리/수평거리의 백분율이다. 등고선 간격이 수직거리가 되고 등고선에 직각인 두 등고선간의 거리는 수평거리가 된다. 따라서 (5/20)×100 = 25%가 된다.

21

다음 중 1858년에 조경가(Landscape architect)라는 말을 처음으로 사용하기 시작한 사람이나 단체는?

① 세계조경가협회(IFLA)   ② 옴스테드(F.L.Olmsted)
③ 르 노트르(Le Notre)   ④ 미국조경가협회(ASLA)

해설및용어설명 | 프레드릭 르 옴스테드는 미국의 근대 조경가로 경관건축가라는 의미로 조경가(Landscape architect)라는 말을 처음 사용하였다.

22

콘크리트용 혼화재료로 사용되는 플라이애시에 대한 설명 중 틀린 것은?

① 포졸란 반응에 의해서 중성화 속도가 저감된다.
② 플라이애시의 비중은 보통포틀랜드 시멘트보다 작다.
③ 입자가 구형이고 표면조직이 매끄러워 단위수량을 감소시킨다.
④ 플라이애시는 이산화규소(SiO_2)의 함유율이 가장 많은 비결정질 재료이다.

해설및용어설명 | 포졸란 반응에 의해 중성화 속도가 저감되는 것은 플라이애시가 아니라 실리카이다.

23

콘크리트용 골재의 흡수량과 비중을 측정하는 주된 목적은?

① 혼합수에 미치는 영향을 미리 알기 위하여
② 혼화재료의 사용여부를 결정하기 위하여
③ 콘크리트의 배합설계에 고려하기 위하여
④ 공사의 적합여부를 판단하기 위하여

해설및용어설명 | 골재의 흡수율과 비중은 강도와 관련이 있기 때문에 소요강도를 얻기 위한 배합설계에 고려되어야 한다.

24

철근을 D13으로 표현했을 때, D는 무엇을 의미하는가?

① 둥근 철근의 지름   ② 이형 철근의 지름
③ 둥근 철근의 길이   ④ 이형 철근의 길이

해설및용어설명 | D13은 이형 철근의 지름이 13mm인 것을 말한다. 둥근 철근(원형)은 ϕ13으로 나타낸다.

25

다음 중 보도 포장재료로서 부적당한 것은?

① 내구성이 있을 것
② 자연 배수가 용이할 것
③ 보행 시 마찰력이 전혀 없을 것
④ 외관 및 질감이 좋을 것

해설및용어설명 | 보도 포장재료는 마찰력이 적당한 것이 좋다.

26

일반적인 목재의 특성 중 장점에 해당되는 것은?

① 충격, 진동에 대한 저항성이 작다.
② 열전도율이 낮다.
③ 충격의 흡수성이 크고, 건조에 의한 변형이 크다.
④ 가연성이며 인화점이 낮다.

해설및용어설명 | 목재는 충격, 진동에 대한 저항성이 크다. 건조에 의한 변형이 큰 것, 가연성이며 인화점이 낮은 것은 목재의 특성이자 단점이다.

27

자연석 중 눕혀서 사용하는 돌로, 불안감을 주는 돌을 받쳐서 안정감을 갖게 하는 돌의 모양은?

① 입석　　　　　　② 평석
③ 환석　　　　　　④ 횡석

해설및용어설명 |
• 입석 : 세워서 감상하는 돌
• 평석 : 위가 평평한 돌
• 환석 : 구형의 돌

28

다음 중 콘크리트 타설 시 염화칼슘의 사용 목적은?

① 콘크리트의 조기 강도
② 콘크리트의 장기 강도
③ 고온증기 양생
④ 황산염에 대한 저항성 증대

해설및용어설명 | 염화칼슘을 사용하여 응결을 촉진시켜 조기 강도를 높일 수 있다.

29

덩굴로 자라면서 여름(7~8월경)에 아름다운 주황색 꽃이 피는 수종은?

① 남천　　　　　　② 능소화
③ 등(등나무)　　　④ 홍가시나무

해설및용어설명 | 남천과 홍가시나무는 봄에 꽃이 피는 관목이다. 등(등나무)는 6월경 보라색 꽃을 피우는 덩굴성 수종이다.

30

두 종류 이상의 제초제를 혼합하여 얻은 효과가 단독으로 처리한 반응을 각각 합한 것보다 높을 때의 효과는?

① 부가효과(Additive effect)
② 상승효과(Synergistic effect)
③ 길항효과(Antagonistic effect)
④ 독립효과(Independent effect)

해설및용어설명 |
• 부가효과 : 부작용의 의미로 원래 목적으로 하는 효과 외에 다른 효과를 동반하는 것을 말함
• 길항효과 : 어떤 현상에 관해 상반되는 2가지 요인이 동시에 작용했을 때 서로 그 효과를 상쇄시키는 것

정답 25 ③　26 ②　27 ④　28 ①　29 ②　30 ②

31

기본계획수립 시 도면으로 표현되는 작업이 아닌 것은?

① 동선계획 ② 집행계획
③ 시설물 배치계획 ④ 식재계획

해설및용어설명 | 집행계획은 투자 및 예산관련계획, 법규검토, 유지관리계획 등의 내용으로 도면으로 나타내기 어렵다.

32

조경설계기준상 휴게시설의 의자에 관한 설명으로 틀린 것은?

① 체류시간을 고려하여 설계하며, 긴 휴식에 이용되는 의자는 앉음판의 높이가 낮고 등받이를 길게 설계한다.
② 등받이 각도는 수평면을 기준으로 85~95°를 기준으로 한다.
③ 앉음판의 높이는 34~46cm를 기준으로 하되 어린이를 위한 의자는 낮게 할 수 있다.
④ 의자의 길이는 1인당 최소 45cm를 기준으로 하되, 팔걸이 부분의 폭은 제외한다.

해설및용어설명 | 등받이 각도는 수평면을 기준으로 95~110°를 기준으로 한다.

33

화단에 초화류를 식재하는 방법으로 옳지 않은 것은?

① 식재할 곳에 1m당 퇴비 1~2kg, 복합비료 80~120g을 밑거름으로 뿌리고 20~30cm 깊이로 갈아 준다.
② 큰 면적의 화단은 바깥쪽부터 시작하여 중앙부위로 심어 나가는 것이 좋다.
③ 식재하는 줄이 바뀔 때마다 서로 어긋나게 심는 것이 보기에 좋고 생장에 유리하다.
④ 심기 한나절 전에 관수해 주면 캐낼 때 뿌리에 흙이 많이 붙어 활착에 좋다.

해설및용어설명 | 큰 면적의 화단은 중앙부위부터 바깥쪽으로 심어 나가도록 한다.

34

마스터 플랜(Master plan)이란?

① 기본계획이다. ② 실시설계이다.
③ 수목 배식도이다. ④ 공사용 상세도이다.

해설및용어설명 | 마스터 플랜은 기본계획 단계의 최종산출물로서 부분별 하부계획을 포함한 것을 말한다.

35

다음 [보기]의 잔디종자 파종작업들을 순서대로 바르게 나열한 것은?

㉠ 기비 살포	㉡ 정지작업	㉢ 파종
㉣ 멀칭	㉤ 전압	㉥ 복토
㉦ 경운		

① ㉦ → ㉠ → ㉡ → ㉢ → ㉥ → ㉤ → ㉣
② ㉠ → ㉢ → ㉡ → ㉥ → ㉣ → ㉤ → ㉦
③ ㉡ → ㉢ → ㉤ → ㉣ → ㉠ → ㉥ → ㉦
④ ㉢ → ㉠ → ㉡ → ㉥ → ㉤ → ㉦ → ㉣

36

꽃이 피고 난 뒤 낙화할 무렵 바로 가지다듬기를 해야 하는 좋은 수종은?

① 철쭉 ② 목련
③ 명자나무 ④ 사과나무

해설및용어설명 | 꽃을 주로 감상하는 화목류는 낙화 직후가 전정 적기이다.

37

원로의 시공계획 시 일반적인 사항을 설명한 것 중 틀린 것은?

① 원로는 단순 명쾌하게 설계, 시공이 되어야 한다.
② 보행자 한사람 통행 가능한 원로폭은 0.8~1.0m이다.
③ 원칙적으로 보도와 차도를 겸할 수 없도록 하고, 최소한 분리시키도록 한다.
④ 보행자 2인이 나란히 통행 가능한 원로폭은 1.5~2.0m이다.

해설및용어설명 | 안전성 확보 때문에 보도와 차도는 최대한 분리하는 것이 좋다.

38

다음 설명하는 해충은?

- 가해 수종으로는 향나무, 편백, 삼나무 등이 있다.
- 똥을 중기 밖으로 배출하지 않기 때문에 발견하기 어렵다.
- 기생성 천적인 좀벌류, 맵시벌류, 기생파리류로 생물학적 방제를 한다.

① 박쥐나방　② 측백나무하늘소
③ 미끈이하늘소　④ 장수하늘소

39

AE콘크리트의 성질 및 특징 설명으로 틀린 것은?

① 수밀성이 향상된다.
② 콘크리트 경화에 따른 발열이 커진다.
③ 입형이나 입도가 불량한 골재를 사용할 경우에 공기연행의 효과가 크다.
④ 일반적으로 빈배합의 콘크리트일수록 공기연행에 의한 워커빌리티의 개선효과가 크다.

해설및용어설명 | AE콘크리트는 경화에 따른 발열이 작아지는 특징이 있다.

40

다음 뗏장을 입히는 방법 중 줄붙이기 방법에 해당하는 것은?

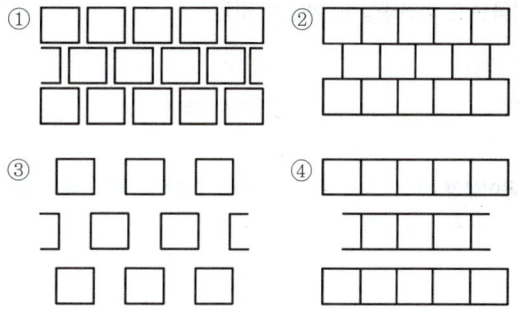

해설및용어설명 | 줄붙이기 방법은 줄지어 뗏장을 붙이는데 한 줄씩 간격을 띄어서 줄줄이 떼를 붙이는 것을 말한다.

41

실내정원을 구성할 때 사용되는 인공토양에 관한 설명으로 옳은 것은?

① 펄라이트(Perlite)는 화강암 속의 흑운모를 1,100℃ 정도의 고온에서 수증기를 가하여 팽창시킨 것이다.
② 버미큘라이트(Vermiculite)는 황토와 톱밥을 섞어서 둥글게 뭉쳐 고온 처리한 것이다.
③ 하이드로볼(Hydro Ball)은 진주암을 870℃ 정도의 고온으로 가열하여 팽창시켜 만든 백색의 가벼운 입자로 만든 것으로 무균상태이다.
④ 피트모스(Peatmoss)는 습지의 수태가 퇴적하여 만들어진 것으로 유기질 용토이다.

해설및용어설명 | 화강암속의 흑운모를 고온에서 팽창시킨 것은 버미큘라이트이다. 황토와 톱밥을 섞어서 둥글게 뭉쳐 고온 처리한 것은 하이드로볼이고, 진주암을 고온으로 가열하여 팽창시켜 얻은 것이 펄라이트이다.

42

습지식물 재료 중 서식환경 분류 상 물속에서 자라며, 미나리아재비목으로 여러해살이 식물인 것은?

① 붕어마름　　② 부들
③ 속새　　　　④ 솔잎사초

해설및용어설명 | 부들, 속새, 솔잎사초 등은 수변식물이지만 습지에서 자라며, 물속에서 사는 부유식물은 붕어마름 뿐이다.

43

수경시설(연못)의 유지관리에 관한 내용으로 옳지 못한 것은?

① 겨울철에 물을 1/2 정도만 채워둔다.
② 녹이 잘 스는 부분은 녹막이 칠을 수시로 해준다.
③ 수중식물 및 어류의 상태를 수시로 점검한다.
④ 물이 새는 곳이 있는지의 여부를 수시로 점검하여 조치한다.

해설및용어설명 | 겨울에는 물을 빼서 관리하는 것이 동파를 막을 수 있는 방법이다.

44

축척 1/500 도면의 단위면적이 $10m^2$인 것을 이용하여, 축척 1/1,000도면의 단위면적으로 환산하면 얼마인가?

① $20m^2$　　② $40m^2$
③ $80m^2$　　④ $120m^2$

해설및용어설명 | 1/500도면에서 1/1,000으로 옮기게 되면 길이는 2배가 되고 면적은 2^2배(4배)가 된다. 따라서 $10m^2$의 4배인 $40m^2$가 된다. 면적으로 변환할 때에는 길이의 제곱배가 되는 것을 알고 있도록 한다.

45

귀룽나무(Prunus Padus L.)에 대한 특성으로 맞지 않는 것은?

① 원산지는 한국, 일본이다.
② 꽃과 열매는 흰색계열이다.
③ Rosaceae과(科) 식물로 분류된다.
④ 생장속도가 빠르고 내공해성이 강하다.

해설및용어설명 | 귀룽나무는 장미과 수종으로 벚꽃과 비슷한 흰색계열의 꽃이 피지만, 열매는 검은색으로 익는다.

46

건설재료 단면의 경계표시 기호 중 지반면(흙)을 나타낸 것은?

①
②
③
④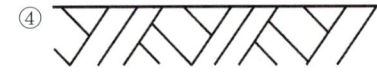

해설및용어설명 |

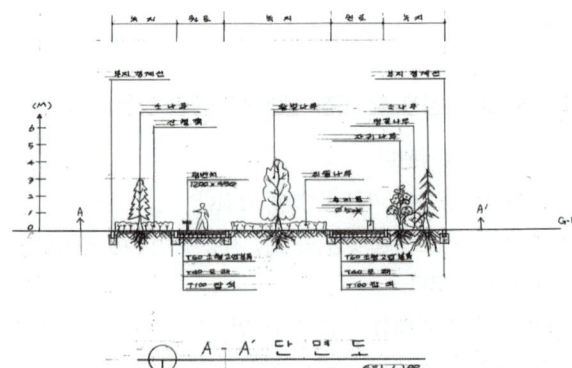

47

다음 설계 기호는 무엇을 표시한 것인가?

① 인조석다짐   ② 잡석다짐
③ 보도블록포장   ④ 콘크리트포장

해설및용어설명 | 46번 해설의 단면도 참고

48

다음의 행위 시 도시공원 및 녹지 등에 관한 법률상의 벌칙 기준은?

- 행정명령을 위반하여 도시공원에 입장하는 사람으로부터 입장료를 징수한 자
- 허가를 받지 아니하거나 허가받은 내용을 위반하여 도시공원 또는 녹지에서 시설·건축물 또는 공작물을 설치한 자

① 2년 이하의 징역 또는 3천만원 이하의 벌금
② 1년 이하의 징역 또는 1천만원 이하의 벌금
③ 1년 이하의 징역 또는 500만원 이하의 벌금
④ 1년 이하의 징역 또는 3천만원 이하의 벌금

해설및용어설명 | 도시공원 및 녹지 등에 관한 법률 10장 (2)에 따라 1년 이하의 징역 또는 1천만원 이하의 벌금에 처한다.

저자 TiP

도시공원 및 녹지 등에 관한 법률 10장. 벌금에 관한 내용은 다음과 같다.

제53조 다음 각 호의 어느 하나에 해당하는 자는 1년 이하의 징역 또는 1천만원 이하의 벌금에 처한다.

1. 제20조제1항 또는 제21조제1항을 위반하여 위탁 또는 인가를 받지 아니하고 도시공원 또는 공원시설을 설치하거나 관리한 자
2. 제24조제1항, 제27조제1항 단서 또는 제38조제1항을 위반하여 허가를 받지 아니하거나 허가받은 내용을 위반하여 도시공원 또는 녹지에서 시설·건축물 또는 공작물을 설치한 자
3. 거짓이나 그 밖의 부정한 방법으로 제24조제1항, 제27조제1항 단서 또는 제38조제1항에 따른 허가를 받은 자
4. 제40조제1항을 위반하여 도시공원에 입장하는 사람으로부터 입장료를 징수한 자

제54조 다음 각 호의 어느 하나에 해당하는 자는 300만원 이하의 벌금에 처한다.

1. 제23조제1항 단서를 위반하여 도시공원 또는 공원시설의 유지·수선 외의 관리를 한 자
2. 제24조제1항, 제27조제1항 단서 또는 제38조제1항에 따른 허가를 받지 아니하거나 허가받은 내용을 위반하여 도시공원, 도시자연공원구역 또는 녹지에서 금지행위를 한 자(제53조제2호에 해당하는 자는 제외한다)
3. 제49조제1항제1호를 위반하여 공원시설을 훼손한 자

49

레미콘 규격이 25 - 210 - 12로 표시되어 있다면 ㉠ - ㉡ - ㉢ 순서대로 의미가 맞는 것은?

① ㉠ 슬럼프, ㉡ 골재최대치수, ㉢ 시멘트의 양
② ㉠ 물 – 시멘트 비, ㉡ 압축강도, ㉢ 골재최대치수
③ ㉠ 골재최대치수, ㉡ 압축강도, ㉢ 슬럼프
④ ㉠ 물 – 시멘트 비, ㉡ 시멘트의 양, ㉢ 골재최대치수

해설및용어설명 | 레미콘 규격 25 - 210 - 12는 골재최대치수 25mm, 압축강도는 210kgf/cm^2, 슬럼프 12cm를 말한다.

50

다음 중 목재의 장점에 해당하지 않는 것은?

① 가볍다.
② 무늬가 아름답다.
③ 열전도율이 낮다.
④ 습기를 흡수하면 변형이 잘 된다.

해설및용어설명 | 습기를 흡수하여 함수량이 높아지면 강도가 떨어져 변형이 잘 되는 것은 맞지만, 목재의 단점에 해당한다.

51

다음 설명에 해당하는 것은?

- 나무의 가지에 기생하면 그 부위가 국소적으로 이상 비대 한다.
- 기생 당한 부위의 윗부분은 위축되면서 말라 죽는다.
- 참나무류에 가장 큰 피해를 주며, 팽나무, 물오리나무, 자작나무, 밤나무 등의 활엽수에도 많이 기생한다.

① 새삼
② 선충
③ 겨우살이
④ 바이러스

해설및용어설명 | 겨우살이는 상록성 기생식물로 참나무류, 물오리나무, 자작나무 등에 기생하여 피해를 준다.

52

곰팡이가 식물에 침입하는 방법은 직접 침입, 자연개구로 침입, 상처 침입 등으로 구분할 수 있다. 다음 중 직접 침입이 아닌 것은?

① 피목침입
② 흡기로 침입
③ 세포간 균사로 침입
④ 흡기를 가진 세포간 균사로 침입

해설및용어설명 | 피목침입은 자연개구 침입에 속하여 직접 침입이 아니다.

53

기존의 레크레이션 기회에 참여 또는 소비하고 있는 수요(需要)를 무엇이라 하는가?

① 표출수요
② 잠재수요
③ 유효수요
④ 유도수요

해설및용어설명 |
- 잠재수요 : 적당한 시설이나 접근수단과 정보가 제공되면 참여가 기대되는 수요
- 유도수요 : 방송통신이나 교육과정에 의해 자극시켜 잠재수요를 개발하는 수요
- 표출수요 : 기존 레크레이션 기회에 참여 또는 소비하고 있는 수요

54

유동화제에 의한 유동화 콘크리트의 슬럼프 증가량의 표준 값으로 적당한 것은?

① 2~5cm
② 5~8cm
③ 8~11cm
④ 11~14cm

해설및용어설명 | 유동화 콘크리트의 슬럼프 증가량은 100mm(= 10cm) 이하가 원칙이며, 표준값은 50~80mm이므로, cm 단위로 환산했을 때는 5~8cm가 된다.

종류	베이스 콘크리트	유동화 콘크리트
일반 콘크리트	150mm 이하	210mm 이하
경량골재 콘크리트	180mm 이하	210mm 이하

정답 50 ④ 51 ③ 52 ① 53 ① 54 ②

55

가로 2m×세로 50m의 공간에 H0.4×W0.5 규격의 영산홍으로 생울타리를 만들려고 하면 사용되는 수목의 수량은 약 얼마인가?

① 50주
② 100주
③ 200주
④ 400주

해설및용어설명 | 전체 면적에 영산홍 1주가 차지하는 면적을 나누면 된다. W0.5이므로 한주당 0.25㎡가 된다. 전체 면적은 100㎡이므로 100/0.25 = 400주가 된다.

56

다음 중 모감주나무(Koelreuteria Paniculata Laxmann)에 대한 설명으로 맞는 것은?

① 뿌리는 천근성으로 내공해성이 약하다.
② 열매는 삭과로 3개의 황색 종자가 들어있다.
③ 잎은 호생하고 기수1회 우상복엽이다.
④ 남부지역에서만 식재 가능하고 성상은 상록활엽교목이다.

해설및용어설명 |
- 모감주나무는 잎이 어긋나는 호생이며, 깃털모양의 잎차례로서 기수1회 우상복엽이라고 한다.
- 내공해성과 내염성이 강한 수종으로, 안면도 등지에 자생하며, 우리나라 전역에 식재가 가능하다.
- 열매는 삭과로 3~6개의 검정색 종자가 들어있는데 이것을 염주로도 사용한다.

57

우리나라에서 발생하는 수목의 녹병 중 기주 교대를 하지 않는 것은?

① 소나무 잎녹병
② 후박나무 녹병
③ 버드나무 잎녹병
④ 오리나무 잎녹병

해설및용어설명 | 기주와 중간기주를 오가며 생활사를 이루는 것을 기주교대라고 한다. 하지만 후박나무는 다른 기주를 거치지 않고 후박나무에 기생한다.

58

다음 중 메쌓기에 대한 설명으로 가장 부적합한 것은?

① 모르타르를 사용하지 않고 쌓는다.
② 뒤채움에는 자갈을 사용한다.
③ 쌓는 높이에 제한을 받는다.
④ 2㎡마다 지름 9cm정도의 배수공을 설치한다.

해설및용어설명 | 메쌓기는 뒤채움을 콘크리트나 모르타르를 하지 않기 때문에 별도의 배수공 설치가 필요하지 않다.

59

흙깎기[切土] 공사에 대한 설명으로 옳은 것은?

① 보통 토절에서는 흙깎기 비탈면 경사를 1 : 0.5 정도로 한다.
② 흙깎기를 할 때는 안식각보다 약간 크게 하여 비탈면의 안정을 유지한다.
③ 작업물량이 기준보다 작은 경우 인력보다는 장비를 동원하여 시공하는 것이 경제적이다.
④ 식재공사가 포함된 경우의 흙깎기에서는 지표면 표토를 보존하여 식물생육에 유용하도록 한다.

해설및용어설명 | 표토는 식물생육에 필요한 양분이 많아서 두었다가 식재공사할 때 사용하도록 한다.

정답 55 ④ 56 ③ 57 ② 58 ④ 59 ④

60

식물이 필요로 하는 양분요소 중 미량원소로 옳은 것은?

① O
② K
③ Fe
④ S

해설 및 용어설명 | 미량원소는 철(Fe), 망간(Mn), 붕소(B), 구리(Cu), 몰리브덴(Mo), 염소(Cl) 및 아연(Zn)이다.

저자 TiP

다량원소	C, H, O, N, P, K, Ca, S, Mg
미량원소	Mn, Zn, B, Cu, Fe, Mo, Cl
비료의 3요소	N(질소), P(인산), K(칼륨)

60 ③

CBT 복원문제 2019 * 3

* 2016년 5회부터 CBT(컴퓨터 기반 시험)방식으로 변경되어 문제가 공개되지 않아 복원된 문제가 일부 상이할 수 있습니다.

01

그리스-로마시대 공공건물과 주랑으로 둘러싸인 다목적 열린 공간으로 무덤의 전실을 가리키기도 했던 곳은?

① 포름 ② 빌라
③ 테라스 ④ 커넬

해설및용어설명 | 포름은 그리스-로마시대 광장의 역할을 하던 곳이다.

02

다음 중 본격적인 프랑스식 정원으로서 루이 14세 당시의 니콜라스 푸케와 관련 있는 정원은?

① 보르뷔콩트(Vaux-le-Vicomte)
② 베르사유(Versailles) 궁원
③ 퐁텐블로(Fontainebleau)
④ 생-클루(Saint-Cloud)

해설및용어설명 | 보르뷔콩트는 니콜라스 푸케 소유의 프랑스식 정원이다. 이후에 루이 14세가 이것을 보고 베르사유 궁원을 조성하도록 하였다.

03

오방색 중 오행으로는 목(木)에 해당하며 동방(東)의 색으로 양기가 가장 강한 곳이다. 계절로는 만물이 생성하는 봄의 색이고 오륜은 인(仁)을 암시하는 색은?

① 적(赤) ② 청(靑)
③ 황(黃) ④ 백(白)

해설및용어설명 |

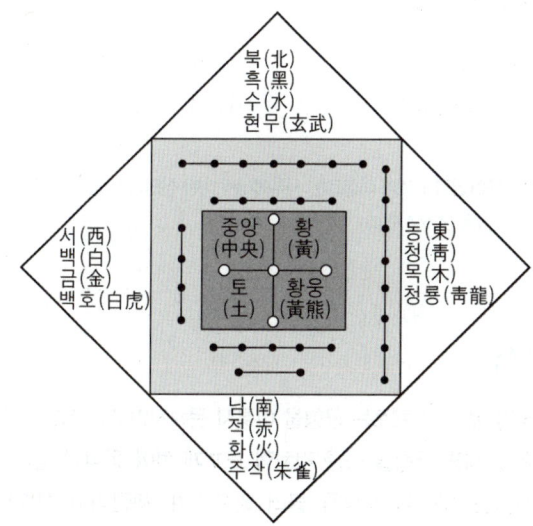

정답 01 ① 02 ① 03 ②

04

다음 중 정원에서의 눈가림 수법에 대한 설명으로 틀린 것은?

① 좁은 정원에서는 눈가림 수법을 쓰지 않는 것이 정원을 더 넓어보이게 한다.
② 눈가림은 변화와 거리감을 강조하는 수법이다.
③ 이 수법은 원래 동양적인 것이다.
④ 정원이 한층 더 깊이가 있어 보이게 하는 수법이다.

해설및용어설명 | 눈가림 수법은 정원을 넓어보이게 하는 데 쓰이는 수법이다.

05

'사자(死者)의 정원'이라는 이름의 묘지정원을 조성한 고대 정원은?

① 그리스 정원
② 바빌로니아 정원
③ 페르시아 정원
④ 이집트 정원

해설및용어설명 | 고대 이집트는 사후세계에 대한 신앙이 있었고 죽은 자를 위한 정원을 조성하였다.

06

미적인 형 그 자체로는 균형을 이루지 못하지만 시각적인 힘의 통합에 의해 균형을 이룬 것처럼 느끼게 하여 동적인 감각과 변화있는 개성적 감정을 불러 일으키며, 세련미와 성숙미 그리고 운동감과 유연성을 주는 미적 원리는?

① 비례
② 비대칭
③ 집중
④ 대비

해설및용어설명 | 균형에는 대칭 균형과 비대칭 균형이 있다. 대칭 균형은 축을 중심으로 좌우의 모양이나 무게감을 대칭 형태로 하여서 균형을 이룰 수 있고, 비대칭 균형은 축을 중심으로 대칭 형태는 아니고 좌측과 우측의 무게감과 질량을 변화를 주어 운동감과 유연성을 줄 수 있다.

07

도시공원 및 녹지 등에 관한 법률 시행규칙상 도시의 소공원 공원시설 부지면적 기준은?

① 100분의 20 이하
② 100분의 30 이하
③ 100분의 40 이하
④ 100분의 60 이하

해설및용어설명 | 도시공원 안 공원시설 부지면적

소공원	100분의 20 이하
어린이공원	100분의 60 이하
근린공원	100분의 40 이하
수변공원	100분의 40 이하
묘지공원	100분의 20 이상
체육공원	100분의 50 이하
도시농업공원	100분의 40 이하

08

비금속재료의 특성에 관한 설명 중 옳지 않은 것은?

① 납은 비중이 크고 연질이며 전성, 연성이 풍부하다.
② 알루미늄은 비중이 비교적 작고 연질이며 강도도 낮다.
③ 아연은 산 및 알칼리에 강하나 공기 중 및 수중에서는 내식성이 약하다.
④ 동은 상온의 건조공기 중에서 변화하지 않으나 습기가 있으면 광택을 소실하고 녹청색으로 된다.

해설및용어설명 | 아연은 내식성이 강해 관, 철판, 철사, 못 등의 도금에 널리 사용된다.

정답 04 ① 05 ④ 06 ② 07 ① 08 ③

09

다음 석재 중 조직이 균질하고 내구성 및 강도가 큰 편이며, 외관이 아름다운 장점이 있는 반면 내화성이 작아 고열을 받는 곳에는 적합하지 않은 것은?

① 응회암
② 화강암
③ 편마암
④ 안산암

해설및용어설명 | 화강암은 내화력이 약한 것이 단점이다.

10

정원의 한 구석에 녹음용수로 쓰기 위해서 단독으로 식재하려 할 때 적합한 수종은?

① 홍단풍
② 박태기나무
③ 꽝꽝나무
④ 칠엽수

해설및용어설명 | 박태기나무, 꽝꽝나무는 관목류에 속하며, 홍단풍은 교목이지만 키가 크지 않은 아교목에 속한다. 녹음수로는 키가 작다. 칠엽수는 낙엽교목으로 지하고가 높고 지엽이 풍성하여 녹음용 수목으로 적합하다.

11

다음 재료 중 기건상태에서 열전도율이 가장 작은 것은?

① 유리
② 석고보드
③ 콘크리트
④ 알루미늄

해설및용어설명 | 석고보드는 열전도율이 매우 낮다.
알루미늄은 비중이 비교적 작고 연질이며 강도도 낮다.

12

재료의 역학적 성질 중 '탄성'에 관한 설명으로 옳은 것은?

① 재료가 작은 변형에도 쉽게 파괴되는 성질
② 물체에 외력을 가한 후 외력을 제거시켰을 때 영구변형이 남는 성질
③ 물체에 외력을 가한 후 외력을 제거하면 원래의 모양과 크기로 돌아가는 성질
④ 재료가 하중을 받아 파괴될 때까지 높은 응력에 견디며 큰 변형을 나타내는 성질

해설및용어설명 |
- 재료가 작은 변형에도 쉽게 파괴되는 성질 : 취성
- 물체에 외력을 가한 후 외력을 제거시켰을 때 영구변형이 남는 성질 : 영구변형
- 재료가 하중을 받아 파괴될 때까지 높은 응력에 견디며 큰 변형을 나타내는 성질 : 인성

13

토양 수분과 조경 수목과의 관계 중 습지를 좋아하는 수종은?

① 주엽나무
② 소나무
③ 신갈나무
④ 노간주나무

해설및용어설명 | 소나무, 신갈나무, 노간주나무는 건조지에 강한 수종들이다.

14

나무 줄기의 색채가 흰색계열이 아닌 수종은?

① 분비나무 ② 서어나무
③ 자작나무 ④ 모과나무

해설및용어설명 | 모과나무는 줄기의 색채가 노랑과 초록, 갈색 등의 얼룩무늬이다.

15

암석 재료의 가공 방법 중 쇠망치로 석재 표면의 큰 돌출 부분만 대강 떼어내는 정도의 거친 면을 마무리하는 작업을 무엇이라 하는가?

① 잔다듬 ② 물갈기
③ 혹두기 ④ 도드락다듬

해설및용어설명 | 암석 가공 순서는 혹두기 - 정다듬 - 도드락다듬 - 잔다듬 - 물갈기의 순서이다.

16

콘크리트를 친 후 응결과 경화가 완전히 이루어지도록 보호하는 것을 가리키는 용어는?

① 타설 ② 파종
③ 다지기 ④ 양생

해설및용어설명 | 양생이란 콘크리트 치기가 끝난 다음 온도, 하중, 충격, 오손, 파손 등의 유해한 영향을 받지 않도록 충분히 보호관리하는 것을 말한다.

17

암거는 지하수위가 높은 곳, 배수 불량 지반에 설치한다. 암거의 종류 중 중앙에 큰 암거를 설치하고 좌우에 작은 암거를 연결시키는 형태로 넓이에 관계없이 경기장이나 어린이놀이터와 같은 소규모의 평탄한 지역에 설치할 수 있는 것은?

① 어골형 ② 빗살형
③ 부채살형 ④ 자연형

해설및용어설명 |

어골형	넓은 평탄지의 전 지역 균일 배수가 요구되는 곳의 중앙에 큰 암거를 설치하고 좌우에 작은 암거를 연결시키는 형태
즐치형 (평행형)	주선에 지선을 직각방향으로 일정간격을 두고 평행하게 배치, 평탄지의 균일배수
선형	주관과 지관의 구분 없이 같은 크기의 관을 하나의 지점으로 집중
차단형	경사면, 도로의 법면에 사용
자연형	완전배수가 필요치 않은 곳, 공원 등

18

눈이 트기 전 가지의 여러 곳에 자리 잡은 눈 가운데 필요로 하지 않은 눈을 따버리는 작업을 무엇이라 하는가?

① 순지르기 ② 열매따기
③ 눈따기 ④ 가지치기

19

심근성 수목을 굴취할 때 뿌리분의 형태는?

① 접시분 ② 사각평분
③ 보통분 ④ 조개분

해설및용어설명 | 뿌리분의 형태는 깊이에 따라 크게 접시분, 보통분, 조개분의 종류가 있다. 심근성 수목은 깊은 형태의 조개분을 뜨도록 한다.

정답 14 ④ 15 ③ 16 ④ 17 ① 18 ③ 19 ④

20

수목의 가슴 높이 지름을 나타내는 기호는?

① F
② S.D
③ B
④ W

해설및용어설명 |
- 흉고직경(B) : 가슴 높이 정도의 줄기의 지름
- 근원직경(R) : 지제부의 줄기의 지름
- 수고(H) : 지표면으로부터 수관 끝까지의 높이
- 지하고(BH) : 지표면에서 수관 맨 아랫가지까지의 수직높이

21

다음 수목의 외과 수술용 재료 중 공동 충전물의 재료로 가장 부적합한 것은?

① 콜타르
② 에폭시수지
③ 불포화 폴리에스테르 수지
④ 우레탄 고무

해설및용어설명 | 콜타르는 석탄을 고온건류(高溫乾溜)할 때 부산물로 생기는 검은 유상(油狀) 액체로서 주로 방부제·방수제 등으로 쓰인다.

22

토양의 3상이 아닌 것은?

① 고상
② 기상
③ 액상
④ 임상

해설및용어설명 | 토양은 고체상태부분인 고상, 액체상태부분인 액상, 기체상태부분인 기상으로 이루어져 있다.

23

콘크리트 슬럼프값 측정 순서로 옳은 것은?

① 시료 채취 → 다지기 → 콘에 채우기 → 상단 고르기 → 콘 벗기기 → 슬럼프값 측정
② 시료 채취 → 콘에 채우기 → 콘 벗기기 → 상단 고르기 → 다지기 → 슬럼프값 측정
③ 시료 채취 → 콘에 채우기 → 다지기 → 상단 고르기 → 콘 벗기기 → 슬럼프값 측정
④ 다지기 → 시료 채취 → 콘에 채우기 → 상단 고르기 → 콘 벗기기 → 슬럼프값 측정

해설및용어설명 | 슬럼프 콘에 굳지 않은 콘크리트를 충전하고 탈형했을 때 자중에 의해 밑으로 내려앉은 하강량을 cm로 측정한 값을 슬럼프값이라 한다. 슬럼프 시험이란 슬럼프 콘에 의한 콘크리트의 유동성을 측정하는 시험을 말한다.

24

잔디밭에서 많이 발생하는 잡초인 클로버(토끼풀)를 제초하는 데 가장 효율적인 것은?

① 베노밀 수화제
② 캡탄 수화제
③ 디코폴 수화제
④ 디캄바 수화제

해설및용어설명 | 클로버 제거를 위해서는 선택성 제초제(디캄바)가 쓰인다. 디코폴 수화제는 살충제이다. 베노밀과 캡탄 수화제는 살균제이다.

정답 20 ③ 21 ① 22 ④ 23 ③ 24 ④

25

다음 중 계곡선에 대한 설명 중 맞는 것은?

① 주곡선 간격의 1/2 거리의 가는 파선으로 그어진 것이다.
② 주곡선의 다섯 줄마다 굵은 선으로 그어진 것이다.
③ 간곡선 간격의 1/2 거리의 가는 점선으로 그어진 것이다.
④ 1/5,000의 지형도 축척에서 등고선은 10m 간격으로 나타난다.

해설및용어설명 |

축척 등고선	1 : 5,000	1 : 25,000	1 : 50,000	정의	비고
계곡선	25m	50m	100m	주곡선 5개마다 표시한 굵은 실선	굵은 실선
주곡선	5m	10m	20m	지형을 표현한 주실선	가는 실선
간곡선	2.5m	5m	10m	주곡선의 1/2간격으로 표시	가는 파선
조곡선	1.25m	2.5m	5m	간곡선의 1/2간격으로 표시	가는 점선

26

생울타리처럼 수목이 대상으로 군식되었을 때 거름 주는 방법으로 가장 적당한 것은?

① 전면거름주기 ② 천공거름주기
③ 선상거름주기 ④ 방사상거름주기

해설및용어설명 | 대상은 띠모양의 식재를 말한다.

27

다음 중 왕과 왕비만이 즐길 수 있는 사적인 정원이 아닌 곳은?

① 경복궁의 아미산 ② 창덕궁 낙선재의 후원
③ 덕수궁 석조전 전정 ④ 덕수궁 준명당의 후원

해설및용어설명 | 사적인 정원은 주로 후원에 위치하도록 했으며, 석조전 전정은 우리나라 최초의 서양식 정원으로 유명하다.

28

일본의 다정(茶庭)이 나타내는 아름다움의 미는?

① 조화미 ② 대비미
③ 단순미 ④ 통일미

해설및용어설명 | 일본의 정원양식은 조화, 중국의 정원양식은 대비와 관련이 있다.

29

다음 설명하는 그림은?

- 눈높이나 눈보다 조금 높은 위치에서 보여지는 공간을 실제 보이는 대로 자유스럽게 표현한 그림
- 나타내고자 하는 의도의 윤곽을 잡아 개략적으로 표현하고자 할 때, 즉 아이디어를 수집, 기록, 정착화하는 과정에 필요
- 디자이너에게 순간적으로 떠오르는 불확실한 아이디어의 이미지를 고정, 정착화시켜 나가는 초기 단계

① 투시도 ② 스케치
③ 입면도 ④ 조감도

해설및용어설명 | 스케치는 아이디어의 개략적인 표현에 사용된다.

정답 25 ② 26 ③ 27 ③ 28 ① 29 ②

30

다음 중 어린이 공원의 설계 시 공간구성 설명으로 옳은 것은?

① 동적인 놀이공간에는 아늑하고 햇빛이 잘 드는 곳에 잔디밭, 모래밭을 배치하여 준다.
② 정적인 놀이공간에는 각종 놀이시설과 운동시설을 배치하여 준다.
③ 감독 및 휴게를 위한 공간은 놀이공간이 잘 보이는 곳으로 아늑한 곳에 배치한다.
④ 공원 외곽은 보행자나 근처 주민이 들여다볼 수 없도록 밀식한다.

해설및용어설명 | 잔디밭과 모래밭은 정적인 놀이공간에 배치하며, 각종 놀이시설과 운동기설은 동적인 놀이 공간에 배치한다. 어린이 공원은 주변에서 보일 수 있도록 밀식하지 않는다.

31

도면상에서 식물재료의 표기 방법으로 바르지 않은 것은?

① 덩굴성 식물의 규격은 길이로 표시한다.
② 같은 수종은 인출선을 연결하여 표시하도록 한다.
③ 수종에 따라 규격은 H×W, H×B, H×R 등의 표기방식이 다르다.
④ 수목에 인출선을 사용하여 수종명, 규격, 관목·교목을 구분하여 표시하고 총수량을 함께 기입한다.

해설및용어설명 | 도면상에서 인출선에 관목과 교목을 구분하여 표시하지 않는다.

32

다음 수종 중 상록활엽수가 아닌 것은?

① 동백나무   ② 후박나무
③ 굴거리나무   ④ 메타세쿼이아

해설및용어설명 | 메타세쿼이아는 낙엽침엽수이다.

33

다음 수종 중 침엽수가 아닌 것은?

① 낙우송   ② 일본목련
③ 주목   ④ 삼나무

해설및용어설명 | 낙우송은 낙엽침엽교목, 주목과 삼나무는 상록침엽교목이며, 일본목련은 낙엽활엽교목에 속한다.

34

다음 중 인공토양을 만들기 위한 경량재가 아닌 것은?

① 부엽토   ② 화산재
③ 펄라이트(perlite) ④ 버미큘라이트(vermiculite)

해설및용어설명 | 부엽토는 풀과 나무 등의 낙엽 같은 것이 썩어서 이루어진 흙을 말한다. 화산재, 펄라이트 버미큘라이트보다는 실효성이 떨어져서 경량재로 가장 부적절하다.

35

다음 중 유리의 제성질에 대한 일반적인 설명으로 옳지 않은 것은?

① 열전도율 및 열팽창률이 작다.
② 굴절율은 2.1~2.9 정도이고, 납을 함유하면 낮아진다.
③ 약한 산에는 침식되지 않지만 염산·황산·질산 등에는 서서히 침식된다.
④ 광선에 대한 성질은 유리의 성분, 두께, 표면의 평활도 등에 따라 다르다.

해설및용어설명 | 유리의 굴절율은 1.45~2.00이고, 납유리는 그보다 높다.

정답 30 ③ 31 ④ 32 ④ 33 ② 34 ① 35 ②

36

플라스틱 제품의 특성이 아닌 것은?

① 비교적 산과 알칼리에 견디는 힘이 콘크리트나 철 등에 비해 우수하다.
② 접착이 자유롭고 가공성이 크다.
③ 열팽창계수가 적어 저온에서도 파손이 안 된다.
④ 내열성이 약하여 열가소성수지는 60℃ 이상에서 연화된다.

해설및용어설명 | 플라스틱 제품은 얼어서 (저온) 파손이 쉬운 것이 단점이다.

37

92 ~ 96%의 철을 함유하고 나머지는 크롬·규소·망간·유황·인 등으로 구성되어 있으며 창호철물, 자물쇠, 맨홀 뚜껑 등의 재료로 사용되는 것은?

① 선철　　　　　　　② 강철
③ 주철　　　　　　　④ 순철

해설및용어설명 |
- 선철 : 탄소 2.5 ~ 5% 용광로에서 철광석으로 만든 철
- 강철 : 탄소 0.04 ~ 1.7%
- 주철 : 1.7% 이상의 탄소를 함유한 철로 주물용으로 사용하며, 이 중에서 3.0 ~ 3.6%의 탄소량에 해당하는 것을 일반적으로 주철이라고 함
- 순철 : 불순물을 전혀 함유하지 않은 순도 100%의 철

38

콘크리트의 단위중량 계산, 배합설계 및 시멘트의 품질판정에 주로 이용되는 시멘트의 성질은?

① 분말도　　　　　　② 응결시간
③ 비중　　　　　　　④ 압축강도

해설및용어설명 | 비중은 어떤 물질의 질량과, 이것과 같은 부피를 가진 표준물질의 질량과의 비율을 말한다. 시멘트의 비중이 높으면 강도가 높고 단위중량이 크다.

39

다음 보기의 설명에 해당하는 수종은?

- 어린가지의 색은 녹색 또는 적갈색으로 엽흔이 발달하고 있다.
- 수피에서는 냄새가 나며 약간 골이 파여 있다.
- 단풍나무 중 복엽이면서 가장 노란색 단풍이 든다.
- 내조성, 속성수로서 조기녹화에 적당하며 녹음수로 이용 가치가 높으며 폭이 없는 가로에 가로수로 심는다.

① 복장나무　　　　　② 네군도단풍
③ 단풍나무　　　　　④ 고로쇠나무

해설및용어설명 | 네 가지 수종 모두 단풍나무과에 속한다. 그 중에 복장나무와 네군도단풍이 복엽이며, 내조력이 강하고 속성수인 것은 네군도단풍이다.

40
난지형 잔디에 뗏밥을 주는 가장 적합한 시기는?
① 3~4월
② 5~7월
③ 9~10월
④ 11~1월

해설및용어설명 | 난지형 잔디는 여름철에, 한지형 잔디는 봄과 가을철에 뗏밥주기를 하는 것이 적합하다.

41
조경수를 이용한 가로막이 시설의 기능이 아닌 것은?
① 보행자의 움직임 규제
② 시선차단
③ 광선방지
④ 악취방지

42
경관석 놓기의 설명으로 옳은 것은?
① 경관석은 항상 단독으로만 배치한다.
② 일반적으로 3, 5, 7 등 홀수로 배치한다.
③ 같은 크기의 경관석으로 조합하면 통일감이 있어 자연스럽다.
④ 경관석의 배치는 돌 사이의 거리나 크기 등을 조정 배치하여 힘이 분산되도록 한다.

해설및용어설명 | 경관석은 일반적으로 홀수로 조를 지어 배치한다.

43
다음 중 정형식 배식유형은?
① 부등변삼각형식재
② 임의식재
③ 군식
④ 교호식재

해설및용어설명 | 교호식재는 두 줄로 어긋나게 식재하는 유형을 말한다.

44
다음 중 수목의 전정 시 제거해야 하는 가지가 아닌 것은?
① 밑에서 움돋는 가지
② 아래를 향해 자란 하향지
③ 위를 향해 자라는 주지
④ 교차한 교차지

해설및용어설명 | 위를 향해 자라는 주지는 중심이 되는 가지로, 전정 시 제거하면 안 된다.

45
수중에 있는 골재를 채취했을 때 무게가 1,000g, 표면건조 내부포화상태의 무게가 900g, 대기건조 상태의 무게가 860g, 완전건조 상태의 무게가 850g일 때 함수율 값은?
① 4.65%
② 5.88%
③ 11.11%
④ 17.65%

해설및용어설명 |

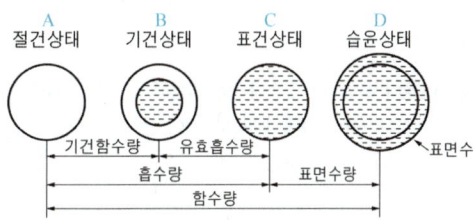

위의 표를 참고하여 함수율, 흡수율, 표면수율, 유효흡수율을 구할 수 있다.

- 함수율(%) : $\dfrac{함수량}{절건상태중량} \times 100$
- 흡수율(%) : $\dfrac{흡수량}{절건상태중량} \times 100$
- 표면수율(%) : $\dfrac{표면수량}{표건상태중량} \times 100$
- 유효흡수율(%) : $\dfrac{유효흡수량}{절건상태중량} \times 100$
- 함수량 = 습윤중량 - 전건중량

골재의 함수율(%) = $\dfrac{(습윤상태중량 - 전건상태중량)}{전건상태중량} \times 100$

= $\dfrac{(1,000 - 850)}{850} \times 100$ = 17.65%

정답 40 ② 41 ④ 42 ② 43 ④ 44 ③ 45 ④

46

다음 중 접붙이기 번식을 하는 목적으로 가장 거리가 먼 것은?

① 종자가 없고 꺾꽂이로도 뿌리 내리지 못하는 수목의 증식에 이용된다.
② 씨뿌림으로는 품종이 지니고 있는 고유의 특징을 계승시킬 수 없는 수목의 증식에 이용된다.
③ 가지가 쇠약해지거나 말라 죽은 경우 이것을 보태주거나 또는 힘을 회복시키기 위해서 이용된다.
④ 바탕나무의 특성보다 우수한 품종을 개발하기 위해 이용된다.

해설및용어설명 | 접붙이기의 장점은 대목의 세력을 이용하며 접수의 우수한 유전적 형질을 그대로 이용할 수 있다는 것이다. 바탕나무의 특성보다 우수한 품종이 개발되는 것이 아니다.

47

다음 중 밭에 많이 발생하여 우점하는 잡초는?

① 바랭이 ② 올미
③ 가래 ④ 너도방동사니

해설및용어설명 | 밭 잡초는 건조에 강한 경향이 있으며, 논 잡초는 습지에 강한 경향이 있다. 올미, 가래, 너도방동사니 등은 논 잡초이다.

48

염해지 토양의 가장 뚜렷한 특징을 설명한 것은?

① 유기물의 함량이 높다.
② 활성철의 함량이 높다.
③ 치환성석회의 함량이 높다.
④ 마그네슘, 나트륨 함량이 높다.

해설및용어설명 | 염해지는 염분의 해를 입은 토양상태로, 마그네슘이나 나트륨 함량이 높다.

49

다음 중 건설장비 분류상 "배토정지용 기계"에 해당되는 것은?

① 램머 ② 모터그레이더
③ 드래그라인 ④ 파워쇼벨

해설및용어설명 | 건설기계의 용도

- 로더 – 적재, 운반, 하역
- 크레인, 체인블록 – 운반
- 진동 컴팩터, 탬퍼 – 다짐
- 모터그레이더 – 광범위한 정지, 절토, 굴삭(배토정지)
- 백호우(드래그 쇼벨) – 기계보다 낮은 면 굴착
- 파워 쇼벨 – 기계보다 높은 면 굴착
- 드래그 라인 – 연약지반을 얕게 긁어내거나 수중공사, 골재채취
- 클램 쉘 - 좁은 곳의 수직파기

50

배롱나무, 장미 등과 같은 내한성이 약한 나무의 지상부를 보호하기 위하여 사용되는 가장 적합한 월동 조치법은?

① 흙묻기 ② 새끼감기
③ 연기씌우기 ④ 짚싸기

해설및용어설명 | 흙묻기는 관목류에 사용하는 월동 조치법이고, 새끼감기와 연기씌우기는 효과가 약하다.

51

다음 중 큰 나무의 뿌리돌림에 대한 설명으로 가장 거리가 먼 것은?

① 굵은 뿌리를 3~4개 정도 남겨둔다.
② 굵은 뿌리 절단 시는 톱으로 깨끗이 절단한다.
③ 뿌리돌림을 한 후에 새끼로 뿌리분을 감아두면 뿌리의 부패를 촉진하여 좋지 않다.
④ 뿌리돌림을 하기 전 수목이 흔들리지 않도록 지주목을 설치하여 작업하는 방법도 좋다.

해설및용어설명 | 뿌리돌림 후 새끼로 뿌리분을 감아둔다고 해서 부패 현상이 일어나지는 않는다.

52

다음 중 침상화단(Sunken garden)에 관한 설명으로 가장 적합한 것은?

① 관상하기 편리하도록 지면을 1~2m 정도 파내려가 꾸민 화단
② 중앙부를 낮게 하기 위하여 키 작은 꽃을 중앙에 심어 꾸민 화단
③ 양탄자를 내려다보듯이 꾸민 화단
④ 경계부분을 따라서 1열로 꾸민 화단

해설및용어설명 |
- 기식화단(모둠화단) : 중앙부는 키가 큰 초화를 심고 주변부로 갈수록 키 작은 초화로 조성하는 입체화단이다.
- 카펫화단(화문화단) : 키가 작은 초화를 양탄자문양처럼 복잡한 문양으로 반복하여 평면적으로 조성하는 화단이다.
- 경재화단 : 벽을 따라 띠모양의 화단을 조성하되 벽으로 가까워질수록 키가 큰 초화를 입체적으로 조성하는 화단이다.

53

다음 중 평판측량에 사용되는 기구가 아닌 것은?

① 평판   ② 삼각대
③ 레벨   ④ 엘리데이드

해설및용어설명 | 레벨은 수준측량 시 사용되는 장비이다.

54

평판측량의 3요소가 아닌 것은?

① 수평 맞추기(정준)   ② 중심 맞추기(구심)
③ 방향 맞추기(표정)   ④ 수직 맞추기(수준)

해설및용어설명 | 평판측량의 3요소는 정준, 구심, 표정이다.

55

평판을 정치(세우기)하는데 오차에 가장 큰 영향을 주는 항목은?

① 수평 맞추기(정준)   ② 중심 맞추기(구심)
③ 방향 맞추기(표정)   ④ 모두 같다

해설및용어설명 | 표정오차(정위오차)
평판측량에 있어서 평판의 방위를 바르게 합치시키지 않아 방향선에 생기는 방향오차를 말한다. 바르게 정위되어 있는가의 여부가 평판측량의 정도에 가장 큰 영향을 준다.

56

평판측량에서 도면상에 없는 미지점에 평판을 세워 그 점(미지점)의 위치를 결정하는 측량방법은?

① 원형교선법   ② 후방교선법
③ 측방교선법   ④ 복전진법

해설및용어설명 | 교선법(교회법)
측량구역의 내외에 적당한 기준점(또는 기지점)을 취하여 기선을 만들어 그 양단의 기준점으로부터 각 측점 또는 지형·지물을 시준하여 그 방향선의 교점에 의하여 측점의 위치를 결정하고 도시하는 방법이다.
- 전방교회법 : 기지점에서 미지점의 위치를 구한다.
- 측방교회법 : 기지의 한 점과 미지의 한 점에 평판을 세워 미지점의 위치를 구한다.
- 후방교회법 : 미지점에 평판을 세우고, 기지의 2점이나 3점을 이용하여 미지점을 결정한다.

57

조경배식에 있어서 야조를 유치할 수 있는 열매를 맺는 수목은?

① 붉나무, 왕벚나무, 노박덩굴
② 수수꽃다리, 은행나무, 돈나무
③ 청미래덩굴, 산수유, 오리나무
④ 단풍나무, 오갈피나무, 목련

해설및용어설명 | 야생조류를 유치할 수 있는 먹이를 열매로 하는 식물을 야조유치 식물이라고 한다.

58

비교적 좁은 지역에서 대축척으로 세부 측량을 할 경우 효율적이며, 지역 내에 장애물이 없는 경우 유리한 평판 측량 방법은?

① 방사법　　　　② 전진법
③ 전방교회법　　④ 후방교회법

해설및용어설명 |

평판측량 방법	방사법	장애물이 없을 때 한번에 세워 하는 방법으로, 비교적 좁은 구역이나 세부측량에 이용한다.
	전진법	장애물이 많아 한번에 측량이 불가능할 때, 측점에서 측점으로 차례로 방향과 거리를 관측하여 전진하면서 도상에 트래버스를 만들어가면서 측량한다.
	교회법 (교선법)	측량구역의 내외에 적당한 기준점(기지점)을 취하여 기선을 만들어 그 양단의 기준점으로부터 각 측점 또는 지형지물을 시준하여 그 방향선의 교점에 의하여 측점의 위치를 결정하고 도시하는 방법이다. 전방교회법, 측방교회법, 후방교회법 등이 있다.

59

한국 고유의 수종에 속하는 것은?

① 메타세콰이어　　② 매화나무
③ 낙우송　　　　　④ 삼나무

해설및용어설명 | 매화나무는 사군자로서 오래전부터 사용해 온 고유의 수종이다.

60

도면의 실면적을 잴 수 있는 기구는?

① 엘리데이드　　② 플래니미터
③ 트랜싯　　　　④ 레벨

해설및용어설명 | 플래니미터는 구적기라고도 하며, 부정형의 면적을 재기에 적합한 도구로 도면에서 면적을 재는 용도로 사용된다.

CBT 복원문제 2020 * 1

*2016년 5회부터 CBT(컴퓨터 기반 시험)방식으로 변경되어 문제가 공개되지 않아 복원된 문제가 일부 상이할 수 있습니다.

01

양분결핍 현상이 생육초기에 일어나기 쉬우며, 새잎에 황화현상이 나타나고 엽맥 사이가 비단무늬 모양으로 일어나는 현상에 관련된 원소는?

① Fe
② Mn
③ Zn
④ Cu

해설및용어설명 | 철은 엽록소 생성에 불가결하게 필요하며, 결핍 시에 철을 많이 필요로 하는 새잎에서 철결핍이 발생하며 황화현상, 엽맥의 퇴색현상이 나타난다.

02

공원 내에 설치된 목재벤치 좌판(坐板)의 도장보수는 보통 얼마 주기로 실시하는 것이 좋은가?

① 계절이 바뀔 때
② 6개월
③ 매년
④ 2~3년

해설및용어설명 | 목재벤치의 도장보수주기는 2~3년이다.

03

다음 중 교목류의 높은 가지를 전정하거나 열매를 채취할 때 주로 사용할 수 있는 가위는?

① 대형전정가위
② 조형전정가위
③ 순치기가위
④ 갈쿠리전정가위

해설및용어설명 | 높은 곳에 위치한 가지를 자르기 위한 것으로 고지가위(갈쿠리전정가위)를 사용할 수 있다.

04

주위가 건물로 둘러싸여 있어 식물의 생육을 위한 채광, 통풍, 배수 등에 주의해야 할 곳은?

① 주정(主庭)
② 후정(後庭)
③ 중정(中庭)
④ 원로(園路)

해설및용어설명 | 건물로 둘러싸여 조성된 공간을 중정이라고 한다.

05

조경양식을 형태(정형식, 자연식, 절충식)중심으로 분류할 때, 자연식 조경양식에 해당하는 것은?

① 서아시아와 프랑스에서 발달된 양식이다.
② 강한 축을 중심으로 좌우 대칭형으로 구성된다.
③ 한 공간 내에서 실용성과 자연성을 동시에 강조하였다.
④ 주변을 돌 수 있는 산책로를 만들어서 다양한 경관을 즐길 수 있다.

해설및용어설명 | 주변을 돌 수 있는 산책로를 돌며 경관을 즐기는 양식은 회유임천식으로 자연식에 속한다.

정답 01 ① 02 ④ 03 ④ 04 ③ 05 ④

06

형상은 재두각추체에 가깝고 전면은 거의 평면을 이루며 대략 정사각형으로서 뒷길이, 접촉면의 폭, 뒷면 등이 규격화된 돌로, 접촉면의 폭은 전면 1변의 길이의 1/10 이상이어야 하고, 접촉면의 길이는 1변의 평균 길이의 1/2 이상인 석재는?

① 사고석 ② 각석
③ 판석 ④ 견치석

해설및용어설명 | 표준품셈상에 명시된 견치석의 내용이다.

07

정원에 사용되는 자연석의 특징과 선택에 관한 내용 중 옳지 않은 것은?

① 정원석으로 사용되는 자연석은 산이나 개천에 흩어져있는 돌을 그대로 운반하여 이용한 것이다.
② 경도가 높은 돌은 기품과 운치가 있는 것이 많고 무게가 있어 보여 가치가 높다.
③ 부지 내 타물체와의 대비, 비례, 균형을 고려하여 크기가 적당한 것을 사용한다.
④ 돌에는 색채가 있어서 생명력을 느낄 수 있고 검은색과 흰색은 예로부터 귀하게 여겨지고 있다.

08

여름부터 가을까지 꽃을 감상할 수 있는 알뿌리 화초는?

① 금잔화 ② 수선화
③ 색비름 ④ 칸나

해설및용어설명 | 색비름도 여름에서 가을까지 꽃을 감상하지만 구근이 아니고 한해살이 초화이다.

09

목재의 방부법 중 그 방법이 나머지 셋과 다른 하나는?

① 도포법 ② 침지법
③ 분무법 ④ 방청법

해설및용어설명 | 철재의 산화(녹) 방지를 위한 도장을 방청이라고 한다.

10

소나무의 순지르기, 활엽수의 잎 따기 등에 해당하는 전정법은?

① 생장을 돕기 위한 전정
② 생장을 억제하기 위한 전정
③ 생리를 조절하는 전정
④ 세력을 갱신하는 전정

해설및용어설명 | 소나무의 순지르기는 대표적인 생장억제 목적의 전정법이다.

11

버킹검의 「스토우 가든」을 설계하고, 담장 대신 정원 부지의 경계선에 도랑을 파서 외부로부터의 침입을 막은 Ha-ha 기법을 실현하게 한 사람은?

① 켄트 ② 브릿지맨
③ 와이즈맨 ④ 챔버

해설및용어설명 | 브릿지맨은 18세기 영국의 풍경식 정원가로서 하하 기법을 도입하였다.

06 ④ 07 ④ 08 ④ 09 ④ 10 ② 11 ②

12

다음 설명 중 중국 정원의 특징이 아닌 것은?

① 차경수법을 도입하였다.
② 태호석을 이용한 석가산 수법이 유행하였다.
③ 사의주의보다는 상징적 축조가 주를 이루는 사실주의에 입각하여 조경이 구성되었다.
④ 자연경관이 수려한 곳에 인위적으로 암석과 수목을 배치하였다.

해설및용어설명 | 사실주의는 서양 정원과 연관이 있으며, 상징적 축조와는 거리가 멀다.

13

19세기 미국에서 식민지 시대의 사유지 중심의 정원에서 공공적인 성격을 지닌 조경으로 전환되는 전기를 마련한 것은?

① 센트럴 파크
② 프랭클린 파크
③ 비큰히드 파크
④ 프로스펙트 파크

해설및용어설명 | 영국에서부터 사유지 중심의 정원에서 공공적인 성격을 지닌 조경으로 전환되기 시작하였으며, 시민의 힘으로 설립된 최초의 공원인 비큰히드 파크의 영향으로 미국에 센트럴 파크가 조성되었다.

14

다음 정원의 개념을 잘 나타내고 있는 중정은?

- 무어 양식의 극치라고 일컬어지는 알함브라(Alhambra) 궁의 여러 개 정(Patio) 중 하나임
- 가장 화려한 정원으로서 물의 존귀성이 드러남

① 사자의 중정
② 창격자 중정
③ 연못의 중정
④ Lindaraja Patio

해설및용어설명 | 사자의 중정은 1377년 무하마드 5세가 축조한 것으로 27.6×15.6m의 주랑식 중정이다. 이슬람 건물에 의하여 완전히 둘러싸여 있으며 그 명칭은 중앙에 흰 대리석으로 만든 열두 마리의 사자가 받치고 있는 수반에서 유래하였다. 이 분수에서부터 낙원의 4대 강을 의미하는 네 개의 좁은 수로가 사방으로 뻗어 중정을 네 등분하고 또 이 수로는 다른 중정의 연못이나 분수를 연결하고 있다.

15

황금비의 단변이 1일 때 장변은 얼마인가?

① 1.681
② 1.618
③ 1.166
④ 1.861

16

다음 중 넓은 잔디밭을 이용한 전원적이며 목가적인 정원 양식은 무엇인가?

① 전원풍경식
② 회유임천식
③ 고산수식
④ 다정식

해설및용어설명 | 전원적이며 목가적인 풍경을 조성한 양식은 전원풍경식 양식이다.

정답 12 ③ 13 ① 14 ① 15 ② 16 ①

17

미기후에 관련된 조사항목으로 적당하지 않은 것은?

① 대기오염정도　　② 태양 복사열
③ 안개 및 서리　　④ 지역온도 및 전국온도

해설및용어설명 | 미기후란 국소적인 장소에서 나타나는 특징적 기후를 말하며, 지역온도 및 전국온도와는 관련이 적다.

18

다음 중 점층(漸層)에 관한 설명으로 가장 적합한 것은?

① 조경재료의 형태나 색깔, 음향 등의 점진적 증가
② 대소, 장단, 명암, 강약
③ 일정한 간격을 두고 흘러오는 소리, 다변화되는 색채
④ 중심축을 두고 좌우 대칭

해설및용어설명 | 일정한 간격을 두고 흘러오는 소리는 율동의 요소로 쓰이며, 점진적인 증가나 감소가 점층의 요소라고 할 수 있다.

19

골프장에 사용되는 잔디 중 난지형 잔디는?

① 들잔디　　　　　② 벤트 그래스
③ 켄터키블루 그래스　④ 라이 그래스

해설및용어설명 | 들잔디는 러프 지역에 쓰일 수 있다.

20

도심지의 조경대상이 되는 것은?

① 골프장　　② 녹지
③ 유원지　　④ 묘지

해설및용어설명 | 도시공원 및 녹지 등에 관한 법률에서 도시지역 안에 있는 녹지를 법적으로 설치하고 있다.

21

다음 설명에 해당되는 잔디는?

- 한지형 잔디이다.
- 불완전 포복형이지만, 포복력이 강한 포복경을 지표면으로 강하게 뻗는다.
- 잎의 폭이 2~3mm로 질감이 매우 곱고 품질이 좋아서 골프장 그린에 많이 이용한다.
- 짧은 예취에 견디는 힘이 가장 강하나, 병충해에 가장 약하며 방제에 힘써야 한다.

① 버뮤다 그래스　　② 켄터키블루 그래스
③ 벤트 그래스　　　④ 라이 그래스

해설및용어설명 | 골프장의 그린에 이용되는 잔디는 질감이 매우 고운 잔디로 벤트 그래스이다.

22

골프코스에서 홀(hole)의 출발지점을 무엇이라 하는가?

① 그린　　② 티
③ 러프　　④ 페어웨이

해설및용어설명 |
- 러프(rough) : 페어웨이 이외의 의도적인 비정비(非整備) 지대
- 페어웨이(fairway) : 공을 타격하기 좋게 항상 잔디를 짧게 깎아 놓은 구역
- 그린(Green) : 퍼팅을 하기 위해 잔디를 짧게 깎아 정비해 둔 지역

17 ④　18 ①　19 ①　20 ②　21 ③　22 ②

23

골프장에서 티와 그린 사이의 공간으로 잔디를 짧게 깎는 지역은?

① 해저드 ② 페어웨이
③ 홀 커터 ④ 벙커

해설및용어설명 |
- 페어웨이(fairway) : 공을 타격하기 좋게 항상 잔디를 짧게 깎아 놓은 구역
- 해저드(hazard) : 연못이나 물가, 나무, 수풀 등의 자연장해물 구역
- 벙커(bunker) : 지면이 꺼진 곳으로 보통 모래로 덮여 있는 나지구역
- 홀 커터 : 목재 등에 구멍을 뚫는 기계

24

주축선을 따라 설치된 원로의 양쪽에 짙은 수림을 조성하여 시선을 주축선으로 집중시키는 수법을 무엇이라 하는가?

① 테라스(terrace) ② 파티오(patio)
③ 비스타(vista) ④ 퍼골러(pergola)

해설및용어설명 | 비스타는 통경선(通徑線)이라고도 하며, 시선을 깊이 방향으로 유도하는 일정방향으로 축선을 가진 풍경 및 그 구성수법을 말한다.

25

감탕나무과(Aquilofiacoae)에 해당하지 않는 것은?

① 호랑가시나무 ② 먼나무
③ 꽝꽝나무 ④ 소태나무

해설및용어설명 | 소태나무는 소태나무과에 속한다.

26

시멘트의 응결에 대한 설명으로 옳지 않은 것은?

① 시멘트와 물이 화학반응을 일으키는 작용이다.
② 수화에 의하여 유동성과 점성을 상실하고 고화하는 현상이다.
③ 시멘트 겔이 서로 응집하여 시멘트입자가 치밀하게 채워지는 단계로서 경화하여 강도를 발휘하기 직전의 상태이다.
④ 저장 중 공기에 노출되어 공기 중의 습기 및 탄산가스를 흡수하여 가벼운 수화반응을 일으켜 탄산화하여 고화되는 현상이다.

해설및용어설명 | 저장 중 공기에 노출되어 공기 중의 습기 및 탄산가스를 흡수하여 가벼운 수화반응을 일으켜 탄산화하여 고화되는 현상을 풍화라고 한다.

27

다음 중 훼손지 비탈면의 초류종자 살포(종비토 뿜어붙이기)와 가장 관계없는 것은?

① 종자 ② 생육기반재
③ 지효성비료 ④ 농약

해설및용어설명 | 초류종자 살포(종비토 뿜어붙이기)는 하이드로시딩(hydroseeding)이라고도 하며, 교란된 지역에 일년생 또는 다년생 식물의 씨앗을 비료, 멀칭재, 접착용 토양과 물을 주입하여 식생 피복을 유도하는 것을 말한다.

28

다음 중 공기 중에 환원력이 커서 산화가 쉽고, 이온화 경향이 가장 큰 금속은?

① Pb ② Fe
③ Al ④ Cu

해설및용어설명 | 금속의 이온화 경향의 순서는 다음과 같다.
K > ca > Na > Mg > Al > Zn > Fe > Ni > Sn > Pb > H > Cu > Hg > Ag > Pt > Au

29
우리나라에서 식물의 천연분포를 결정짓는 가장 주된 요인은?

① 광선　　　　　② 온도
③ 바람　　　　　④ 토양

해설및용어설명 | 식물의 천연분포는 연평균 기온을 중심으로 열대·온대·한대와 같이 구분된다. 우리나라는 대부분이 온대 식물에 속하며, 최한월(最寒月)의 평균기온이 −3 ~ 18℃의 지대를 말한다.

30
재료가 탄성한계 이상의 힘을 받아도 파괴되지 않고 가늘고 길게 늘어나는 성질은?

① 취성(脆性)　　　② 인성(靭性)
③ 연성(延性)　　　④ 전성(展性)

해설및용어설명 |
- 취성 : 재료의 파괴되기 쉬운 역학적 성질
- 인성 : 재료의 질김성, 곧 외력에 의해서 파괴하기 어려운 성질
- 전성 : 금속재료가 얇게 박이나 판 등으로 펴지는 성질

31
해사 중 염분이 허용한도를 넘을 때 철근콘크리트의 조치 방안으로서 옳지 않은 것은?

① 아연도금 철근을 사용한다.
② 방청제를 사용하여 철근의 부식을 방지한다.
③ 살수 또는 침수법을 통하여 염분을 제거한다.
④ 단위시멘트량이 적은 빈배합으로 하여 염분과의 반응성을 줄인다.

해설및용어설명 | 염분이 허용한도를 넘을 때에는 콘크리트 배합 시 부배합으로 하여 수밀성을 높이는 조치를 하도록 한다.

32
일반적으로 봄 화단용 꽃으로만 짝지어진 것은?

① 맨드라미, 국화　　② 데이지, 금잔화
③ 샐비어, 색비름　　④ 칸나, 메리골드

해설및용어설명 | 맨드라미, 국화, 샐비어, 색비름, 칸나, 메리골드는 여름 ~ 가을 화단용 식물들이다.

33
다음 중 조경수목의 생장 속도가 빠른 수종은?

① 둥근향나무　　　② 감나무
③ 모과나무　　　　④ 삼나무

해설및용어설명 | 삼나무는 생장속도가 매우 빠른 속성수이다.

34
호랑가시나무(감탕나무과)와 목서(물푸레나무과)의 특징 비교 중 옳지 않은 것은?

① 목서의 꽃은 백색으로 9 ~ 10월에 개화한다.
② 호랑가시나무의 잎은 마주나며 얇고 윤택이 없다.
③ 호랑가시나무의 열매는 지름 0.8 ~ 1.0cm로 9 ~ 10월에 적색으로 익는다.
④ 목서의 열매는 타원형으로 이듬해 10월경에 암자색으로 익는다.

해설및용어설명 | 호랑가시나무의 잎은 어긋나고 두꺼우며 윤기가 있다.

35

목재의 구조에는 춘재와 추재가 있는데 추재(秋材)를 바르게 설명한 것은?

① 세포는 막이 얇고 크다.
② 빛깔이 엷고 재질이 연하다.
③ 빛깔이 짙고 재질이 치밀하다.
④ 춘재보다 자람의 폭이 넓다.

해설및용어설명 | 추재는 수목의 나이테 중에서 여름부터 가을에 걸쳐서 형성된 부분으로 어두운 층의 세포층을 말하며, 비중이 크고 강도도 높다.

36

다음 중 황색의 꽃을 갖는 수목은?

① 모감주나무　　② 조팝나무
③ 박태기나무　　④ 산철쭉

해설및용어설명 | 조팝나무는 흰색꽃, 박태기나무와 산철쭉은 자색(보라색) 꽃을 피운다.

37

다음 중 방풍용수의 조건으로 옳지 않은 것은?

① 양질의 토양으로 주기적으로 이식한 천근성 수목
② 일반적으로 견디는 힘이 큰 낙엽활엽수보다 상록활엽수
③ 파종에 의해 자란 자생수종으로 직근(直根)을 가진 것
④ 대표적으로 소나무, 가시나무, 느티나무 등이 적당하다.

해설및용어설명 | 방풍용수는 심근성이고 뿌리가 강인해야 하므로 이식한 천근성 수목은 적당하지 않다.

38

점토제품 제조를 위한 소성(燒成) 공정순서로 맞는 것은?

① 예비처리 – 원료조합 – 반죽 – 숙성 – 성형 – 시유 – 소성
② 원료조합 – 반죽 – 숙성 – 예비처리 – 소성 – 성형 – 시유
③ 반죽 – 숙성 – 성형 – 원료조합 – 시유 – 소성 – 예비처리
④ 예비처리 – 반죽 – 원료조합 – 숙성 – 시유 – 성형 – 소성

해설및용어설명 | 시유(施釉)는 유약을 바르거나 잿물을 바르는 것을 말한다.

39

수목의 전정작업 요령에 관한 설명으로 옳지 않은 것은?

① 상부는 가볍게, 하부는 강하게 한다.
② 우선 나무의 정상부로부터 주지의 전정을 실시한다.
③ 전정작업을 하기 전 나무의 수형을 살펴 이루어질 가지의 배치를 염두에 둔다.
④ 주지의 전정은 주간에 대해서 사방으로 고르게 굵은가지를 배치하는 동시에 상하(上下)로도 적당한 간격으로 자리 잡도록 한다.

해설및용어설명 | 상부는 강하게(많이), 하부는 약하게(조금) 하도록 한다.

40

개화를 촉진하는 정원수 관리에 관한 설명으로 옳지 않은 것은?

① 햇빛을 충분히 받도록 해준다.
② 물을 되도록 적게 주어 꽃눈이 많이 생기도록 한다.
③ 깻묵, 닭똥, 요소, 두엄 등을 15일 간격으로 시비한다.
④ 너무 많은 꽃봉오리는 솎아낸다.

해설및용어설명 | 깻묵이나 닭똥같은 유기질비료는 천천히 효과를 발휘하는 비료이기 때문에 간격을 두고 시비하는 것이 좋고, 개화에 직접적으로 영향을 주지는 않는다.

정답 35 ③　36 ①　37 ①　38 ①　39 ①　40 ③

41

꺾꽂이(삽목) 번식과 관련된 설명으로 옳지 않은 것은?

① 왜성화할 수도 있다.
② 봄철에는 새싹이 나오고 난 직후에 실시한다.
③ 실생묘에 비해 개화·결실이 빠르다.
④ 20 ~ 30℃의 온도와 포화상태에 가까운 습도 조건이면 항시 가능하다.

해설및용어설명 | 삽목할 경우 대부분의 수종은 새싹이 트기 전에 실시하는 것이 효과적이다.

42

마운딩(mounding)의 기능으로 옳지 않은 것은?

① 유효 토심확보
② 배수 방향 조절
③ 공간 연결의 역할
④ 자연스러운 경관 연출

해설및용어설명 | 마운딩은 공간 분리의 기능이 있다.

43

수목의 키를 낮추려면 다음 중 어떠한 방법으로 전정하는 것이 가장 좋은가?

① 수액이 유동하기 전에 약전정을 한다.
② 수액이 유동한 후에 약전정을 한다.
③ 수액이 유동하기 전에 강전정을 한다.
④ 수액이 유동한 후에 강전정을 한다.

해설및용어설명 | 수목의 키를 낮추기 위해서는 강전정을 하되 수액이 유동하기 전이 적당하다.

44

콘크리트의 재료분리 현상을 줄이기 위한 방법으로 옳지 않은 것은?

① 플라이애시를 적당량 사용한다.
② 세장한 골재보다는 둥근 골재를 사용한다.
③ 중량골재와 경량골재 등 비중차가 큰 골재를 사용한다.
④ AE제나 AE감수제 등을 사용하여 사용수량을 감소시킨다.

해설및용어설명 | 중량골재와 경량골재 등 비중차가 큰 골재를 사용하는 것은 재료분리 현상을 가중시킬 수 있다.

45

일반적으로 근원직경이 10cm인 수목의 뿌리분을 뜨고자 할 때 뿌리분의 직경으로 적당한 크기는?

① 20cm
② 40cm
③ 80cm
④ 120cm

해설및용어설명 | 뿌리분은 보통 근원직경의 4 ~ 6배 크기로 한다.

46

흡즙성 해충의 분비물로 인하여 발생하는 병은?

① 흰가루병
② 흑병
③ 그을음병
④ 점무늬병

해설및용어설명 | 그을음병은 진딧물과 깍지벌레의 분비물이 원인이 된다.

정답 41 ② 42 ③ 43 ③ 44 ③ 45 ② 46 ③

47

다음 그림과 같은 비탈면 보호공의 공종은?

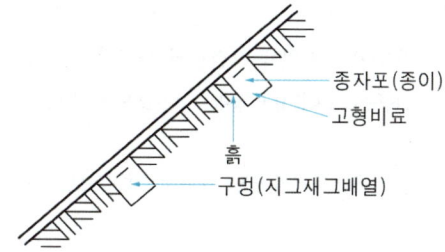

① 식생구멍공 ② 식생자루공
③ 식생매트공 ④ 줄떼심기공

해설및용어설명 | 비탈면에 식혈(식재구덩이)을 만들어 식재하는 방법을 식생구멍공이라고 한다.

48

잔디의 잎에 갈색 냉반이 동그랗게 생기고, 특히 6~9월경에 벤트 그래스에 주로 나타나는 병해는?

① 녹병 ② 황화병
③ 브라운패치 ④ 설부병

해설및용어설명 | 브라운패치는 서양잔디의 주요 병해이다.

49

소나무류는 생장조절 및 수형을 바로잡기 위하여 순따기를 실시하는데 대략 어느 시기에 실시하는가?

① 3~4월 ② 5~6월
③ 9~10월 ④ 11~12월

50

과습지역 토양의 물리적 관리 방법이 아닌 것은?

① 암거배수 시설설치 ② 명거배수 시설설치
③ 토양치환 ④ 석회사용

해설및용어설명 | 석회는 산성토양의 중성화 작업 시 사용할 수 있다

51

벽 뒤로부터의 토양에 의한 붕괴를 막기 위한 공사는?

① 옹벽 쌓기 ② 기슭막이
③ 견치석 쌓기 ④ 호안공

52

잎응애(spider mite)에 관한 설명으로 옳지 않은 것은?

① 절지동물로서 거미강에 속한다.
② 무당벌레, 풀잠자리, 거미 등의 천적이 있다.
③ 5월부터 세심히 관찰하여 약충이 발견되면, 다이아지논 입제 등 살충제를 살포한다.
④ 육안으로 보이지 않기 때문에 응애피해를 다른 병으로 잘못 진단하는 경우가 자주 있다.

해설및용어설명 | 다이아지논은 유기인계 살충제로서, 잎벌레, 나방 등의 방제에 쓰인다.

정답 47 ① 48 ③ 49 ② 50 ④ 51 ① 52 ③

53

다음 중 호박돌 쌓기에 이용되는 쌓기법으로 가장 적합한 것은?

① +자 줄눈 쌓기
② 줄눈 어긋나게 쌓기
③ 이음매 경사지게 쌓기
④ 평석 쌓기

해설및용어설명 | +자 줄눈은 구조가 불안정하여 호박돌 쌓기에 부적합하다.

54

흙은 같은 양이라 하더라도 자연상태(N)와 흐트러진 상태(S), 인공적으로 다져진 상태(H)에 따라 각각 그 부피가 달라진다. 자연상태의 흙의 부피(N)를 1.0으로 할 경우 부피가 큰 순서로 적당한 것은?

① H > N > S
② N > H > S
③ S > N > H
④ S > H > N

해설및용어설명 | 흙은 자연상태에서 파내면 흐트러진 상태가 되어 부피가 증가하고, 흙을 구덩이에 다져넣어 다져진 상태가 되면 자연상태보다 부피가 감소하게 된다.

55

항공사진으로 지형조사를 할 경우 색소로서 지질, 광물, 식생 등을 판단할 수 있다. 검은색으로 나타나지 않는 것은?

① 저수지
② 모래밭
③ 탄광지대
④ 침엽수림

해설및용어설명 | 항공사진으로 지형조사를 할 경우 모래밭은 밝은 색상으로 나타난다.

56

조경현장에서 사고가 발생하였다고 할 때 응급조치를 잘못 취한 것은?

① 기계의 작동이나 전원을 단절시켜 사고의 진행을 막는다.
② 현장에 관중이 모이거나 흥분이 고조되지 않도록 하여야 한다.
③ 사고 현장은 사고 조사가 끝날 때까지 그대로 보존하여 두어야 한다.
④ 상해자가 발생 시 관계 조사관이 현장을 확인 보존 후 전문의의 치료를 받게 한다.

57

지형건물을 한 방향에서 수평 투영한 것은?

① 평면도
② 단면도
③ 입면도
④ 투시도

해설및용어설명 | 수직 투영은 입면도, 수평 투영은 평면도를 말하며, 단면도는 단면선을 기준으로 수직 투영한 그림이다. 투시도는 소점이 있으며 입체감을 가진다.

58

지형과 바람과의 관계가 잘못 설명된 것은?

① 낮에는 산 정상에서 골짜기쪽으로 바람이 분다.
② 밤에는 육지쪽에서 바다쪽으로 바람이 분다.
③ 낮에는 바다쪽에서 육지쪽으로 바람이 분다.
④ 밤에는 산 정상에서 골짜기쪽으로 바람이 분다.

해설및용어설명 | 지형과 풍동과의 관계는 자연환경 분석에서 쓰이며, 종종 출제되고 있다.

정답 53 ② 54 ③ 55 ② 56 ④ 57 ① 58 ①

59

토양분석을 위해 사용하는 정밀 토양도의 축척은?

① 1/5,000
② 1/10,000
③ 1/25,000
④ 1/50,000

해설및용어설명 | 정밀 토양도는 1 : 25,000의 축척으로 제작된다.

60

다음 중 점적 요소가 아닌 것은?

① 전답
② 정자목
③ 외딴집
④ 잔디밭의 조각

해설및용어설명 | 전답은 밭을 말하며 면적의 개념으로 면적인 요소이다.

정답 59 ③ 60 ①

CBT 복원문제

2020 * 3

*2016년 5회부터 CBT(컴퓨터 기반 시험)방식으로 변경되어 문제가 공개되지 않아 복원된 문제가 일부 상이할 수 있습니다.

01

채도대비에 의해 주황색 글씨를 보다 선명하게 보이도록 하려면 바탕색으로 어떤 색이 가장 적합한가?

① 빨간색 ② 노란색
③ 파란색 ④ 회색

해설및용어설명 | 회색은 채도가 낮은 색이고 주황색은 채도가 높은 색이다. 채도 차이가 큰 두 색을 조합하여 채도가 높은 주황색을 더욱 선명하게 보이도록 할 수 있다.

02

다음 관용색명 중 색상의 속성이 다른 것은?

① 이끼색 ② 라벤더색
③ 솔잎색 ④ 풀색

해설및용어설명 | 라벤더색은 보라색 계열이고, 이끼색, 솔잎색, 풀색은 녹색 계열이다.

03

다음 중 목재의 방화제(防火劑)로 사용될 수 없는 것은?

① 염화암모늄 ② 황산암모늄
③ 제2인산암모늄 ④ 질산암모늄

해설및용어설명 | 질산암모늄은 고온, 가연성 물질과 폭발의 위험이 높아 폭약으로 주로 쓰이며, 비료, 냉각제, 인쇄 등에도 사용된다.

04

다음 중 양수에 해당하는 낙엽관목 수종은?

① 독일가문비 ② 무궁화
③ 녹나무 ④ 주목

해설및용어설명 | 대체로 꽃과 열매가 화려하고 많은 것이 양수에 속하는 경향이 있다.

05

조경에 이용될 수 있는 상록활엽관목류의 수목으로만 짝지어진 것은?

① 아왜나무, 가시나무 ② 광나무, 꽝꽝나무
③ 백당나무, 병꽃나무 ④ 황매화, 후피향나무

06

콘크리트의 표준 배합비가 1 : 3 : 6일 때 이 배합비의 순서에 맞는 각각의 재료를 바르게 나열한 것은?

① 모래 : 자갈 : 시멘트 ② 자갈 : 시멘트 : 모래
③ 자갈 : 모래 : 시멘트 ④ 시멘트 : 모래 : 자갈

해설및용어설명 | 콘크리트의 용적배합 시 1 : 3 : 6이 나타내는 것은 시멘트 : 모래 : 자갈의 용적(부피)비이다.

정답 01 ④ 02 ② 03 ④ 04 ② 05 ② 06 ④

07
수직선의 특성이 아닌 것은?

① 엄격함　　② 장중함
③ 안이함　　④ 경건함

해설및용어설명 | 수평선은 안정감, 친근감 등을 준다. 수직선은 극적이고 엄숙한 느낌을 준다.

08
건설재료용으로 사용되는 목재를 건조시키는 목적 및 건조방법에 관한 설명 중 틀린 것은?

① 중량경감 및 강도, 내구성을 증진시킨다.
② 균류에 의한 부식 및 벌레의 피해를 예방한다.
③ 자연건조법에 해당하는 공기건조법은 실외에 목재를 쌓아 두고 기건상태가 될 때까지 건조시키는 방법이다.
④ 밀폐된 실내에서 가열한 공기를 보내서 건조를 촉진시키는 방법은 인공건조법 중에서 증기건조법이다.

해설및용어설명 | 밀폐된 실내에서 가열한 공기로 건조하는 방법은 인공건조법 중에서 열기건조법이다.

09
다음 중 멜루스(Malus) 속에 해당되는 식물은?

① 아그배나무　　② 복사나무
③ 팥배나무　　　④ 쉬땅나무

해설및용어설명 | Malus는 사과나무 속의 식물을 말하며, 배나무와 사과나무 종류 등이 여기에 속한다.

10
다음 중 질감의 대비효과가 제일 큰 것은?

① 이끼 – 모래　　② 콘크리트바닥 – 나무바닥
③ 정원석 – 수석　④ 벽돌담 – 잔디밭

해설및용어설명 | 표면의 입자의 크기가 큰 것이 질감이 거칠게 느껴지며, 크기가 작은 것이 곱게 느껴진다. 보기 중 벽돌과 잔디의 크기가 차이가 있기 때문에 질감이 상이하게 느껴진다.

11
다음 인동과(科) 수종에 대한 설명으로 맞는 것은?

① 백당나무는 열매가 적색이다.
② 아왜나무는 상록활엽관목이다.
③ 분꽃나무는 꽃향기가 없다.
④ 인동덩굴의 열매는 둥글고 6 ~ 8월에 붉게 성숙한다.

해설및용어설명 | 아왜나무는 상록활엽교목이다. 분꽃나무는 꽃향기가 주 감상 대상이 되고 인동덩굴의 열매는 가을에 검게 익는다.

12
구상나무(Abies Koreana Wilson)와 관련된 설명으로 틀린 것은?

① 한국이 원산지이다.
② 측백나무과(科)에 해당한다.
③ 원추형의 상록침엽교목이다.
④ 열매는 구과로 원통형이며 길이 4 ~ 7cm, 지름 2 ~ 3cm의 자갈색이다.

해설및용어설명 | 구상나무는 소나무과에 속하는 상록침엽교목이다. 한국이 원산지이며, 최근 트리나 조경용으로 각광받고 있다.

13

마로니에와 칠엽수에 대한 설명으로 옳지 않은 것은?

① 마로니에와 칠엽수는 원산지가 같다.
② 마로니에와 칠엽수의 잎은 장상복엽이다.
③ 마로니에는 칠엽수와는 달리 열매 표면에 가시가 있다.
④ 마로니에와 칠엽수 모두 열매 속에는 밤톨같은 씨가 들어 있다.

해설및용어설명 | 마로니에는 가시칠엽수의 다른 이름이며, 칠엽수는 열매 표면에 가시가 없는 반면 가시칠엽수에는 열매 표면에 가시가 있다. 또한, 마로니에는 유럽남부가 원산지이고, 칠엽수는 일본이 원산지이다.

14

자연토양을 사용한 인공지반에 식재된 대관목의 생육에 필요한 최소 식재토심은? (단, 배수구배는 1.5~2.0%이다)

① 15cm
② 30cm
③ 45cm
④ 70cm

해설및용어설명 |

종류	자연토양	인공경량토
초화류, 지피식물	15cm 이상	10cm 이상
소관목	30cm 이상	20cm 이상
대관목	45cm 이상	30cm 이상
교목	70cm 이상	60cm 이상

15

다음 중 콘크리트 내구성에 영향을 주는 아래 화학반응식의 현상은?

$$Ca(OH)_2 + CO_2 \rightarrow CaCO_3 + H_2O \uparrow$$

① 콘크리트 염해
② 동결융해현상
③ 콘크리트 중성화
④ 알칼리 골재반응

해설및용어설명 | 경화한 콘크리트는 시멘트의 수화생성물로서 수산화칼슘 $Ca(OH)_2$을 함유하여 강알칼리성을 나타내는데, 공기 중의 탄산가스 CO_2가 수산화칼슘 $Ca(OH)_2$과 화학반응하여 서서히 탄산칼슘 $CaCO_3$이 되면서 콘크리트의 알칼리성을 상실한다. 이같은 현상을 콘크리트 중성화라고 한다.

16

수목이 염분에 견디는 한계농도는?

① 0.1%
② 1.0%
③ 0.05%
④ 1.5%

해설및용어설명 | 염분의 한계농도는 수목은 0.05%, 잔디는 0.1%, 채소류는 0.04%이다.

17

전통적인 일본식 정원의 형태가 아닌 것은?

① 회유임천식
② 평정고산수식
③ 다정양식
④ 사실주의 풍경식

해설및용어설명 | 사실주의 풍경식은 근대 영국에서 유행한 조경 양식이다.

18

다음 중 목재에 유성페인트 칠을 할 때 가장 관련이 없는 재료는?

① 건성유　　② 건조제
③ 방청제　　④ 희석제

해설및용어설명 | 방청제는 철재의 녹막이칠에 사용되는 재료이다.

19

다음 중 시멘트의 응결시간에 가장 영향이 적은 것은?

① 수량(水量)　　② 온도
③ 분말도　　④ 골재의 입도

해설및용어설명 | 입도가 좋은 골재란 크고 작은 골재알(粒)이 혼합되어 있는 정도를 말하며 입도가 좋은 골재는 작은 골재알이 큰 골재알 사이에 채워져 공극이 더 작아져서 강도가 증가한다.
골재는 시멘트가 아닌 콘크리트에 들어가는 재료로 시멘트 응결시간과 관계가 없다.

20

다음 중 조경공간의 포장용으로 주로 쓰이는 가공석은?

① 견치돌(간지석)　　② 각석
③ 판석　　④ 강석(하천석)

해설및용어설명 | 판석포장은 미관상 우수하여 조경공간에 주로 많이 쓰인다.

21

주로 감람석, 섬록암 등의 심성암이 변질된 것으로 암녹색 바탕에 흑백색의 아름다운 무늬가 있으며, 경질이나 풍화성이 있어 외장재보다는 내장 마감용 석재로 이용되는 것은?

① 사문암　　② 안산암
③ 점판암　　④ 화강암

해설및용어설명 | 감람석이 변성작용을 거쳐 사문암이 된다.

22

콘크리트 다지기에 대한 설명으로 틀린 것은?

① 진동다지기를 할 때에는 내부진동기를 하층의 콘크리트 속으로 작업이 용이하도록 사선으로 0.5m 정도 찔러 넣는다.
② 내부진동기의 1개소당 진동시간은 다짐할 때 시멘트 페이스트가 표면 상부로 약간 부상하기까지 한다.
③ 거푸집판에 접하는 콘크리트는 되도록 평탄한 표면이 얻어지도록 타설하고 다져야 한다.
④ 콘크리트 다지기에는 내부진동기의 사용을 원칙으로 하나, 얇은 벽 등 내부진동기의 사용이 곤란한 장소에서는 거푸집 진동기를 사용해도 좋다.

23

회교식 정원에서 필수적으로 이용하는 요소는?

① 녹음수　　② 원로
③ 물　　④ 원정

해설및용어설명 | 회교식 정원에서는 이슬람의 영향으로 물의 요소를 가장 중요시했다.

24

합성수지 놀이시설물의 관리 요령으로 가장 적합한 것은?

① 자체가 무거워 균열 발생 전에 보수한다.
② 정기적인 보수와 도료 등을 칠해 주어야 한다.
③ 회전하는 축에는 정기적으로 그리스를 주입한다.
④ 겨울철 저온기 때 충격에 의한 파손을 주의한다.

해설및용어설명 | 합성수지(플라스틱) 시설물은 동결 시 충격에 의해 쉽게 파손된다.

25

수목의 뿌리분 굴취와 관련된 설명으로 틀린 것은?

① 분의 크기는 뿌리목 줄기 지름의 3~4배를 기준으로 한다.
② 수목 주위를 파 내려가는 방향은 지면과 직각이 되도록 한다.
③ 분의 주위를 1/2정도 파내려갔을 무렵부터 뿌리감기를 시작한다.
④ 분을 감기 전 직근을 잘라야 용이하게 작업할 수 있다.

해설및용어설명 | 분 감기 전에는 잔뿌리를 잘라서 잔뿌리 발생을 촉진하고 직근은 자르지 않는다.

26

다음 조경식물 중 생장 속도가 가장 느린 것은?

① 배롱나무   ② 쉬나무
③ 눈주목   ④ 층층나무

해설및용어설명 | 주목은 생장 속도가 매우 느린 수종이다. 눈주목은 교목인 주목과 달리 관목으로서 수직이 아닌 수평으로 퍼져서 자라는 특성이 있으나, 생장 속도는 주목과 같이 매우 느리다.

27

가지가 굵어 이미 찢어진 경우에도 도복 등의 위험을 방지하고자 하는 방법으로 가장 알맞은 것은?

① 지주설치   ② 쇠조임(당김줄설치)
③ 외과수술   ④ 가지치기

해설및용어설명 | 도복이란 수목이 전도되는 것을 말한다. 당김줄은 수고가 큰 대형목에 이용되는 단단한 고정방법이다.

28

과다사용 시 병에 대한 저항력을 감소시키므로 특히 토양의 비배관리에 주의해야 하는 무기성분은?

① 질소   ② 규산
③ 칼륨   ④ 인산

해설및용어설명 | 질소는 생장에 필요한 필수성분이지만 과다사용 시 웃자라게 되어 추위와 병에 대한 저항력을 감소시킬 수 있다.

29

다음 중 토양 통기성에 대한 설명으로 틀린 것은?

① 기체는 농도가 낮은 곳에서 높은 곳으로 확산작용에 의해 이동한다.
② 토양 속에는 대기와 마찬가지로 질소, 산소 이산화탄소 등의 기체가 존재한다.
③ 토양생물의 호흡과 분해로 인해 토양 공기 중에는 대기에 비하여 산소가 적고 이산화탄소가 많다.
④ 건조한 토양에서는 이산화탄소와 산소의 이동이나 교환이 쉽다.

해설및용어설명 | 기체는 농도가 높은 쪽에서 낮은 쪽으로 이동한다.

30

다음 중 흙깎기의 순서 중 가장 먼저 실시하는 곳은?

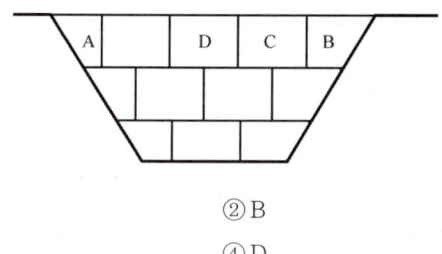

① A ② B
③ C ④ D

해설및용어설명 | 흙깎기 공사에서는 가운데 부분부터 점차 바깥부분 쪽으로, 아래로 파내려간다.

31

목재를 방부제 속에 일정기간 담가두는 방법으로 크레오소트(creosote)를 많이 사용하는 방부법은?

① 표면탄화법 ② 직접유살법
③ 상압주입법 ④ 약제도포법

해설및용어설명 | 방부액을 가압하여 목재를 담근 후 다시 상온액 중에 담그는 법은 상압주입법이다.

32

다음 중 지피식물 선택 조건으로 부적합한 것은?

① 치밀하게 피복되는 것이 좋다.
② 키가 낮고 다년생이며 부드러워야 한다.
③ 병충해에 강하며 관리가 용이하여야 한다.
④ 특수 환경에 잘 적응하며 희소성이 있어야 한다.

해설및용어설명 | 조경식물은 희소성이 있는 것보다는 구하기 쉬워야 한다.

33

다음 중 조경시공에 활용되는 석재의 특징으로 부적합한 것은?

① 내화성이 뛰어나고 압축강도가 크다.
② 내수성·내구성·내화학성이 뛰어나다.
③ 색조와 광택이 있어 외관이 미려·장중하다.
④ 천연물이기 때문에 재료가 균일하고 갈라지는 방향성이 없다.

해설및용어설명 | 천연물이기 때문에 균일한 재료를 얻기 어렵고 갈라지는 방향성이 있는 것이 특징이다.

34

디딤돌 놓기 공사에 대한 설명으로 틀린 것은?

① 정원의 잔디, 나지 위에 놓아 보행자의 편의를 돕는다.
② 넓적하고 평평한 자연석, 판석, 통나무 등이 활용된다.
③ 시작과 끝 부분, 갈라지는 부분은 50cm 정도의 돌을 사용한다.
④ 같은 크기의 돌을 직선으로 배치하여 기능성을 강조한다.

해설및용어설명 | 디딤돌은 자연미를 살려 배치하도록 한다.

35

다음 중 방제 대상별 농약 포장지 색깔이 옳은 것은?

① 살충제 - 노란색 ② 살균제 - 초록색
③ 제초제 - 분홍색 ④ 생장 조절제 - 청색

해설및용어설명 |

- 살충제 - 초록색
- 살균제 - 분홍색
- 제초제 - 노란색, 빨간색(비선택성)
- 생장 조절제 - 파란색
- 보조제 - 흰색

36

개화 결실을 목적으로 실시하는 정지·전정의 방법으로 틀린 것은?

① 약지는 길게, 강지는 짧게 전정하여야 한다.
② 묵은 가지나 병충해 가지는 수액유동 후에 전정한다.
③ 작은 가지나 내측으로 뻗은 가지는 제거한다.
④ 개화결실을 촉진하기 위하여 가지를 유인하거나 단근 작업을 실시한다.

해설및용어설명 | 묵은 가지와 병충해 가지는 수액유동 전인 휴지기에 전정을 하도록 한다. 또한 개화결실과는 관련이 없으며, 약지는 길게, 강지는 짧게 전정하는 것도 개화결실과는 관련이 없다.

37

다음 중 콘크리트의 파손 유형이 아닌 것은?

① 균열(crack)
② 융기(blow-up)
③ 단차(faulting)
④ 양생(curing)

해설및용어설명 | 양생은 콘크리트를 치고 난 뒤 유해한 영향을 받지 않도록 보존관리하는 작업을 말한다.

38

진딧물의 방제를 위하여 보호하여야 하는 천적으로 볼 수 없는 것은?

① 무당벌레류
② 꽃등애류
③ 솔잎벌류
④ 풀잠자리류

해설및용어설명 | 풀잠자리, 꽃등애, 무당벌레, 기생봉 등이 진딧물의 천적이다.

39

이종기생균이 그 생활사를 완성하기 위하여 기주를 바꾸는 것을 무엇이라고 하는가?

① 기주교대
② 중간기주
③ 이종기생
④ 공생교환

해설및용어설명 | 이종기생균은 생활사를 완성하기 위해 전혀 다른 2종의 기주를 필요로 하는데, 그 중에 경제적 가치가 적은 쪽을 중간기주라고 하고, 나머지를 기주라고 한다.

40

토양수분 중 식물이 생육에 주로 이용하는 유효수분은?

① 결합수
② 흡습수
③ 모세관수
④ 중력수

해설및용어설명 | 모세관수는 토양의 작은 공극 또는 모세관의 모관력에 의하여 보유되는 물로서 토양 중에 머물러 식물이 이용할 수 있는 수분의 형태이다.

41

다음 그림은 수목의 번식방법 중 어떠한 접목법에 해당하는가?

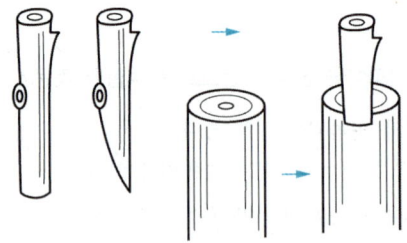

① 깎기접
② 안장접
③ 쪼개접
④ 박피접

해설및용어설명 | 박피접은 가지접의 한 종류로 대목의 껍질부분을 쪼개어 접수와 형성층 부분을 맞추어 꽂아 넣는 방법이다.

42

도시공원의 식물 관리비 계산 시 산출근거와 관련이 없는 것은?

① 식물의 수량　② 식물의 품종
③ 작업률　　　④ 작업회수

해설및용어설명 | 식물 관리비 = 식물수량×작업률×작업회수×작업단가

43

수간과 줄기 표면의 상처에 침투성 약액을 발라 조직 내로 약효성분이 흡수되게 하는 농약 사용법은?

① 도포법　② 관주법
③ 도말법　④ 분무법

해설및용어설명 |
- 관주법 : 땅속에 관을 설치하여 약액을 주입하는 방법
- 도말법 : 종자소독을 위해 분제농약을 건조한 종자에 입혀 살균하는 방법
- 분무법 : 약제를 물에 희석하여 분무기로 살포하는 방법

44

인공 식재 기반 조성에 대한 설명으로 틀린 것은?

① 토양, 방수 및 배수시설 등에 유의한다.
② 식재층과 배수층 사이는 부직포를 깐다.
③ 심근성 교목의 생존 최소 깊이는 40cm로 한다.
④ 건축물 위의 인공식재 기반은 방수처리한다.

해설및용어설명 | 심근성 교목의 생존 최소 깊이는 90cm이다.

45

참나무 시들음병에 관한 설명으로 틀린 것은?

① 피해목은 벌채 및 훈증처리한다.
② 솔수염하늘소가 매개충이다.
③ 곰팡이가 도관을 막아 수분과 양분을 차단한다.
④ 우리나라에서는 2004년 경기도 성남시에서 처음 발견되었다.

해설및용어설명 | 솔수염하늘소는 소나무재선충병의 매개충이며, 참나무 시들음병의 매개충은 광릉긴나무좀이다.

46

적심(摘心, candle pinching)에 대한 설명으로 틀린 것은?

① 고정생장하는 수목에 실시한다.
② 참나무과(科) 수종에서 주로 실시한다.
③ 수관이 치밀하게 되도록 교정하는 작업이다.
④ 촛대처럼 자란 새순을 가위로 잘라주거나 손끝으로 끊어준다.

해설및용어설명 | 소나무과의 수종에서 선단부의 주지의 순을 따내어 생장을 억제하는 방법이다. 순지르기라고도 한다.

47

예불기(예취기) 작업 시 작업자 상호간의 최소 안전거리는 몇 m 이상이 적합한가?

① 4m　② 6m
③ 8m　④ 10m

해설및용어설명 | 예불기란 소형원동기에 의하여 구동되는 원형톱, 특수날 등에 의하여 잡초, 산죽, 관목들을 자르기 위한 1인용 운반식 기계를 말하며, 작업 시 잔여물이 많이 튀기 때문에 안전거리를 10m 이상 확보하는 것이 좋다.

정답 42 ② 43 ① 44 ③ 45 ② 46 ② 47 ④

48

다음 중 시설물의 사용연수로 가장 부적합한 것은?

① 철재 시소 : 10년
② 목재 벤치 : 7년
③ 철재 퍼걸러 : 40년
④ 원로의 모래자갈 포장 : 10년

해설및용어설명 |
- 퍼걸러 : 목재 10년, 금속재 20년
- 벤치 : 목재 7년, 플라스틱재 7년, 콘크리트재 20년

49

페니트로티온 45% 유제 원액 100cc를 0.05%로 희석 살포액을 만들려고 할 때 필요한 물의 양은 얼마인가? (단, 유제의 비중은 1.0이다)

① 69,900cc
② 79,900cc
③ 89,900cc
④ 99,900cc

해설및용어설명 |

희석할 물의 양 = 원액용량 $\times \left(\dfrac{원액농도}{희석할\ 농도} - 1 \right) \times$ 원액의 비중

$= 100cc \times \left(\dfrac{45}{0.05} - 1 \right) \times 1 = 89,900cc$

따라서 희석할 물의 양은 89,900cc이다.

> **저자 TiP**
> 농약 희석배율 문제는 대부분 어렵지 않게 출제된다. 하지만 비중을 따져 묻는 문제도 종종 출제되기 때문에 공식을 알아두는 것이 좋다.

50

농약의 물리적 성질 중 살포하여 부착한 약제가 이슬이나 빗물에 씻겨 내리지 않고 식물체 표면에 묻어있는 성질을 무엇이라 하는가?

① 고착성(tenacity)
② 부착성(adhesiveness)
③ 침투성(penetrating)
④ 현수성(suspensibility)

해설및용어설명 | 고착성
부착된 약제가 환경 요인에 의해 씻기거나 소실되지 않고 붙어있는 성질

> **저자 TiP**
> - 부착성 : 살포 또는 살분된 약제가 실물에 잘 붙는 성질
> - 침투성 : 살포된 약제가 식물체나 해충에 침투하여 스며드는 성질
> - 현수성 : 소화제에 물을 가했을 때 고체 미립자가 침전하거나 떠오르지 않고 균일한 분산 상태로 유지하는 성질

51

다음 보도블록 포장공사의 단면 그림 중 블록 아랫부분은 무엇으로 채우는 것이 좋은가?

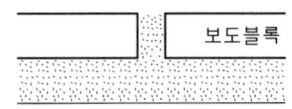

① 자갈
② 모래
③ 잡석
④ 콘크리트

해설및용어설명 | 보도블록 아래는 모래를 깔아 안전성을 확보하고 평탄하게 한다.

52

수간에 약액 주입 시 구멍 뚫는 각도로 가장 적절한 것은?

① 수평
② 0 ~ 10°
③ 20 ~ 30°
④ 50 ~ 60°

53

도시공원 및 녹지 등에 관한 법률 시행규칙상 도시의 근린공원 공원시설 부지면적 기준은?

① 100분의 20 이하
② 100분의 30 이하
③ 100분의 40 이하
④ 100분의 60 이하

해설및용어설명 | 도시공원 종류와 특성

구분		설치기준	유치거리	규모	시설율
소공원		제한없음	제한없음	제한없음	20% 이하
어린이공원		제한없음	250m 이하	1,500m² 이상	60% 이하
근린공원	생활권	제한없음	500m 이하	10,000m² 이상	40% 이하
	도보권	제한없음	1,000m 이하	30,000m² 이상	
	도시지역권	❶	제한없음	100,000m² 이상	
	광역권	❶	제한없음	1,000,000m² 이상	
역사공원		제한없음	제한없음	제한없음	제한없음
문화공원		제한없음	제한없음	제한없음	제한없음
수변공원		❷	제한없음	제한없음	40% 이하
묘지공원		❸	제한없음	100,000m² 이상	20% 이상
체육공원		❶	제한없음	10,000m² 이상	50% 이하
도시농업공원		제한없음	제한없음	10,000m² 이상	40% 이하

❶ 해당 도시공원의 기능을 충분히 발휘할 수 있는 장소에 설치
❷ 하천·호수 등의 수변과 접하고 있어 친수공간을 조성할 수 있는 곳에 설치
❸ 정숙한 장소로 장래 시가화가 예상되지 아니하는 자연녹지지역에 설치

54

흙에 시멘트와 다목적 토양개량제를 섞어 기층과 표층을 겸하는 간이포장 재료는?

① 우레탄
② 콘크리트
③ 카프
④ 칼라 세라믹

55

먼셀의 표색계에서 색의 3속성을 표기하는 기호의 순서가 맞는 것은?

① HV/C
② VH/C
③ CV/H
④ HC/V

해설및용어설명 | 먼셀 표색계에서 색상은 H, 명도는 V, 채도는 C로 나타낸다.

56

다음 중에서 파장이 가장 긴 색은?

① 청색
② 황색
③ 자색(보라색)
④ 녹색

해설및용어설명 | 가시광선 중에서 파장이 가장 긴 색은 적색광이며, 파장이 가장 짧은 색은 자색(보라색)이다.

57

환경조각과 가장 거리가 먼 것은?

① 공공성
② 기능성
③ 개인성
④ 예술성

해설및용어설명 | 최근 공공장소에 설치하는 환경조각에 대한 문제가 자주 출제되고 있다.

정답 52 ③ 53 ③ 54 ③ 55 ① 56 ② 57 ③

58

조경시설물의 규격으로 맞지 않은 것은?

① 파고라의 높이 : 2.2~2.5m
② 벤치의 높이 : 35~43cm
③ 벤치의 폭 : 38~45cm
④ 야외탁자의 높이 : 90~95cm

해설및용어설명 | 야외탁자의 경우 75~85cm가 적당하다.

59

다음 중 단풍나무류에 속하지 않는 것은?

① 네군도 ② 고로쇠
③ 복자기 ④ 오미자

해설및용어설명 | 오미자는 목련과에 속하는 덩굴성 관목이다.

60

수고 3m, 중량 100kg인 수목을 목도 시 몇 명이 필요한가?

① 1인 ② 2인
③ 3인 ④ 4인

해설및용어설명 | 1목도 = 50kg

58 ④ 59 ④ 60 ②

CBT 복원문제 2021 * 1

* 2016년 5회부터 CBT(컴퓨터 기반 시험)방식으로 변경되어 문제가 공개되지 않아 복원된 문제가 일부 상이할 수 있습니다.

01
임목(林木) 생장에 가장 좋은 토양구조는?

① 판상구조(platy)
② 괴상구조(blocky)
③ 입상구조(granular)
④ 견과상구조(nutty)

해설및용어설명 |
- 판상구조(platy) : 판모양의 구조
- 괴상구조(blocky) : 덩어리모양의 구조
- 입상구조(granular) : 구형의 입단구조를 말하며 입단의 모양이 수 mm 이하의 크기로 동글동글한 구상 혹은 능각의 불명료한 다면체를 보이며 표토는 대체로 입상구조
- 견과상구조(nutty) : 밤과 호두 같은 단단한 구조

02
토양침식에 대한 설명으로 옳지 않은 것은?

① 토양의 침식량은 유거수량이 많을수록 적어진다.
② 토양유실량은 강우량보다 최대강우강도와 관계가 있다.
③ 경사도가 크면 유속이 빨라져 무거운 입자도 침식된다.
④ 식물의 생장은 투수성을 좋게 하여 토양유실량을 감소시킨다.

해설및용어설명 | 토양의 침식량은 유거수량(지표면을 흐르는 빗물)이 많을수록 많아진다.

03
그림과 같은 축도기호가 나타내고 있는 것으로 옳은 것은?

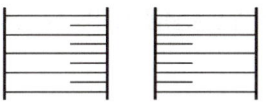

① 등고선
② 성토
③ 절토
④ 과수원

해설및용어설명 |

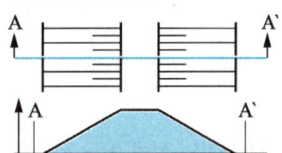

단면도로 나타내면 그림과 같이 성토하여 축제한 형태가 된다.

04
코흐의 4원칙에 대한 설명 중 잘못된 것은?

① 미생물은 반드시 환부에 존재해야 한다.
② 미생물은 분리되어 배지상에서 순수 배양되어야 한다.
③ 순수 배양한 미생물은 접종하여 동일한 병이 발생되어야 한다.
④ 발병한 피해부에서 접종에 사용한 미생물과 동일한 성질을 가진 미생물이 반드시 재분리 될 필요는 없다.

해설및용어설명 | 코흐의 4원칙의 내용에서는 동일한 병이 나타난 생물에게서 다시 병원균을 순수분리 할 수 있어야 한다는 내용이 포함된다.

정답 01 ③ 02 ① 03 ② 04 ④

> **저자 TIP**
> 코흐의 4원칙
> - 병에 걸린 생물은 병원균이 존재한다.
> - 병원균은 순수분리 배양될 수 있다.
> - 배양된 병원균을 건전한 생물에 접종 시 동일한 병이 나타난다.
> - 동일한 병이 나타난 생물에서 다시 병원균을 순수분리 할 수 있다.

05

도면 작업에서 원의 반지름을 표시할 때 숫자 앞에 사용하는 기호는?

① ϕ
② D
③ R
④ Δ

해설및용어설명 | ϕ, D는 직경(원의 지름)을 의미한다.

06

짐을 운반하여야 한다. 다음 중 같은 크기의 짐을 어느 색으로 포장했을 때 가장 덜 무겁게 느껴지는가?

① 다갈색
② 크림색
③ 군청색
④ 쥐색

해설및용어설명 | 색에도 무게감이 있는데, 밝은 색은 가벼운 무게감을 느낄 수 있는 색이다. 보기 중에서는 크림색이 가장 밝은 색으로 가볍게 느껴진다.

07

다음 중 9세기 무렵에 일본 정원에 나타난 조경양식은?

① 평정고산수양식
② 침전조양식
③ 다정양식
④ 회유임천양식

해설및용어설명 | 침전조양식은 헤이안시대 중후기 침전을 중심으로 조성된 정원양식이다. 침전의 좌우에 별채건물을 설치하고, 바다모습을 묘사한 대규모 연못과 섬, 다리를 조성하였다.

08

수도원 정원에서 원로의 교차점인 중정 중앙에 큰나무 한 그루를 심는 것을 뜻하는 것은?

① 파라다이소(Paradiso)
② 바(Bagh)
③ 트렐리스(Trellis)
④ 페리스틸리움(Peristylium)

해설및용어설명 |

- 바(Bagh) : 인도의 별장
- 트렐리스(Trellis) : 격자 울타리
- 페리스틸리움(Peristylium) : 로마 주택정원의 제2중정

09

물체의 앞이나 뒤에 화면을 놓은 것으로 생각하고, 시점에서 물체를 본 시선과 그 화면이 만나는 각 점을 연결하여 물체를 그리는 투상법은?

① 사투상법
② 투시도법
③ 정투상법
④ 표고투상법

해설및용어설명 | 물체의 앞이나 뒤에 화면을 놓은 것으로 생각하고 소점으로 선을 이어 원근감을 나타내어 그리는 그림은 투시도이다.

05 ③ 06 ② 07 ② 08 ① 09 ②

10

물체를 투상면에 대하여 한쪽으로 경사지게 투상하여 입체적으로 나타낸 것으로 다음 그림과 같은 것은?

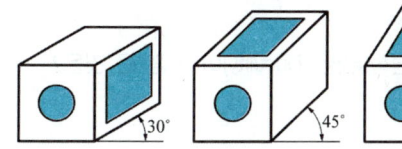

① 사투상도
② 투시투상도
③ 등각투상도
④ 부등각투상도

해설및용어설명 | 나의 평면 위에 물체의 한 면 또는 여러 면을 그리는 방법을 투상도라고 하는데 그 중에서도 투상선이 투상면을 사선으로 지나는 평행투상으로 그린 그림을 사투상도라고 한다.

- 축측 투상도의 종류
  물체의 모든면(육면체의 3면)을 투상면에 경사시켜놓고 수직 투상을 한 것
  - 등각투상도
  - 2등각투상도
  - 부등각투상도

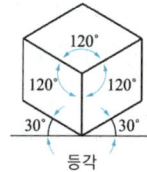 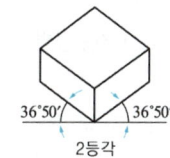 

등각   2등각   부등각

11

다음 그림과 같은 정투상도(제3각법)의 입체로 맞는 것은?

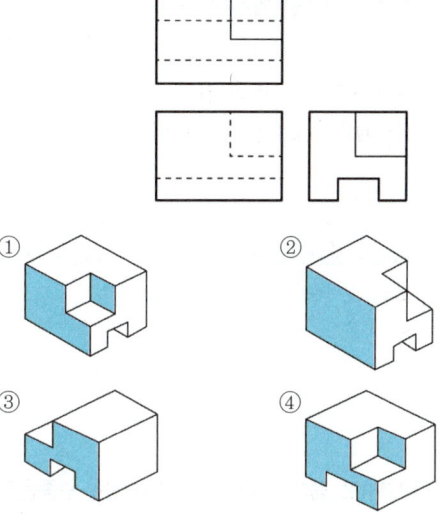

해설및용어설명 |

- 제3각법 : 투상면을 물체 앞에 놓고 투사한 방법으로 물체를 제3사분면에 두고 투영면에 정투영한 방식이다. 정면도를 기준으로 오른쪽에서 본 우측면을 정면도 우측에 표시한다.

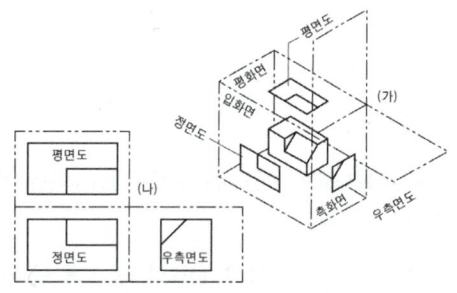

- 제1각법 : 투상면을 물체 뒤에 놓고 투사한 방법으로 물체를 제1사분면에 두고 투영면에 정투영한 방식이다. 정면도를 기준으로 오른쪽에서 본 우측면을 정면도의 좌측에 표시한다.

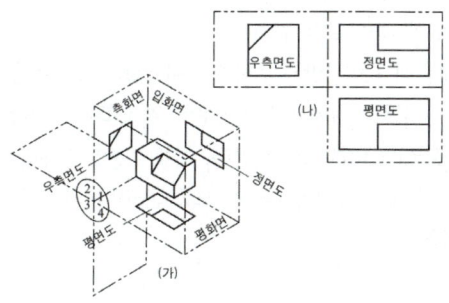

정답 10 ① 11 ②

12

스페인 정원의 특징과 관계가 먼 것은?

① 건물로서 완전히 둘러싸인 가운데 뜰 형태의 정원
② 정원의 중심부는 분수가 설치된 작은 연못 설치
③ 웅대한 스케일의 파티오 구조의 정원
④ 난대, 열대 수목이나 꽃나무를 화분에 심어 중요한 자리에 배치

해설및용어설명 | 파티오는 스페인의 정원양식이 맞지만, 웅대한 스케일이 아닌 건물로 둘러싸여 있는 아늑한 공간이 대상이었다.

13

다음 중 녹나무과(科)로 봄에 가장 먼저 개화하는 수종은?

① 치자나무
② 호랑가시나무
③ 생강나무
④ 무궁화

해설및용어설명 | 생강나무는 이른 봄인 3월에 잎보다 먼저 개화하는 수종이다.

14

콘크리트용 혼화재료로 사용되는 고로슬래그 미분말에 대한 설명 중 틀린 것은?

① 고로슬래그 미분말을 사용한 콘크리트는 보통 콘크리트보다 콘크리트 내부의 세공경이 작아져 수밀성이 향상된다.
② 고로슬래그 미분말은 플라이애시나 실리카흄에 비해 포틀랜드 시멘트와의 비중차가 작아 혼화재로 사용할 경우 혼합 및 분산성이 우수하다.
③ 고로슬래그 미분말을 혼화재로 사용한 콘크리트는 염화물 이온 침투를 억제하여 철근부식 억제효과가 있다
④ 고로슬래그 미분말의 혼합률을 시멘트 중량에 대하여 70% 혼합한 경우 중성화 속도가 보통 콘크리트의 2배 정도로 감소된다.

해설및용어설명 | 고로슬래그 미분말을 혼합할 경우 알칼리 감소로 중성화 속도가 증가한다.

15

다음 재료 중 연성(延性 : Ductility)이 가장 큰 것은?

① 금
② 철
③ 납
④ 구리

해설및용어설명 | 연성이란 인장력이 작용했을 때 변형하여 늘어나는 재료의 특성이다. 물체가 탄성한계 이상의 힘을 받아도 파괴되지 않고 가늘고 길게 늘어나는 성질을 말한다.

16

콘크리트의 응결, 경화 조절의 목적으로 사용되는 혼화제에 대한 설명 중 틀린 것은?

① 콘크리트용 응결, 경화 조정제는 시멘트의 응결, 경화 속도를 촉진시키거나 지연시킬 목적으로 사용되는 혼화제이다.
② 촉진제는 그라우트에 의한 지수공법 및 뿜어붙이기 콘크리트에 사용된다.
③ 지연제는 조기 경화현상을 보이는 서중 콘크리트나 수송거리가 먼 레디믹스트 콘크리트에 사용된다.
④ 급결제를 사용한 콘크리트의 조기 강도증진은 매우 크나 장기강도는 일반적으로 떨어진다.

해설및용어설명 | 촉진제는 서중 콘크리트에서 수화작용을 촉진하기 위해서 염화칼슘, 규산나트륨 등을 첨가하는 것이다. 그라우트에 의한 지수공법 및 뿜어붙이기 콘크리트는 누수방지와 토질안정을 위해 틈과 공동에 충전재를 주입하는 것으로 촉진제와 관련이 없다.

17

다음 괄호 안에 들어갈 용어로 맞게 연결된 것은?

> 외력을 받아 변형을 일으킬 때 이에 저항하는 성질로서 외력에 대한 변형을 적게 일으키는 재료는 (㉠)가(이) 큰 재료이다. 이것은 탄성계수와 관계가 있으나 (㉡)와(과)는 직접적인 관계가 없다.

① ㉠ 강도(strength), ㉡ 강성(stillness)
② ㉠ 강성(stillness), ㉡ 강도(strength)
③ ㉠ 인성(toughness), ㉡ 강성(stiliness)
④ ㉠ 인성(toughness), ㉡ 강도(strength)

해설 및 용어설명 | 변형에 대한 저항은 강성과 관련이 있고 파괴까지의 저항은 강도와 관련이 있다.

18

다음 설명에 가장 적합한 수종은?

> - 교목으로 꽃이 화려하다.
> - 전정을 싫어하고 대기오염에 약하며, 토질을 가리는 결점이 있다.
> - 매우 다방면으로 이용되며, 열식 또는 군식으로 많이 식재된다.

① 왕벚나무
② 수양버들
③ 전나무
④ 벽오동

해설 및 용어설명 | 왕벚나무는 4월에 잎보다 먼저 무리지어 꽃을 피우기 때문에 꽃의 화려함을 주로 감상한다.

19

다음 중 합판에 관한 설명으로 틀린 것은?

① 합판을 베니어판이라 하고 베니어란 원래 목재를 얇게 한 것을 말하며, 이것을 단판이라고도 한다.
② 슬라이스트 베니어(Sliced veneer)는 끌로서 각목을 얇게 절단한 것으로 아름다운 결을 장식용으로 이용하기에 좋은 특징이 있다.
③ 합판의 종류에는 섬유판, 조각판, 적층판 및 강화적층재 등이 있다.
④ 합판의 특징은 동일한 원재로부터 많은 정목판과 나무결 무늬판이 제조되며, 팽창 수축 등에 의한 결점이 없고 방향에 따른 강도 차이가 없다.

해설 및 용어설명 | 적층판은 종이나 섬유기판에 합성수지를 합침시켜 가압 고화해서 만든 절연판이다. 따라서 적층재 및 강화 적층재는 합판에 속하지 않는다.

20

질량 113kg의 목재를 절대건조시켜서 100kg으로 되었다면 전건량기준 함수율은?

① 0.13%
② 0.30%
③ 3.0%
④ 13.00%

해설 및 용어설명 | 함수율은 함유수분(절대건조)의 무게에 대한 전건재 무게의 비이다.
함유수분 = 113kg - 100kg = 13kg
(함유수분의 무게/전건재 무게)를 백분율로 나타내므로
13kg/100kg × 100 = 13%이다.

21

자동차 배기가스에 강한 수목으로만 짝지어진 것은?

① 화백, 향나무
② 삼나무, 금목서
③ 자귀나무, 수수꽃다리
④ 산수국, 자목련

정답 17 ② 18 ① 19 ③ 20 ④ 21 ①

22

장미과(科) 식물이 아닌 것은?

① 피라칸타 ② 해당화
③ 아까시나무 ④ 왕벚나무

해설및용어설명 | 아까시나무는 콩꼬투리와 비슷한 열매가 맺히는 콩과 식물이다.

23

골재의 표면수는 없고, 골재 내부에 빈틈이 없도록 물로 차 있는 상태는?

① 절대건조상태 ② 기건상태
③ 습윤상태 ④ 표면건조 포화상태

해설및용어설명 |
- 절대건조상태 : 골재를 100℃~110℃의 온도에서 질량변화가 없어질 때까지 건조한 상태
- 기건상태 : 골재를 공기 중에 건조하여 내부는 수분을 포함하고 있는 상태
- 습윤상태 : 골재의 내부는 이미 포화상태이고, 표면에도 물이 묻어 있는 상태
- 표면건조 포화상태 : 골재입자의 표면에는 물이 없으나 내부의 공극에는 물이 꽉 차있는 상태

24

식물의 아래 잎에서 황화현상이 일어나고 심하면 잎 전면에 나타나며, 잎이 작지만 잎수가 감소하며 초본류의 초장이 작아지고 조기 낙엽이 비료결핍의 원인이라면 어느 비료 요소와 관련된 설명인가?

① P ② N
③ Mg ④ K

해설및용어설명 | 질소부족의 황화현상은 노엽에서부터 나타나며, 잎수 감소 및 생장불량이 된다.

25

뿌리분의 크기를 구하는 식으로 가장 적합한 것은?

① $24+(N-3) \times d$ ② $24+(N+3) \div d$
③ $24-(n-3)+d$ ④ $24-(n-3)-d$

26

저온의 해를 받은 수목의 관리방법으로 적당하지 않은 것은?

① 멀칭
② 바람막이 설치
③ 강전정과 과다한 시비
④ wilt-pruf(시들음방지제) 살포

해설및용어설명 | 강전정과 과다시비는 동해에 대한 저항력을 약화시킨다.

27

더운 여름 오후에 햇빛이 강하면 수간의 남서쪽 수피가 열에 의해서 피해(터지거나 갈라짐)를 받을 수 있는 현상을 무엇이라 하는가?

① 피소 ② 상렬
③ 조상 ④ 한상

해설및용어설명 | 피소는 수간이 태양광선의 직사를 받아서 생기는 수피의 일부에 급격한 수분증발로 인해 조직이 말라 죽는 현상이다. 볕데기라고도 한다.

28

식물이 필요로 하는 양분요소 중 미량원소로 옳은 것은?

① O
② K
③ Fe
④ S

해설및용어설명 | 미량원소는 철(Fe), 망간(Mn), 붕소(B), 구리(Cu), 몰리브덴(Mo), 염소(Cl) 및 아연(Zn)이다.

29

2개 이상의 기둥을 합쳐서 1개의 기초로 받치는 것은?

① 줄 기초
② 독립 기초
③ 복합 기초
④ 연속 기초

해설및용어설명 |

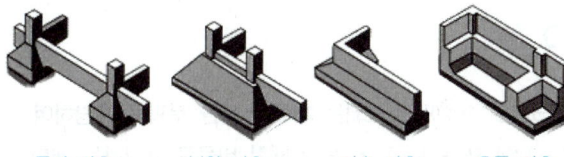

독립 기초   복합 기초   연속 기초   온통 기초

30

콘크리트 혼화제 중 내구성 및 워커빌리티(workbility)를 향상시키는 것은?

① 감수제
② 경화촉진제
③ 지연제
④ 방수제

해설및용어설명 | 내구성 및 워커빌리티(workbility)를 향상시키는 혼화제는 감수제, 고성능감수제, AE제(공기연행제) 등이다.

31

해충의 방제방법 중 기계적 방제에 해당되지 않는 것은?

① 포살법
② 진동법
③ 경운법
④ 온도처리법

해설및용어설명 |

기계적 방제	경운법
	포살법
	유살법
	차단법
물리적 방제	온도조절
	습도조절
	방사선이용
임업적 방제	내충성품종이용
	간벌
	시비
생물적 방제	천적이용
	병원미생물이용
화학적 방제	농약

32

다음 중 시방서에 포함되어야 할 내용으로 가장 부적합한 것은?

① 재료의 종류 및 품질
② 시공방법의 정도
③ 재료 및 시공에 대한 검사
④ 계약서를 포함한 계약 내역서

해설및용어설명 | 시방서

설계도에 작성되지 않는 내용 즉, 공사비나 공사절차, 재료의 품질이나 검사 등 기타시공에 필요한 제반사항을 기록한 문서이다. 표준시방서와 전문시방서가 있으며, 표준시방서에는 시설물의 안전 및 공사시행의 적정성과 품질확보를 위한 표준적인 시공기준을 기재한다.

또한 공사의 명칭, 종류, 규모, 구조 등 시공상의 일반사항 및 도급자, 발주자, 시공기술자 등의 법적, 제약적, 행정적 요구사항을 기록한다.

정답 28 ③ 29 ③ 30 ① 31 ④ 32 ④

33

토양의 변화에서 체적비(변화율)는 L과 C로 나타낸다. 다음 설명 중 옳지 않은 것은?

① L값은 경암보다 모래가 더 크다.
② C는 다져진 상태의 토량과 자연상태의 토량의 비율이다.
③ 성토, 절토 및 사토량의 산정은 자연상태의 양을 기준으로 한다.
④ L은 흐트러진 상태의 토량과 자연상태의 토량의 비율이다.

해설및용어설명 |

종류	L값	C값
경암	1.7 ~ 2.0	1.3 ~ 1.5
보통암	1.55 ~ 1.7	1.2 ~ 1.4
연암	1.3 ~ 1.5	1.0 ~ 1.3
풍화암	1.3 ~ 1.35	1.0 ~ 1.15
호박돌	1.1 ~ 1.15	0.95 ~ 1.05
역질토	1.15 ~ 1.2	0.9 ~ 1.0
모래	1.1 ~ 1.2	0.85 ~ 0.95
모래질흙	1.2 ~ 1.3	0.85 ~ 0.95
점질토	1.25 ~ 1.35	0.85 ~ 0.95
점토	1.2 ~ 1.45	0.85 ~ 0.95

34

조경공사의 시공자 선정방법 중 일반 공개경쟁입찰방식에 관한 설명으로 옳은 것은?

① 예정가격을 비공개로 하고 견적서를 제출하여 경쟁입찰에 단독으로 참가하는 방식
② 계약의 목적, 성질 등에 따라 참가자의 자격을 제한하는 방식
③ 신문, 게시 등의 방법을 통하여 다수의 희망자가 경쟁에 참가하여 가장 유리한 조건을 제시한 자를 선정하는 방식
④ 공사 설계서와 시공도서를 작성하여 입찰서와 함께 제출하여 입찰하는 방식

해설및용어설명 | 계약의 목적, 성질 등에 따라 참가자의 자격을 제한하는 방식은 제한경쟁입찰방식이다. 공사 설계서와 시공도서를 작성하여 입찰서와 함께 제출하여 입찰하는 방법은 설계시공일괄입찰(turnkey base)이라고도 한다.

35

농약의 사용목적에 따른 분류 중 응애류에만 효과가 있는 것은?

① 살충제
② 살균제
③ 살비제
④ 살초제

해설및용어설명 |

- 살충제 : 해가 되는 곤충을 죽이는 효과를 지닌 약제
- 살균제 : 미생물을 사멸시키는 효과를 갖는 약물의 총칭
- 살비제 : 응애류를 선택적으로 살상시키는 약제
- 살초제 : 초본식물을 고사시킬 수 있는 농약

36

콘크리트 $1m^3$에 소요되는 재료의 양을 부피로 계량하여 1 : 2 : 4 또는 1 : 3 : 6 등의 배합 비율로 표시하는 배합을 무엇이라 하는가?

① 표준계량 배합
② 용적 배합
③ 중량 배합
④ 시험중량 배합

해설및용어설명 | 1 : 2 : 4의 배합비는 부피(용적)에 의한 배합비율을 말한다.

37

철재시설물의 손상부분을 점검하는 항목으로 가장 부적합한 것은?

① 용접 등의 접합부분
② 충격에 비틀린 곳
③ 부식된 곳
④ 침하된 곳

해설및용어설명 | 침하된 곳은 시멘트, 콘크리트, 아스팔트의 손상 점검에 속한다.

정답 33 ① 34 ③ 35 ③ 36 ② 37 ④

38

다음 중 재료의 할증률이 다른 것은?

① 목재(각재) ② 시멘트벽돌
③ 원형철근 ④ 합판(일반용)

해설및용어설명 | 합판은 일반합판은 3%, 수장용은 5%의 할증률을 적용한다. 시멘트벽돌, 원형철근, 목재(각재)는 모두 5%의 할증률을 적용한다.

39

소형고압블록 포장의 시공방법에 대한 설명으로 옳은 것은?

① 차도용은 보도용에 비해 얇은 두께 6cm의 블록을 사용한다.
② 지반이 약하거나 이용도가 높은 곳은 지반위에 잡석으로만 보강한다.
③ 블록 깔기가 끝나면 반드시 진동기를 사용해 바닥을 고르게 마감한다.
④ 블록의 최종 높이는 경계석보다 조금 높아야 한다.

해설및용어설명 | 차도용은 보통 8cm의 블록을 사용한다.

40

다음 설명의 (　) 안에 가장 적합한 것은?

> 조경공사표준시방서의 기준상 수목은 수관부 가지의 약 (　) 이상이 고사하는 경우에 고사목으로 판정하고 지피·초본류는 해당 공사의 목적에 부합되는가를 기준으로 감독자의 육안검사 결과에 따라 고사여부를 판정한다.

① 1/2 ② 1/3
③ 2/3 ④ 3/4

해설및용어설명 | 시공 후 2/3 이상의 고사지가 발견되면 고사목으로 판정한다.

저자 TiP
표준시방서상의 내용이 종종 출제되니 참고하도록 한다.
건설기술정보시스템(https://www.codil.or.kr)에서 확인 가능하다.

41

수변의 디딤돌(징검돌) 놓기에 대한 설명으로 틀린 것은?

① 보행에 적합하도록 지면과 수평으로 배치한다.
② 징검돌의 상단은 수면보다 15cm 정도 높게 배치한다.
③ 디딤돌 및 징검돌의 장축은 진행방향에 직각이 되도록 배치한다.
④ 물 순환 및 생태적 환경을 조성하기 위하여 투수지역에서는 가벼운 디딤돌을 주로 활용한다.

해설및용어설명 | 유속에 견딜 수 있도록 가벼운 돌보다는 중량감이 있어야 한다.

42

토공사에서 터파기할 양이 100m³, 되메우기양이 70m³일 때 실질적인 잔토처리량(m³)은? (단, L = 1.1, C = 0.80이다)

① 24 ② 30
③ 33 ④ 39

해설및용어설명 | 잔토처리량(m³) = 터파기 - 되메우기이므로 100 - 70 = 30m³이 된다.
그러나 잔토처리토양은 흐트러진 상태이기 때문에 흐트러질 때의 토량비율인 L값을 곱해 준다. 따라서 33m³이 된다.

저자 TiP
L값과 C값은 문제에서 대부분 주어지지만, 잔토처리량을 구할 시 토양이 흐트러진 상태로 변한다는 것을 꼭 알고 있어야 한다.

정답 38 ④ 39 ③ 40 ③ 41 ④ 42 ③

43

AE콘크리트 성질 및 특징으로 틀린 것은?

① 수밀성이 향상된다.
② 콘크리트 경화에 따른 발열이 커진다.
③ 철근과 부착강도가 약해지는 단점이 있다.
④ 보통 콘크리트에 비해 워커빌리티의 개선 효과가 크다.

해설및용어설명 | AE콘크리트는 경화에 따른 발열이 작아지는 특징이 있다.

44

다음의 ( ) 안에 적합한 쥐똥나무 등을 이용한 생울타리용 관목의 식재 간격은?

> 조경설계기준상의 생울타리용 관목의 식재 간격은 ( )m, 2~3줄을 표준으로 하되, 수목 종류와 식재 장소에 따라 식재 간격이나 줄 숫자를 적정하게 조정해서 시행해야 한다.

① 0.14~0.20 ② 0.25~0.75
③ 0.8~1.2 ④ 1.2~1.5

해설및용어설명 | 생울타리용 관목의 식재 간격은 0.25~0.75m, 2~3줄을 표준으로 하되, 수목의 종류와 식재 장소에 따라 식재 간격이나 줄 숫자를 적정하게 조정해서 시행해야 한다.

저자 TIP

출처 : 국가건설기준센터〉조경설계기준
4.2 식재밀도
4.2.1 수목유형에 의한 식재밀도
(1) 교목
① 교목의 식재는 성목이 되었을 때의 인접 수목간의 상호간섭을 줄이기 위하여 적정 수관폭을 확보한다. 이를 위한 목표연도는 수고 3m, 수관폭 2m의 수목을 기준으로 식재 후 10년으로 설정하며, 열식이나 군식에 적용한다.
② 열식 또는 군식 등 교목의 모아심기 표준 식재 간격은 6로 한다. 단, 공간조건과 수종에 따라 4.5~7.5m 범위에서 식재 간격을 조정할 수 있다.

(2) 관목
① 관목군식의 식재 밀도는 수관폭을 기준으로 단위면적(m²)당 공간이 생기지 않을 정도로 식재 수량을 결정하되, 식재 공간의 성격, 식재수종의 생태적 특성 및 식재 목적에 따라 설계자가 조정할 수 있다.
② 조기 녹화 경관을 필요로 할 때나 중요한 지역에 특수한 식재 피복을 계획할 때에는 일부 수종의 겹침 피복식재를 할 수가 있다. 단 이럴 때도 식물의 장기적인 성장속도 및 유지관리 문제점을 고려하여 과도하게 겹쳐서 식재해서는 아니 된다.
③ 생울타리용 관목의 식재 간격은 0.25~0.75m, 2~3줄을 표준으로 하되, 수목의 종류와 식재 장소에 따라 식재 간격이나 줄 숫자를 적정하게 조정해서 시행해야 한다.

45

다음 설명의 ( ) 안에 적합한 것은?

> ( )란 지질 지표면을 이루는 흙으로 유기물과 토양미생물이 풍부한 용탈층 등을 포함한 표층 토양을 말한다.

① 표토 ② 조류(Algae)
③ 풍적토 ④ 충적토

해설및용어설명 | 표토는 토양단면의 가장 위층(표면층)을 이루고 있는 토양층이다.

46

미선나무(Abeliophyllum distichum Nakai)의 설명으로 틀린 것은?

① 1속 1종
② 낙엽활엽관목
③ 잎은 어긋나기
④ 물푸레나무과(科)

해설및용어설명 | 미선나무는 우리나라 특산종으로 1속 1종뿐이며, 개나리와 비슷한 잎의 형태로 마주나기 한다.

47

위험을 알리는 표시에 가장 적합한 배색은?

① 흰색-노랑
② 노랑-검정
③ 빨강-파랑
④ 파랑-검정

해설및용어설명 | 위험을 알리기 위해서는 먼거리에서 잘 보여야 하는데 그것을 명시성이라고 한다. 명도와 채도, 색상차이가 큰 색을 배색하여야 명시성이 높은데 노랑 - 검정의 배색이 가장 명시성이 크다.

48

적색광에 무슨 색광을 합해야 황색광이 되는가?

① 황색광
② 적색광
③ 청색광
④ 녹색광

해설및용어설명 | 색광의 혼합은 R(적색), G(녹색), B(파랑색)이며, 적색과 녹색을 혼합하면 황색, 적색과 파랑을 혼합하면 마젠타, 녹색과 파랑을 혼합하면 시안이다.

49

다음 중 직선과 관련된 설명으로 옳은 것은?

① 절도가 없어 보인다.
② 표현 의도가 분산되어 보인다.
③ 베르사이유 궁전은 직선이 지나치게 강해서 압박감이 발생한다.
④ 직선 가운데에 중개물(仲介物)이 있으면 없는 때보다도 짧게 보인다.

해설및용어설명 | 베르사이유 궁전은 평면기하학식으로 조성되어 있으며 중앙을 가로지르는 축선이 끝없이 펼쳐지는 것처럼 보여 웅장함과 위압감을 주도록 조성하였다.

50

선에 관한 심리적 영향이다. 틀린 것은?

① 직선 : 강직, 명확, 단순
② 가는 선 : 예민, 신경질적
③ 곡선 : 여성적, 부드러움
④ 굵은 선 : 초조, 불안정

해설및용어설명 | 굵은 선은 안정감을 준다.

51

영국의 풍경식 정원은 자연과의 비율이 어떤 비율로 조성되었는가?

① 1 : 1
② 1 : 5
③ 2 : 1
④ 1 : 100

해설및용어설명 | 영국의 풍경식 정원은 목가적인 풍경의 자연을 그대로 재현하도록 한 정원양식이다.

52

낮에 태양광 아래에서 본 물체의 색이 밤에 실내 형광등 아래에서 보니 달라 보였다. 이러한 현상을 무엇이라 하는가?

① 메타메리즘　② 메타볼리즘
③ 프리즘　　　④ 착시

해설및용어설명 | 메타메리즘은 조건등색이라고도 한다. 두 색이 자연광에서는 같은 색으로 보이나 인공조명에 의해 색이 다르게 나타날 수 있는 현상을 말한다.

53

다음 중 색의 잔상(殘像, afterimage)과 관련한 설명으로 틀린 것은?

① 잔상은 원래 자극의 세기, 관찰시간과 크게 비례한다.
② 주위색의 영향을 받아 주위색에 근접하게 변화하는 것이다.
③ 주어진 자극이 제거된 후에도 원래의 자극과 색, 밝기가 같은 상이 보인다.
④ 주어진 자극이 제거된 후에도 원래의 자극과 색, 밝기가 반대인 상이 보인다.

해설및용어설명 | 하나의 색이 인접색의 영향으로 본래의 색과 다르게 보이는 현상을 색의 대비현상이라고 한다.

54

다음 중국식 정원의 설명으로 가장 거리가 먼 것은?

① 차경수법을 도입하였다.
② 사실주의보다는 상징적 축조가 주를 이루는 사의주의에 입각하였다.
③ 다정(茶庭)이 정원구성 요소에서 중요하게 작용하였다.
④ 대비에 중점을 두고 있으며, 이것이 중국정원의 특색을 이루고 있다.

해설및용어설명 | 다정(茶庭)양식은 다도(茶道)에 근거하여 발달한 일본의 정원양식이다.

55

다음 중 '사자의 중정(Court of Lion)'은 어느 곳에 속해 있는가?

① 헤네랄리페　② 알카자르
③ 알함브라　　④ 타즈마할

해설및용어설명 | 알함브라 궁전에는 사자의 중정, 알베르카의 중정, 린다라야 중정, 레하의 중정 등이 있다.

56

실제 길이가 3m는 축적 1/30 도면에서 얼마로 나타내는가?

① 1cm　　② 10cm
③ 3cm　　④ 30cm

해설및용어설명 | 300cm의 1/30이므로 10cm이다.

57

다음 중 단순미(單純美)와 가장 관련이 없는 것은?

① 잔디밭 ② 독립수
③ 형상수(topiary) ④ 자연석 무너짐 쌓기

해설및용어설명 | 자연석 무너짐 쌓기는 단순한 형태의 반복이 아닌 부정형의 자연스러운 형태를 살리도록 한다.

58

동양잔디가 서양잔디에 비해 다른 점은?

① 건조지에 강하다. ② 병에 약하다.
③ 뿌리가 길다. ④ 화본과 다년생 식물이다.

해설및용어설명 | 동양잔디(우리나라 잔디 = 난지형 잔디)는 건조에 강하며 뿌리가 옆으로 잘 번지며, 병에 강한 특징이 있다.

59

다음중 방화용 수목이 아닌 것은?

① 구실잣밤나무 ② 단풍나무
③ 가시나무 ④ 팔손이나무

해설및용어설명 | 방화용 수목은 불을 지연시키는 용도를 말하며, 잎과 가지가 무성하고 수분이 많은 상록활엽수가 적합하다. 단풍나무는 낙엽활엽수로 방화용수로는 부적합하다.

60

다음 방음식재에 있어서 적절하지 않은 수종은?

① 향나무 ② 모밀잣밤나무
③ 측백나무 ④ 은행나무

해설및용어설명 | 방음식재는 도로변 소음차단의 용도를 말하며, 주로 잎과 가지가 빽빽한 상록수가 적합하다. 은행나무는 낙엽침엽수로 부적합하다.

정답: 57 ④ 58 ① 59 ② 60 ④

CBT 복원문제 2021 * 3

*2016년 5회부터 CBT(컴퓨터 기반 시험)방식으로 변경되어 문제가 공개되지 않아 복원된 문제가 일부 상이할 수 있습니다.

01
매립지 수목식재 시 가장 중요한 것은?

① 토양산도 ② 배수시설
③ 부식토함량 ④ 투수층

해설및용어설명 | 매립지에서는 습하고 진땅이 많기 때문에 배수시설이 가장 중요시된다.

02
다음 중 중국 4대 명원(四大名園)에 포함되지 않는 것은?

① 작원 ② 사자림
③ 졸정원 ④ 창랑정

해설및용어설명 | 작원은 중국 명(明)시대 미만종이 설계하여 북경에 조영된 민간 정원으로 4대 명원에는 속하지 않는다.

03
통일신라 문무왕 14년에 중국의 무산 12봉을 본 딴 산을 만들고 화초를 심었던 정원은?

① 비원 ② 안압지
③ 소쇄원 ④ 향원지

해설및용어설명 |
- 비원 : 금원, 북원, 창덕궁 후원을 말한다.
- 소쇄원 : 조선시대 대표적인 별서정원이다.
- 향원지 : 경복궁 내의 연못이다.

04
계단의 설계 시 고려해야 할 기준으로 옳지 않은 것은?

① 계단의 경사는 최대 30~35°가 넘지 않도록 해야 한다.
② 단 높이를 H, 단 너비를 B로 할 때 2H + B = 60~65cm가 적당하다.
③ 진행 방향에 따라 중간에 1인용일 때 단 너비 90~110cm 정도의 계단 참을 설치한다.
④ 계단의 높이가 5m 이상이 될 때에만 중간에 계단참을 설치한다.

해설및용어설명 | 계단의 높이가 3m 이상이 되면 3m 이내마다 참을 두어야 하며, 그 폭은 120cm 이상이어야 한다.

정답 01 ② 02 ① 03 ② 04 ④

05

다음 가지다듬기 중 생리조정을 위한 가지다듬기는?

① 병·해충 피해를 입은 가지를 잘라 내었다.
② 은행나무를 일정한 모양으로 깎아 다듬었다.
③ 늙은 가지를 젊은 가지로 갱신하였다.
④ 이식한 정원수의 가지를 알맞게 잘라 내었다.

해설및용어설명 | 이식 시의 전정, T/R률을 맞추기 위한 전정은 생리조정을 위한 가지다듬기이다.

06

다음 중 흙 쌓기에서 비탈면의 안정효과를 가장 크게 얻을 수 있는 경사는?

① 1 : 0.3
② 1 : 0.5
③ 1 : 0.8
④ 1 : 1.5

해설및용어설명 | 보통 토질의 성토 경사는 1 : 1.5, 절토 경사는 1 : 1을 기준으로 한다.

07

다음 중 들잔디의 관리 설명으로 옳지 않은 것은?

① 들잔디의 깎기 높이는 2~3cm로 한다.
② 뗏밥은 초겨울 또는 해동이 되는 이른 봄에 준다.
③ 해충은 황금충류가 가장 큰 피해를 준다.
④ 병은 녹병의 발생이 많다.

해설및용어설명 | 들잔디는 난지형 잔디로 6~8월경 뗏밥주기를 하는 것이 좋다.

08

정원석을 배치하고 황색의 벤치를 배치한다면 명시도가 가장 높게 보이는 돌은?

① 갈색
② 백색
③ 청색
④ 흑색

해설및용어설명 | 명시도란 색의 속성간의 차이를 이용하여 눈에 띄는 성질을 말하며, 황색의 벤치와 검은색의 돌이 가장 색의 속성이 다르기 때문에 두 가지를 같이 배치하면 명시도가 높게 된다.

09

다음 문제에서 옳게 설명한 것은?

① 녹색바탕에 적색표지판은 서로가 보색이므로 황색보다 유목성이 크다.
② 어린이 놀이터의 시공에서 차분한 느낌을 주는 동일계통의 저채도의 색을 사용해야 한다.
③ 높은 기념탑의 유목성이 크려면 하늘색의 보색인 밝은 핑크색이어야 한다.
④ 화단이 좀 더 크게 보이려면 역삼각형으로 시공하는데 난색계통의 꽃을 심어야 한다.

해설및용어설명 |
① 녹색바탕에 적색표지판은 서로가 보색이어서 산만한 느낌이 강하다. (유목성 : 노랑바탕에 검정글씨)
② 어린이 놀이터의 시공에서는 차분한 느낌보다는 동적이고 눈에 잘 띄는 색을 사용하는 경우가 더욱 많다.
③ 하늘색의 보색은 주황색 계열이다.
④ 난색계통의 꽃은 면적을 더 넓게 보이게 하는 효과가 있다.

10

귤준망의 [작정기]에 수록된 내용이 아닌 것은?

① 서원조 정원 건축과의 관계
② 원지를 만드는 법
③ 지형의 취급방법
④ 입석의 의장법

해설및용어설명 | 귤준망은 헤이안(평안)시대에 작정기를 편찬하였으며, 서원조 정원은 모모야마(도산)시대 조성된 정원양식이기 때문에 관련이 없다.

11

다음 중 이탈리아 정원의 장식과 관련된 설명으로 가장 거리가 먼 것은?

① 기둥 복도, 열주, 퍼골라, 조각상, 장식분이 된다.
② 계단 폭포, 물무대, 정원극장, 동굴 등이 장식된다.
③ 바닥은 포장되며 곳곳에 광장이 마련되어 화단으로 장식된다.
④ 원예적으로 개량된 관목성의 꽃나무나 알뿌리 식물 등이 다량으로 식재되어 진다.

해설및용어설명 | 원예적으로 개량된 관목성의 꽃나무와 알뿌리 식물을 다량으로 식재하는 것은 네덜란드 정원의 특징이다.

12

토양수분 중 식물이 이용하는 형태로 가장 알맞은 것은?

① 결합수   ② 자유수
③ 중력수   ④ 모세관수

해설및용어설명 |
- 결합수 : 토양 중의 화합물의 한 성분
- 자유수 : 이동 가능한 수분
- 중력수 : 중력의 영향으로 토양에서 배수되는 물을 말한다.
- 모세관수 : 식물이 이용할 수 있는 수분의 대부분 모세관수는 토양의 작은 공극 또는 모세관의 모관력에 의하여 보유되는 물로서 토양 중에 머물러 식물이 이용할 수 있는 수분의 형태이다.
- 흡습수 : 중력에 내려가지 않고 표면장력에 의하여 토양입자에 붙어있는 수분을 말한다.

13

섬유포화점은 목재 중에 있는 수분이 어떤 상태로 존재하고 있는 것을 말하는가?

① 결합수만이 포함되어 있을 때
② 자유수만이 포함되어 있을 때
③ 유리수만이 포함되어 있을 때
④ 자유수와 결합수가 포함되어 있을 때

해설및용어설명 | 세포내강에는 자유수가 존재하지 않고 세포막은 결합수로 포화되어 있는 상태의 함수율을 섬유포화점이라고 한다.

14

실리카질 물질(SiO$_2$)을 주성분으로 하여 그 자체는 수경성(hydraulicity)이 없으나 시멘트의 수화에 의해 생기는 수산화칼슘[Ca(OH)$_2$]과 상온에서 서서히 반응하여 불용성의 화합물을 만드는 광물질 미분말의 재료는?

① 실리카흄 ② 고로슬래그
③ 플라이애시 ④ 포졸란

해설및용어설명 |

- 실리카흄 : 실리콘 제조 시 발생하는 초미립자의 규소 부산물을 전기집진 장치에 의해서 얻어지는 혼화재로 초고강도 콘크리트 제조에 사용된다.
- 고로슬래그 : 용광로에서 철광석으로부터 선철을 만들 때 생기는 슬래그[鑛滓]로서 철 이외의 불순물이 모인 것이다.
- 플라이애시 : 미분탄을 연소하는 보일러의 연도 가스로부터 집진기로 채취한 석탄재를 말하는데, 구상인 입자 크기는 시멘트와 같은 정도며 알루미나와 실리카가 주성분이고 콘크리트의 혼화재로 사용된다.

15

다음 노박덩굴(Celastraneae)과 식물 중 상록계열에 해당하는 것은?

① 노박덩굴 ② 화살나무
③ 참빗살나무 ④ 사철나무

해설및용어설명 | 화살나무, 참빗살나무는 낙엽활엽관목에 해당하며, 사철나무는 상록활엽관목에 해당한다.

16

다음 도료 중 건조가 가장 빠른 것은?

① 오일페인트 ② 바니쉬
③ 래커 ④ 레이크

해설및용어설명 | 래커(lacquer)

셀룰로스 유도체를 기재(基材)로 하고 여기에 수지(樹脂)·가소제(可塑劑)·안료(顔料)·용제(溶劑) 등을 첨가한 도료를 말하나, 좁은 뜻으로는 나이트로셀룰로스를 주요 성분으로 하는 도료를 가리킨다. 도막의 건조에는 보통 10~30분이 걸려 시간이 빠르기 때문에 백화(白化 : blushing)를 일으키기 쉽다.

17

시멘트의 응결을 빠르게 하기 위하여 사용하는 혼화제는?

① 지연제 ② 발포제
③ 급결제 ④ 기포제

해설및용어설명 |

- 지연제 : 시멘트나 콘크리트의 응결을 늦추기 위한 혼화제. 콘크리트의 운반 시간이 길 때 서중(暑中) 콘크리트 등에 사용
- 발포제 : 재료와 배합해 거품의 생성을 촉진하는 물질
- 기포제 : 용매에 녹아서 거품을 잘 일게 하는 물질

18

난지형 한국잔디의 발아적온으로 맞는 것은?

① 15~20℃ ② 20~23℃
③ 25~30℃ ④ 30~33℃

해설및용어설명 | 난지형 잔디의 생육적온은 25~35℃이며, 발아적온은 30~33℃이다.

19

용적 배합비 1 : 2 : 4 콘크리트 1m³ 제작에 모래가 0.45m³ 필요하다. 자갈은 몇 m³ 필요한가?

① 0.45m³　　② 0.5m³
③ 0.90m³　　④ 0.15m³

해설및용어설명 | 용적 배합비는 시멘트 : 모래 : 자갈의 순으로 표시한다. 따라서 모래의 2배인 0.90m²이다.

20

축척이 1/5,000인 지도상에서 구한 수평 면적이 5cm²라면 지상에서의 실제면적은 얼마인가?

① 1,250m²　　② 12,500m²
③ 2,500m²　　④ 25,000m²

해설및용어설명 | 축척은 길이의 개념에서 도면보다 실제로 5,000배 길다. 그러므로 길이×길이의 개념인 면적은 5,000배×5,000배가 된다. 따라서 실제면적은 25,000,000×5cm²이므로 12,500m²이다.

21

다음 중 잡초의 특성으로 옳지 않은 것은?

① 재생 능력이 강하고 번식 능력이 크다.
② 종자의 휴면성이 강하고 수명이 길다.
③ 생육 환경에 대하여 적응성이 작다.
④ 땅을 가리지 않고 흡비력이 강하다.

22

소나무류의 잎솎기는 어느 때 하는 것이 가장 좋은가?

① 12월경　　② 2월경
③ 5월경　　④ 8월경

해설및용어설명 | 소나무류 순지르기는 4~5월경, 잎솎기는 8월경에 한다.

23

다음 중 천적 등 방제대상이 아닌 곤충류에 가장 피해를 주기 쉬운 농약은?

① 훈증제　　② 전착제
③ 침투성 살충제　　④ 지속성 접촉제

해설및용어설명 | 접촉제는 접촉하여 효과를 내기 때문에 방제대상이 아닌 곤충류에도 피해를 줄 수 있다.

24

다음 (　)에 알맞은 것은?

> 공사 목적물을 완성하기까지 필요로 하는 여러 가지 작업의 순서와 단계를 (　)(이)라고 한다. 가장 효과적으로 공사 목적물을 만들 수 있으며 시간을 단축시키고 비용을 절감할 수 있는 방법을 정할 수 있다.

① 공종　　② 검토
③ 시공　　④ 공정

해설및용어설명 | 작업의 구절(區切)단위이며 보통 분업단위와 같은 것으로서 공사를 공기 내에 원활하고 순서있게 진행하기 위한 기준. 각 부분 공사에 대하여 가동 인원과 기계에 의한 하루의 작업량을 산정하여 공사의 일정을 생각한다. 보통 공정표로 나타낸다.

25

전정도구 중 주로 연하고 부드러운 가지나 수관 내부의 가늘고 약한 가지를 자를 때와 꽃꽂이를 할 때 흔히 사용하는 것은?

① 대형 전정가위   ② 적심가위 또는 순치기가위
③ 적화, 적과가위   ④ 조형 전정가위

26

콘크리트용 골재로서 요구되는 성질로 틀린 것은?

① 단단하고 치밀할 것
② 필요한 무게를 가질 것
③ 알의 모양은 둥글거나 입방체에 가까울 것
④ 골재의 낱알 크기가 균등하게 분포할 것

해설및용어설명 | 골재의 입도란 크고작은 골재가 혼합되어 있는 정도로서, 입도분포가 좋은 골재는 크기별로 골고루 혼합되어 있는 골재이다.

27

다음 중 방위각 150°를 방위로 표시하면 어느 것인가?

① N 30°E   ② S 30°E
③ S 30°W   ④ N 30°W

해설및용어설명 | 정북방향 기준(N), 시계방향으로 150도 측정

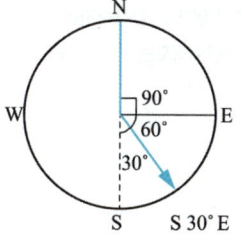

28

이식한 수목의 줄기와 가지에 새끼로 수피감기하는 이유로 가장 거리가 먼 것은?

① 경관을 향상시킨다.
② 수피로부터 수분 증산을 억제한다.
③ 병해충의 침입을 막아준다.
④ 강한 태양광선으로부터 피해를 막아준다.

29

다음 중 비탈면을 보호하는 방법으로 짧은 시간과 급경사 지역에 사용하는 시공방법은?

① 자연석 쌓기법   ② 콘크리트 격자틀공법
③ 떼심기법   ④ 종자뿜어 붙이기법

해설및용어설명 | 종자뿜어 붙이기공법은 종비토뿜어 붙이기, 하이드로시딩(hydroseeding)이라고도 하며, 교란된 지역에 일년생 또는 다년생 식물의 씨앗을 비료, 멀칭재, 접착용 토양과 물을 주입하여 식생 피복을 유도하는 것을 말한다.

30

농약을 유효 주성분의 조성에 따라 분류한 것은?

① 입제   ② 훈증제
③ 유기인계   ④ 식물생장 조정제

해설및용어설명 | 농약은 그 주성분에 따라 황제, 동제, 유기수은제, 유기인계, 카바메이트계, 유기염소계, 항생물질계 등으로 나뉜다.

정답 25 ② 26 ④ 27 ② 28 ① 29 ④ 30 ③

31

소나무류 가해 해충이 아닌 것은?

① 알락하늘소　　　② 솔잎혹파리
③ 솔수염하늘소　　④ 솔나방

해설및용어설명 | 알락하늘소는 단풍나무, 버즘나무, 버드나무류를 가해하는 해충이다.

32

다음 중 등고선의 성질에 관한 설명으로 옳지 않은 것은?

① 등고선 상에 있는 모든 점은 높이가 다르다.
② 등경사지는 등고선 간격이 같다.
③ 급경사지는 등고선 간격이 좁고, 완경사지는 등고선 간격이 넓다.
④ 등고선은 도면의 안이나 밖에서 폐합되며 도중에 없어지지 않는다.

해설및용어설명 | 등고선 상에 있는 모든 점은 높이가 같다. 예외(요지, 정상, 동굴, 절벽 등)를 제외하고 등고선은 도면의 안이나 밖에서 폐합되며 도중에 없어지지 않는다.

33

다음 중 위요된 경관(enclosed landscape)의 특징 설명으로 옳은 것은?

① 시선의 주의력을 끌 수 있어 소규모의 지형도 경관으로서 의의를 갖게 해준다.
② 보는 사람으로 하여금 위압감을 느끼게 하며 경관의 지표가 된다.
③ 확 트인 느낌을 주어 안정감을 준다.
④ 주의력이 없으면 등한시하기 쉽다.

해설및용어설명 |
- 파노라마 경관 : 시야를 제한받지 않고 멀리 트인 경관(수평선, 지평선 등)
- 지형 경관 : 주변 환경의 지표(산봉우리, 절벽 등)
- 위요 경관 : 수목, 경사면 등의 주위 경관 요소들이 울타리처럼 둘러싸인 경관
- 관개 경관 : 교목의 수관 아래에 형성되는 경관
  (숲속의 오솔길, 밀림속의 도로)

34

고려시대 조경수법은 대비를 중요시하는 양상을 보인다. 어느 시대의 수법을 받아 들였는가?

① 신라시대 수법　　② 일본 임천식 수법
③ 중국 당시대 수법　④ 중국 송시대 수법

해설및용어설명 | 고려시대에는 중국 송나라의 영향을 많이 받았다.

35

다음 설명의 A, B에 적합한 용어는?

> 인간의 눈은 원추세포를 통해 (A)을(를) 지각하고, 간상세포를 통해 (B)을(를) 지각한다.

① A : 색채, B : 명암　　② A : 밝기, B : 채도
③ A : 명암, B : 색채　　④ A : 밝기, B : 색조

해설및용어설명 | 간상세포는 명암과 물체의 형태를 감각하지만 색상은 구분하지 못한다. 추상세포라고도 불리우는 원추세포는 색상을 구분하여 감각할 수 있게 해주는 세포이다.

36

1857년 미국 뉴욕에 중앙공원(Central park)을 설계한 사람은?

① 하워드 ② 르 코르뷔지에
③ 옴스테드 ④ 브라운

해설및용어설명 | 미국에 센트럴 파크를 설계한 사람은 옴스테드(Olmsted, Fredrick Law)이다.

37

먼셀 표색계의 10색상환에서 서로 마주보고 있는 색상의 짝이 잘못 연결된 것은?

① 빨강(R) – 청록(BG) ② 노랑(Y) – 남색(PB)
③ 초록(G) – 자주(RP) ④ 주황(YR) – 보라(P)

해설및용어설명 | 먼셀 10색상환

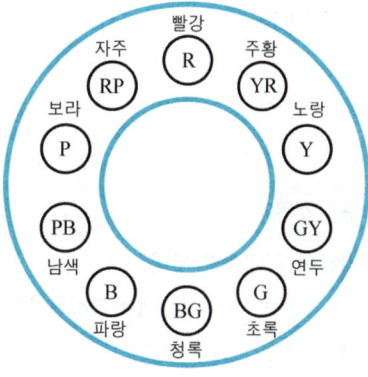

38

다음의 입체도에서 화살표 방향을 정면으로 할 때 평면도를 바르게 표현한 것은?

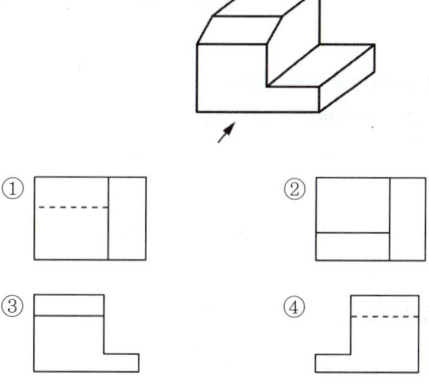

해설및용어설명 | 화살표 방향의 평면은 정면을 말하며, 정면을 기준으로 수직 위에서 바라본 그림이 평면도이다.

39

조경미의 원리 중 대비가 불러오는 심리적 자극으로 가장 거리가 먼 것은?

① 반대 ② 대립
③ 변화 ④ 안정

해설및용어설명 | 대비는 반대되는 개념을 같이 사용하는 것으로 안정과는 거리가 멀다.

40

시멘트의 종류 중 혼합 시멘트에 속하는 것은?

① 팽창 시멘트 ② 알루미나 시멘트
③ 고로슬래그 시멘트 ④ 조강포틀랜드 시멘트

해설및용어설명 | 고로슬래그 시멘트, 포졸란, 플라이애시 시멘트는 혼합 시멘트이다.

41

다음 중 콘크리트의 워커빌리티 증진에 도움이 되지 않는 것은?

① AE제
② 감수제
③ 포졸란
④ 응결경화 촉진제

해설및용어설명 | 응결경화 촉진제는 콘크리트의 경화를 촉진하여 시간을 단축하는 효과가 있으며 워커빌리티에는 영향이 미미하다.

42

다음 중 산성토양에서 잘 견디는 수종은?

① 해송
② 단풍나무
③ 물푸레나무
④ 조팝나무

해설및용어설명 | 단풍나무와 물푸레나무, 조팝나무는 염기성 토양에서 자라는 대표적인 수종이다.

43

목재의 열기 건조에 대한 설명으로 틀린 것은?

① 낮은 함수율까지 건조할 수 있다.
② 자본의 회전기간을 단축시킬 수 있다.
③ 기후와 장소 등의 제약없이 건조할 수 있다.
④ 작업이 비교적 간단하며, 특수한 기술을 요구하지 않는다.

해설및용어설명 | 건조실이 있어야 가능하며, 건조실의 구조와 작업, 열원의 이용법, 공기순환 방식 등 다양한 방법이 있으며, 특수한 기술이 요구된다.

44

다음 중 백목련에 대한 설명으로 옳지 않은 것은?

① 낙엽활엽교목으로 수형은 평정형이다.
② 열매는 황색으로 여름에 익는다.
③ 향기가 있고 꽃은 백색이다.
④ 잎이 나기 전에 꽃이 핀다.

해설및용어설명 | 백목련 열매는 8~9월에 붉은 색으로 익는다.

45

석재의 형성원인에 따른 분류 중 퇴적암에 속하지 않는 것은?

① 사암
② 점판암
③ 응회암
④ 안산암

해설및용어설명 | 사암은 주로 모래로부터, 점판암은 셰일(진흙)로부터, 응회암은 화산재로부터 형성되었다.

46

수목 뿌리의 역할이 아닌 것은?

① 저장근 : 양분을 저장하여 비대해진 뿌리
② 부착근 : 줄기에서 새근이 나와 가른 물체에 부착하는 뿌리
③ 기생근 : 다른 물체에 기생하기 위한 뿌리
④ 호흡근 : 식물체를 지지하는 기근

해설및용어설명 | 호흡근은 호흡을 위해 지상으로 뿌리를 내는 것을 말하며 기근이라고도 한다. 하지만, 지지와는 관련이 멀다.

47

생물분류학적으로 거미강에 속하며 덥고, 건조한 환경을 좋아하고 뾰족한 입으로 즙을 빨아먹는 해충은?

① 진딧물   ② 나무좀
③ 응애   ④ 가루이

해설및용어설명 | 응애는 거미강에 속한다. 거미강은 다리가 4쌍으로 일반적인 곤충과 차이가 있다.

48

다음 노목의 세력회복을 위한 뿌리자르기의 시기와 방법 설명 중 ( )에 들어갈 가장 적합한 것은?

- 뿌리자르기의 가장 좋은 시기는 (㉠)이다.
- 뿌리자르기 방법은 나무의 근원 지름의 (㉡)배 되는 길이로 원을 그려, 그 위치에서 (㉢)의 깊이로 파내려 간다.
- 뿌리 자르는 각도는 (㉣)가 적합하다.

① ㉠ 월동 전, ㉡ 5~6, ㉢ 45~50cm, ㉣ 위에서 30°
② ㉠ 땅이 풀린 직후부터 4월 상순, ㉡ 1~2, ㉢ 10~20cm, ㉣ 위에서 45°
③ ㉠ 월동 전, ㉡ 1~2, ㉢ 직각 또는 아래쪽으로 30°, ㉣ 직각 또는 아래쪽으로 30°
④ ㉠ 땅이 풀린 직후부터 4월 상순, ㉡ 5~6, ㉢ 45~50cm, ㉣ 직각 또는 아래쪽으로 45°

49

우리나라에서 발생하는 주요 소나무류에 잎녹병을 발생시키는 병원균의 기주로 맞지 않는 것은?

① 소나무   ② 해송
③ 스트로브잣나무   ④ 송이풀

해설및용어설명 | 송이풀은 잣나무 털녹병의 중간기주이다. 소나무 잎녹병을 발생시키는 기주는 소나무과 수종들이 된다.

50

실내조경 식물의 잎이나 줄기에 백색 점무늬가 생기고 점차 퍼져서 흰 곰팡이 모양이 되는 원인으로 옳은 것은?

① 탄저병   ② 무름병
③ 흰가루병   ④ 모자이크병

해설및용어설명 | 흰가루병은 하얀색 병반이 관찰된다. 자낭균(곰팡이)에 의해 생기는 병으로 고온다습 시 문제가 된다.

51

잔디의 뗏밥 넣기에 관한 설명으로 가장 부적합한 것은?

① 뗏밥은 가는 모래 2, 밭흙 1, 유기물 약간을 섞어 사용한다.
② 뗏밥은 이용하는 흙은 일반적으로 열처리하거나 증기소독 등 소독을 하기도 한다.
③ 뗏밥은 한지형 잔디의 경우 봄, 가을에 주고 난지형 잔디의 경우 생육이 왕성한 6~8월에 주는 것이 좋다.
④ 뗏밥의 두께는 30mm 정도로 주고, 다시 줄 때에는 일주일이 지난 후에 잎이 덮일 때까지 주어야 좋다.

해설및용어설명 | 뗏밥은 적어도 보름 간격 이상을 두고 주며, 잎 기부 일부만 덮일 정도로 주도록 한다.

52

조경관리에서 주민참가의 단계는 시민권력의 단계, 형식참가의 단계, 비참가의 단계 등으로 구분되는데 그 중 시민권력의 단계에 해당되지 않는 것은?

① 가치관리(citizen control)
② 유화(placation)
③ 권한 위양(delegated power)
④ 파트너십(partnership)

해설및용어설명 | 안시타인은 주민참가 과정에 대해 비참가의 단계 → 형식참가의 단계 → 시민권력의 단계 순으로 설명하고 있다.
- 비참가의 단계 : 치료, 조작
- 형식참가의 단계 : 유화, 상담, 정보제공
- 시민권력의 단계 : 가치관리, 권한 위양, 파트너십

53

다음 중 조경수목의 꽃눈분화, 결실 등과 가장 관련이 깊은 것은?

① 질소와 탄소 비율
② 탄소와 칼륨 비율
③ 질소와 인산 비율
④ 인산과 칼륨 비율

해설및용어설명 | 질소와 탄소의 비율을 C/N률, 탄질률이라고도 한다. 탄질률이 높아야 꽃눈분화, 결실 등이 촉진된다.

54

농약살포가 어려운 지역과 솔잎혹파리 방제에 사용되는 농약 사용법은?

① 도포법
② 수간주사법
③ 입제살포법
④ 관주법

해설및용어설명 | 솔잎혹파리는 유충이 솔잎기부에 벌레혹을 형성하고, 그 속에서 수액을 빨아먹어 피해를 준다. 따라서 수간주사법이 효율적이다.

55

$900m^2$의 잔디광장을 평떼로 조성하려고 할 때 필요한 잔디량은 약 얼마인가?

① 약 1,000매
② 약 5,000매
③ 약 10,000매
④ 약 20,000매

해설및용어설명 | 뗏장 1장의 면적은 $0.3m \times 0.3m = 0.09m^2$이다. 따라서 전체 면적당 한 장의 면적으로 나누면 $900m^2 \div 0.09m^2 = 10,000$ 약 10,000매가 필요하다.

56

다음 중 메쌓기에 대한 설명으로 가장 부적합한 것은?

① 모르타르를 사용하지 않고 쌓는다.
② 뒷채움에는 자갈을 사용한다.
③ 쌓는 높이의 제한을 받는다.
④ $2m^2$마다 지름 9cm 정도의 배수공을 설치한다.

해설및용어설명 | 메쌓기는 뒷채움에 모르타르를 사용하지 않기 때문에 배수공이 필요 없으나, 찰 쌓기에서는 필요하다.

57

옹벽 중 캔틸레버(Cantilever)를 이용하여 재료를 절약한 것으로 자체 무게와 뒤채움한 토사의 무게를 지지하여 안전도를 높인 옹벽으로 주로 5m 내외의 높지 않은 곳에 설치하는 것은?

① 중력식옹벽 ② 반중력식옹벽
③ 부벽식옹벽 ④ L자형옹벽

해설및용어설명 | 캔틸레버를 이용한 옹벽은 지중과 저판을 이용한 것으로 L자형, 역T형 등이 있다.

58

다음 중 루비깍지벌레의 구제에 가장 효과적인 농약은?

① 페니트로티온수화제 ② 다이아지논분제
③ 포스파미돈액제 ④ 옥시테트라사이클린수화제

해설및용어설명 | 페니트로티온수화제는 나방류의 방제에 쓰이는 살충제이다. 다이아지논은 유기인계 살충제로서 잎벌레, 나방 등의 방제에 쓰인다. 옥시테트라사이클린수화제는 대추나무 빗자루병에 쓰인다.

59

조경 계획 면적이 좁은 지역에서 주변의 산, 바다 등의 경관을 빌려 오는 것을 무슨 수법이라 하나?

① 축 ② 통경선
③ 차경 ④ 착시

해설및용어설명 | 주변의 배경을 빌려서 사용하는 경관 수법을 차경 수법이라고 하며, 한층 더 넓어보이는 효과가 있다.

60

방사(防砂), 방진(防塵)용 수목의 대표적인 특징 설명으로 가장 적합한 것은?

① 잎이 두껍고 함수량이 많으며 넓은 잎을 가진 치밀한 상록수여야 한다.
② 지엽이 밀생한 상록수이며, 맹아력이 강하고 관리가 용이한 수목이어야 한다.
③ 사람의 머리가 닿지 않을 정도의 지하고를 유지하고 겨울에는 낙엽되는 수목이어야 한다.
④ 빠른 생장력과 뿌리 뻗음이 깊고, 지상부가 무성하면서 지엽이 바람에 상하지 않는 수목이어야 한다.

해설및용어설명 | 방사, 방진용 수목은 모래바람과 먼지를 막는 용도로서, 특성이 빨리 자라서 지상부가 무성하여야 하고, 뿌리가 바람 등에 강해야 한다.

정답 57 ④ 58 ③ 59 ③ 60 ④

CBT 복원문제 2022 * 1

*2016년 5회부터 CBT(컴퓨터 기반 시험)방식으로 변경되어 문제가 공개되지 않아 복원된 문제가 일부 상이할 수 있습니다.

01

위성식 녹지계통을 가지고 있는 도시는?

① 미국의 인디아나폴리스
② 바인(Wien)의 삼림 및 초대지
③ 소련의 신도시계획
④ 독일의 프랑크푸르트

해설및용어설명 | 녹지체계
- 분산식 : 생태적 안정성은 낮으나 접근성이 높아 대도시에 적합하다.
- 환상식 : 도시확대방지를 위한 방식이다. 균형 잡힌 녹지체계를 성립 가능하고 접근성도 좋으나 생태적·기능적 역할은 부적당하다(오스트리아 빈, 하워드 전원도시론).
- 집중형 : 생태적 안정성은 높으나 접근성이 낮아 소도시에 적합하다.
- 방사식 : 집중형 녹지계통에 접근성을 높여주는 방식이다(독일의 하노버, 버스바덴, 미국의 인디애나폴리스, 뉴저지 래드번).
- 방사환상식(쐐기형) : 방사식과 환상식의 조합으로 이상적인 방법이다(독일의 쾰른).
- 위성식 : 대도시에 적용, 인구분산을 위해 환상 내부에 녹지대를 형성하고 녹지대 내에 소시가지를 위성으로 배치하는 방식이다(독일의 프랑크푸르트).
- 평행식(대상형) : 도시형태가 대상형일 때 띠모양으로 녹지를 조성한다(스페인의 마드리드, 러시아의 스탈린그리드, 미국의 워싱턴D.C).
- 격자형 : 평행형+대상형을 격자 형태로 조성, 가로수와 소공원을 연결하여 녹지 연결성을 높이고 접근성도 높다. 생태적인 기능은 적다(인도의 찬디가르).

02

보행자와 차도를 분리시키고 보행자를 안전하게 통과할 수 있게 하는 것은?

① 몰(mall)
② 결절점(node)
③ 랜드마크(Landmark)
④ 도로(Path)

해설및용어설명 | 몰의 어원은 상업지구에 설치하는 나무그늘이 진 산책로를 말하며, 보행자를 차량과 분리시키기 위한 목적이 있었다.

03

미기후현상 중 안개, 서리는 주로 어느 지역에서 발생하는가?

① 경사가 급하고 수목이 밀생한 지역
② 지하수위가 높고 사질양토인 지역
③ 홍수범람이 일어나는 지역
④ 지형이 낮고 배수가 불량한 지역

해설및용어설명 | 지형이 낮고 배수가 불량한 지역에서 안개와 서리가 많이 발생한다.

정답 01 ④ 02 ① 03 ④

04

태치란 지표면과 잔디(녹색식물체) 사이에 형성되는 것으로 이미 죽었거나 살아있는 뿌리, 줄기 그리고 가지 등이 서로 섞여 있는 유기층을 말한다. 다음 중 태치의 특징으로 옳지 않은 것은?

① 한겨울에 스캘핑을 생기게 한다.
② 태치층에 병원균이나 해충이 기거하면서 피해를 준다.
③ 탄력성이 있어서 그 위에서 운동할 때 안전성을 제공한다.
④ 소수성인 태치의 성질로 인하여 토양으로 수분이 전달되지 않아서 국부적으로 마른 지역을 형성하며 그 위에 잔디를 말라 죽게 한다.

해설및용어설명 | 태치(thatch)
잔디의 신진대사에 의한 탈락엽과 마른 줄기 및 뿌리가 모인 부식집적층
참고 흔히 태치로 부르지만 기출문제에서는 대취로 출제가 되었습니다.

05

화성암의 심성암에 속하며 흰색 또는 담회색인 석재는?

① 화강암   ② 안산암
③ 점판암   ④ 대리석

해설및용어설명 | 안산암은 어두운 색을 띄는 화성암이며, 점판암과 대리석은 변성암에 속한다.

06

다음 중 고광나무(Philadelphus schrenkii)의 꽃 색깔은?

① 적색   ② 황색
③ 백색   ④ 자주색

해설및용어설명 | 고광나무는 쌍떡잎식물 이판화군 장미목 범의귀과의 낙엽활엽 관목으로 봄에 흰색 꽃이 핀다.

07

수목은 생육조건에 따라 양수와 음수로 구분하는데, 다음 중 성격이 다른 하나는?

① 무궁화   ② 박태기나무
③ 독일가문비   ④ 산수유

해설및용어설명 | 독일가문비는 음수이고, 나머지는 양수이다.

08

조경 수목 중 아황산가스에 대해 강한 수종은?

① 양버즘나무   ② 삼나무
③ 전나무   ④ 단풍나무

해설및용어설명 | 양버즘나무는 공해(아황산가스)에 아주 강한 수종이다.

09

다음 중 순공사원가에 해당되지 않는 것은?

① 재료비   ② 노무비
③ 이윤   ④ 경비

해설및용어설명 | 순공사원가는 재료비와 노무비와 경비를 더해 구한다. 이윤은 총공사원가에는 포함되나 순공사원가에는 포함되지 않는다.

10

건물과 정원을 연결시키는 역할을 하는 시설은?

① 아치   ② 트렐리스
③ 퍼걸러   ④ 테라스

해설및용어설명 | 건물에서 잇닿아 낸 공간을 테라스라고 한다. 아치는 중문역할의 곡선형태를 말하며, 트렐리스는 격자 울타리를 말한다. 퍼걸러는 그늘시렁을 말한다.

11

다음 중 관리하자에 의한 사고에 해당되지 않는 것은?

① 시설의 구조자체의 결함에 의한 것
② 시설의 노후·파손에 의한 것
③ 위험장소에 대한 안전대책 미비에 의한 것
④ 위험물 방치에 의한 것

해설및용어설명 | 시설의 구조자체의 결함은 관리하자에 포함되지 않는다.

12

다음 중 일본에서 가장 먼저 발달한 정원양식은?

① 고산수식
② 회유임천식
③ 다정
④ 축경식

해설및용어설명 | 일본 정원양식의 변천사는 회유임천식(겸창시대) - 고산수식(실정시대) - 다정양식(도산시대) - 축경식(명치시대)이다.

13

공공의 조경이 크게 부각되기 시작한 때는?

① 고대
② 중세
③ 근세
④ 군주시대

해설및용어설명 | 근세에 들어 공공의 조경이 크게 부각되기 시작하였다. 고대와 중세에는 대부분 사적인 조경(귀족이나 왕) 중심이었다.

14

다음 중 중국 4대 명원(四大名園)에 포함되지 않는 것은?

① 작원
② 사자림
③ 졸정원
④ 창랑정

해설및용어설명 | 작원은 중국 명(明)시대 미만종이 설계하여 북경에 조영된 민간 정원으로 4대 명원에는 속하지 않는다.

15

다음 중 경복궁 교태전 후원과 관계없는 것은?

① 화계가 있다.
② 상량전이 있다.
③ 아미산이라 칭한다.
④ 굴뚝은 육각형이 4개가 있다.

해설및용어설명 | 경복궁 교태전 후원은 조선시대의 대표적인 사적 정원이다. 중국 선산인 아미산을 본떠서 계단식으로 조성되어 아미산원이라고도 하였다. 장식이 있는 육각굴뚝 4기, 해시계, 괴석 등을 배치하였다. 상량전은 창덕궁 낙선재 뒤편에 있는 누각이다.

16

다음 조경용 소재 및 시설물 중에서 평면적 재료에 가장 적합한 것은?

① 잔디
② 조경수목
③ 퍼걸러
④ 분수

17

다음 중 조경에 관한 설명으로 옳지 않은 것은?

① 주택의 정원만 꾸미는 것을 말한다.
② 경관을 보존 정비하는 종합과학이다.
③ 우리의 생활환경을 정비하고 미화하는 일이다.
④ 국토 전체 경관의 보존, 정비를 과학적이고 조형적으로 다루는 기술이다.

해설및용어설명 | 조경의 범위는 주택뿐만 아니라, 넓은 범위에서 옥외공간 모두를 대상으로 한다.

18

다음 중 열경화성 수지의 종류와 특징 설명이 옳지 않은 것은?

① 페놀수지 : 강도·전기전열성·내산성·내수성 모두 양호하나 내알칼리성이 약하다.
② 멜라민수지 : 요소수지와 같으나 경도가 크고 내수성은 약하다.
③ 우레탄수지 : 투광성이 크고 내후성이 양호하며 착색이 자유롭다.
④ 실리콘수지 : 열절연성이 크고 내약품성·내후성이 좋으며 전기적 성능이 우수하다.

해설및용어설명 | 페놀, 멜라민, 실리콘, 요소, 에폭시, 우레탄 등이 열경화성 수지에 속한다. 투광성이 크고 내후성이 양호하며 착색이 자유로운 수지는 아크릴수지이다. 우레탄수지는 내약품성, 내열성이 우수하며 접착제, 도료 등으로 널리 쓰인다.

열가소성	열경화성
폴리에틸렌	페놀(석탄산) : 강도가 우수하고, 내산성, 전기절연성 등이 우수하나 내알칼리성이 약함. 내수합판과 접착제 등으로 쓰임
폴리프로필렌	에폭시 : 접착력이 가장 우수한 수지
폴리스티렌	폴리에스테르
폴리염화비닐(PVC) : 전기절연성, 내약품성 등이 양호하여 파이프나 간단한 성형품, 비닐 등으로 쓰임, 온도에 약함	요소 : 목재 접착제 등으로 이용
아크릴 : 투명하고 탄성이 있으며, 착색이 자유로워 유리 대신 이용	멜라민 : 무색 투명하여 착색이 자유롭고 견고하고 내수성, 전기절연성, 내후성, 강도가 우수하다. 식기 등의 성형품, 치장, 적층판, 내수 합판용 접착제, 섬유 처리제로 이용
	실리콘수지 : 500℃ 이상 견디는 유일한 수지. 내수성, 내열성이 우수해 방수제, 도료, 접착제로 쓰임

19

겨울철 화단용으로 가장 알맞은 식물은?

① 팬지 ② 피튜니아
③ 샐비어 ④ 꽃양배추

해설및용어설명 | 팬지는 봄화단, 샐비어와 피튜니아는 여름~가을화단용으로 적합하다.

20

다음 중 석탄을 235~315℃에서 고온건조하여 얻은 타르 제품으로서 독성이 적고 자극적인 냄새가 있는 유성 목재 방부제는?

① 콜타르 ② 크레오소트유
③ 플로오르화나트륨 ④ 펜타클로르페놀

해설및용어설명 | 크레오소트유는 목재의 방부제로 많이 쓰이는 유성 방부제이다.

21

다음 중 목재 내 할렬(checks)은 어느 때 발생하는가?

① 목재의 부분별 수축이 다를 때
② 건조 초기에 상태습도가 높을 때
③ 함수율이 높은 목재를 서서히 건조할 때
④ 건조 응력이 목재의 횡인장강도보다 클 때

해설및용어설명 | 할렬이란 건조 중에 발생한 인장응력에 의해 원목과 제재목의 내부 또는 표면에서 목재 섬유가 분리되는 것을 말하며, 주로 건조 초기에 고르지 못한 수축에 의해 발생된다.

정답 18 ③ 19 ④ 20 ② 21 ④

22

다음 목재 접착제 중 내수성이 큰 순서대로 바르게 나열된 것은?

① 요소수지 > 아교 > 페놀수지
② 아교 > 페놀수지 > 요소수지
③ 페놀수지 > 요소수지 > 아교
④ 아교 > 요소수지 > 페놀수지

해설및용어설명 | 페놀수지는 접착력과 내수성이 아주 우수한 합성수지이다. 요소수지는 우리가 흔히 본드로 사용하는 수지로 접착력이 좋지만 내수성, 내열성은 페놀수지에 비해 떨어진다. 아교는 동물성 접착제로 불순물을 함유하는 품질이 낮은 젤라틴이 주성분이며 접착력이 약하다.

23

시멘트의 각종 시험과 연결이 옳은 것은?

① 비중시험 – 길모아장치
② 분말도시험 – 루사델리 비중병
③ 응결시험 – 블레인법
④ 안정성시험 – 오토클레이브

해설및용어설명 |
- 루사델리 비중병은 시멘트의 비중시험에 쓰인다.
- 블레인법은 시멘트의 분말도시험에 쓰인다.
- 오토클레이브는 시멘트의 안정성시험에 쓰인다.
- 길모아장치는 시멘트의 응결시험에 쓰인다.

24

경석(景石)의 배석(配石)에 대한 설명으로 옳은 것은?

① 원칙적으로 정원 내에 눈에 띄지 않는 곳에 두는 것이 좋다.
② 차경(借景)의 정원에 쓰면 유효하다.
③ 자연석보다 다소 가공하여 형태를 만들어 쓰도록 한다.
④ 입석(立石)인 때에는 역삼각형으로 놓는 것이 좋다.

해설및용어설명 | 경관석을 배치할 때에는 주로 자연식 정원에 쓰이기 때문에 차경수법과 어울린다.

25

다음 시멘트의 종류 중 혼합시멘트가 아닌 것은?

① 알루미나 시멘트
② 플라이애시 시멘트
③ 고로슬래그 시멘트
④ 포틀랜드포졸란 시멘트

해설및용어설명 | 알루미나 시멘트는 특수시멘트 종류이다.

26

조형(造形)을 목적으로 한 전정을 가장 잘 설명한 것은?

① 고사지 또는 병지를 제거한다.
② 밀생한 가지를 솎아준다.
③ 도장지를 제거하고 곁가지를 조정한다.
④ 나무 원형의 특징을 살려 다듬는다.

해설및용어설명 | 조형 목적의 전정은 나무의 형태적 특성을 살리기 위한 전정을 말한다.

27

다져진 잔디밭에 공기 유통이 잘되도록 구멍을 뚫는 기계는?

① 소드 바운드(sod bound)
② 론 모우어(lawn mower)
③ 론 스파이크(lawn spike)
④ 레이크(rake)

해설및용어설명 |
- 소드 바운드 : 잔디의 썩지 않은 뿌리가 겹쳐 스펀지층이 된 것
- 론 모우어 : 잔디깎이 기계
- 레이크 : 긁어내는 도구

28

생울타리를 전지·전정하려고 한다. 태양의 광선을 골고루 받게 하여 생울타리의 밑가지 생육을 건전하게 하려면 생울타리의 단면 모양은 어떻게 하는 것이 가장 적합한가?

① 삼각형
② 사각형
③ 팔각형
④ 원형

해설및용어설명 | 생울타리 단면의 모양을 삼각형(사다리꼴)으로 전정하는 것이 광선을 받기에 유리한 형태이다.

29

설계도서에 포함되지 않는 것은?

① 물량내역서
② 공사시방서
③ 설계도면
④ 현장사진

해설및용어설명 | 현장사진은 설계도서(도면)에 포함되지 않는다.

30

다음 중 파이토플라스마에 의한 수목병은?

① 뽕나무 오갈병
② 잣나무 털녹병
③ 밤나무 뿌리혹병
④ 낙엽송 끝마름병

해설및용어설명 | 뽕나무 오갈병, 대추나무 빗자루병 등은 파이토플라스마에 의한 수목병해이다.

31

토양의 입경조성에 의한 토양의 분류를 무엇이라고 하는가?

① 토성
② 토양통
③ 토양반응
④ 토양분류

해설및용어설명 | 토양을 구성하는 개체입자의 크기를 입경조성이라 하고 이를 토성으로 나타낸다. 토성은 점토, 미사(실트), 모래의 함량비를 말한다.

32

도시공원 및 녹지 등에 관한 법률 시행규칙상 도시의 소공원 공원시설 부지면적 기준은?

① 100분의 20 이하
② 100분의 30 이하
③ 100분의 40 이하
④ 100분의 60 이하

해설및용어설명 | 도시공원 안 공원시설 부지면적

소공원	100분의 20 이하
어린이공원	100분의 60 이하
근린공원	100분의 40 이하
수변공원	100분의 40 이하
묘지공원	100분의 20 이상
체육공원	100분의 50 이하
도시농업공원	100분의 40 이하

정답 27 ③ 28 ① 29 ④ 30 ① 31 ① 32 ①

33

건물의 벽이 연녹색일 때 어떤 색으로 표시를 해야 명시성이 가장 큰가?

① 노란색 ② 녹색
③ 청록색 ④ 주황색

해설및용어설명 | 명시성과 유목성에 대한 차이를 알고 있어야 한다. 연녹색과 가장 속성이 다른 색으로 주황색이 답이 되며, 주황색과 연녹색을 배치하면 색상이 더욱 도드라져 보인다.

34

향나무 사이에 핀 흰 목련꽃은?

① 조화 ② 대비
③ 대칭 ④ 점층

해설및용어설명 | 짙은 녹색의 향나무와 하얀 목련꽃은 대비를 이룬다.

35

다음 중 색의 대비에 관한 설명이 틀린 것은?

① 보색인 색을 인접시키면 본래의 색보다 채도가 낮아져 탁해 보인다.
② 명도단계를 연속시켜 나열하면 각각 인접한 색끼리 두드러져 보인다.
③ 명도가 다른 두 색을 인접시키면 명도가 낮은 색은 더욱 어두워 보인다.
④ 채도가 다른 두 색을 인접시키면 채도가 높은 색은 더욱 선명해 보인다.

해설및용어설명 | 보색인 색을 인접시키면 본래의 색보다 채도와 명도가 높아져 보여 더 선명하게 보이는 것을 보색대비라고 한다.

36

다음 보기에서 ( ) 안에 들어갈 적당한 공간 표현은?

> 서오능 시민 휴식공원 기본계획에는 왕릉의 보존과 단체 이용객에 대한 개방이라는 상충되는 문제를 해결하기 위하여 ( )을(를) 설정함으로써 왕릉과 공간을 분리시켰다.

① 진입광장 ② 동적공간
③ 완충녹지 ④ 휴게공간

해설및용어설명 | 완충녹지를 설치함으로써 보존과 이용이라는 상충성을 완화할 수 있다.

37

토양변화율 L = 1.2, 자연상태의 흙 3m³일 때 흙의 체적은?

① $3.0m^3$ ② $3.2m^3$
③ $3.4m^3$ ④ $3.6m^3$

해설및용어설명 | 자연상태의 흙을 퍼내면 흐트러진 상태가 되기 때문에 L값을 곱해주어 체적을 구할 수 있다.
$3.0m^3 \times 1.2 = 3.6m^3$이므로 $3.6m^3$

38

목구조의 보강철물로서 사용되지 않는 것은?

① 나사못 ② 듀벨
③ 고장력볼트 ④ 꺾쇠

해설및용어설명 | 고장력볼트는 철골구조의 접합에 쓰이는 보강철물이다.

39
물의 이용 방법 중 동적인 것은?
① 연못   ② 캐스케이드
③ 호수   ④ 풀림(annealing)

40
다음 보기의 목재 방부법에 사용되는 방부제는?

- 방부력이 우수하고 내습성도 있으며 값이 싸다.
- 냄새가 좋지 않아서 실내에 사용할 수 없다.
- 미관을 고려하지 않은 외부에 사용된다.

① 광명단   ② 물유리
③ 크레오소트   ④ 황암모니아

해설및용어설명 | 크레오소트는 목재의 방부제로 널리 쓰이지만, 목타르를 증류하여 얻은 것이기 때문에 냄새가 난다.

41
다음 중 침상화단(Sunken garden)에 관한 설명으로 가장 적합한 것은?

① 관상하기 편리하도록 지면을 1~2m 정도 파내려가 꾸민 화단
② 중앙부를 낮게 하기 위하여 키 작은 꽃을 중앙에 심어 꾸민 화단
③ 양탄자를 내려다보듯이 꾸민 화단
④ 경계부분을 따라서 1열로 꾸민 화단

해설및용어설명 |
- 기식화단(모둠화단) : 중앙부는 키가 큰 초화를 심고 주변부로 갈수록 키가 작은 초화로 조성하는 입체화단이다.
- 카펫화단(화문화단) : 키가 작은 초화를 양탄자 문양처럼 복잡한 문양으로 반복하여 평면적으로 조성하는 화단이다.
- 경재화단 : 벽을 따라 띠모양의 화단을 조성하되 벽으로 가까워질수록 키가 큰 초화를 입체적으로 조성하는 화단이다.

42
우리나라 고려시대 궁궐 정원을 맡아보던 곳은?
① 내원서   ② 상림원
③ 장원서   ④ 원야

해설및용어설명 | 고려시대 궁궐 정원을 맡아보는 관서를 내원서라 하였고, 이후에 조선 태조 때 상림원, 세조 때 장원서로 개칭되었다.

43
안정감과 포근함 등과 같은 정적인 느낌을 받을 수 있는 경관은?
① 파노라마 경관   ② 위요 경관
③ 초점 경관   ④ 지형 경관

해설및용어설명 |
- 파노라마 경관 : 시야를 제한받지 않고 멀리 트인 경관(수평선, 지평선 등)
- 지형 경관 : 주변 환경의 지표(산봉우리, 절벽 등)
- 위요 경관 : 수목, 경사면 등의 주위 경관 요소들이 울타리처럼 둘러싸인 경관
- 관개 경관 : 교목의 수관 아래에 형성되는 경관 (숲속의 오솔길, 밀림 속의 도로)

44
화강암(granite)에 대한 설명 중 옳지 않은 것은?
① 내마모성이 우수하다.
② 구조재로 사용이 가능하다.
③ 내화도가 높아 가열 시 균열이 적다.
④ 절리의 거리가 비교적 커서 큰 판재를 생산할 수 있다.

해설및용어설명 | 화강암은 내화력이 약한 것이 단점이다.

정답 39 ② 40 ③ 41 ① 42 ① 43 ② 44 ③

45

합성수지에 관한 설명 중 잘못된 것은?

① 기밀성, 접착성이 크다.
② 비중에 비하여 강도가 크다.
③ 착색이 자유롭고 가공성이 크므로 장식적 마감재에 적합하다.
④ 내마모성이 보통 시멘트콘크리트에 비교하면 극히 적어 바닥 재료로는 적합하지 않다.

해설및용어설명 | 합성수지는 플라스틱 종류를 통칭하며 바닥재료로도 쓰인다.

46

조경시설물의 관리원칙으로 옳지 않은 것은?

① 여름철 그늘이 필요한 곳에 차광시설이나 녹음수를 식재한다.
② 노인, 주부 등이 오랜 시간 머무는 곳은 가급적 석재를 사용한다.
③ 바닥에 물이 고이는 곳은 배수시설을 하고 다시 포장한다.
④ 이용자의 사용빈도가 높은 것은 충분히 조이거나 용접한다.

해설및용어설명 | 석재는 촉감이 좋지 못하며 오래 머무는 곳에 사용하기에 부적합하다.

47

다음 중 토양수분의 형태적 분류와 설명이 옳지 않은 것은?

① 결합수(結合水) – 토양 중의 화합물의 한 성분
② 흡습수(吸濕水) – 흡착되어 있어서 식물이 이용하지 못하는 수분
③ 모관수(毛管水) – 식물이 이용할 수 있는 수분의 대부분
④ 중력수(重力水) – 중력에 내려가지 않고 표면장력에 의하여 토양입자에 붙어있는 수분

해설및용어설명 | 중력수란 중력의 영향으로 토양에서 배수되는 물을 말한다. 중력에 내려가지 않고 표면장력에 의하여 토양입자에 붙어있는 수분은 흡습수이다.

48

토양의 단면 중 낙엽이 대부분 분해되지 않고 원형 그대로 쌓여 있는 층은?

① L층
② F층
③ H층
④ C층

해설및용어설명 |

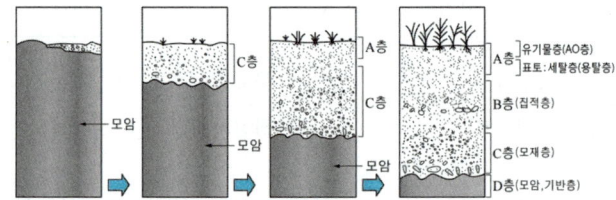

그림은 A층까지 표시되어 있으나 A층은 '유기물층(AO층)'과 '표토 : 세탈층(용탈층)'으로 나뉘게 된다. 여기서, 유기물층(AO층)은 다시 아래와 같이 나뉜다.

- L층 : 낙엽이 원형 그대로 쌓인 층
- F층 : 낙엽이 어느 정도 분해된 층
- H층 : 낙엽 원형을 알 수 없을 정도로 분해된 층

49

조경 프로젝트의 수행단계 중 주로 공학적인 지식을 바탕으로 다른 분야와는 달리 생물을 다룬다는 특수한 기술이 필요한 단계로 가장 적합한 것은?

① 조경계획
② 조경설계
③ 조경관리
④ 조경시공

해설및용어설명 | 조경시공단계에서는 살아있는 생물을 다루기 때문에 다른 건설분야와 다른 특수한 기술이 필요하다.

50

경관 구성의 기법 중 한 그루의 나무를 다른 나무와 연결시키지 않고 독립하여 심는 경우를 말하며, 멀리서도 눈에 잘 띄기 때문에 랜드마크의 역할도 하는 수목 배치 기법은?

① 점식
② 열식
③ 군식
④ 부등변 삼각형 식재

해설및용어설명 | 점식이 단독식재로 큰 나무를 식재하여 랜드마크로서의 효과가 있다.

51

로마의 조경에 대한 설명으로 알맞은 것은?

① 집의 첫번째 중정(Atrium)은 5점형 식재를 하였다.
② 주택정원은 그리스와 달리 외향적인 구성이었다.
③ 집의 두번째 중정(Peristylium)은 가족을 위한 사적 공간이다.
④ 겨울 기후가 온화하고 여름이 해안기후로 시원하여 노단형의 별장(Villa)이 발달하였다.

해설및용어설명 | 로마 시대의 주택정원은 내향적인 구조였으며, 첫번째 중정(Atrium)은 공적인 공간으로 조성하였다. 두번째 중정(Peristylium)은 사적인 공간으로 조성하였고, 마지막 후정(Xystus)은 5점형 식재로 조성하였다.

52

앙드레 르 노트르(Andre Le notre)가 유명하게 된 것은 어떤 정원을 만든 후부터인가?

① 베르사이유(Versailles)
② 센트럴 파크(Central Park)
③ 토스카나장(Villa Toscana)
④ 알함브라(Alhambra)

해설및용어설명 | 앙드레 르 노트르는 프랑스 평면기하학식 정원과 관련이 있다.

53

주철강의 특성 중 틀린 것은?

① 선철이 주재료이다.
② 내식성이 뛰어나다.
③ 탄소 함유량은 1.7~6.6%이다.
④ 단단하여 복잡한 형태의 주조가 어렵다.

해설및용어설명 | 1.7% 이상의 탄소를 함유하는 철은 약 1,150℃에서 녹으므로 주물을 만드는 데 사용할 수 있으나, 이 중에서 3.0~3.6%의 탄소량에 해당하는 것을 일반적으로 주철이라고 한다. 주철은 철이나 강철에 비해 주조성이 좋아서 난로·맨홀의 뚜껑을 비롯해서 주물제품으로 널리 사용된다.

54

다음 중 옥상정원을 만들 때 배합하는 경량재로 사용하기 가장 어려운 것은?

① 사질 양토
② 버미큘라이트
③ 펄라이트
④ 피트

해설및용어설명 | 버미큘라이트와 펄라이트는 질석, 진주암 등을 부순 다음 1,000℃ 안팎에서 구워 다공질로 만든 재료로 인공토양경량재로 쓰인다. 피트는 마른 이끼로 토양경량재로 쓸 수 있다.

55

다음 중 자작나무과(科)의 물오리나무 잎으로 가장 적합한 것은?

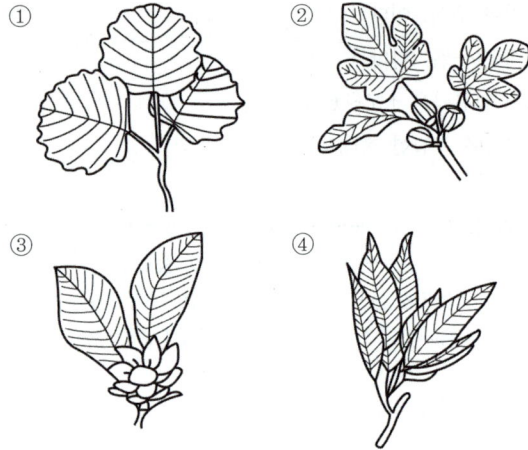

해설및용어설명 | 물오리나무는 겹톱니를 가진 원형의 잎을 가지고 있으며 작은 솔방울 모양의 열매를 맺는다.

56

다음 중 물푸레나무과에 해당되지 않는 것은?

① 미선나무 ② 광나무
③ 이팝나무 ④ 식나무

해설및용어설명 | 식나무는 층층나무과에 속한다.

57

다음 중 난지형 잔디에 해당되는 것은?

① 레드톱 ② 버뮤다그래스
③ 켄터키 블루그래스 ④ 톨 훼스큐

해설및용어설명 | 버뮤다그래스는 서양잔디에 속하지만 난지형 잔디이다.

58

다음 중 소나무의 순지르기 방법으로 가장 거리가 먼 것은?

① 수세가 좋거나 어린나무는 다소 빨리 실시하고, 노목이나 약해 보이는 나무는 5~7일 늦게 한다.
② 손으로 순을 따 주는 것이 좋다.
③ 5~6월경에 새순이 5~10cm 자랐을 때 실시한다.
④ 자라는 힘이 지나치다고 생각될 때에는 1/3~1/2 정도 남겨두고 끝부분을 따버린다.

59

정원설계에 포함되지 않는 도면은?

① 단면도 ② 상세도
③ 투시도 ④ 현황도

해설및용어설명 | 현황도는 설계도면에 포함되는 것이 아니며, 계획 및 분석 단계에서 쓰이게 되는 도면이다.

60

황금비율의 기본이 되는 비례치는?

① 1 : 1.618 ② 1 : 1.5
③ 1 : 1.351 ④ 1 : 1.72

해설및용어설명 | 르 꼬르뷔지에는 근대 디자인이론의 선구자로서 황금비, 모듈러 등을 제시하였다.

CBT 복원문제 2022 * 3

*2016년 5회부터 CBT(컴퓨터 기반 시험)방식으로 변경되어 문제가 공개되지 않아 복원된 문제가 일부 상이할 수 있습니다.

01
자연현상의 상호관련성 중 토양과 관련이 없는 것은?
① 기후 ② 야생동물
③ 수문 ④ 식생

해설및용어설명 | 자연환경분석에서 토양분석의 내용과 가장 거리가 먼 것은 야생동물이다.

02
일반적으로 도시의 녹지계통 중 가장 이상적인 것은?
① 방사환상식 ② 환상식
③ 산재식 ④ 위성식

해설및용어설명 |
- 분산식 : 생태적 안정성은 낮으나 접근성이 높아 대도시에 적합하다.
- 환상식 : 도시확대방지를 위한 방식이다. 균형 잡힌 녹지체계를 성립가능하고 접근성도 좋으나 생태적·기능적 역할은 부적당하다(오스트리아 빈, 하워드 전원도시론).
- 집중형 : 생태적 안정성은 높으나 접근성이 낮아 소도시에 적합하다.
- 방사식 : 집중형 녹지계통에 접근성을 높여주는 방식이다(독일의 하노버, 버스바덴, 미국의 인디애나폴리스, 뉴저지 래드번).
- 방사환상식(쐐기형) : 방사식과 환상식의 조합으로 이상적인 방법이다(독일의 쾰른).
- 위성식 : 대도시에 적용, 인구분산을 위해 환상 내부에 녹지대를 형성하고 녹지대 내에 소시가지를 위성으로 배치하는 방식이다(독일의 프랑크푸르트).
- 평행식(대상형) : 도시형태가 대상형일 때 띠모양으로 녹지를 조성한다(스페인의 마드리드, 러시아의 스탈린그리드, 미국의 워싱턴 D.C).
- 격자형 : 평행형+대상형을 격자 형태로 조성, 가로수와 소공원을 연결하여 녹지 연결성을 높이고 접근성도 높다. 생태적인 기능은 적다(인도의 찬디가르).

03
부등변 삼각형 식재는 다음 어디에 어울리는가?
① 정형식 정원 ② 자연식 정원
③ 토피아리 정원 ④ 가로수 공원

해설및용어설명 | 부등변 삼각형 식재는 자연식 정원에 가장 잘 어울리는 수법이다.

04
다음 중 임해공업지대에서 가장 강한 수종은?
① 동백나무, 흑송 ② 회양목, 플라타너스
③ 백합나무, 은행나무 ④ 편백, 호랑가시나무

해설및용어설명 | 동백나무와 흑송(해송), 곰솔은 섬 및 해안가가 원산지인 수종으로 공해에도 강하여 임해공업지대에 적합하다.

정답 01 ② 02 ① 03 ② 04 ①

05

환경심리학의 특성이라 할 수 없는 것은?

① 환경과 행태의 관계성을 하나의 종합된 단위로 연구하는 것이다.
② 환경이 행태에 미치는 영향을 연구하는 것이다.
③ 실제적인 문제를 해결하기 위한 이론을 연구하는 것이다.
④ 조경, 건축, 도시계획 등과 관련이 깊은 종합과학이다.

해설및용어설명 | 환경심리학은 이론을 연구하는 것보다는 실질적인 현상을 연구하는 것에 가깝다.

> **저자 TiP**
> 최근에 환경심리학에 대한 내용이 더욱 자주 출제되는 경향이 있기 때문에 개념을 알아두는 것이 좋다.

06

눈향나무의 규격표시 방법으로 적당한 것은?

① H×W×L
② H×W
③ H×R
④ H×B

해설및용어설명 | 눈향나무는 상록침엽관목의 수종으로 향나무와 비슷하지만 누워서 자라기 때문에 L을 추가로 사용하여 규격을 표시한다.

07

조경의 대상을 기능별로 분류해 볼 때 「자연공원」에 포함되는 것은?

① 묘지공원
② 휴양지
③ 군립공원
④ 경관녹지

해설및용어설명 | 자연공원법상 자연공원의 분류는 국립공원, 도립공원, 군립공원, 지질공원 등이 속한다.

08

우리나라의 산림대별 특징 수종 중 식물의 분류학상 한대림(cold temperate forest)에 해당되는 것은?

① 아왜나무, 소나무
② 구실잣밤나무
③ 붉가시나무
④ 잎갈나무

해설및용어설명 | 한대림은 연평균기온 6℃ 이하의 산림대를 말하며, 침엽수가 한대림의 대표적 수종이다.

09

도시공원 및 녹지 등에 관한 법률에 의한 어린이공원의 기준에 관한 설명으로 옳은 것은?

① 유치거리는 500m 이하로 제한한다.
② 1개소 면적은 1,200m² 이상으로 한다.
③ 공원시설 부지면적은 전체 면적의 60% 이하로 한다.
④ 공원구역 경계로부터 500m 이내에 거주하는 주민 250명 이상의 요청 시 어린이공원 조성계획의 정비를 요청할 수 있다.

해설및용어설명 |
• 유치거리는 250m 이하로 제한한다.
• 1개소 면적은 1,500m² 이상으로 한다.
• 소공원과 어린이공원은 공원구역 경계로부터 250m 이내 거주 500명 이상의 요청 시 조성계획의 정비를 요청할 수 있다.

10

솔잎혹파리에 대한 설명 중 틀린 것은?

① 1년에 1회 발생한다.
② 유충으로 땅속에서 월동한다.
③ 우리나라에서는 1929년에 처음 발견되었다.
④ 유충은 솔잎을 밑부분에서부터 갉아 먹는다.

해설및용어설명 | 솔잎혹파리 유충은 잎 기부에서 벌레혹을 형성하고 수액을 빨아먹어 피해를 준다.

11

다음 중 주요 기능의 관점에서 옥외 레크레이션의 관리 체계와 가장 거리가 먼 것은?

① 이용자관리　　② 자원관리
③ 공정관리　　　④ 서비스관리

해설및용어설명 | 공정관리는 공사 일정 관리로서 레크레이션 관리와 거리가 멀다.

12

다음 정원시설 중 우리나라 전통조경시설이 아닌 것은?

① 취병(생울타리)　② 화계
③ 벽천　　　　　　④ 석지

해설및용어설명 | 벽천은 독일 구성식 정원에서 시작된 조경시설물이다.

13

목재의 방부처리 방법 중 일반적으로 가장 효과가 우수한 것은?

① 침지법　　　② 도포법
③ 생리적 주입법　④ 가압주입법

해설및용어설명 | 압력용기 하에서 방부제를 주입시키는 가압주입법이 방부효과는 가장 크다. 생리적 주입법은 벌목 전 약액을 뿌리부터 흡수시키는 것으로 효과는 가장 약하다.

14

석재를 형상에 따라 구분할 때 견치돌에 대한 설명으로 옳은 것은?

① 폭이 두께의 3배 미만으로 육면체 모양을 가진 돌
② 치수가 불규칙하고 일반적으로 뒷면이 없는 돌
③ 두께가 15cm 미만이고, 폭이 두께의 3배 이상인 육면체 모양의 돌
④ 전면은 정사각형에 가깝고, 뒷길이, 접촉면, 뒷면 등의 규격화 된 돌

해설및용어설명 | 조경 표준 품셈상 견치석에 대한 설명
형상은 재두각추체에 가깝고 전면은 거의 평면을 이루며 대략 정사각형으로서 뒷길이, 접촉면의 폭, 뒷면 등이 규격화 된 돌로서 4방락 또는 2방락의 것이 있으며 접촉면의 폭은 전면 1변의 길이의 1/10 이상이어야 하고 접촉면의 길이는 1변의 평균 길이의 1/2 이상이어야 한다.

15

가로수로서 갖추어야 할 조건을 기술한 것 중 옳지 않은 것은?

① 사철 푸른 상록수
② 각종 공해에 잘 견디는 수종
③ 강한 바람에도 잘 견딜 수 있는 수종
④ 여름철 그늘을 만들고 병해충에 잘 견디는 수종

정답 10 ④　11 ③　12 ③　13 ④　14 ④　15 ①

해설및용어설명 | 가로수로는 상록수보다는 겨울에 해를 통하게 하는 낙엽수가 선호된다.

16

보행에 지장을 주어 보행 속도를 억제하고자 하는 포장 재료는?

① 아스팔트 ② 콘크리트
③ 블록 ④ 조약돌

해설및용어설명 | 조약돌은 매우 질감이 거친 면을 만들 수 있으며 보행 속도를 늦출 수 있다.

17

다음 중 수목을 기하학적인 모양으로 수관을 다듬어 만든 수형을 가리키는 용어는?

① 정형수 ② 형상수
③ 경관수 ④ 녹음수

해설및용어설명 | 수관을 다듬어 인공적인 형상을 만든 수형은 형상수라고 한다.

18

유리의 주성분이 아닌 것은?

① 규산 ② 소다
③ 석회 ④ 수산화칼슘

해설및용어설명 | 수산화칼슘은 소석회라고도 하며, 표백분, 모르타르의 원료, 소독제, 산성토양의 중화, 응집 조제 등의 알칼리제로서 사용되고 있다.

19

거실이나 응접실 또는 식당 앞에 건물과 잇대어서 만드는 시설물은?

① 정자 ② 테라스
③ 모래터 ④ 트렐리스

해설및용어설명 | 건물에 잇대어서 내어 만드는 시설을 테라스라고 한다.

20

실내조경 식물의 선정 기준이 아닌 것은?

① 낮은 광도에 견디는 식물
② 온도 변화에 예민한 식물
③ 가스에 잘 견디는 식물
④ 내건성과 내습성이 강한 식물

해설및용어설명 | 온도변화에 예민한 식물은 실내공간에 적응하기에 부적합하다.

21

퍼걸러(pergola) 설치 장소로 적합하지 않은 것은?

① 건물에 붙여 만들어진 테라스 위
② 주택 정원의 가운데
③ 통경선의 끝 부분
④ 주택 정원의 구석진 곳

해설및용어설명 | 퍼걸러는 휴게시설이기 때문에 주택 정원의 한가운데 보다는 아늑한 곳이 적당하다.

22

경사가 있는 보도교의 경우 종단 기울기가 얼마를 넘지 않도록 하며, 미끄럼을 방지하기 위해 바닥을 거칠게 표면처리 하여야 하는가?

① 3°
② 5°
③ 8°
④ 15°

해설및용어설명 | 보도교 설계기준상 종단 기울기 8° 이상이 되면 바닥을 거칠게 표면처리한다.

23

다음 중 일반적인 토양의 상태에 따른 뿌리 발달의 특징 설명으로 옳지 않은 것은?

① 비옥한 토양에서는 뿌리목 가까이에서 많은 뿌리가 갈라져 나가고 길게 뻗지 않는다.
② 척박지에서는 뿌리의 갈라짐이 적고 길게 뻗어 나간다.
③ 건조한 토양에서는 뿌리가 짧고 좁게 퍼진다.
④ 습한 토양에서는 호흡을 위하여 땅 표면 가까운 곳에 뿌리가 퍼진다.

해설및용어설명 | 건조한 토양에서는 물을 흡수하기 위해 잔뿌리가 더 길게 퍼져 자란다.

24

조경 시설물 중 관리 시설물로 분류되는 것은?

① 분수, 인공폭포
② 그네, 미끄럼틀
③ 축구장, 철봉
④ 조명시설, 표지판

해설및용어설명 | 분수와 인공폭포는 수경시설, 그네와 미끄럼틀은 유희시설, 축구장과 철봉은 운동시설에 속한다. 관리사무소, 조명시설, 표지판, 울타리, 출입문 등은 관리시설에 속한다.

25

다음 중 별서의 개념과 가장 거리가 먼 것은?

① 은둔생활을 하기 위한 것
② 효도하기 위한 것
③ 별장의 성격을 갖기 위한 것
④ 수목을 가꾸기 위한 것

해설및용어설명 | 별서는 은둔사상, 은일사상 등이 근간이 되어 세속을 피해 한적한 곳에 따로 지은 주거지로 효도하기 위한 별업정원, 휴식과 여가를 위한 별장 등의 종류가 있다.

26

메소포타미아의 대표적인 정원은?

① 마야사원
② 베르사이유 궁전
③ 바빌론의 공중정원
④ 타지마할 사원

해설및용어설명 | 공중정원은 메소포타미아 문명지였던 서부아시아 지역에 위치하며, 신바빌로니아의 네부카드네자르 2세가 축조하였다.

27

정형식 배식 방법에 대한 설명이 옳지 않은 것은?

① 단식 – 생김새가 우수하고, 중량감을 갖춘 정형수를 단독으로 식재
② 대식 – 시선축의 좌우에 같은 형태, 같은 종류의 나무를 대칭 식재
③ 열식 – 같은 형태와 종류의 나무를 일정한 간격으로 직선상에 식재
④ 교호식재 – 서로 마주보게 배치하는 식재

해설및용어설명 | 교호식재는 2열 식재 시 서로 마주보지 않게 어긋나게 식재하는 것을 말한다.

정답 22 ③ 23 ③ 24 ④ 25 ④ 26 ③ 27 ④

28

시멘트 액체 방수제의 종류가 아닌 것은?

① 염화칼슘계 ② 지방산계
③ 비소계 ④ 규산소다계

해설및용어설명 | 비소는 강한 독성을 가진 물질로 살균제, 제초제, 살충제, 살서제 등으로 쓰였지만 현재는 농업에서 사용되지 않는다.

29

다음 중 압축강도(kg_f/cm^2)가 가장 큰 목재는?

① 삼나무 ② 낙엽송
③ 오동나무 ④ 밤나무

해설및용어설명 | 수종별 압축강도

낙엽송(638) > 삼나무(400) > 오동나무(372) > 밤나무(353)

30

홍색(紅色) 열매를 맺지 않는 수종은?

① 산수유 ② 쥐똥나무
③ 주목 ④ 사철나무

해설및용어설명 | 쥐똥나무는 가을에 검정색 열매를 맺는다.

31

다음 중 교목의 식재 공사 공정으로 옳은 것은?

① 구덩이 파기 → 물 죽쑤기 → 묻기 → 지주세우기 → 수목 방향 정하기 → 물집 만들기
② 구덩이 파기 → 수목방향 정하기 → 묻기 → 물 죽쑤기 → 지주세우기 → 물집 만들기
③ 수목방향 정하기 → 구덩이 파기 → 물 죽쑤기 → 묻기 → 지주세우기 → 물집 만들기
④ 수목방향 정하기 → 구덩이 파기 → 묻기 → 지주세우기 → 물 죽쑤기 → 물집 만들기

32

공사의 실시방식 중 공동 도급의 특징이 아닌 것은?

① 공사이행의 확실성이 보장된다.
② 여러 회사의 참여로 위험이 분산된다.
③ 이해 충돌이 없고, 임기응변 처리가 가능하다.
④ 공사의 하자책임이 불분명하다.

해설및용어설명 | 공동 도급은 도급주체가 여럿일 수 있기 때문에 이해 충돌이 있고, 임기응변의 처리가 어렵다.

33

다음 [보기]를 공원 행사의 개최 순서대로 나열한 것은?

㉠ 제작	㉡ 실시
㉢ 기획	㉣ 평가

① ㉠→㉡→㉢→㉣ ② ㉢→㉠→㉡→㉣
③ ㉣→㉠→㉡→㉢ ④ ㉠→㉣→㉢→㉡

34

배수공사 중 지하층 배수와 관련된 설명으로 옳지 않은 것은?

① 지하층 배수는 속도랑을 설치해 줌으로써 가능하다.
② 암거배수의 배치형태는 어골형, 평행형, 빗살형, 부채살형, 자유형 등이 있다.
③ 속도랑의 깊이는 심근성보다 천근성 수종을 식재할 때 더 깊게 한다.
④ 큰 공원에서는 자연 지형에 따라 배치하는 자연형 배수방법이 많이 이용된다.

해설및용어설명 | 속도랑의 깊이는 심근성 수종을 식재할 때 더욱 깊게 한다.

35

콘크리트를 혼합한 다음 운반해서 다져 넣을 때까지 시공성의 좋고 나쁨을 나타내는 성질 즉, 콘크리트의 시공성을 나타내는 것은?

① 슬럼프시험 ② 워커빌리티
③ 물, 시멘트비 ④ 양생

해설및용어설명 | 콘크리트 용어
- 워커빌리티(Workability) : 반죽질기에 따른 작업의 난이도 및 재료분리에 저항하는 정도, 시공 난이도
- 반죽질기(consistency) : 반죽의 되고 진 정도
- 성형성(Plasticity) : 거푸집에 쉽게 다져 넣을 수 있고, 거푸집을 떼어내면 허물어지거나 재료분리가 일어나지 않는 성질
- 피니셔빌리티(Finishability) : 콘크리트 타설면을 마감할 때 작업성의 난이를 나타내는 아직 굳지 않은 콘크리트의 성질
- 레이턴스(Laitance) : 블리딩 현상에 따라 콘크리트 표면에 떠올라 표면의 물이 증발하고 표면에 남은 것
- 슬럼프시험 : 굳지 않은 콘크리트의 반죽질기를 시험하는 방법
- 물시멘트비 : 콘크리트 내에 물과 시멘트의 중량비, 경화강도를 크게 좌우하므로 콘크리트 품질을 나타내는 중요한 값
- 양생 : 콘크리트 치기가 끝난 다음 유해한 영향을 받지 않도록 보호 관리하는 것

36

공사원가에 의한 공사비 구성 중 안전관리비가 해당되는 것은?

① 간접재료비 ② 간접노무비
③ 경비 ④ 일반관리비

해설및용어설명 | 경비는 순공사비 중 재료비, 노무비를 제외한 비용으로 수도광열비, 인쇄비, 기계경비, 전력비, 운반비, 소모품비, 통신비, 지급임차료, 가설비, 세금과 공과금, 연구개발비, 보험료, 안전관리비, 품질관리비, 기술료, 특허권사용료, 외주가공비, 교통비, 여비 등이 속한다.

37

우리나라 고유의 공원을 대표할 만한 문화재적 가치를 지닌 정원은?

① 경복궁의 후원 ② 덕수궁의 후원
③ 창경궁의 후원 ④ 창덕궁의 후원

해설및용어설명 | 창덕궁 후원은 유네스코 세계문화유산으로 등록된 곳으로, 자연과 인공의 조화가 어우러진 대표적인 조선시대의 정원 유적이다.

38

조선시대 경승지에 세운 누각들 중 경기도 수원에 위치한 것은?

① 연광정 ② 사허정
③ 방화수류정 ④ 영호정

해설및용어설명 | 방화수류정은 수원화성 안에 위치하고 있다.

39

가을에 그윽한 향기를 가진 등황색 꽃이 피는 수종은?

① 금목서　　　　　② 남천
③ 팔손이　　　　　④ 생강나무

해설및용어설명 | 남천은 봄에 흰꽃이 피고 팔손이는 가을에 흰꽃이 핀다. 생강나무는 봄에 노란꽃이 핀다.

40

투명도가 높으므로 유기유리라는 명칭이 있고 착색이 자유로워 채광판, 도어판, 칸막이판 등에 이용되는 것은?

① 아크릴수지　　　② 멜라민수지
③ 알키드수지　　　④ 폴리에스테르수지

해설및용어설명 |

열가소성	열경화성
폴리에틸렌	페놀(석탄산) : 강도가 우수하고, 내산성, 전기절연성 등이 우수하나 내알칼리성이 약함. 내수합판과 접착제 등으로 쓰임
폴리프로필렌	에폭시 : 접착력이 가장 우수한 수지
폴리스티렌	폴리에스테르
폴리염화비닐(PVC) : 전기절연성, 내약품성 등이 양호하여 파이프나 간단한 성형품, 비닐 등으로 쓰임, 온도에 약함	요소 : 목재 접착제 등으로 이용
아크릴 : 투명하고 탄성이 있으며, 착색이 자유로워 유리 대신 이용	멜라민 : 무색 투명하여 착색이 자유롭고 견고하고 내수성, 전기절연성, 내후성, 강도가 우수하다. 식기 등의 성형품, 치장, 적층판, 내수 합판용 접착제, 섬유 처리제로 이용
	실리콘수지 : 500℃ 이상 견디는 유일한 수지. 내수성, 내열성이 우수해 방수제, 도료, 접착제로 쓰임

투명도가 높고 유리 대신 쓰이는 플라스틱은 아크릴수지이다.

41

관상하기에 편리하도록 땅을 1 ~ 2m 깊이로 파내려가 평평한 바닥을 조성하고, 그 바닥에 화단을 조성한 것은?

① 기식화단　　　　② 모둠화단
③ 양탄자화단　　　④ 침상화단

해설및용어설명 |
- 기식화단(모둠화단) : 중앙부는 키가 큰 초화를 심고 주변부로 갈수록 키가 작은 초화로 조성하는 입체화단이다.
- 카펫화단(화문화단) : 키가 작은 초화를 양탄자문양처럼 복잡한 문양으로 반복하여 평면적으로 조성하는 화단이다.

42

돌 쌓기 시공상 유의해야 할 사항으로 옳지 않은 것은?

① 서로 이웃하는 상하층의 세로 줄눈을 연속하게 된다.
② 돌 쌓기 시 뒤채움을 잘 하여야 한다.
③ 석재는 충분하게 수분을 흡수시켜서 사용해야 한다.
④ 하루에 1 ~ 1.2m 이하로 찰 쌓기를 하는 것이 좋다.

해설및용어설명 | 서로 이웃하는 상하층의 세로 줄눈을 연속하게 만드는 것을 통줄눈이라고 하는데 구조적으로 하중이 취약해져서 통줄눈보다는 막힌줄눈으로 시공하도록 한다.

43

잔디밭의 관수시간으로 가장 적당한 것은?

① 오후 2시 경에 실시하는 것이 좋다.
② 정오 경에 실시하는 것이 좋다.
③ 오후 6시 이후 저녁이나 일출 전에 한다.
④ 아무 때나 잔디가 타면 관수한다.

44

일본정원에서 가장 중점을 두고 있는 것은?

① 대비 ② 조화
③ 반복 ④ 대칭

해설및용어설명 | 일본정원은 조화를 중요시하며, 중국정원은 대비를 중요시한다.

45

다음 중 건축과 관련된 재료의 강도에 영향을 주는 요인으로 가장 거리가 먼 것은?

① 온도와 습도 ② 재료의 색
③ 하중시간 ④ 하중속도

해설및용어설명 | 재료의 색은 강도에 영향을 미치지 않는다.

46

목재의 건조 방법은 자연건조법과 인공건조법으로 구분될 수 있다. 다음 중 인공건조법이 아닌 것은?

① 증기법 ② 침수법
③ 훈연 건조법 ④ 고주파 건조법

해설및용어설명 | 침지법(침수법)과 공기건조법은 목재의 자연건조법에 속한다.

47

산울타리용 수종으로 부적합한 것은?

① 개나리 ② 칠엽수
③ 꽝꽝나무 ④ 명자나무

해설및용어설명 | 칠엽수는 낙엽활엽교목으로 키가 매우 커서 산울타리보다는 가로수로 주로 쓰인다.

48

공사 일정 관리를 위한 횡선식 공정표와 비교한 네트워크(NETWORK) 공정표의 설명으로 옳지 않은 것은?

① 공사 통제 기능이 좋다.
② 문제점의 사전 예측이 용이하다.
③ 일정의 변화를 탄력적으로 대처할 수 있다.
④ 간단한 공사 및 시급한 공사, 개략적인 공정에 사용된다.

해설및용어설명 | 시급하고 간단한 공사, 개략적인 공정에는 네트워크 공정표보다는 횡선식(막대) 공정표를 사용하는 것이 효율적이다.

49

Methidathion(메치온) 40% 유제를 1,000배액으로 희석해서 10a당 6말(20L/말)을 살포하여 해충을 방제하고자 할 때 유제의 소요량은 몇 mL인가?

① 100 ② 120
③ 150 ④ 240

해설및용어설명 | 메치온 40% 유제 1,000배액을 총 6말 살포하고자 한다. 6말은 총 120L다. 1,000배액 120L를 만들어야 하므로 약액은 1/1,000인 120mL가 필요하다.

정답 44 ② 45 ② 46 ② 47 ② 48 ④ 49 ②

50

시설물의 기초부위에서 발생하는 토공량의 관계식으로 옳은 것은?

① 잔토처리 토량 = 되메우기 체적 − 터파기 체적
② 되메우기 토량 = 터파기 체적 − 기초 구조부 체적
③ 되메우기 토량 = 기초 구조부 체적 − 터파기 체적
④ 잔토처리 토량 = 기초 구조부 체적 − 터파기 체적

해설및용어설명 | 기초를 묻기 위해 여유분의 흙을 포함해 파내는 작업을 터파기라고 한다. 터파기한 후 기초를 묻고 난 뒤 여유분으로 더 파낸 부분을 채우는데 그 토량을 되메우기 토량이라고 한다. 따라서 터파기 토량에서 기초 구조부 체적을 빼면 되메우기 토량이 나온다.

51

다음 설명하는 해충은?

- 가해 수종으로는 향나무, 편백, 삼나무 등
- 똥을 줄기 밖으로 배출하지 않기 때문에 발견하기 어렵다.
- 기생성 천적인 좀벌류, 맵시벌류, 기생파리류로 생물학적 방제를 한다.

① 박쥐나방 ② 측백나무하늘소
③ 미끈이하늘소 ④ 장수하늘소

52

창살울타리(Trellis)는 설치 목적에 따라 높이 차이가 결정되는데 그 목적이 적극적 침입방지의 기능일 경우 최소 얼마 이상으로 하여야 하는가?

① 2.5m ② 1.5m
③ 1m ④ 50cm

53

다음 중 전정의 목적 설명으로 옳지 않은 것은?

① 희귀한 수종의 번식에 중점을 두고 한다.
② 미관에 중점을 두고 한다.
③ 실용적인 면에 중점을 두고 한다.
④ 생리적인 면에 중점을 두고 한다.

해설및용어설명 | 전정은 여러 가지 목적이 있을 수 있지만 희귀한 수종의 번식과 관련이 적다.

54

구조재료의 용도상 필요한 물리·화학적 성질을 강화시키고, 미관을 증진시킬 목적으로 재료의 표면에 피막을 형성시키는 액체 재료를 무엇이라고 하는가?

① 도료 ② 착색
③ 강도 ④ 방수

55

점토, 석영, 장석 도석 등을 원료로 하여 적당한 비율로 배합한 다음 높은 온도로 가열하여 유리화될 때까지 충분히 구워 굳힌 제품으로, 대게 흰색 유리질로서 반투명하여 흡수성이 없고 기계적 강도가 크며, 때리면 맑은 소리를 내는 것은?

① 토기 ② 자기
③ 도기 ④ 석기

해설및용어설명 | 토기 < 도기 < 석기 < 자기 순으로 자기가 가장 높은 온도에서 소성되며, 흡수성이 가장 적고, 강도는 가장 높다.

정답 50 ② 51 ② 52 ② 53 ① 54 ① 55 ②

56

다음 석재 중 일반적으로 내구연한이 가장 짧은 것은?

① 석회암 ② 화강석
③ 대리석 ④ 석영암

해설및용어설명 | 화강석, 석영암은 화성암에 속하며 재질이 치밀하고, 강도가 높은 편이다. 대리석 또한 변성 작용을 받은 변성암으로 강도가 높다. 석회암은 석회질 성분으로 구성된 퇴적암으로 내구연한이 짧다.

57

강(鋼)과 비교한 알루미늄의 특징에 대한 내용 중 옳지 않은 것은?

① 강도가 작다. ② 비중이 작다.
③ 열팽창율이 작다. ④ 전기전도율이 높다.

해설및용어설명 | 열팽창률은 1℃ 올라갈 때 늘어나는 부피의 비율을 말하며, 알루미늄의 열팽창률은 철의 2배 정도로 크다.

58

다음 중 낙우송의 설명으로 옳지 않은 것은?

① 잎은 5~10cm 길이로 마주나는 대생이다.
② 소엽은 편평한 새의 깃모양으로서 가을에 단풍이 든다.
③ 열매는 둥근 달걀 모양으로 길이 2~3cm 지름 1.8~3.0cm의 암갈색이다.
④ 종자는 삼각형의 각모에 광택이 있으며 날개가 있다.

해설및용어설명 | 낙우송과의 수종으로 낙우송과 메타세쿼이아가 생김새가 비슷하다. 낙우송은 잎이 5~10cm 길이로 어긋나며, 메타세쿼이아는 5~10cm 길이로 마주나는 차이가 있다.

59

다음 제초제 중 잡초와 작물 모두를 살멸시키는 비선택성 제초제는?

① 디캄바 액제 ② 글리포세이트 액제
③ 펜티온 유제 ④ 에테폰 액제

해설및용어설명 |
- 디캄바 액제 – 선택성 제초제
- 펜티온 유제 – 살충제
- 에테폰 액제 – 생장조절제로서 숙기촉진제

60

다음 중 식엽성(食葉性) 해충이 아닌 것은?

① 솔나방 ② 텐트나방
③ 복숭아 명나방 ④ 미국흰불나방

해설및용어설명 | 복숭아 명나방은 종실(열매) 가해해충이다.

정답: 56 ① 57 ③ 58 ① 59 ② 60 ③

01

포플러 잎녹병균의 녹포자는 어느 식물에 형성되는가?

① 포플러 ② 낙엽송
③ 소나무 ④ 쑥부쟁이

해설및용어설명 |

병명	학명	포자유형	
		녹병정자, 녹포자 세대	여름포자, 겨울포자 세대
잣나무 털녹병	Cronartium ribicola	잣나무[1]	송이풀·까치밥나무[2]
소나무 혹병	C. quercuum	소나무[1]	졸참나무·신갈나무[2]
소나무 잎녹병	Coleosporium asterum	소나무[1]	참취·쑥부쟁이[2]
	C. phellodendri	소나무[1]	황벽나무[2]
포플러 잎녹병	Melampsora larici-populina	낙엽송[2]	포플러[1]
오리나무 잎녹병	Melampsoridium alni	낙엽송[2]	오리나무[1]
배나무 붉은별 무늬병	Gymnosporangium asiaticum	배나무[1]	향나무[2]
사과나무 붉은별 무늬병	G. yamadae (=G. juniperi-virginianae)	사과나무[1]	향나무[2]

※ 배나무 및 사과나무 붉은별 무늬병은 여름포자 세대를 형성하지 않음.
1) 기주, 2) 중간기주

포플러 잎녹병의 기주는 포플러이며 중간기주가 낙엽송이다. 보통의 이종 기생균과는 다르게 중간기주에서 녹병포자, 녹포자 세대를 내며, 기주식물에서 여름포자 겨울포자 세대를 낸다.

02

소나무 해충 중 5령충으로 월동을 하여 이듬해 4월경부터 잎을 갉아먹는 해충은?

① 솔나방 ② 소나무좀
③ 솔잎혹파리 ④ 솔껍질깍지벌레

해설및용어설명 | 솔나방은 5령충으로 월동하여 4월경 월동처에서 나와 3회의 탈피를 거쳐 8령충이 된다.

03

충영을 형성하는 해충은?

① 솔나방 ② 소나무좀
③ 솔잎혹파리 ④ 솔껍질깍지벌레

해설및용어설명 | 솔잎혹파리는 충영(암덩어리)형성 및 천공, 흡즙의 피해를 주는 해충이다.

04

수목병의 전반에 관여하는 매개충이 마름무늬 매미충에 의한 것은?

① 잣나무 털녹병 ② 밤나무 줄기마름병
③ 대추나무 빗자루병 ④ 느릅나무 시들음병

해설및용어설명 | 대추나무 빗자루병은 대표적인 파이토플라즈마에 의한 수병이며, 마름무늬 매미충이 매개충이된다.

05

삼나무 붉은마름병에 대한 설명으로 틀린 것은?

① 병원균은 삼나무의 병환부에서 월동을 한다.
② 우리나라와 일본에 분포하고 묘포에서 발생한다.
③ 묘목의 정단 끝부분부터 말라서 아래로 피해가 진전된다.
④ 4월 하순에서 10월 상순까지 4-4식 보르도액으로 방제를 한다.

해설및용어설명 | 삼나무 붉은마름병의 진전은 지면 가까이에서 시작되어 상부로 번져나간다.

06

강과 비교한 알루미늄의 특징 중 옳지 않은 것은?

① 강도가 작다.　② 비중이 작다.
③ 열팽창률이 작다.　④ 전기 전도율이 높다.

해설및용어설명 | 알루미늄재료는 열팽창률이 크다.

07

굵은 골재의 절대건조상태의 질량이 1,000g, 표면건조포화상태의 질량이 1,100g, 수중질량이 650g일 때 흡수율은 몇 %인가?

① 10.0%　② 28.6%
③ 31.4%　④ 35.0%

해설및용어설명 |

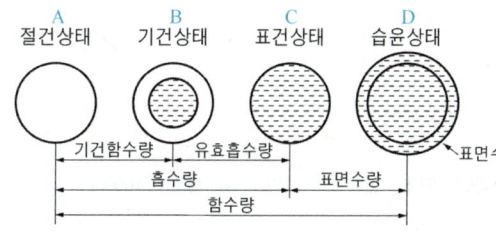

위의 표를 참고하여 함수율, 흡수율, 표면수율, 유효흡수율을 구할 수 있다.

- 함수율(%) : $\dfrac{함수량}{절건상태중량} \times 100$
- 흡수율(%) : $\dfrac{흡수량}{절건상태중량} \times 100$
- 표면수율(%) : $\dfrac{표면수량}{표건상태중량} \times 100$
- 유효흡수율(%) : $\dfrac{유효흡수량}{절건상태중량} \times 100$

따라서 흡수율을 구하기 위해선 흡수량부터 구해야 한다.
'흡수량 = 표건상태중량 - 절건상태중량'이므로
흡수량(g) = 1,100g - 1,000g = 100g이 된다.
흡수율(%) = 100/1,000×100이므로 10%가 된다.

08

시멘트의 각종 시험과 연결이 옳은 것은?

① 비중시험 – 길모아장치
② 분말도시험 – 루샤델리 비중병
③ 응결시험 – 블레인법
④ 안정성시험 – 오토클레이브

해설및용어설명 |
- 루샤델리 비중병은 시멘트의 비중시험에 쓰인다.
- 블레인법은 시멘트의 분말도시험에 쓰인다.
- 오토클레이브는 시멘트의 안정성시험에 쓰인다.
- 길모아장치는 시멘트의 응결시험에 쓰인다.

09

Hall의 대인간격의 거리에 대한 이론 중 틀린 내용은?

① 친밀한 거리 : 45cm 이내
② 개인적 거리 : 45 ~ 120cm
③ 사회적 거리 : 120 ~ 360cm
④ 공적 거리 : 5m 이상

해설및용어설명 | Hall의 대인간격의 거리에서 공적 거리는 360cm 이상을 제시하였다.

정답　05 ③　06 ③　07 ①　08 ④　09 ④

10

다음 중 고려시대(a)와 조선시대(b)의 정원을 관장하던 행정 부서의 명칭이 옳은 것은?

① a : 식대부, b : 장원서
② a : 내원서, b : 식대부
③ a : 장원서, b : 상림원
④ a : 내원서, b : 장원서

해설및용어설명 | 궁궐 정원을 관리하는 관청으로 고려시대에는 내원서가 있었으며, 조선시대에는 상림원, 장원서의 순서로 개칭되었다.

11

다음 보기의 그림에 해당하는 수종은?

① 일본목련
② 복자기
③ 팔손이
④ 물푸레나무

해설및용어설명 | 복자기 나무는 단풍나무과로 프로펠러 모양의 시과가 열리며, 복엽이다.

12

조선시대 궁궐 조경에 곡수거 형태가 남아 있는 곳은?

① 창덕궁 후원 옥류천 공간
② 경복궁 후원 향원정 공간
③ 창경궁 통명전 공간
④ 경복궁 교태전 후원 공간

해설및용어설명 | 창덕궁 후원 옥류천에 인공폭포를 조성하여 곡수거의 흔적이 남아있다.

13

도시공원 안의 공원시설 부지면적 기준이 상이한 곳은? (단, 도시공원 및 녹지 등에 관한 법률 시행규칙을 적용한다)

① 근린공원
② 수변공원
③ 도시농업공원
④ 묘지공원

해설및용어설명 | 묘지공원은 공원시설 부지면적 기준이 20% 이상이며, 근린공원, 수변공원, 도시농업공원은 40% 이하이다.

14

환경심리학에 관한 설명으로 옳지 않은 것은?

① 환경과 인간행위 상호 간의 관계성을 연구한다.
② 사회심리학과 공동의 관심분야를 많이 지니고 있다.
③ 이론적이고 기초적인 연구에만 관심을 둔다.
④ 다소 정밀하지 않더라도 문제해결에 도움이 되는 가능한 모든 연구방법을 사용한다.

해설및용어설명 | 환경심리학은 환경과 행태의 상호 간의 영향을 연구하는 것으로, 형식적인 문제를 해결하기 위한 이론 및 그 응용을 연구하는 학문 분야이다.

15

다음 먼셀 기호에 대한 설명이 틀린 것은?

> 5R 4/10

① 명도는 4이다.
② 색상은 5R이다.
③ 채도는 4/10이다.
④ 5R 4의 10이라고 읽는다.

해설및용어설명 | 색상명이 5R 명도는 4, 채도는 10이다.

10 ④ 11 ② 12 ① 13 ④ 14 ③ 15 ③

16

공공을 위한 공원 조성 시 보행동선 계획과 설계에 관한 설명으로 틀린 것은?

① 동선은 가급적 단순하고 명쾌해야 한다.
② 상이한 성격의 동선은 가급적 분리시켜야 한다.
③ 이용도가 높은 동선은 가급적 길게 해야 한다.
④ 동선이 교차할 때에는 가급적 직각으로 교차해야 한다.

해설및용어설명 | 이용도가 높은 동선일수록 짧게 설계하여야 한다.

17

다음 중 완성했을 때를 가정하여 입체적으로 그린 도면은?

① 상세도 ② 평면도
③ 단면도 ④ 투시도

해설및용어설명 | 투시도는 소점이 있어 입체감이 있으며 완성되었을 때의 모습을 사진과 비슷하게 나타낼 수 있다.

18

다음 중 일본의 평정고산수식과 관계가 없는 것은?

① 돌 ② 모래
③ 분수 ④ 선종

해설및용어설명 | 평정고산수식에는 수경요소가 전혀 쓰이지 않는 것이 특징이다.

19

다음 보기가 설명하는 수종은?

〈보기〉
- 낙엽활엽교목으로 부채꼴형 수형이다.
- 야합수(夜合樹)라 불리기도 한다.
- 여름에 피는 꽃은 분홍색으로 화려하다.
- 천근성 수종으로 이식에 어려움이 있다.

① 자귀나무 ② 자작나무
③ 은목서 ④ 서향

해설및용어설명 | 자귀나무는 잎이 빛에 반응하여 어두워지면 반으로 접히기 때문에 야합수라고도 한다. 여름에 자색으로 꽃이 피는 낙엽활엽교목이다.

20

다음 설명 중 틀린 것은?

① 조명에 의해 물체색이 바뀌어도 자신이 알고 있는 고유의 색으로 보이게 되는 현상을 색순응이라고 한다.
② 어두워진 곳에서 눈이 익숙해지는 것을 암순응이라고 한다.
③ 밝아진 곳에서 눈이 익숙해지는 것을 명순응이라고 한다.
④ 명순응이 암순응보다 시간이 오래 걸린다.

해설및용어설명 | 암순응이 명순응보다 시간이 오래 걸린다.

21

대형건물의 외벽도색을 위한 색채계획을 할 때 사용하는 컬러샘플(color sample)은 실제의 색보다 명도나 채도를 낮추어서 사용하는 것이 좋다. 이는 색채의 어떤 현상 때문인가?

① 착시효과 ② 동화현상
③ 대비효과 ④ 면적효과

해설및용어설명 | 같은 색임에도 면적이 커지면 명도와 채도가 높아지는 현상을 면적대비 또는 면적효과라고 한다.

정답 16 ③ 17 ④ 18 ③ 19 ① 20 ④ 21 ④

22

추식구근에 해당하지 않는 식물은?

① 아마릴리스　　② 아네모네
③ 히아신스　　　④ 라넌큘러스

해설및용어설명 | 아마릴리스는 춘식구근에 해당된다.

23

아황산가스에 강한 수종은?

① 양버즘나무　　② 전나무
③ 자귀나무　　　④ 금목서

해설및용어설명 | 양버즘나무는 공해에 강한 수종이다.

24

다음 중 수피가 백색이 아닌 수종은?

① 자작나무　　② 서어나무
③ 모과나무　　④ 은백양나무

해설및용어설명 | 모과나무는 갈색과 황색, 녹색의 얼룩무늬 수피를 가지고 있다.

25

다음 골재의 입도(粒度)에 대한 설명 중 옳지 않은 것은?

① 입도시험을 위한 골재는 4분법(四分法)이나 시료분취기에 의하여 필요한 량을 채취한다.
② 입도란 크고 작은 골재알[粒]이 혼합되어 있는 정도를 말하며 체가름 시험에 의하여 구할 수 있다.
③ 입도가 좋은 골재를 사용한 콘크리트는 공극이 커지기 때문에 강도가 저하한다.
④ 입도곡선이란 골재의 체가름 시험결과를 곡선으로 표시한 것이며 입도곡선이 표준입도곡선 내에 들어가야 한다.

해설및용어설명 | 입도가 좋은 골재란 크고 작은 골재알[粒]이 혼합되어 있는 정도를 말하며, 입도가 좋은 골재는 작은 골재알이 큰 골재알 사이에 채워져 공극이 더 작아져서 강도가 증가한다.

26

다음 설명에 해당하는 수종은?

> 수형은 원추형으로 내음성과 내조성이 강한 상록침엽수이다. 큰나무는 이식성이 나쁘지만 전정에 잘 견디며 경계 식재나 기초 식재에 이용된다.

① 개잎갈나무　　② 자목련
③ 주목　　　　　④ 단풍나무

해설및용어설명 | 내조력이 강한 상록침엽수는 주목이다.

27

식물의 화아분화가 잘될 수 있는 조건은?

① 식물체 내의 N 성분이 많을 때
② 식물체 내의 K 성분이 많을 때
③ 식물체 내의 P 성분이 많을 때
④ 식물체 내의 C/N률이 높을 때

해설및용어설명 | 꽃눈의 발생은 C/N률과 직접적인 관련이 있다.

28

정원에 사용되는 자연석의 특징과 선택에 관한 내용 중 옳지 않은 것은?

① 정원석으로 사용되는 자연석은 산이나 개천에 흩어져있는 돌을 그대로 운반하여 이용한 것이다.
② 경도가 높은 돌은 기품과 운치가 있는 것이 많고 무게가 있어 보여 가치가 높다.
③ 부지 내 타 물체와의 대비, 비례, 균형을 고려하여 크기가 적당한 것을 사용한다.
④ 돌에는 색채가 있어서 생명력을 느낄 수 있고 검은색과 흰색은 예로부터 귀하게 여겨지고 있다.

해설및용어설명 | 석재 재료와 생명력은 거리가 멀다.

29

다음 중 순공사원가에 해당되지 않는 것은?

① 재료비 ② 노무비
③ 이윤   ④ 경비

해설및용어설명 | 순공사원가는 재료비와 노무비와 경비를 더해 구한다. 이윤은 총공사원가에는 포함되나 순공사원가에는 포함되지 않는다.

30

식물이 이용하기에 가장 적합한 토양수분은?

① pF 0 ~ 2.7   ② pF 2.7 ~ 4.5
③ pF 4.5 ~ 7   ④ pF 7

해설및용어설명 | 공극에서 물의 표면장력에 의해 버티고 있는 수분이 모관수이며 식물이 이용 가능한 유효수분이다(pF 2.7 ~ 4.5).

31

스테인레스강의 크롬 합금 최소 비율은?

① 10.5% 이상   ② 30% 이상
③ 5% 이상   ④ 0.5% 이상

해설및용어설명 | 스테인레스강은 최소 10.5% 혹은 11%의 크롬이 들어간 강철 합금이다.

32

아도니스원에 대한 설명으로 옳지 않은 것은?

① 포트가든(Pot Garden)의 발달에 기여하였다.
② 고대 그리스에서 발달된 일종의 옥상정원이다.
③ 고대 그리스에서 발달된 일종의 사자(死者)의 정원이다.
④ 고대 그리스에서 부인들에 의해 가꾸어진 정원으로 초화류를 분에 심어 장식했다.

해설및용어설명 | 사자(死者)의 정원은 죽은 자의 사후세계를 위한 정원으로 이집트에서 주로 조성되었으며, 그리스의 아도니스원은 그리스 신화에 아도니스를 기리기 위한 정원으로 그리스 신화와 관련이 있다.

33

다음 중 대상물의 표면이 거칠거나 섬세한 상태에 의하여 판단되는 경관 인지 요소는?

① 질감   ② 형태
③ 크기   ④ 색

해설및용어설명 | 대상물의 표면상의 상태에 의한 경관 인지 요소는 질감이다.

34

레크리에이션 계획에 대한 접근방법을 자원접근방법, 활동접근법, 경제접근법, 행태접근방법, 종합접근방법 등 5가지로 분류한 사람은?

① 케빈 린치(Kevin Lynch)
② 이안 맥하그(Ian Mcharg)
③ 가렛 에크보(Garreett Eckbo)
④ 세이머 골드(Seymour M. Gold)

해설및용어설명 | 레크리에이션의 접근방법을 5가지로 분류한 사람은 세이머 골드(Seymour M. Gold)이다.

35

잔디밭에서의 재배적 잡초방제법에 대한 설명으로 부적당한 것은?

① 잔디를 자주 깎아 준다.
② 통기 작업으로 토양 조건을 개선한다.
③ 토양에 수분이 과잉되지 않도록 한다.
④ 잡초의 생육이 왕성할 시기에는 비료를 준다.

해설및용어설명 | 관수와 비배관리를 하는 것이 재배적 방제에 속하지만, 잡초발생시기에 비료를 주는 것은 잡초방제와 거리가 있다.

36

다음 중 한국잔디류에 가장 많이 발생하는 병은?

① 녹병
② 탄저병
③ 설부병
④ 브라운 패치

해설및용어설명 | 한국잔디류에 가장 많이 발행하는 병은 녹병이고, 서양잔디류에 가장 많이 발행하는 병은 브라운 패치이다.

37

수목관리 시 목재 부산물을 이용한 멀칭의 기대 효과가 아닌 것은?

① 토양수분의 유지
② 토양의 비옥도 증진
③ 지온상승으로 인한 잡초발생 촉진
④ 토양침식과 수분의 손실 방지

해설및용어설명 | 멀칭의 효과로 온도 유지는 맞지만 잡초 발생이 억제된다.

38

주축선 양쪽에 짙은 수림을 만들어 주축선이 두드러지게 하는 비스타(vista) 수법을 가장 많이 이용한 정원은?

① 영국 정원
② 독일 정원
③ 이탈리아 정원
④ 프랑스 정원

해설및용어설명 | 주로 르네상스 시대 프랑스에서 초점경관을 조성하는 비스타 수법을 많이 조성하였다.

39

중국 송나라의 휘종시대에 주민이 설계한 정원으로서 항주의 봉황산을 닮게 하였다고 하는 정원은?

① 경산(景山)
② 만세산(萬歲山)
③ 만수산(萬壽山)
④ 아미산(娥尾山)

해설및용어설명 | 만세산은 중국 송나라 대의 대표적 정원 유적이다.

40

다음 중 합판에 관한 설명으로 틀린 것은?

① 합판을 베니어판이라고도 하는데 베니어란 원래 목재를 얇게 한 것을 말하며, 이것을 단판이라고도 한다.
② 슬라이스트 베니어(Sliced veneer)는 끌로써 각목을 얇게 절단한 것으로 아름다운 결을 장식용으로 이용하기에 좋은 특징이 있다.
③ 합판의 종류에는 섬유판, 조각판, 적층판 및 강화적층재 등이 있다.
④ 합판의 특징은 동일한 원재로부터 많은 정목판과 나무결 무늬판이 제조되며, 팽창 수축 등에 의한 결점이 없고 방향에 따른 강도 차이가 없다

해설및용어설명 | 적층판은 종이나 섬유기판에 합성수지를 함침시켜 가압 고화해서 만든 절연판이다. 따라서 적층재 및 강화 적층재는 합판에 속하지 않는다.

41

콘크리트재 유희시설의 콘크리트나 모르타르에 미관을 위한 재도장은 얼마의 기간을 두고 하는 것이 적당한가?

① 1년
② 3년
③ 5년
④ 8년

해설및용어설명 | 콘크리트재 재도장은 8년 주기 정도가 적합하다.

42

혼화재료 중 사용량이 비교적 많아서 그 자체의 부피가 콘크리트 비비기 용적에 계산되는 혼화재에 해당되지 않는 것은?

① 팽창제
② 플라이애시
③ 고성능 AE감수제
④ 고로슬래그 미분말

해설및용어설명 | AE감수제는 혼화제로 사용함으로써 워커빌리티 증진의 효과가 있다.

43

목재방부제에 관한 설명으로 틀린 것은?

① 방부제는 침투성이 있어야 한다.
② 크레오소트는 80~90℃로 가열 후 도포한다.
③ 유성방부제에는 염화아연 4%용액, 황산구리 등이 있다.
④ 방부제의 조건으로는 사람과 가축에 해가 없는 것이어야 한다.

해설및용어설명 | 염화아연 4%용액, 황산구리는 수성방부제의 종류이다.

44

적산 시 적용하는 품셈의 금액의 단위 표준에 관한 내용으로 잘못 표기된 것은?

① 설계서의 총액은 1,000원 이하는 버린다.
② 설계서의 소계는 100원 이하는 버린다.
③ 설계서의 금액란에서는 1원 미만은 버린다.
④ 일위대가표의 금액란은 0.1원 미만은 버린다.

해설및용어설명 | 설계서의 소계는 1원 미만은 버림한다.

45

우리나라에서 발생하는 수목의 녹병 중 기주 교대를 하지 않는 것은?

① 소나무 잎녹병
② 후박나무 녹병
③ 버드나무 잎녹병
④ 오리나무 잎녹병

해설및용어설명 | 기주와 중간기주를 오가며 생활사를 이루는 것을 기주교대라고 한다. 하지만 후박나무는 다른 기주를 거치지 않고 후박나무에 기생한다.

정답 40 ③ 41 ④ 42 ③ 43 ③ 44 ② 45 ②

46

살수기에 대한 설명으로 옳지 않은 것은?

① 분무살수기는 고정된 동체와 분사공만으로 된 가장 간단한 살수기이다.
② 분무입상살수기는 살수 시 긴 잔디에 의해 방해를 받지 않는다.
③ 분무살수기는 바람의 영향을 적게 받으며, 낮은 압력하에서도 작동한다.
④ 회전입상살수기는 낮은 압력에서도 작동되며, 소규모 관개지역에서 사용한다.

해설및용어설명 | 회전입상살수기는 대규모 자동살수 관개지역에서 많이 이용하며, 가장 효과적인 살수방법이다(스프링클러).

47

플라스틱 재료에 관한 설명으로 옳지 않은 것은?

① 아크릴 수지는 투명도가 높아 유기유리로 불린다.
② 멜라민 수지는 내수, 내약품성은 우수하나 표면경도가 낮다.
③ 불포화 폴리에스테르 수지는 유리섬유로 보강하여 사용되는 경우가 많다.
④ 실리콘 수지는 내열성, 내화성이 우수한 수지로 콘크리트의 발수성 방수도료에 적당하다.

해설및용어설명 | 멜라민 수지는 무색투명한 수지로 착색이 자유롭고 내수성, 내약품성, 표면경도, 내열성이 강한 재료로 도료나 내수베니어 합판 접착제로 주로 쓰인다.

48

정원석을 쌓을 면적이 $100m^2$, 정원석의 평균 뒷길이 50cm, 공극률이 40%라고 할 때 실제적인 자연석의 체적은 얼마인가?

① $12m^3$
② $16m^3$
③ $30m^3$
④ $20m^3$

해설및용어설명 | 전체 자연석 쌓기의 부피를 구한 뒤 실적률을 곱하면 된다. $100 \times 0.5 \times 0.6 = 30$이므로 $30m^3$이다.

49

다음 중 중국정원의 특징에 해당하는 것은?

① 정형식
② 태호석
③ 침전조정원
④ 직선미

해설및용어설명 | 태호석은 중국 소주 지방 태호주변의 구릉에서 채취하는 검고 구멍이 많은 복잡한 형태의 기석을 말한다. 중국조경에서 주로 쓰였다.

50

다음 중 미선나무에 대한 설명으로 옳은 것은?

① 열매는 부채 모양이다.
② 꽃은 노란색으로 향기가 있다.
③ 상록활엽교목으로 산야에서 흔히 볼 수 있다.
④ 원산지는 중국이며 세계적으로 여러 종이 존재한다.

해설및용어설명 | 부채 모양의 열매에서 미선이라는 이름을 얻었다. 우리나라 특산종이며 낙엽활엽관목이다. 꽃은 개나리와 비슷하지만 흰색이다.

51

16세기 무굴제국의 인도정원과 가장 관련이 깊은 것은?

① 타지마할
② 퐁텐블로
③ 클로이스터
④ 알함브라 궁원

해설및용어설명 | 인도의 대표적인 정원 유적은 타지마할이다. 샤 자한 왕이 왕비 뭄타즈 마할을 추모하여 흰색 대리석으로 지은 웅장한 묘당과 정원이다.

정답 46 ④ 47 ② 48 ③ 49 ② 50 ① 51 ①

52

다음 중 여성토의 정의로 가장 알맞은 것은?

① 가라앉을 것을 예측하여 흙을 계획높이보다 더 쌓는 것
② 중앙분리대에서 흙을 볼록하게 쌓아 올리는 것
③ 옹벽 앞에 계단처럼 콘크리트를 쳐서 옹벽을 보강하는 것
④ 잔디밭에서 잔디에 주기적으로 뿌려 뿌리가 노출되지 않도록 준비하는 것

해설및용어설명 | 여성토는 여분의 성토라는 의미로서, 흙쌓기 공사 시에 흙이 침하될 것을 대비하여 미리 더돋아 주는 작업을 말한다.

53

다음 중 방위각 150°를 방위로 표시하면 어느 것인가?

① N 30°E
② S 30°E
③ S 30°W
④ N 30°W

해설및용어설명 | 정북방향 기준(N), 시계방향으로 150도 측정

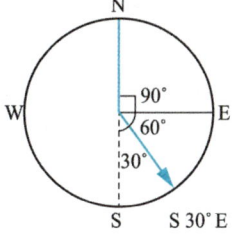

54

종자와 비료 그리고 흙을 혼합하여 망에 넣고 비탈면의 수평으로 판 골속에 넣어 붙이는 공법으로, 유실이 적으며 유연성이 있기 때문에 지반에 밀착하기 쉬운 것은?

① 식생띠(帶)공
② 식생판(板)공
③ 식생자루(簑)공
④ 식생구멍(穴)공

해설및용어설명 | 식생자루에 종자와 비료와 흙이 들어 있는 것을 경사지에 붙이는 공법으로 식생반이라고도 한다.

55

벚나무 빗자루병의 병원체는 무엇인가?

① 세균
② 담자균
③ 자낭균
④ 바이러스

해설및용어설명 | 벚나무 빗자루병의 병원균은 진균 중에서 자낭균류에 속한다.

56

다음 중 조경설계기준상의 운동시설에 대한 설명으로 틀린 것은?

① 옥상경기장 코스의 폭은 0.8m를 표준으로 한다.
② 배구장은 바람의 영향을 받기 때문에 주풍 방향에 수목 등의 방풍시설을 마련한다.
③ 농구 코트의 방위는 남–북 축을 기준으로 하고, 가까이에 건축물이 있는 경우에는 사이드라인을 건축물과 직각 혹은 평행하게 배치한다.
④ 축구장의 표면은 잔디로 하며, 잔디가 아닐 경우는 스파이크가 들어갈 수 있을 정도의 경도로 슬라이딩에 의한 찰과상을 방지할 수 있는 포장으로 한다.

해설및용어설명 | 조경설계기준상의 운동시설 중 육상경기장 코스의 폭은 1.25m를 표준으로 한다.

57

환경분석 시 사용하는 지리정보체계라고 부르는 프로그램은?

① GIS
② IMGRID
③ WYMAP
④ CAD

해설및용어설명 | GIS는 geographic information system으로 지역에서 수집한 각종 지리 정보를 수치화하여 컴퓨터에 입력·정보·처리하고, 이를 사용자의 요구에 따라 다양한 방법으로 분석·종합하여 제공하는 정보처리 시스템을 말한다.

정답 52 ① 53 ② 54 ③ 55 ③ 56 ① 57 ①

58

기본설계 단계에서 행할 사항이 아닌 것은?

① 정지계획 ② 배수설계
③ 식재계획 ④ 공정표

해설및용어설명 | 공정표는 공사일정계획을 표로 나타낸 것으로 기본설계 단계가 아닌 실시설계 단계에서 이루어진다.

59

두 제초제의 혼합 시 나타나는 길항작용의 정의로 가장 적합한 것은?

① 혼합 시의 처리 효과가 단독처리 시의 효과보다 큰 것을 의미
② 혼합 시의 효과가 단독처리 시의 효과와 같은 것을 의미
③ 혼합 시의 처리 효과가 활성이 높은 물질의 단독 효과보다 작은 것을 의미
④ 혼합 시의 처리 효과가 단독처리 시의 효과보다 크지도 작지도 않은 것을 의미

해설및용어설명 | 길항작용은 활성이 높은 물질과 상대적으로 낮은 물질이 서로 작용하여, 혼합처리 시 단독효과보다 작용이 작아지는 것을 말한다. 상승효과란 혼합 시의 처리 효과가 단독처리 시의 효과보다 큰 것을 의미한다.

60

24%의 A유제 100mL를 0.03%로 희석하여 진딧물에 살포하려 한다. 물의 양은 얼마로 하여야 하는가? (단, A유제 비중은 1이다)

① 18,000mL ② 24,000mL
③ 47,120mL ④ 79,900mL

해설및용어설명 | 희석하고자 하는 물의 양을 구하는 공식
원액용량 × (원액농도/희석할농도 − 1) × 비중
= 100mL × (24%/0.03% − 1) × 1 = 79,900mL

01

르 꼬르뷔지에(Le courbusier)가 제안한 빌라 래디어스의 내용과 가장 거리가 먼 것은?

① 오픈 스페이스 중시
② 토지이용 체계의 주종 관계 고려
③ 저층 주거 형태에서의 쾌적성 확보
④ 적절한 비례의 격자형 가로 공간 구조

해설및용어설명 | 르 꼬르뷔지에는 대도시론을 주장한 이론가로, 찬란한 도시론을 제창하였다. 소도시보다는 기능주의에 입각한 초고층주상복합을 비롯, 고밀도의 대도시의 조성과 관련된 내용이다.

02

중국 송의 유학자 주돈이의 애련설과 관련된 보길도 윤선도 원림에 있는 시설은?

① 익청헌(益淸軒)
② 동천석실(洞天石室)
③ 낙서재(樂書齋)
④ 녹우당(綠雨當)

해설및용어설명 | 익청헌의 이름은 애련설의 향원익청에서 유래하였다.

03

동양의 조경 관련 옛 문헌과 저자의 연결이 틀린 것은?

① 귤준망 – 작정기
② 문진형 – 장물지
③ 서유구 – 임원경제지
④ 소굴원주 – 축산정조전

해설및용어설명 | 이도헌 추리의 대표 저서로 축산정조전 후편이 있다.

04

동궁과 월지(안압지)에 대한 설명으로 틀린 것은?

① 바닥을 강화로 처리하였다.
② 삼국사기와 동사강목에서 기록을 볼 수 있다.
③ 지형상 동안(東岸)보다 서안(西岸)이 높다.
④ 북안(北岸)과 동안(東岸)은 직선적 형태이다.

해설및용어설명 | 서쪽과 남쪽의 호안이 직선형이며, 북쪽과 동쪽의 호안이 다양한 형태의 자유곡선형이다.

05

미국의 조경발달에 획기적인 영향을 미친 시카고 만국박람회의 영향으로 가장 거리가 먼 것은?

① 도시미화운동의 부흥
② 도시계획 발달의 전기
③ 신도시계획 계기 마련
④ 건축, 토목 등과 공동작업의 계기

해설및용어설명 | 시카고 만국박람회의 영향으로 도시계획에 대한 관심이 증대하면서, 워싱턴 수도계획, 시카고 도시계획 등이 세워지고, 도시미화운동이 일어나게 되었다. 로마에 American academy가 설립되었으며 조경전문직에 대한 관심이 증대되고, 건축가, 토목가와 함께하는 새로운 전문분야로서 공동작업의 계기가 된다.

정답 01 ③ 02 ① 03 ④ 04 ③ 05 ③

06

덕수궁 석조전 앞의 분수와 연못을 중심으로 정원과 가장 가까운 양식은?

① 독일의 풍경식 ② 프랑스의 정형식
③ 영국의 절충식 ④ 이탈리아의 노단건축식

해설및용어설명 | 덕수궁 석조전 앞의 분수와 연못은 침상원이라고도 불리우며, 유럽식 정형식 정원으로 설계되었다. 우리나라 최초의 서양식 정원이라고도 볼 수 있다.

07

일본 비조(飛鳥, 아스카)시대와 관련이 가장 먼 것은?

① 노자공 ② 모월사
③ 수미산석 ④ 석무대고분

해설및용어설명 | 모월사는 헤이안(평안)시대 후기의 정토정원이다.

08

1,500년대 초에 만들어진 별서 정원으로, 담 아래 구멍을 통해 흘러들어온 물이 나무 홈대를 거쳐 못을 채우고 다시 넘친 물이 자연스럽게 떨어지도록 꾸며진 곳은?

① 양산보의 소쇄원 ② 노수진의 십청정
③ 이퇴계의 도산원림 ④ 윤선도의 부용동 정원

해설및용어설명 | 양산보의 소쇄원은 원림 주변에 있는 자연하천을 아주 잘 보존하면서, 경관요소로 사용하였다. 인공요소를 배제하고 자연하천의 장점을 잘 살린 조선시대 대표적인 별서이다.

09

한국정원의 특징으로 가장 거리가 먼 것은?

① 풍류생활의 장 ② 유불선 사상 반영
③ 원지의 단조로움 ④ 곡선 위주의 윤곽선 처리

해설및용어설명 | 한국정원은 직선 위주의 윤곽선 처리가 특징이다.

10

16~17C의 네덜란드 정원에서 흔히 볼 수 있었던 정원 시설물이 아닌 것은?

① 캐스케이드 ② 트렐리스
③ 화상(화분) ④ 정자

해설및용어설명 | 정자는 중국에서부터 유래된 조경시설로 동양에서 주로 조성되었다.

11

토양에서 pF가 의미하는 것은?

① 흡습계수 ② 산화환원전위
③ 토양의 보수력 ④ 토양 수분의 장력

해설및용어설명 | pF, kPa, bar 등은 토양 수분의 장력을 나타내는 단위이다.

12

르 노트르의 조경양식의 영향을 받아 축조된 것으로 알려진 중국의 정원은?

① 서호 ② 옥천산이궁
③ 원명원 ④ 상림원

해설및용어설명 | 원명원은 중국 최초의 서양식(프랑스식)정원이다.

13

조선시대 주례고공기(周禮考工記)의 적용에 관한 설명 중 옳지 않은 것은?

① 조선 궁궐을 만드는 원칙 가운데 하나이다.
② 삼문삼조의 치조는 정전과 편전이 있는 곳을 의미한다.
③ 우리나라에서는 전조후시 원칙을 적용하여 궁궐을 조성했다.
④ 삼조삼문의 외조는 신하들이 활동하는 관청이 있는 곳이다.

해설및용어설명 | 주례고공기에는 전조후시와 좌묘우사의 원칙이 기록되어 있으나 중국에서 적용되었으며, 우리나라는 좌묘우사의 원칙은 지키고 정궁인 경복궁이 백악산 자락에 위치함으로서 전조후시의 원칙을 지키지는 않았다.

14

강릉 선교장에는 주택 전면부에 방지방도(方池方島)가 조성되어 있다. 이 연못에 있는 정자의 명칭은?

① 활래정   ② 농산정
③ 부용정   ④ 하엽정

해설및용어설명 | 강릉 선교장은 이내번의 주택정원으로 활래정이 위치하고 있다.

15

주차장법 시행규칙상 주차장의 주차단위구획 기준은? (단, 장애인전용 주차형식의 경우)

① 2.0m 이상×4.5m 이상
② 3.0m 이상×5.0m 이상
③ 2.3m 이상×4.5m 이상
④ 3.3m 이상×5.0m 이상

해설및용어설명 | 주차장법 시행규칙상 장애인전용 주차구획은 3.3m 이상×5.0m 이상이다.

16

벽돌로 만들어진 건축물에 태양광선이 비추어지는 부분과 그늘진 부분에서 나타나는 배색은?

① 톤 인 톤(tone in tone) 배색
② 톤 온 톤(tone on tone) 배색
③ 까마이외(camaïeu) 배색
④ 트리콜로르(tricolore) 배색

해설및용어설명 |
- 톤 온 톤 배색 : 동일 또는 유사한 색상을 배색하되 2가지 이상의 톤으로 조합
- 톤 인 톤 배색 : 유사색상의 배색을 하되 색상은 조금씩 다르게 하고 톤은 같게 조합
- 까마이외 배색 : 거의 동일한 색상에 미세한 명도차를 주는 배색
- 트리콜로르 배색 : 하나의 면을 3가지로 나누는 배색

17

다음 중 지피(地被)용으로 사용하기 가장 적합한 식물은?

① 맥문동   ② 등(등나무)
③ 으름덩굴   ④ 멀꿀

해설및용어설명 | 맥문동은 백합과의 상록 다년생 초화로서 키가 30cm 내외로 지피용으로 적합하다. 등나무, 으름덩굴, 멀꿀은 덩굴나무로 바닥을 피복하기보다는 벽면녹화 등에 적합하다.

18

각 정원의 시대별 연결이 올바른 것은?

① 백제 – 안학궁   ② 고구려 – 궁남지
③ 고려 – 석연지   ④ 신라 – 임해전지원

해설및용어설명 | 임해전지원은 신라시대 대표적 정원유적으로 안압지라고도 한다. 궁남지와 석연지는 백제시대, 안학궁은 고구려시대의 조경 유적이다.

정답 13 ③ 14 ① 15 ④ 16 ② 17 ① 18 ④

19

일반적으로 도시의 녹지계통 중 가장 이상적인 것으로 독일의 쾰른의 녹지계통에 해당하는 것은?

① 방사환상식
② 환상식
③ 산재식
④ 위성식

해설및용어설명 | 방사환상식은 방사식과 환상식의 조합으로 이상적인 녹지계통의 방식이다. 환상식은 오스트리아의 빈과 하워드의 전원도시론에서 이용되었으며, 위성식은 독일의 프랑크푸르트에서 이용되었다.

20

다음 〈보기〉의 잔디종자 파종작업들을 순서대로 바르게 나열한 것은?

〈보기〉
㉠ 기비 살포	㉡ 정지작업	㉢ 파종
㉣ 멀칭	㉤ 전압	㉥ 복토
㉦ 경운		

① ㉦ → ㉠ → ㉡ → ㉢ → ㉥ → ㉤ → ㉣
② ㉠ → ㉢ → ㉡ → ㉥ → ㉣ → ㉤ → ㉦
③ ㉡ → ㉢ → ㉤ → ㉥ → ㉠ → ㉣ → ㉦
④ ㉢ → ㉠ → ㉡ → ㉥ → ㉤ → ㉦ → ㉣

해설및용어설명 | 경운은 땅을 갈아엎는 것으로 경운과 기비(밑거름)를 살포하는 것이 가장 우선되어야 한다.

21

다음 중 접착력이 가장 우수한 합성수지는?

① 염화비닐수지
② 아크릴수지
③ 멜라민수지
④ 에폭시수지

해설및용어설명 | 에폭시수지는 접착력이 가장 우수한 수지이다.

22

조경계획을 위한 경사분석을 하고자 한다. 등고선 간격이 5m이고 등고선에 직각인 두 등고선의 평면거리가 20m일 때, 해당 지역의 경사도는 몇 %인가?

① 40%
② 10%
③ 4%
④ 25%

해설및용어설명 | 경사도는 수직거리/수평거리의 백분율이다. 등고선 간격이 수직거리에 해당하며, 등고선에 직각인 두 등고선간의 거리는 수평거리에 해당한다. 따라서 경사도는 (5/20)×100 = 25%가 된다.

23

다음 중 시멘트의 종류와 그 특성이 바르게 연결된 것은?

① 조강포틀랜드시멘트 : 조기강도를 요하는 긴급공사에 사용
② 백색포틀랜드시멘트 : 시멘트 생산량의 90% 이상을 점하는 종류
③ 고로슬래그시멘트 : 건조수축이 크며, 보통시멘트보다 수밀성이 우수
④ 실리카시멘트 : 화학적 저항성이 크고 발열량이 적음

해설및용어설명 |
- 백색포틀랜드시멘트 : 착색 성분인 Fe_2O_3, TiO_2, MnO, Cr_2O_3을 적게 한 시멘트, Fe_2O_3은 0.5% 이하. 안료를 혼합하여 컬러 시멘트로 사용하는 경우도 있다. 도장, 타일 맞춤새용, 인조석 제조 등에 사용된다.
- 고로슬래그시멘트 : 건조수축이 적고 보통시멘트보다 수밀성이 우수하다.

24

생울타리처럼 수목이 대상으로 군식되었을 때 거름 주는 방법으로 적당한 것은?

① 전면거름주기
② 천공거름주기
③ 선상거름주기
④ 방사상거름주기

해설및용어설명 | 생울타리에는 선상거름주기 방식이 적합하다.

정답 19 ① 20 ① 21 ④ 22 ④ 23 ① 24 ③

25

다음 중 곰솔에 대한 설명으로 옳지 않은 것은?

① 동아(冬芽)는 붉은색이다.
② 수피는 흑갈색이다.
③ 해안지역의 평지에 많이 분포한다.
④ 줄기는 한해에 가지를 내는 층이 하나여서 나무의 나이를 짐작할 수 있다.

해설및용어설명 | 곰솔의 겨울눈은 흰빛이 많이 도는 특징이 있다.

26

다음 중 물푸레나무과에 해당되지 않는 것은?

① 미선나무   ② 광나무
③ 이팝나무   ④ 식나무

해설및용어설명 | 식나무는 층층나무과에 속한다.

27

고로쇠나무와 복자기에 대한 설명으로 옳지 않은 것은?

① 복자기의 잎은 복엽이다.
② 두 수종은 모두 열매는 시과이다.
③ 두 수종은 모두 단풍색이 붉은색이다.
④ 두 수종은 모두 과명이 단풍나무과이다.

해설및용어설명 | 복자기의 단풍은 붉은색이지만, 고로쇠나무는 단풍이 노란색으로 물든다.

28

다음 중 열가소성 수지에 대한 일반적인 설명으로 부적합한 것은?

① 축합반응을 하여 고분자로 된 것이다.
② 열에 의해 연화된다.
③ 수장재로 이용된다.
④ 냉각하면 그 형태가 붕괴되지 않고 고체로 된다.

해설및용어설명 | 축합반응을 하여 고분자로 된 것은 열경화성 수지를 말한다.

29

다음 중 가장 튼튼하게 쌓는 벽돌쌓기 방식은?

① 영식 쌓기   ② 화란식 쌓기
③ 불식 쌓기   ④ 미식 쌓기

해설및용어설명 | 영국식(영식) 쌓기 방법이 가장 견고하다.

30

목재의 구조부 중 수축변형이 가장 큰 부분은?

① 심재   ② 수심
③ 변재   ④ 표피

해설및용어설명 | 목재 구조부 중심부인 심재와 수심부분은 수축변형이 거의 없으며, 바깥쪽 세포층인 변재가 수분을 함한 세포들이 있어 수축변형이 크다. 표피는 죽은 세포이기 때문에 수축변형이 적다.

정답 25 ① 26 ④ 27 ③ 28 ④ 29 ① 30 ③

31

블리딩 현상에 따라 콘크리트 표면에 떠올라 표면의 물이 증발함에 따라 콘크리트 표면에 남는 가볍고 미세한 물질로서 시공 시 작업이음을 형성하는 것에 대한 용어로서 맞는 것은?

① Workability ② consistency
③ Laitance   ④ Plasticity

해설및용어설명 |

- 워커빌리티(Workability) : 반죽질기에 따른 작업의 난이도 및 재료분리에 저항하는 정도. 시공 난이도
- 반죽질기(consistency) : 반죽의 되고 진 정도
- 성형성(Plasticity) : 거푸집에 쉽게 다져 넣을 수 있고, 거푸집을 떼어내면 허물어지거나 재료분리가 일어나지 않는 성질
- 피니셔빌리티(Finishability) : 콘크리트 타설면을 마감할 때 작업성의 난이를 나타내는 아직 굳지 않은 콘크리트의 성질
- 레이턴스(Laitance) : 블리딩 현상에 따라 콘크리트 표면에 떠올라 표면의 물이 증발하고 표면에 남은 것
- 슬럼프시험 : 굳지 않은 콘크리트의 반죽질기를 시험하는 방법
- 물시멘트비 : 콘크리트 내에 물과 시멘트의 중량비. 경화강도를 크게 좌우하므로 콘크리트 품질을 나타내는 중요한 값
- 양생 : 콘크리트 치기가 끝난 다음 유해한 영향을 받지 않도록 보호 관리하는 것

32

혹두기 이후 거친다듬, 중다듬, 고운다듬으로 마무리하는 석재 가공법은?

① 정다듬   ② 도드락다듬
③ 잔다듬   ④ 물갈기

해설및용어설명 | 석재의 가공 순서
혹두기 - 정다듬 - 도드락다듬 - 잔다듬 - 물갈기
혹두기 이후는 정다듬 작업을 하는데, 정다듬 시 거친다듬, 중다듬, 고운다듬으로 마무리한다.

33

항공사진으로 지형조사를 할 경우 색상으로 지질, 광물, 식생 등을 판단할 수 있다. 검은색으로 나타나지 않는 것은?

① 저수지   ② 모래밭
③ 탄광지대 ④ 침엽수림

해설및용어설명 | 모래밭은 항공사진 측량 시 밝은 색상으로 나타난다.

34

차도용 보도블록의 두께는 어느 것이 적당한가?

① 4cm   ② 6cm
③ 8cm   ④ 10cm

해설및용어설명 | 보도용 블록은 6cm, 차도용은 8cm로 제작된다.

35

인간이나 기계가 공사 목적물을 만들기 위하여 단위 물량당 소요로 하는 노력과 품질을 수량으로 표현한 것을 무엇이라 하는가?

① 할증   ② 품셈
③ 견적   ④ 내역

해설및용어설명 | 어떤 일에 드는 힘이나 수고를 품이라고 하며, 품이 드는 수요와 값을 계산하는 일을 품셈이라고 한다.

36

평판측량에서 도면상에 없는 미지점에 평판을 세워 그 점(미지점)의 위치를 결정하는 측량방법은?

① 원형교선법 ② 후방교선법
③ 측방교선법 ④ 복전진법

해설 및 용어설명 | 교선법(교회법)이란 측량구역의 내외에 적당한 기준점(또는 기지점)을 취하여 기선을 만들어 그 양단의 기준점으로부터 각 측점 또는 지형·지물을 시준하여 그 방향선의 교점에 의하여 측점의 위치를 결정하고 도시하는 방법이다.
- 전방교회법 : 기지점에서 미지점의 위치를 구한다.
- 측방교회법 : 기지의 한 점과 미지의 한 점에 평판을 세워 미지점의 위치를 구한다.
- 후방교회법 : 미지점에 평판을 세우고, 기지의 2점이나 3점을 이용하여 미지점을 결정한다.

37

토지이용계획도에서 노란색으로 표현되는 부지의 용도는 무엇인가?

① 주거지역　　② 상업지역
③ 녹지　　　　④ 공업용지

해설 및 용어설명 | 토지이용계획도에 사용하는 색상은 국제적 약속으로서, 상업용지는 빨강, 공업용지는 보라, 녹지는 녹색이다.

38

주택단지안의 건축물 또는 옥외에 설치하는 계단의 경우 공동으로 사용할 목적일 때 최소 얼마 이상의 유효폭을 가져야 하는가? (단, 단높이는 18cm 이하, 단너비는 26cm 이상으로 한다)

① 100cm　　② 120cm
③ 140cm　　④ 160cm

해설 및 용어설명 | 건축법상 옥외에 설치하는 계단과 계단참의 경우 최소 120cm 이상의 유효폭을 가져야 한다.

39

다음 중 무거운 돌을 놓거나, 큰 나무를 옮길 때 신속하게 운반과 적재를 동시에 할 수 있어 편리한 장비는?

① 체인블록　　② 모터그레이더
③ 트럭크레인　④ 콤바인

해설 및 용어설명 | 운반과 적재를 동시에 할 수 있는 장비는 트럭크레인이다.

40

다음의 행위 시 도시공원 및 녹지 등에 관한 법률상의 벌칙 기준은?

- 행정명령을 위반하여 도시공원에 입장하는 사람으로부터 입장료를 징수한 자
- 허가를 받지 아니하거나 허가받은 내용을 위반하여 도시공원 또는 녹지에서 시설·건축물 또는 공작물을 설치한 자

① 2년 이하의 징역 또는 3천만 원 이하의 벌금
② 1년 이하의 징역 또는 1천만 원 이하의 벌금
③ 1년 이하의 징역 또는 500만 원 이하의 벌금
④ 1년 이하의 징역 또는 3천만 원 이하의 벌금

해설 및 용어설명 | 도시공원 및 녹지 등에 관한 법률 제10장 제53조에 따라 1년 이하의 징역 또는 1천만 원 이하의 벌금에 처한다.

41

우리나라 최초의 국립공원은?

① 지리산 국립공원　　② 설악산 국립공원
③ 파고다 공원　　　　④ 태백산 국립공원

해설 및 용어설명 | 1967년 지리산 국립공원이 최초의 국립공원으로 지정되었다.

정답 37 ①　38 ②　39 ③　40 ②　41 ①

42
수목의 흉고 직경을 측정하는데 적합한 장비는?
① 덴드로미터 ② 와이제측고기
③ 윤척 ④ 순토측고기

해설및용어설명 | 윤척은 원기둥 형태의 물체의 지름을 잴 수 있는 장비이다.

43
다음 중 방풍용수로 적합하지 못한 것은?
① 곰솔 ② 구실잣밤나무
③ 후박나무 ④ 흰말채나무

해설및용어설명 | 흰말채나무는 낙엽관목으로 방풍용수와는 거리가 멀다.

44
보조제에 대한 설명으로 틀린 것은?
① 협력제는 주제의 살충 효력을 증진시킨다.
② 증량제는 주약제의 농도를 높이기 위해 사용한다.
③ 유화제는 유제의 유화성을 높이기 위해 사용한다.
④ 전착제는 약제의 현수성이나 확전성 또는 고착성을 돕는다.

해설및용어설명 | 증량제를 첨가할수록 주성분의 농도는 낮아진다.

45
배나무 뿌리혹병(crown gall)을 발생시키는 원인이 되는 생물은?
① 선충 ② 곰팡이
③ 세균 ④ 바이러스

해설및용어설명 | 뿌리혹병은 뿌리에 혹 같은 암덩어리가 생기는 수목 병해로 대표적인 세균성병이다.

46
번데기로 월동하는 해충은?
① 미국흰불나방 ② 어스렝이나방
③ 매미나방 ④ 밤나무혹벌

해설및용어설명 | 어스렝이나방, 매미나방은 알로 월동하며 밤나무혹벌은 유충으로 월동한다.

47
다음 중 연간 발생횟수가 가장 많은 해충은?
① 솔나방 ② 솔잎혹파리
③ 미국흰불나방 ④ 오리나무잎벌레

해설및용어설명 | 미국흰불나방은 조경수에 심각한 피해를 주는 해충이다. 1화기 성충은 5월 중순에서 6월 상순에 우화하며, 수명은 4~5일이다. 2화기 성충은 7월 하순부터 8월 중순에 우화하며 10월 상순까지 가해하기 때문에 피해가 가장 크다. 이후 번데기가 되어 월동에 들어간다. 3화기는 9월 하순경에 산란한 알들이 부화해 10월 중순까지 피해를 주는 경우가 있으나 이때는 대부분 번데기가 되지 못하고 폐사하는 경우가 많다.

48
공장, 자동차 등의 연료연소과정에서 나오는 질소산화물에 수목이 피해를 받으면 특징적으로 나타나는 주 피해 징후는?
① 황화현상
② 엽소현상
③ 괴사현상
④ 잎의 표면에 수침상의 반점 현상

해설및용어설명 | 수침상의 반점은 병환부 및 그 주변 조직에 물이 스며든 것 같은 증상으로 공해에 의한 피해에서 주로 많이 나타난다.

49

뽕나무 오갈병의 원인이 되는 병원체는?

① 세균
② 곰팡이
③ 바이러스
④ 파이토플라스마

해설및용어설명 | 뽕나무 오갈병, 대추나무 빗자루병 등은 대표적인 파이토플라즈마에 의한 병해이다.

50

소나무좀의 방제법으로 적합하지 않은 것은?

① 이목의 박피
② 등화 유살법
③ 기생성 천적 보호
④ 각종 피해목 제거

해설및용어설명 | 등화 유살은 불빛으로 유인하여 물리적으로 제거하는 방제법으로서 주로 나방류의 방제에 사용한다.

51

경기도 가평에서 처음 발견된 병으로 줄기에 병징이 나타나면 어린나무는 대부분이 1~2년 내에 말라 죽고 20년생 이상의 큰 나무는 병이 수년간 지속되다가 마침내 말라 죽는 수병은?

① 잣나무 털녹병
② 소나무 모잘록병
③ 오동나무 탄저병
④ 오리나무 갈색무늬병

해설및용어설명 | 잣나무털녹병은 유목에서 피해가 크다

52

다음 중 시멘트가 풍화 작용과 탄산화 작용을 받은 정도를 나타내는 척도로 고온으로 가열하여 시멘트 중량의 감소율을 나타내는 것은?

① 경화
② 위응결
③ 강열감량
④ 수화반응

해설및용어설명 | 강열감량은 1,000℃ 정도의 강한 열을 가했을 때 시멘트의 감량으로서 시멘트 중에 H_2와 CO_2의 양을 말한다. 시멘트 풍화의 척도가 된다.

53

다음 중 일시경관이 아닌 것은?

① 숲속의 호수
② 야생동물의 출현
③ 무리지어 나는 철새
④ 설경

해설및용어설명 | 숲속의 호수에 투영된 경관은 일시경관이 될 수 있지만 숲속의 호수 자체는 일시적인 경관이라고 보기 어렵다.

54

조경설계의 미적 요소 중 강조에 대한 설명과 가장 거리가 먼 것은?

① 보는 사람의 주의력을 사로잡을 수 있다.
② 경관 연출의 극적 효과를 위해 사용한다.
③ 연속되거나 형태를 이룬 대상들 가운데서 일어나는 하나의 시각적 분기점이다.
④ 형태, 색채 또는 질감을 디자인에 응용할 때 다양성과 대비를 위해 강조를 사용한다.

해설및용어설명 | 경관 구성의 미적 원리에서 조화, 균형, 대칭, 강조는 통일성을 도달시키기 위한 수법에 속한다.

55

골프장 러프 지역에 적합한 잔디깎이 방법은?

① 핸드모어
② 그린모어
③ 로타리모어
④ 갱모어

해설및용어설명 | 잔디를 거칠게 깎아서 유지하는 러프 지역은 로타리모어로 잔디깎이 작업을 한다.

56

골재의 함수상태에 대한 설명 중 틀린 것은?

① 절대건조상태 : 골재를 100 ~ 110℃의 온도에서 질량 변화가 없어질 때까지 건조한 상태
② 공기중건조상태 : 골재를 공기 중에 건조하여 내부는 수분을 포함하고 있는 상태
③ 습윤상태 : 골재를 공기 중에 건조하여 내부는 수분을 포함하고 있는 상태
④ 표건상태 : 골재입자의 표면에는 물이 없으나 내부의 공극에는 물이 꽉차있는 상태

해설및용어설명 | 습윤상태는 골재의 내부는 이미 포화상태이고, 표면에도 물이 묻어 있는 상태를 말한다.

57

용기에 채운 골재 절대용적의 그 용기 용적에 대한 백분율로 단위질량을 밀도로 나눈 값의 백분율이 의미하는 것은?

① 골재의 실적률
② 골재의 조립률
③ 골재의 입도
④ 골재의 유효흡수율

해설및용어설명 |
- 골재의 입도 : 골재의 크고 작은 입자가 혼합되어 있는 정도
- 골재의 조립률 : 콘크리트에 사용되는 골재의 입도 정도를 표시하는 지표로서 체의 치수 80, 40, 20, 10, 5, 2.5, 1.2, 0.6, 0.3, 0.15mm의 10개의 체를 한 조로 체가름 시험하여 각 체의 통과하지 않는 잔류시료의 중량 백분율의 합
- 골재의 유효흡수율 : 기건상태의 골재가 표건상태로 될 때까지 흡수되어지는 물의 양을 절건중량으로 나눈 값의 백분율

58

주로 종자에 의해 번식하는 잡초는?

① 올미
② 피
③ 가래
④ 너도방동사니

해설및용어설명 | 올미, 가래, 너도방동사니 등의 잡초는 영양번식(덩이줄기)으로 번식하지만 피는 주로 종자로 번식한다.

59

다음 중 콘크리트의 강도에 대한 설명으로 맞는 것은?

① 콘크리트의 양생기간이 짧을수록 좋은 콘크리트를 얻을 수 있다.
② 콘크리트의 압축강도는 재령 28일의 강도를 표준으로 한다.
③ 가급적 물-시멘트비를 65% 이상으로 하는 것이 강도에 좋다.
④ 콘크리트가 굳을 때까지 형태를 유지시켜 주는 구조물을 동바리라 한다.

해설및용어설명 |
- 콘크리트의 양생기간이 길수록 좋은 콘크리트를 얻을 수 있다.
- 물-시멘트비는 보통 40 ~ 60% 범위로 한다.
- 콘크리트가 굳을 때까지 형태를 유지시켜 주는 구조물을 거푸집이라고 한다.

60

비탈에 직접 거푸집을 설치하고 콘크리트치기를 하여 비탈 안정을 위한 틀을 만들어 그 안을 작은 돌이나 흙으로 채우고 녹화하는 비탈안정공법은?

① 비탈 격자틀붙이기 공법
② 비탈 힘줄박기 공법
③ 비탈 블록붙이기 공법
④ 비탈 지오웨이브 공법

해설및용어설명 | 비탈에 그물모양의 콘크리트를 거푸집으로 쳐서 완성하고 그 안에 돌이나 흙으로 채우는 방법을 비탈 힘줄박기 공법이라고 한다.

정답 56 ③ 57 ① 58 ② 59 ② 60 ②

CBT 복원문제 2024 * 1

* 2016년 5회부터 CBT(컴퓨터 기반 시험)방식으로 변경되어 문제가 공개되지 않아 복원된 문제가 일부 상이할 수 있습니다.

01

플라스틱에 대한 설명 중 틀린 내용은?

① 축합 반응을 일으키는 수지는 열경화성수지이다.
② 섬유 강화플라스틱은 열경화성수지이다.
③ 열가소성수지는 가열하면 소성변형을 일으킨다.
④ 페놀수지, 요소수지, 염화비닐수지(PVC)는 열가소성수지에 속한다.

해설및용어설명 | ④ 염화비닐수지(PVC)는 열가소성수지에 속하지만, 페놀수지와 요소수지는 열경화성수지에 속한다.

02

땅속줄기가 옆으로 뻗으면서 죽순이 나와서 높이 2~20m, 지름 2~5cm 자리며 속이 비어있다. 줄기가 첫 해에는 녹색이고, 2년째부터 검은자색이 짙어져간다. 잎은 바소꼴이고 잔톱니가 있으며 어깨털은 5개 내외로 곧 떨어지는 '반죽'이라고 불리는 수종은?

① 왕대   ② 조릿대
③ 오죽   ④ 맹종죽

해설및용어설명 | 자색에서 검은색을 띄는 줄기를 가진 것은 오죽이다.

03

건물과 정원을 연결시키는 역할을 하는 시설은?

① 아치   ② 트렐리스
③ 퍼걸러   ④ 테라스

해설및용어설명 | 건물에서 잇내어 낸 공간을 테라스라고 한다. 아치는 중문역할의 곡선형태를 말하며, 트렐리스는 격자 울타리를 말한다. 퍼걸러는 그늘시렁을 말한다.

04

평판측량에서 도면상에 없는 미지점에 평판을 세워 그 점(미지점)의 위치를 결정하는 측량방법은?

① 원형교선법   ② 후방교선법
③ 측방교선법   ④ 복전진법

해설및용어설명 | 교선법(교회법)
측량구역의 내외에 적당한 기준점(또는 기지점)을 취하여 기선을 만들어 그 양단의 기준점으로부터 각 측점 또는 지형·지물을 시준하여 그 방향선의 교점에 의하여 측점의 위치를 결정하고 도시하는 방법이다.
• 전방교회법 : 기지점에서 미지점의 위치를 구한다.
• 측방교회법 : 기지의 한 점과 미지의 한 점에 평판을 세워 미지점의 위치를 구한다.
• 후방교회법 : 미지점에 평판을 세우고, 기지의 2점이나 3점을 이용하여 미지점을 결정한다.

정답 01 ④ 02 ③ 03 ④ 04 ②

05
수목의 흉고직경을 측정할 때 사용하는 장비는?

① 윤척 ② 측고봉
③ 순토측고기 ④ 하고측고기

해설및용어설명 | 윤척은 원의 직경을 잴 수 있는 자를 말한다. 측고봉과 측고기는 수고(나무높이)를 측정하는 기구이다.

06
골프장에서 모래로 된 장애물은 다음 중 어떤 것인가?

① 그린 ② 페어웨이
③ 해저드 ④ 벙커

해설및용어설명 | 벙커는 모래웅덩이 장애물을 말한다.

07
다음 중 축산고산수식에서 사용된 재료가 아닌 것은?

① 물 ② 돌
③ 왕모래 ④ 수목

해설및용어설명 | 일본의 축산고산수식에서는 돌과 왕모래, 그리고 수목으로 해안풍경을 상징적으로 묘사하였다.

08
등고선 간격이 10m, 등고선에 직각인 두 등고선의 평면거리가 1,000m일 때 경사도는?

① 20% ② 10%
③ 1% ④ 0.1%

해설및용어설명 |
D : 등고선 간격(수직거리)
L : 등고선에 직각인 두 등고선 간의 평면거리(수평거리)

경사도 $G(\%) = D/L \times 100$이므로 $\frac{10}{1,000} \times 100 = 1\%$

09
보기에서 설명하는 것은 무엇인가?

[보기]
대상지의 강우량, 일조시간, 풍향, 풍속의 통계수치

① 복사열 ② 미기후
③ 수문 ④ 지역기후

해설및용어설명 | 미기후는 국부적인 장소에 나타나는 특징적인 기후를 말하며, 일반적으로 지역기후가 통계수치를 말한다.

10
회색의 시멘트 블록들 가운데에 놓인 붉은 벽돌은 실제의 색보다 더 선명해 보인다. 이러한 현상을 무엇이라고 하는가?

① 색상대비 ② 명도대비
③ 채도대비 ④ 보색대비

해설및용어설명 | 회색은 채도가 낮고 붉은색은 채도가 높아 채도 차이가 크다. 채도 차이가 큰 색의 배색은 흐린 색은 보다 흐리게, 채도가 높은 색은 더욱 맑은 색으로 보이게 된다.

11
다음 중 입체적으로 대상을 표현한 도면은 무엇인가?

① 단면도 ② 평면도
③ 투시도 ④ 개념도

해설및용어설명 | 단면도, 평면도, 개념도는 평면적으로 표현되는 도면이고 투시도나 스케치 등이 입체적으로 표현되는 도면이다.

12
다음 중 위험을 표시하기에 가장 적합한 배색은 어떤 것인가?

① 빨강과 청록 ② 노랑과 검정
③ 노랑과 연두 ④ 회색과 주황

해설및용어설명 | 일반적으로 명도대비가 높은 배색이 눈에 먼저 띄어 명시성이 높다. 노랑과 검정은 명도차이가 커서 명시도가 높은 배색이다.

13
다음 중 방풍용수의 조건으로 옳지 않은 것은?

① 양질의 토양으로 주기적으로 이식한 천근성 수목
② 일반적으로 견디는 힘이 큰 낙엽활엽수보다 상록활엽수
③ 파종에 의해 자란 자생 수종으로 직근(直根)을 가진 것
④ 대표적으로 소나무, 가시나무, 느티나무 등이 적당하다.

해설및용어설명 | 이식한 수목보다는 파종에 의해 자란 수종이 견디는 힘이 강하다.

14
다음 중 흡즙성 해충이 아닌 것은?

① 하늘소   ② 깍지벌레
③ 응애   ④ 진딧물류

해설및용어설명 | 하늘소류는 천공성 해충에 속한다.

15
다음 중 열가소성 수지에 해당되는 것은?

① 페놀수지   ② 멜라민수지
③ 에폭시수지 ④ 폴리염화비닐수지(PVC)

해설및용어설명 | PVC(폴리염화비닐)수지는 열가소성 수지이다.

16
골재의 무게가 1,700kg이고 비중이 2.5일 때 공극률을 구하시오.

① 35%   ② 1.5%
③ 65%   ④ 50%

해설및용어설명 |
실적률(%) = 단위용적 중량(ton)/비중×100
공극률(%) = 100 - 실적률이므로
실적률은 1.7/2.6×100 = 65%이고 공극률은 35%이다.

17
골재의 진비중 2.6, 가비중이 1.2일 때 실적률은 얼마인가?

① 46.15%   ② 50%
③ 53.85%   ④ 100%

해설및용어설명 |
실적률(%) = 가비중/진비중×100이므로 1.2/2.6×100 = 46.15(%)이다.

18
인공지반을 조성하는데 쓰이는 재료가 아닌 것은?

① 부엽토   ② 펄라이트
③ 버미큘라이트 ④ 배양토

해설및용어설명 | 부엽토는 멀칭재료로 쓰일 수 있는 재료이다.

정답 12 ② 13 ① 14 ① 15 ④ 16 ① 17 ① 18 ①

19

다음 중 편익시설에 속하는 것은?

① 휴게음식점　　② 기념비
③ 도서관　　　　④ 자연체험장

해설및용어설명 | 기념비와 도서관은 교양시설, 자연체험장은 운동시설에 속한다.

20

보기 중 곡선을 표현할 수 있는 제도용구는 무엇인가?

① T자　　　　　② 운형자
③ 삼각자　　　　④ 스케일자

해설및용어설명 | 운형자는 구름 모양의 자로 곡선을 표현하기에 적합하다.

21

다음 중 능소화에 대한 설명으로 틀린 것은?

① 덩굴성 식물이다.
② 여름에 아름다운 주황색 꽃이 개화한다.
③ 공해에 강한 수종이다.
④ 잎은 장상복엽이다.

해설및용어설명 | 장상복엽은 잎이 손가락모양으로 벌어 붙은 겹잎의 형태를 말한다. 능소화는 기후1회 우상복엽의 형태이다.

22

경복궁 교태전 후원을 지칭하는 다른 명칭은?

① 귀거래사　　　② 아미산
③ 삼신산　　　　④ 곡수연

해설및용어설명 | 경복궁 교태전 후원은 계단식으로 조성된 후원이다.

23

교통동선계획은 교통량을 파악하고 적절한 교통량과 방향을 설정하는 계획이다. 주거지, 공원, 어린이 놀이터 등에 적합한 도로형태에 가장 적합한 것은?

① 위계형　　　　② 격자형
③ 미로형　　　　④ 환상형

해설및용어설명 | 일정한 체계적 질서를 갖는 패턴에서는 위계형이 적합하며, 격자형은 도심지 고밀도의 토지이용에서 효과적이다.

24

다음 중 형식이 다른 것은 어떤 것인가?

① 로마의 주택정원　　② 스페인의 정원
③ 수도원정원　　　　④ 옥상정원

해설및용어설명 | ①, ②, ③은 중정식에 속하며 옥상정원은 노단식에 속한다고 볼 수 있다.

25

다음 중 장미검은무늬병에 대한 설명으로 틀린 것은?

① 병원균은 자낭균류에 속한다.
② 병든 잎에서 자낭반의 형태로 월동, 이듬해 자낭포자가 비난하여 1차 전염의 원인이 된다.
③ 꽃, 잎, 줄기, 전체에서 증상이 나타난다.
④ 이 병원균은 아황산가스에 오염된 지역에서 병의 발생이 크다.

해설및용어설명 | 장미검은무늬병은 아황산가스 오염지역에서 발생이 적다.

26

다음 중 탄소강의 열처리 방법이 아닌 것은?

① 풀림　　　② 불림
③ 담금질　　④ 안정화

해설및용어설명 | 탄소강의 열처리 방법에는 담금질, 뜨임, 풀림, 불림 등이 있다.

27

플라스틱 소재의 장점이 아닌 것은?

① 취성이 있다.　　② 내마모성이 있다.
③ 무게가 가볍다.　④ 가공성이 좋다.

해설및용어설명 | 취성은 플라스틱 재료의 단점이다.

28

줄눈의 종류에 대한 설명으로 틀린 것은?

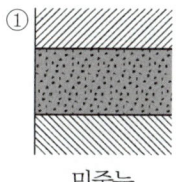

해설및용어설명 | 3번 그림의 줄눈 모양을 내민줄눈이라고 한다. 주로 사괴석 시공 시 사용된다.

29

다음 중 우리나라 전통 조경에서 사용하는 수법이 아닌 것은?

① 화계　　② 취병
③ 석지　　④ 해자

해설및용어설명 | 해자는 수로를 뜻하며 중세 봉건시대에 나타난 요소로 성 주변으로 조성하는 수로이다.

30

주차장법 시행규칙상 장애인 전용 방식의 주차단위구획은?

① 2.0m×6.0m　　② 2.5m×5.0m
③ 3.3m×5.0m　　④ 4.0m×5.0m

해설및용어설명 | 장애인 전용 주차구획은 3.3m×5.0m이다.

31

중국 청대의 조경 유적이 아닌 것은?

① 건륭화원　　② 서원
③ 피서산장　　④ 졸정원

해설및용어설명 | 졸정원은 중국 명나라 때에 대표적인 사가 정원이다.

32

중국 청나라의 삼산오원과 관련이 없는 것은?

① 만수산 청의원　　② 옥천산정명원
③ 원명원　　　　　④ 평천산장

해설및용어설명 | 평천산장은 당나라 때 이덕유의 민간정원이다.

33

다음중 여름철에 황색 계열의 꽃을 개화하는 수종은?

① 모감주나무 ② 싸리나무
③ 귀룽나무 ④ 자귀나무

해설및용어설명 | 싸리나무와 자귀나무는 여름에 분홍빛 꽃을 개화하며, 귀룽나무는 봄에 흰빛의 꽃이 개화한다.

34

다음 중 곰솔(해송)에 대한 설명으로 옳지 않은 것은?

① 동아(冬芽)는 붉은색이다.
② 수피는 흑갈색이다.
③ 해안지역의 평지에 많이 분포한다.
④ 줄기는 한 해에 가지를 내는 층이 하나여서 나무의 나이를 짐작할 수 있다.

해설및용어설명 | 적송의 겨울눈은 붉은 색인데 비하여 곰솔의 겨울눈은 흰빛이 많이 도는 특징이 있다.

35

석재의 가공 순서 중에 혹두기 다음에 해당하는 것은?

① 정다듬 ② 도드락다듬
③ 잔다듬 ④ 물갈기

해설및용어설명 | 혹두기 다음은 정다듬이다.

36

보르 뷔 콩트(Vaux-le-Vicomte) 정원과 가장 관련 있는 양식은?

① 노단식 ② 평면 기하학식
③ 절충식 ④ 자연풍경식

해설및용어설명 | 보르뷔꽁트는 앙드레 르 노트르의 작품으로 프랑스 평면기하학식과 관련이 있다.

37

다음 중 근대 조경의 흐름에 있어 적절하지 않은 설명은?

① 레드번(Radburn)은 쿨데삭(cul-de-sac)의 원리를 정원이 아닌 단지계획에 적용한 것이다.
② 뉴욕의 센트럴 파크(Central Park)는 조셉팩스톤(Joseph Paxton)과 옴스테드(Olmsted)의 공동작품이다.
③ 미국에서 전원도시운동은 20세기 초에 시작되었다.
④ 래치워스(Letchworth) 개발과 웰윈(Welwyn) 조성은 영국의 대표적 전원도시이다.

해설및용어설명 | 뉴욕의 센트럴 파크는 칼버트 보와 옴스테드의 공동작품이다.

38

연꽃을 군자에 비유한 애련설의 저자는?

① 이태백 ② 주렴계
③ 왕희지 ④ 주희

해설및용어설명 | 주렴계 = 주돈이

39

자연공원법 시행령상 공원기본계획의 내용에 포함되지 않는 사항은?

① 자연 공원의 축과 망에 관한 사항
② 자연 공원의 자원보전, 이용 등 관리에 관한 사항
③ 자연 공원의 관리 목표 설정에 관한 사항
④ 환경부장관이 자연공원의 관리를 위하여 필요하다고 인정하는 사항

해설및용어설명 | 자연공원법 시행령 제9조를 참고하면 2, 3, 4의 내용을 명시하고 있지만, 자연공원의 축과 망에 관한 사항은 명시되어 있지 않다.

40

공장조경 식재계획 수립의 방법으로 가장 거리가 먼 것은?

① 중부 지방의 석유화학 지대에는 화백, 은행나무, 양버즘나무를 식재한다.
② 성장 속도가 빠르고 대량 공급이 가능한 수종을 선택한다.
③ 공장과의 조화를 위해 수종 선정은 경관성에 중심을 둔다.
④ 자연스럽게 천연갱신이 되는 수종을 선정한다.

해설및용어설명 | 공장과의 조화 및 경관도 중요하지만 수종 선정에서 우선되어야 할 것은 기능식재를 중시해야 하며, 운영 관리적 측면을 고려해야 한다.

41

1,000ppm은 몇 %인가?

① 0.2% ② 0.1%
③ 0.0001% ④ 1%

해설및용어설명 | 1ppm은 0.0001%이므로 1,000ppm은 0.1%이다.

42

솔수염하늘소에 대한 설명으로 옳지 않은 것은?

① 유충으로 월동한다.
② 소나무재선충병의 매개체이다.
③ 산란기는 6~9월이며, 7~8월에 가장 많다.
④ 암컷 한 마리의 산란수는 평균 500여 개 정도이다.

해설및용어설명 | 암컷 한 마리의 산란 수는 평균 100개 정도이며 1일에 1~8개의 알을 낳는다.

43

수목 이식 직후 조치하여야 할 주 관리사항으로 가장 부적절한 작업은?

① 수간보호 ② 지주목 설치
③ 관수 및 전정 ④ 뿌리돌림

해설및용어설명 | 뿌리돌림은 이식 후가 아닌 이식 1년~2년 전에 조치하여야 하는 작업이다.

44

다음 중 스프레이건을 사용하는 도료에 해당하는 것은?

① 방청제 ② 우레탄
③ 래커 ④ 니스

해설및용어설명 | 스프레이건으로 시공하는 재료는 래커이다.

정답 39 ① 40 ③ 41 ② 42 ④ 43 ④ 44 ③

45

다음 중 미관이 우수하고 잎 색이 아름다우며 공해에 강한 수종의 용도로 적합한 것은?

① 방음용수 ② 방화용수
③ 차폐용수 ④ 가로수

해설및용어설명 | 미관과 공해에 관련이 있는 것은 가로수이다.

46

다음이 설명하는 수종은 무엇인가?

- 감탕나무과의 상록활엽소교목
- 열매는 지름 8~10mm로 적색으로 익는다.
- 잎은 호생이며 타원형 6각형으로 가장자리에 각점이 있다.

① 호랑가시나무 ② 가시나무
③ 느티나무   ④ 배롱나무

해설및용어설명 | 6각형의 혁질의 잎에 가시같은 각점이 있는 것은 호랑가시나무이다.

47

비탈면 보호시설 공법의 설명으로 옳은 것은?

① 종자뿜어붙이기공은 일종의 식생공이다.
② 비탈면 돌망태공은 용수 및 토사유실 우려가 없는 곳에 시행된다.
③ 콘크리트 격자 블록공은 식생공법을 배제한 구조물에 의한 비탈면 보호공이다.
④ 평판 블록 붙임공은 비탈면 길이가 길고 경사가 비교적 급한 곳에 시행된다.

해설및용어설명 |
② 비탈면 돌망태공은 용수가 있어 토사유실 우려가 있는 지역에서 사용한다.
③ 콘크리트 격자 블록공은 격자블록 내 양질의 흙을 채운 후 식생공을 시행할 수 있는 구조물에 의한 비탈면 보호공이다.
④ 평판 블록 붙임공은 비탈면 길이가 짧고 구배가 원만한 곳에 시행된다.

48

배수시설의 구조 중 지하배수시설의 구조물이 아닌 것은?

① 맹암거   ② 측구
③ 유공관암거 ④ 배수관거

해설및용어설명 | 측구, 집수구, 배수관, 도수관, 맨홀 등은 표면배수시설에 속한다.

49

다음 중 측량의 3대 요소가 아닌 것은?

① 각측량 ② 고저측량
③ 거리측량 ④ 세부측량

해설및용어설명 | 측량의 종류는 크게 트랜싯(각)측량, 고저(레벨)측량, 거리(평판)측량으로 나뉜다.

50

석재의 성질에 대한 설명으로 틀린 것은?

① 압축강도는 중량이 클수록, 공극률이 작을수록 크다.
② 일반적으로 내구연한은 대리석이 화강석보다 크다.
③ 흡수율이 크다는 것은 다공성이라는 것을 나타내며, 대체로 동해나 풍화를 받기 쉽다.
④ 일반적으로 암석의 밀도는 겉보기밀도를 말하며, 조직이 치밀한 암석은 2.0~3.0 범위이다.

해설및용어설명 | 일반적으로 내구연한은 화강석이 대리석보다 크다.

정답 45 ④ 46 ① 47 ① 48 ② 49 ④ 50 ②

51

시공계획의 순서가 옳은 것은?

① 사전조사 → 일정계획 → 기본계획 → 가설 및 조달계획 → 식재계획
② 사전조사 → 기본계획 → 일정계획 → 가설 및 조달계획 → 관리계획
③ 사전조사 → 기본계획 → 가설 및 조달계획 → 일정계획 → 관리계획
④ 사전조사 → 일정계획 → 가설 및 조달계획 → 기본계획 → 관리계획

해설및용어설명 | 시공계획 시에는 기본계획을 설정하고 일정계획이 세워지게 된다.

52

견치돌 사이에 모르타르를 채우고, 뒤채움으로 고임돌과 콘크리트를 사용하는 석축공법은?

① 골쌓기
② 메쌓기
③ 찰쌓기
④ 층지어쌓기

해설및용어설명 | 뒷채움에 콘크리트나 모르타르로 굳혀서 시공하는 것을 찰쌓기라고 하고, 고임돌과 자갈 등만 사용하여 시공하는 것을 메쌓기라고 한다.

53

일반적인 조경수 재배 토양과 비교했을 때 염해지 토양의 가장 뚜렷한 특징은?

① 유기물 함량이 높다.
② 활성철 함량이 높다.
③ 치환성석회 함량이 높다.
④ 마그네슘, 나트륨 함량이 높다.

해설및용어설명 | 염해지 토양은 마그네슘, 나트륨 등의 함량이 높다.

54

안료 + 아교, 카세인, 전문 + 물의 성분으로 내수성이 없고 내알칼리성이며 광택이 없고 모르타르와 회반죽면에 쓰이는 페인트는?

① 유성페인트
② 에나멜페인트
③ 수성페인트
④ 에멀젼페인트

해설및용어설명 | 유성, 에나멜, 에멀전 등은 내수성이 있는 페인트이다.

55

다음 중 일반적으로 전정을 하지 않는 수종은?

① 소나무
② 회양목
③ 향나무
④ 금송

해설및용어설명 | 금송은 상록참엽에 속하지만 수형이 매우 단정하고 일정하며, 맹아력이 약하여 전정하지 않고도 관상용으로 키우기에 적합하다.

56

수목의 수형을 결정하는 요인으로 가장 거리가 먼 것은?

① 바람
② 관수량
③ 인간의 영향(접촉)
④ 태양광의 입사각

해설및용어설명 | 수분과 관련된 관수량은 수형 요인에 다른 요인보다는 적게 작용한다.

정답 51 ② 52 ③ 53 ④ 54 ③ 55 ④ 56 ②

57

천이의 순서가 옳은 것은?

① 나지 → 1년생초본 → 다년생초본 → 음수교목림 → 양수관목림 → 양수교목림
② 나지 → 1년생초본 → 다년생초본 → 양수교목림 → 양수관목림 → 음수교목림
③ 나지 → 1년생초본 → 다년생초본 → 양수관목림 → 양수교목림 → 음수교목림
④ 나지 → 다년생초본 → 1년생초본 → 양수관목림 → 양수교목림 → 음수교목림

해설및용어설명 | 생태천이의 순서는 초본류부터 관목류에서 교목류의 순이며 양수가 음수에 비해 우점된다.

58

식재의 공학적 이용 효과가 아닌 것은?

① 음향 조절
② 차단 및 은폐
③ 토양침식 조절
④ 섬광 및 반사 조절

해설및용어설명 | 식재의 공학적 기능에는 토양침식조절, 음향조절, 대기정화, 섬광조절, 반사 조절, 통행조절 등이 있다. 차폐 및 은폐는 건축적 기능에 속한다.

59

고속도로 사고방지 기능의 식재방법에 속하지 않는 것은?

① 차광식재
② 지표식재
③ 완충식재
④ 명암순응식재

해설및용어설명 | 차광식재, 명암순응식재, 완충식재는 사고방지 기능의 식재방법이지만 지표식재는 주행 기능에 속한다.

60

시방서의 작성 요령에 대한 설명으로 틀린 것은?

① 재료의 품목을 명확하게 규정한다.
② 표준 시방서는 공사시방서를 기본으로 작성한다.
③ 설계도면의 내용이 불충분한 부분은 보충 설명한다.
④ 설계도면과 시방서의 내용이 상이하지 않도록 한다.

해설및용어설명 | 공사시방서가 표준시방서의 내용을 토대로 작성된다.

CBT 복원문제

2024 * 3

*2016년 5회부터 CBT(컴퓨터 기반 시험)방식으로 변경되어 문제가 공개되지 않아 복원된 문제가 일부 상이할 수 있습니다.

01

동궁과 월지에 대한 설명으로 틀린 것은?

① 바닥을 강회로 처리하였다.
② 삼국사기와 동사강목에서 기록을 볼 수 있다.
③ 지형상 동안보다 서안이 높다.
④ 북안과 동안은 직선적 형태이다.

해설및용어설명 | 안압지는 남안과 서안이 직선적 형태이며 북안과 동안이 다양한 형태의 곡선으로 이루어진 호수이다.

02

다음 동양의 정원에 대한 설명으로 틀린 것은?

① 자연과 인간을 대립관계가 아닌 유기적 일원체로 이해했다.
② 고대에는 임천형의 정원이 공통적으로 출현하고 있다.
③ 유교와 불교사상은 정원 발달에 크게 영향을 미쳤다.
④ 간접적인 자연의 관찰과 정형적인 인공미 원칙에 기반을 두고 있다.

해설및용어설명 | 동양 정원은 정형적인 인공미와는 거리가 멀다.

03

토피어리, 미원, 총림 등이 대규모로 조성되고 비밀 분천, 경악 분천, 물풍금 등이 도입된 정원 양식은?

① 고전주의양식
② 매너리즘양식
③ 바로코양식
④ 로코코양식

해설및용어설명 | 바로코양식은 정형적이고 좌우대칭의 기하학적 형태를 지키며 다양한 수경을 도입한 형태로 발달했다.

04

일본 전통 수경요소 가운데 견수(야리미즈)와 가장 가까운 형태는?

① 샘
② 폭포
③ 연지
④ 인공적계류

해설및용어설명 | 야리미즈는 인공적으로 작은 개천을 조성하는 것과 비슷하다.

05

식재시방서의 식재구덩이에 관한 설명으로 틀린 것은?

① 식재 구덩이는 식재 당일에 굴착하는 것을 원칙으로 한다.
② 지정된 장소가 식재 불가능할 경우 도급업자가 임의로 옮겨 심는다.
③ 식재 구덩이를 팔 때에는 표토와 심토는 따로 갈라놓아 표토를 활용할 수 있도록 조치한다.
④ 대형목 등 특수목 식재를 위한 구덩이의 굴착 방법은 공사시방서에 따른다.

해설및용어설명 | 식재구덩이의 위치는 설계도서의 식재위치를 원칙으로 하지만 다음의 경우 감독자와 협의하여 그 위치를 조정할 수 있다.
1) 암반, 구조물, 매설물 등과 같은 지장물로 인하여 굴착이 불가능한 경우
2) 지하수 용출 등으로 인하여 식재 후 생육이 불가능하다고 판단되는 경우
3) 경관에 바람직하다고 판단되는 경우

정답 01 ④ 02 ④ 03 ③ 04 ④ 05 ②

06

다음 보기의 목재 방부법에 사용되는 방부제는?

> • 방부력이 우수하고 내습성도 있으며 값이 싸다.
> • 냄새가 좋지 않아서 실내에 사용할 수 없다.
> • 미관을 고려하지 않은 외부에 사용된다.

① 광명단 ② 물유리
③ 크레오소트유 ④ 황암모니아

해설및용어설명 | 크레오소트는 목재의 방부제로 널리 쓰이지만, 목타르를 증류하여 얻은 것이기 때문에 냄새가 난다.

07

배수관의 빗물받이 설치 간격은?

① 10～15m ② 30～40m
③ 50m ④ 10～30m

해설및용어설명 | 하수도법 시행규칙 제6조 공공하수도의 구조에 관한 기술적 기준에 따라 강우의 상황, 도로 구조 등을 고려하여 10m에서 30m 간격으로 설치하도록 한다.

08

소나무 굴취작업 시에 진흙 바르는 이유가 아닌 것은?

① 수분증발 억제 ② 소나무좀의 예방
③ 상처예방 ④ 뿌리활착촉진

해설및용어설명 | 소나무줄기에 진흙을 바르는 작업과 뿌리 활착은 직접적인 연관은 없다.

09

비탈면 녹화에서 사용 가능하고 내한성과 내척박성이 강한 잔디 종류는?

① 톨 페스큐 ② 라이그라스
③ 버뮤다그라스 ④ 벤트그라스

해설및용어설명 | 라이그라스는 주로 목초용으로 사용한다. 버뮤다그라스는 내한성이 가장 약하고, 벤트그라스는 내건성과 내병성이 약하며 질감이 매우 곱고 비탈면 척박지에는 부적합하다.

10

다음 중 추위로 인해 식물의 세포막 벽 표면에 결빙현상이 일어나 원형질이 분리되어 피해를 입는 것을 뜻하는 용어는 무엇인가?

① 동해 ② 한해
③ 상주 ④ 상렬

해설및용어설명 | 빙점 이하의 온도에서 식물세포가 얼어서 원형질 분리에 의한 피해를 입는 것은 '동해'라고 한다.

11

일정한 응력을 가할 때, 변형이 시간과 더불어 증대하는 현상을 의미하는 것은?

① 탄성 ② 크리프
③ 취성 ④ 릴랙세이션

해설및용어설명 |
① 탄성 : 물체가 외력을 받아 변형을 일으키고 다시 외력이 제거되면 원래의 상태로 되돌아 오려는 성질
③ 취성 : 물체가 파괴되기 쉬운 성질
④ 릴랙세이션 : PC강재에 고장력을 가한 상태 그대로 장기간 양 끝을 고정해 두면, 점차 소성변형하여 인장응력이 감소해가는 현상

정답 06 ③ 07 ④ 08 ④ 09 ① 10 ① 11 ②

12

철근콘크리트 구조로서 단면적의 형태를 취하여 구조체의 부피가 상대적으로 작아 자중이 죽어든 만큼 옹벽 배면의 기초 저판 위의 흙의 무게를 보강하여 안정성을 높인 옹벽의 형태는?

① 중력식옹벽 ② 캔틸레버식옹벽
③ 부축벽식옹벽 ④ 조립식옹벽

해설및용어설명 | 자중과 저판을 이용하여 안정성을 높인 옹벽의 형태는 캔틸레버식을 말한다.

13

레크리에이션 이용의 강도와 특성의 조절을 위한 관리기법 중 직접적 이용제한 방법이 아닌 것은?

① 예약제의 도입
② 이용시간의 제한
③ 구역감시의 강화
④ 비이용 지역으로의 접근성 제고

해설및용어설명 | 비이용지역으로의 접근성 제고는 간접적인 이용제한에 속한다.

14

기본벽돌을 사용하여 0.5B의 두께로 길이 5m, 높이 2m의 담을 쌓으려 할 때 필요한 벽돌량(정미량)은?

① 약 415장 ② 약 650장
③ 약 750장 ④ 약 1,299장

해설및용어설명 | 0.5B 두께의 벽돌쌓기는 1m² 당 75장 이므로 면적을 구해 면적당 75장을 곱해서 구할 수 있다. 따라서 (5m×2m)×75 = 750장이다.

15

다음 중 미선나무에 대한 설명으로 옳은 것은?

① 열매는 부채 모양이다.
② 꽃은 노란색으로 향기가 있다.
③ 상록활엽교목으로 산야에서 흔히 볼 수 있다.
④ 원산지는 중국이며 세계적으로 여러 종이 존재한다.

해설및용어설명 | 부채 모양의 열매에서 미선이라는 이름을 얻었다. 우리나라 특산종이며 낙엽활엽관목이다. 꽃은 개나리와 비슷하지만 흰색이다.

16

다음 중 아황산가스에 강한 수종은?

① 소나무 ② 겹벚나무
③ 양버즘나무 ④ 단풍나무

해설및용어설명 | 양버즘나무는 아황산가스에 강한 수종이다.

17

92 ~ 96%의 철을 함유하고 나머지는 크롬·규소·망간·유황·인 등으로 구성되어 있으며 창호철물, 자물쇠, 맨홀 뚜껑 등의 재료로 사용되는 것은?

① 선철 ② 강철
③ 주철 ④ 순철

해설및용어설명 |
- 선철 : 탄소 2.5 ~ 5% 용광로에서 철광석으로 만든 철
- 강철 : 탄소 0.04 ~ 1.7%
- 주철 : 1.7% 이상의 탄소를 함유한 철로 주물용으로 사용하며, 이 중에서 3.0 ~ 3.6%의 탄소량에 해당하는 것을 일반적으로 주철이라고 함
- 순철 : 불순물을 전혀 함유하지 않은 순도 100%의 철

정답 12 ② 13 ④ 14 ③ 15 ① 16 ③ 17 ③

18

다음 수종들 중 단풍이 붉은색이 아닌 것은?

① 신나무
② 복자기
③ 화살나무
④ 고로쇠나무

해설및용어설명 | 고로쇠나무는 노란색의 단풍이 든다.

19

다음 중 조기강도가 가장 좋은 시멘트는?

① 알루미나 시멘트
② 플라이애시 시멘트
③ 고로슬래그 시멘트
④ 백색 시멘트

해설및용어설명 | 조기강도가 가장 높은 시멘트는 알루미나 시멘트이다.

20

조경공사용 기계의 종류와 용도(굴삭, 배토정지, 상차, 운반, 다짐)의 연결이 옳지 않은 것은?

① 굴삭용 – 무한궤도식 로더
② 운반용 – 덤프트럭
③ 다짐용 – 탬퍼
④ 배토정지용 – 모터그레이더

해설및용어설명 | 굴삭용 기계는 백호우, 파워쇼벨, 드래그라인 등이 있다. 로더는 적재기계에 속한다.

21

블리딩 현상에 따라 콘크리트 표면에 떠올라 표면의 물이 증발함에 따라 콘크리트 표면에 남는 가볍고 미세한 물질로서 시공 시 작업이음을 형성하는 것에 대한 용어로서 맞는 것은?

① Workability
③ Laitance
② Consistency
④ Plasticity

해설및용어설명 | 레이턴스(Laitance) : 블리딩 현상에 따라 콘크리트 표면에 떠올라 표면의 물이 증발하고 표면에 남은 것

22

다음중 백색 계열의 수피를 가진 수종이 아닌 것은?

① 거제수나무
② 백송
③ 모과나무
④ 자작나무

해설및용어설명 | 모과나무는 녹색과 황색, 갈색 등이 섞인 얼룩무늬 모양의 수피를 가진다.

23

사질토와 점질토에 관한 특징 설명으로 옳지 않은 것은?

① 압밀속도는 점질토가 사질토보다 느리다.
② 투수 계수는 점질토가 사질토보다 작다.
③ 내부 마찰각은 점질토가 사질토보다 크다.
④ 건조 수축량은 사질토가 점질토보다 크다.

해설및용어설명 | 내부마찰각은 사질토가 점질토보다 크다.

24

다음 중 식물생육에서 가장 이상적인 자연토양의 구조는?

① 판상 ② 주상
③ 입상 ④ 원주상

해설및용어설명 | 자연토양의 경우 입상구조를 가진 토양이 가장 식물생육에 유리하다. 입상구조는 공극에 물이 저장가능하고 유기물이 많은 토양을 말한다.

25

성토 4,500m³을 축조하려 한다. 토취장의 토질은 점성토로 토량변화율은 L = 1.20, C = 0.90이다. 자연상태의 토량을 어느 정도 굴착하여야 하는가?

① 5,000m³ ③ 6,000m³
② 5,400m³ ④ 4,860m³

해설및용어설명 | 다져진 상태의 4,500m³의 흙을 조성하기 위해서 다져지기 전 자연상태의 토량이 얼마만큼 필요한가를 묻는 문제이다. 자연 상태의 토량을 A라고한다면, A에 C값을 곱해서 4,500m³이 되어야 한다.
A×0.9 = 4,500m³이므로, A = 5,000m³

26

다음 수종 중 적색 열매가 아닌 것은?

① 생강나무 ② 산딸나무
③ 산수유나무 ④ 앵도나무

해설및용어설명 | 생강나무는 검정색 열매를 맺는다.

27

고대 로마의 대표적인 별장이 아닌 것은?

① 빌라 투스카니 ③ 빌라 라우렌티아나
② 빌라 감베라이아 ④ 빌라 아드리아누스

해설및용어설명 | 빌라 감베라이아는 르네상스 후기(17c)의 대표적인 빌라이다.

28

농약의 형태에 따른 분류가 아닌 것은?

① 수화제 ② 분제
③ 입제 ④ 혼합제

해설및용어설명 |
① 수화제 : 물에 녹지 않은 성분을 물에 희석하여 고루 분산된 형태
② 분제 : 성분을 증량제, 분해 방지제 등과 균일하게 혼합·분쇄하여 제재한 것
③ 입제 : 성분에 증량제, 점결제 등을 혼합하여 입상으로 만든 약제

29

다음 중 면적이 가장 좁아 보이는 색상은?

① 남색 ② 하늘색
③ 노랑색 ④ 분홍색

해설및용어설명 | 명도가 낮고 차가운 색 계열이 면적이 상대적으로 작아 보인다.

30

다음 선의 종류와 선긋기의 내용이 잘못 짝지어진 것은?

① 파선 : 숨은선
② 가는실선 : 수목인출선
③ 1점쇄선 : 경계선
④ 2점쇄선 : 중심선

해설 및 용어설명 | 중심선은 보통 1점 쇄선으로 나타낸다.

31

다음 시설물 중 어린이의 물놀이를 위해 만든 얕은 물놀이터를 뜻하는 것은?

① 수영장
② 도섭지
③ 벽천
④ 캐스케이드

해설 및 용어설명 | 어린이를 위한 얕은 수심의 발물놀이터를 도섭지라고 한다.

32

곤충이 빛에 유인되는 성질을 말하는 것은?

① 주광성
② 주수성
③ 주촉성
④ 주화성

해설 및 용어설명 | 물에 유인되는 성질을 주수성, 모서리나 끝에 접촉하려는 성질을 주촉성, 화학물질에 유인되는 성질을 주화성이라고 한다.

33

다음 중 목재의 장점에 해당하지 않는 것은?

① 가볍다.
② 무늬가 아름답다.
③ 열전도율이 낮다.
④ 습기를 흡수하면 변형이 잘된다.

해설 및 용어설명 | 습기를 흡수하여 함수량이 높아지면 강도가 떨어져 변형이 잘되는 것은 맞지만, 그것은 목재의 단점에 해당한다.

34

겨울철 수목보호를 위해 사용되는 마(麻) 소재의 친환경적 조경 자재는 무엇인가?

① 새끼
② 고무바
③ 녹화마대
④ 지주목

해설 및 용어설명 | 녹화마대는 황마 소재의 거즈 형태로 수목의 줄기를 감싸는 데 주로 사용된다.

35

조경관리에서 주민참가의 단계는 시민권력의 단계, 형식참가의 단계, 비참가의 단계 등으로 구분되는데 그 중 시민권력의 단계에 해당되지 않는 것은?

① 가치관리(citizen control)
② 유화(placation)
③ 권한 위양(delegated power)
④ 파트너십(partnership)

해설 및 용어설명 | 안시타인은 주민참가 과정에 대해 비참가의 단계 → 형식 참가의 단계 → 시민권력의 단계 순으로 설명하고 있다.
- 비참가의 단계 : 치료, 조작
- 형식참가의 단계 : 유화, 상담, 정보 제공
- 시민권력의 단계 : 가치관리, 권한위양, 파트너십

36

다음 중 서원 조경에 대한 설명으로 틀린 것은?

① 도산서당의 정우당, 남계서원의 지당에 연꽃이 식재된 것은 주렴계의 애련설의 영향이다.
② 서원의 진입공간에는 홍살문이 세워지고, 하마비와 하마석이 놓여진다.
③ 서원에 식재되는 대표적인 수목은 은행나무로 행단과 관련이 있다.
④ 서원에 식재되는 수목들은 관상을 목적으로 식재되었다.

해설및용어설명 | 서원 조경에서는 관상용 목적이 아니고 상징적이거나 실용적 목적에서 식재를 하였다.

37

조경 수목 중 고광나무의 꽃 색은?

① 백색
② 황색
③ 적색
④ 녹색

해설및용어설명 | 고광나무는 장미과에 속하는 수종으로 벚나무꽃과 비슷한 흰 꽃이 개화한다.

38

국내의 조경 설계 시 일반적으로 계단의 축상의 높이와 답면의 너비와의 관계를 옳게 나타낸 것은?

① 축상높이가 12cm일 때 답면너비는 15 ~ 20cm
② 축상높이가 15cm일 때 답면너비는 30 ~ 35cm
③ 축상높이가 12cm일 때 답면너비는 20 ~ 25cm
④ 축상높이가 18cm일 때 답면너비는 20 ~ 25cm

해설및용어설명 | 단 높이를 H, 단 너비를 B로 할 때 2H + B = 60 ~ 65cm가 적당하다.

39

강(鋼)과 비교한 알루미늄의 특징 중 옳지 않은 것은?

① 강도가 작다.
② 비중이 작다.
③ 열팽창률이 작다.
④ 전기전도율이 높다.

해설및용어설명 | 열팽창률은 1℃ 올라갈 때 늘어나는 부피의 비율을 말하며, 알루미늄의 열팽창률은 철의 2배 정도로 크다.

40

다음 중 파이토 플라즈마에 의해 발생되는 수목병이 아닌 것은?

① 철쭉류 떡병
② 뽕나무오갈병
③ 대추나무빗자루병
④ 오동나무빗자루병

해설및용어설명 | 철쭉류 떡병은 진균성이며 담자균류에 속하는 병원균이 일으킨다.

41

비기생성식물이 아닌 것은?

① 칡
② 겨우살이
③ 노박덩굴
④ 청미래덩굴

해설및용어설명 | 겨우살이는 기생성식물에 속한다.

42

토양에서 서식하고, 충분한 수분을 요구하며, 주로 목조 건축물에서 피해가 큰 해충은?

① 흰개미
② 그리마
③ 흰불나방
④ 독일바퀴벌레

해설및용어설명 | 흰개미는 수확한 목재에 피해를 주는 대표적인 해충이다.

43

공사관리의 핵심은 시공계획과 시공관리로 구분되는데, 다음 중 시공관리의 4대 목표에 해당하지 않는 것은?

① 노무관리 ② 품질관리
③ 원가관리 ④ 공정관리

해설및용어설명 | 노무관리가 아니고 안전관리까지 포함하여 시공관리 4대 목표라고 한다.

44

17세기 영국 스튜어트 왕조의 정원에 미친 네덜란드의 영향이 아닌 것은?

① 튤립의 식재
② 방사형의 소로
③ 공간구성의 조밀함
④ 상록수를 환상적 형태로 다듬은 토피어리

해설및용어설명 | 방사형의 소로는 프랑스의 영향을 받은 조경수법이다.

45

다음 중 화계를 인공적으로 성토하여 조성한 사례는?

① 다산초당의 화계
② 연경당의 선향재 후원
③ 낙선재와 석복헌의 후원
④ 경복궁 교태전 후원의 아미산원

해설및용어설명 | 아미산원은 노단식 정원을 조성하기 위해 인공적으로 얕은 동산을 조성하여 만든 정원이다.

46

도시이미지를 분석해 보면 관찰자에게 두가지 단계의 경계나 연속적인 요소를 직선적으로 분리하는 요소가 눈에 뜨이게 된다. 이에는 해안, 철로변, 벽 등이 포함될 수 있는데 이러한 요소를 케빈 린치는 무엇이라 부르고 있는가?

① 모서리(Edges) ② 통로(Paths)
③ 지역(Districts) ④ 결절점(Nodes)

해설및용어설명 | 면적인 요소의 경계가 되는 부분을 모서리라고 한다.

47

경관을 구성하는 지배적인 요소가 아닌 것은?

① 연속성 ② 색채
③ 질감   ④ 선

해설및용어설명 | 경관의 우세요소(지배요소)는 선, 형태, 색채, 질감 등이다.

48

옥상녹화용 인공지반에 사용될 녹화용 인공토 선정 시 우선적으로 고려할 사항이 아닌 것은?

① 가벼워야 한다.
② 보수성이 좋아야 한다.
③ 영양분이 많아야 한다.
④ 배수성이 양호해야 한다.

해설및용어설명 | 인공지반 녹화용 인공토양은 경량성, 배수성, 통기성, 보비성, 보수성을 갖추어야 한다.

정답 43 ① 44 ② 45 ④ 46 ① 47 ① 48 ③

49
횡선식 공정표에 대한 설명으로 틀린 것은?

① 복잡한 공사에 사용된다.
② 주공 정선의 파악이 힘들어 관리 통제가 어렵다.
③ 각 공종별 공사와 전체의 공사 시기 등이 알기 쉽다.
④ 각 공종별의 상호 관계, 순서 등이 시간과 관련성이 없다.

해설및용어설명 | 복잡한 공정에서는 네트워크 공정표가 더욱 효율적이고 횡선식 공정표는 간단한 공사에 사용된다.

50
다음 가지다듬기 중 생리조정을 위한 가지다듬기는?

① 병·해충 피해를 입은 가지를 잘라 내었다.
② 은행나무를 일정한 모양으로 깎아 다듬었다.
③ 늙은 가지를 젊은 가지로 갱신하였다.
④ 이식한 정원수의 가지를 알맞게 잘라 내었다.

해설및용어설명 | 이식 시의 전정, T/R률을 맞추기 위한 전정은 생리조정을 위한 가지다듬기이다.

51
조경 프로젝트의 수행단계 중 주로 공학적인 지식을 바탕으로 다른 분야와는 달리 생물을 다룬다는 특수한 기술이 필요한 단계로 가장 적합한 것은?

① 조경계획
② 조경설계
③ 조경관리
④ 조경시공

해설및용어설명 | 조경시공단계에서는 살아있는 생물을 다루기 때문에 다른 건설분야와 다른 특수한 기술이 필요하다.

52
경관 구성의 기법 중 한 그루의 나무를 다른 나무와 연결시키지 않고 독립하여 심는 경우를 말하며, 멀리서도 눈에 잘 띄기 때문에 랜드 마크의 역할도 하는 수목 배치 기법은?

① 점식
② 열식
③ 군식
④ 부등변삼각형식재

해설및용어설명 | 점식이 단독식재로 큰 나무를 식재하여 랜드마크로서의 효과가 있다.

53
다음 장비 중 잔디에 공기 유통이 잘 되도록 구멍 뚫는 기계는?

① 갱모어
② 론 스파이크
③ 모터그레이더
④ 백호우

해설및용어설명 | 론 스파이크는 잔디밭에 구멍을 뚫는 기계이다.

54
다음 중 할증률이 맞는 것은?

① 조경용 수목 : 5%
② 이형철근 : 3%
③ 수장용합판 : 2%
④ 시멘트벽돌 : 3%

해설및용어설명 | 이형철근의 할증률은 3%이다.

55

주로 장독대, 쓰레기통, 빨래건조대 등을 설치하는 주택정원의 적합한 공간은?

① 작업뜰 ② 안뜰
③ 뒤뜰 ④ 현관

해설및용어설명 | 건물의 옆면을 이용하여 일상작업을 하기에 가장 적합한 곳은 작업뜰이다.

56

생물분류학적으로 거미강에 속하며 덥고, 건조한 환경을 좋아하고 뾰족한 입으로 즙을 빨아먹는 해충은?

① 소나무좀 ② 가루이
③ 하늘소 ④ 응애

해설및용어설명 | 곤충은 3쌍의 다리를 가지지만 응애는 거미류로 곤충류와는 다른 특성을 가지고 있다.

57

우리나라 고려시대 궁궐 정원을 맡아보던 곳의 명칭은 무엇인가?

① 상림원 ② 장원서
③ 내원서 ④ 동산바치

해설및용어설명 | 고려시대에 내원서가 조경을 담당하던 부서였으며 이후 조선시대에 상림원과 장원서로 명칭이 바뀌게 된다.

58

대량번식이 가능하고, 교잡에 의해 새로운 식물체를 만들 수 있는 번식 방법은?

① 삽목 ② 취목
③ 접목 ④ 실생

해설및용어설명 | 종자로 번식하면 교잡종으로 새로운 식물체를 만들 수 있다.

59

생울타리처럼 수목 대상으로 군식되었을 때 거름 주는 방법은?

① 선상 거름주기 ② 천공 거름주기
③ 방사상 거름주기 ④ 전면 거름주기

해설및용어설명 | 띠모양으로 길게 파서 도랑처럼 거름을 주는 방법은 선상 거름주기 방법이다.

60

다음 그림 중 안접에 해당하는 것은?

① 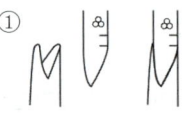 ②

③   ④

해설및용어설명 |
① 안접
② 합접
③ 절접
④ 쪼개접

CBT 복원문제   2025 * 1

*2016년 5회부터 CBT(컴퓨터 기반 시험)방식으로 변경되어 문제가 공개되지 않아 복원된 문제가 일부 상이할 수 있습니다.

01
다음 재료 구조 표시 기호(단면용)에 해당되는 것은?

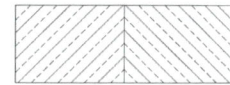

① 지반 ② 석재
③ 인조석 ④ 잡석다짐

해설및용어설명 | 해당 기호는 석재의 단면 해칭 기호이다.

02
열매의 형태가 시과(翅果)가 아닌 수종은?

① 당단풍나무 ② 참느릅나무
③ 물푸레나무 ④ 비목나무

해설및용어설명 | 비목나무는 녹나무과의 낙엽활엽교목으로 열매는 장과이다.

03
한국 정원의 특징으로 가장 거리가 먼 것은?

① 풍류생활의 장 ② 유불선사상 반영
③ 원지의 단조로움 ④ 곡선위주의 윤곽선 처리

해설및용어설명 | 우리나라 정원의 특징은 정형적인 형태를 기본으로 하며 직선 위주의 윤곽선 처리라고 볼 수 있다.

04
일본에서 용안사, 대덕사의 대선원과 같은 고산수가 나타났던 시대는?

① 평안시대 ② 겸창시대
③ 실정시대 ④ 도산시대

해설및용어설명 |
① 평안시대 : 침전조양식
② 겸창시대 : 정토정원, 선종정원
③ 실정시대 : 고산수양식
④ 도산시대 : 다정양식

05
레크리에이션 수요 중에서 사람들로 하여금 패턴을 변경하도록 고무시키는 수요는?

① 잠재수요 ② 유도수요
③ 유사수요 ④ 표출수요

해설및용어설명 | 사람들로 패턴을 변경하도록 고무시키는 수요는 유도수요이다.

정답 01 ② 02 ④ 03 ④ 04 ③ 05 ②

06

산림 속의 빨간 벽돌집은 선명하고 아름답게 보인다. 이는 무슨 대비인가?

① 보색대비 ② 명도대비
③ 연속대비 ④ 한난대비

해설및용어설명 | 적색과 청록색은 서로 보색 관계에 있으며 같이 배치했을 때 각각의 색을 더 돋보이게 한다.

07

다음 중 오픈 스페이스에 대한 설명으로 옳지 않은 것은?

① 지붕 없이 하늘을 향해 열려 있는 땅이다.
② 주변이 수직적인 요소로 둘러싸인 공지를 말한다.
③ 공원이나 녹지 등과 같이 도시계획시설의 하나이다.
④ 집, 공장, 사무실 등과 같은 건물이나 시설물이 지어지지 않은 땅을 말한다.

해설및용어설명 | 오픈스페이스는 도시계획 시설보다 더 넓은 범위와 의미를 포함한다.

08

야생생물 유치를 위한 생태적 배식설계의 방법과 직접적으로 관련되지 않는 것은?

① 식물종을 다양화한다.
② 에코톤(Ecotone)을 조성한다.
③ 서식처 크기를 획일적으로 조성한다.
④ 수직적 식생구조를 층화한다.

해설및용어설명 | 생태복원의 목적 주요 내용은 생물종의 다양성 보존과 생태계 유지를 위한 서식처의 복원이다.

09

린치가 제시한 도시이미지 형성에 기여하는 물리적 요소에 해당되지 않는 것은?

① 모서리(Edges) ② 통로(Paths)
③ 지역(Districts) ④ 장소성(Senceofplace)

해설및용어설명 | 케빈 린치가 제시한 도시이미지의 물리적 요소는 통로, 모서리, 지역, 결절점 등이다.

10

인간행태와 물리적 환경에 관계성에 관련된 학문으로, 물리적 환경에 내제된 인간을 연구하는 학문은 무엇인가?

① 인체공학 ② 환경생태학
③ 환경심리학 ④ 인간생태학

해설및용어설명 | 물리적 환경과 인간 행태의 상호 관계성에 관련되는 학문은 환경심리학이다.

11

기계가 서 있는 지반면보다 낮은 곳을 굴착하기에 적합한 장비는 무엇인가?

① 백호우 ② 탬퍼
③ 로더 ④ 파워셔블

해설및용어설명 | 백호우는 우리가 아는 포크레인을 말하며 기계보다 낮은 면의 굴착에 적합하다.

12

한국잔디에서 가장 피해가 큰 병해는?

① 달라스폿
② 브라운패치
③ 흰가루병
④ 녹병

해설및용어설명 | 달라스폿과 브라운패치는 서양잔디에서 피해가 크다.

13

덕수궁 석조전 앞의 분수와 연못을 중심으로 정원과 가장 가까운 양식은?

① 독일의 풍경식
② 프랑스의 정형식
③ 영국의 절충식
④ 이탈리아의 노단건축식

해설및용어설명 | 덕수궁 석조전 앞의 분수와 연못은 침상원이라고도 불리우며, 유럽식 정형식 정원으로 설계되었다. 우리나라 최초의 서양식 정원이라고도 볼 수 있다.

14

주차장 설계 시 고려하지 않아도 되는 것은?

① 주차차량 대수
② 주차구획의 면적
③ 경사도
④ 바닥포장재료

해설및용어설명 | 주차차량 대수는 면적이나 주차방식에 따라 달라진다.

15

페니트로티온 45% 유제 원액 100cc를 0.05%로 희석 살포액을 만들려고 할 때 필요한 물의 양은 얼마인가?

① 99,900
② 79,900
③ 89,900
④ 69,900

해설및용어설명 |

희석할 물의 양 = 원액용량 × $\left(\dfrac{원액농도}{희석할\ 농도} - 1\right)$ × 원액의 비중

$= 100cc \times \left(\dfrac{45}{0.05} - 1\right) \times 1 = 89,900cc$

따라서 희석할 물의 양은 89,900cc이다.

저자 TIP
농약 희석배율 문제는 대부분 어렵지 않게 출제된다. 하지만 비중을 따져 묻는 문제도 종종 출제되기 때문에 공식을 알아두는 것이 좋다.

16

독일의 퀼른시의 녹지계통으로 맞는 것은?

① 분산식
② 평행식
③ 위성식
④ 방사환상식

해설및용어설명 | 방사환상식의 녹지계통은 방사식과 환상식의 조합으로 가장 이상적인 녹지계통이며 독일의 퀼른에서 보이는 형태이다.

17

배롱나무, 장미 등과 같은 내한성이 약한 나무의 지상부를 보호하기 위하여 사용되는 가장 적합한 월동 조치법은?

① 흙묻기
② 새끼감기
③ 연기씌우기
④ 짚싸기

해설및용어설명 | 흙묻기는 관목류에 사용하는 월동 조치법이고, 새끼감기와 연기씌우기는 효과가 약하다.

정답 12 ④ 13 ② 14 ① 15 ③ 16 ④ 17 ④

18

다음 중 별서 정원에 심지 않은 수종은?

① 대나무   ② 난초
③ 국화   ④ 매화

해설및용어설명 | 별서는 사절우와 관련이 있으며 사절우는 매화, 소나무, 국화, 대나무를 말한다.

19

1,500년대 초에 만들어진 별서 정원으로 담 아래 구멍을 통해 흘러들어온 물이 나무 홈대를 거쳐 못을 채우고 다시 넘친 물이 자연스럽게 떨어지도록 꾸며진 곳은?

① 양산보의 소쇄원   ② 노수진의 십청정
③ 이퇴계의 도산원림 ④ 윤선도의 부용동정원

해설및용어설명 | 양산보의 소쇄원은 원림 주변에 있는 자연하천을 아주 잘 보존하면서, 경관요소로 사용하였다. 인공요소를 배제하고 자연하천의 장점을 잘 살린 조선시대 대표적인 별서이다.

20

고대 메소포타미아인들의 정원에 대한 개념 중 틀린 것은?

① 산악경관을 동경하여 이상화하였다.
② 관개용수로를 기본적으로 배치하였다.
③ 높은담으로 둘러싼 뜰 안을 기하학적으로 배치하였다.
④ 방형의 공간에 천국의 4대강을 뜻하는 파라다이스 개념의 수로를 배치하였다.

해설및용어설명 | 산악경관을 동경하였지만 평면적인 정원이 주가 된다.

21

기본설계와 가장 관련이 적은 것은?

① 평면도   ② 조감도
③ 시방서   ④ 스터디모형

해설및용어설명 | 시방서는 기본설계가 모두 끝난 후에 실시설계 단계에서 작성된다.

22

다음 중 균형과 관계있는 용어로 가장 거리가 먼 것은?

① 대칭   ② 비대칭
③ 점증   ④ 주도와 종속

해설및용어설명 | 대칭이나 비대칭 모두 균형을 도달하기 위한 수법에 속한다. 점증은 비례와 관련이 있다.

23

시각적 복잡성과 시각적 선호도의 관계를 가장 올바르게 설명한 것은?

① 시각적 복잡성과 시각적 선호도는 아무 관계가 없다.
② 시각적 복잡성이 증가함에 따라 시각적 선호도 증가한다.
③ 시각적 복잡성이 증가함에 따라 시각적 선호도가 감소한다.
④ 시각적 복잡성이 적절할 때 가장 높은 시각적 선호도를 나타낸다.

해설및용어설명 | 시각적 복잡성이 중간 정도일 때 갖는 높은 시각적 선호도를 나타낸다.

24

가법혼합의 3색광에 대한 설명으로 틀린 것은?

① 빨간색광과 녹색광을 흰 스크린에 투영하여 혼합하면 밝은 노랑이 된다.
② 가법혼합은 가산혼합, 가법혼색, 색광혼합이라고 한다.
③ 3색광 모두를 혼합하면 암회색이 된다.
④ 가법혼색의 방법에는 동시가 법 혼색, 계시가 법 혼색, 병치가 법 혼색의 3가지가 있다.

해설및용어설명 | 3색광 모두를 혼합하면 백색이 된다.

25

다음 중 아황산가스에 견디는 힘이 가장 약한 수종은?

① 삼나무
② 편백
③ 플라타너스
④ 사철나무

해설및용어설명 | 삼나무는 공해에 약한 수종이다.

26

다음 중 시비시기와 관련된 설명 중 틀린 것은?

① 온대지방에서는 수종에 관계없이 가장 왕성한 생장을 하는 시기가 봄이며, 이 시기에 맞게 비료를 주는 것이 가장 바람직하다.
② 시비효과가 봄에 나타나게 하려면 겨울눈이 트기 4~6주 전인 늦은 겨울이나 이른 봄에 토양에 시비한다.
③ 질소비료를 제외한 다른 대량원소는 연중 필요할 때 시비하면 되고, 미량원소를 토양에 시비할 때에는 가을에 실시한다.
④ 우리나라의 경우 고정생장을 하는 소나무, 전나무, 가문비나무 등은 9~10월 보다는 2월에 시비가 적절하다.

해설및용어설명 | 고정생장을 하는 나무들은 겨울보다는 전 해 가을에 시비하는 것이 좋다.

27

어떤 목재의 함수율이 50%일 때 목재중량이 3,000g이라면 전건중량은 얼마인가?

① 1,000g
② 2,000g
③ 3,000g
④ 4,000g

해설및용어설명 | 목재의 함수율이 50%일 때 함수량을 x라고 한다면, 전건중량은 $2x$이다. 이때 목재중량이 3,000g이므로 $x+2x=3,000$이다. 따라서 x는 1,000g이 된다.
여기서 전건중량은 $2x$이므로 답은 2,000g이 된다.

28

금속을 활용한 제품으로서 철 금속 제품에 해당하지 않는 것은?

① 철근, 강판
② 형강, 강관
③ 볼트, 너트
④ 도관, 가도관

해설및용어설명 | 도관, 가도관은 목재 조직의 명칭이다.

29

다음 [보기]의 행위 시 도시공원 및 녹지 등에 관한 법률상의 벌칙 기준은?

> • 행정명령을 위반하여 도시공원에 입장하는 사람으로부터 입장료를 징수한 자
> • 허가를 받지 아니하거나 허가받은 내용을 위반하여 도시공원 또는 녹지에서 시설·건축물 또는 공작물을 설치한 자

① 2년 이하의 징역 또는 3천만원 이하의 벌금
② 1년 이하의 징역 또는 1천만원 이하의 벌금
③ 1년 이하의 징역 또는 500만원 이하의 벌금
④ 1년 이하의 징역 또는 3천만원 이하의 벌금

해설및용어설명 | 도시공원 및 녹지 등에 관한 법률 제10장 제53조에 따라 1년 이하의 징역 또는 1천만원 이하의 벌금에 처한다.

30

시멘트의 강열감량(ignition loss)에 대한 설명으로 틀린 것은?

① 시멘트 중에 함유된 H_2O와 CO_2의 양이다.
② 클링커와 혼합하는 석고의 결정수량과 거의 같은 양이다.
③ 시멘트에 약 1,000℃의 강한 열을 가했을 때의 시멘트 감량이다.
④ 시멘트가 풍화하면 강열감량이 적어지므로 풍화의 정도를 파악하는데 사용된다.

해설및용어설명 | 강열감량은 1,000℃ 정도의 강한 열을 가했을 때 시멘트의 감량으로서 시멘트 중에 H_2O와 CO_2의 양을 말한다. 시멘트가 풍화될수록 강열 감량은 커지게 된다.

31

조선시대 궁궐이나 상류주택 정원에서 가장 독특하게 발달한 공간은?

① 전정　　　　② 후정
③ 주정　　　　④ 중정

해설및용어설명 | 조선시대는 풍수지리설의 영향으로 배산임수의 입지를 선호하였다. 따라서 건물 뒤에 동산이 위치하거나 주로 조원하였다.

32

16세기 무굴제국의 인도정원과 가장 관련이 깊은 것은?

① 타지마할　　　② 퐁텐블로
③ 클로이스터　　④ 알함브라 궁원

해설및용어설명 | 인도의 대표적인 정원 유적은 타지마할이다. 샤 자한 왕이 왕비움 타즈마할을 추모하여 흰색 대리석으로 지은 웅장한 묘당과 정원이다.

33

조경계획 과정에서 자연환경 분석의 요인이 아닌 것은?

① 기후　　　　② 지형
③ 식물　　　　④ 역사성

해설및용어설명 | 역사성, 이용자분석, 교통분석 등은 인문환경 분석에서 다루는 내용이다.

34

곰팡이가 식물에 침입하는 방법은 직접 침입, 자연개구로 침입, 상처 침입 등으로 구분할 수 있다. 다음 중 직접 침입이 아닌 것은?

① 피목 침입
② 흡기로 침입
③ 세포 간 균사로 침입
④ 흡기를 가진 세포 간 균사로 침입

해설및용어설명 | 피목침입은 자연개구 침입에 속하여 직접 침입이 아니다.

35

다음 중 인공토양을 만들기 위한 경량재가 아닌 것은?

① 부엽토　　　　② 화산재
③ 펄라이트(perlite)　　④ 버미큘라이트(vermiculite)

해설및용어설명 |
• 부엽토는 풀과 나무 등의 낙엽 같은 것이 썩어서 이루어진 흙을 말한다.
• 부엽토는 화산재 펄라이트 버미큘라이트보다는 실효성이 떨어져서 경량재로 가장 부적절하다.

36

다음이 설명하는 수종은 무엇인가?

- 낙엽활엽교목으로 부채꼴형 수형이다.
- 야합수(夜合樹)라 불리기도 한다.
- 여름에 피는 꽃은 분홍색으로 화려하다.
- 천근성 수종으로 이식에 어려움이 있다.

① 자귀나무   ② 치자나무
③ 은목서   ④ 서향

해설및용어설명 | 자귀나무는 잎이 빛에 반응하여 어두워지면 반으로 접히기 때문에 야합수라고도 한다. 여름에 자색으로 꽃이 피는 낙엽활엽교목이다.

37

다음 중 콘크리트의 공사에 있어서 거푸집에 작용하는 콘크리트 측압의 증가요인이 아닌 것은?

① 타설 속도가 빠를수록
② 슬럼프가 클수록
③ 다짐이 많을수록
④ 빈배합일 경우

해설및용어설명 | 측압이란 거푸집에 콘크리트를 다져 넣을 때 콘크리트 반죽의 유동성 때문에 수평방향으로 생기는 압력을 말한다. 따라서 시공연도가 좋을수록(슬럼프 값이 클수록) 반죽의 유동성이 크기 때문에 측압이 커진다. 또한 빨리 다져 넣을수록 측압이 크다. 반면 빈배합일수록, 온도가 높을수록, 경화 속도가 빠를수록 측압은 작아진다.

38

다음 문제에서 옳게 설명한 것은?

① 녹색바탕에 적색표지판은 서로가 보색이므로 황색보다 유목성이 크다.
② 어린이 놀이터의 시공에서 차분한 느낌을 주는 동일 계통의 저채도의 색을 사용해야 한다.
③ 높은 기념탑의 유목성이 크려면 하늘색의 보색인 밝은 핑크색이어야 한다.
④ 화단이 좀 더 크게 보이려면 역삼각형으로 시공하는데 난색 계통의 꽃을 심어야 한다.

해설및용어설명 |
① 녹색 바탕에 적색 표지판은 서로가 보색이어서 산만한 느낌이 강하다 (유목성 노랑 바탕에 검정 글씨).
② 어린이 놀이터의 시공에서는 차분한 느낌보다는 동적이고 눈에 잘 띄는 색을 사용하는 경우가 더욱 많다.
③ 하늘색의 보색은 주황색 계열이다.
④ 난색 계통의 꽃은 면적을 더 넓게 보이게 하는 효과가 있다.

39

다음 중 여성토의 정의로 가장 알맞은 것은?

① 가라앉을 것을 예측하여 흙을 계획높이보다 더 쌓는 것
② 중앙분리대에서 흙을 볼록하게 쌓아 올리는 것
③ 옹벽 앞에 계단처럼 콘크리트를 쳐서 옹벽을 보강하는 것
④ 잔디밭에서 잔디에 주기적으로 뿌려 뿌리가 노출되지 않도록 준비하는 것

해설및용어설명 | 여성토는 여분의 성토라는 의미로서, 흙쌓기 공사 시에 흙이 침하될 것을 대비하여 미리 더돋아 주는 작업을 말한다.

40

다음 [보기]에서 입찰의 순서로 옳은 것은?

㉠ 입찰공고	㉢ 낙찰
㉡ 입찰	㉣ 계약
㉤ 현장설명	㉥ 개찰

① ㉠ → ㉡ → ㉢ → ㉣ → ㉤ → ㉥
② ㉠ → ㉤ → ㉡ → ㉥ → ㉢ → ㉣
③ ㉠ → ㉡ → ㉥ → ㉢ → ㉣ → ㉤
④ ㉤ → ㉥ → ㉠ → ㉡ → ㉢ → ㉣

해설 및 용어설명 | 입찰공고가 게시된 뒤 입찰 전에 현장설명이 선행된다.

41

다음 중 형상수로 이용할 수 있는 수종은?

① 주목
② 명자나무
③ 단풍나무
④ 소나무

해설 및 용어설명 | 주목은 맹아력이 좋은 수종으로 형상수로 이용된다.

42

쾌적한 가로환경과 환경보전, 교통제어, 녹음과 계절성, 시선유도 등으로 활용하고 있는 가로수로 적합하지 않은 수종은?

① 이팝나무
② 은행나무
③ 메타세쿼이아
④ 능소화

해설 및 용어설명 | 능소화는 덩굴성 수목으로 가로수로는 적합하지 않다.

43

다음 중 수간주입 방법으로 옳지 않은 것은?

① 구멍속의 이물질과 공기를 뺀 후 주입관을 넣는다.
② 중력식 수간주사는 가능한 한 지제부 가까이에 구멍을 뚫는다.
③ 구멍의 각도는 50~60도 가량 경사지게 세워서, 구멍지름을 20mm 정도로 한다.
④ 뿌리가 제구실을 못하고 다른 시비방법이 없을 때, 빠른 수세회복을 원할 때 사용한다.

해설 및 용어설명 | 수간주입 시 구멍의 각도는 20~30도 내외로 한다.

44

기존의 레크레이션 기회에 참여 또는 소비하고 있는 수요(需要)를 무엇이라 하는가?

① 표출수요
② 잠재수요
③ 유효수요
④ 유도수요

해설 및 용어설명 |
- 잠재수요 : 적당한 시설이나 접근수단과 정보가 제공되면 참여가 기대되는 수요
- 유도수요 : 방송통신이나 교육과정에 의해 자극시켜 잠재수요를 개발하는 수요
- 표출수요 : 기존 레크레이션 기회에 참여 또는 소비하고 있는 수요

45

다음 중 모감주나무(Koelreuteria Paniculata Laxmann)에 대한 설명으로 맞는 것은?

① 뿌리는 천근성으로 내공해성이 약하다.
② 열매는 삭과로 3개의 황색종자가 들어있다.
③ 잎은 호생하고 기수 1회 우상복엽이다.
④ 남부지역에서만 식재가능하고 성상은 상록활엽교목이다.

해설및용어설명 |
- 모감주나무는 잎이 어긋나는 호생이며, 깃털 모양의 잎차례로서 기수 1회 우상복엽이라고 한다.
- 내공해성과 내염성이 강한 수종으로, 안면도 등지에 자생하며, 우리나라 전역에 식재가 가능하다.
- 열매는 삭과로 3~6개의 검은색 종자가 들어 있는데 이것을 염주로도 사용한다.

46
우리나라에서 발생하는 수목의 녹병 중 기주 교대를 하지 않는 것은?

① 소나무 잎녹병 ② 후박나무 녹병
③ 버드나무 잎녹병 ④ 오리나무 잎녹병

해설및용어설명 | 기주와 중간기주를 오가며 생활사를 이루는 것을 기주교대라고 한다. 하지만 후박나무는 다른 기주를 거치지 않고 후박나무에 기생한다.

47
그리스시대 공공건물과 주랑으로 둘러싸인 다목적 열린 공간으로 무덤의 전실을 가리키기도 했던 곳은?

① 포름 ② 빌라
③ 테라스 ④ 커넬

해설및용어설명 | 포름은 그리스로마시대 광장의 역할을 하던 곳이다.

48
도시공원 및 녹지 등에 관한 법률 시행규칙상 도시의 소공원 공원시설 부지면적 기준은?

① 100분의 20 이하 ② 100분의 30 이하
③ 100분의 40 이하 ④ 100분의 60 이하

해설및용어설명 | 소공원의 도시공원시설 부지면적 기준은 20% 이하이다.

49
미적인 형 그 자체로는 균형을 이루지 못하지만 시각적인 힘의 통합에 의해 균형을 이룬 것처럼 느끼게 하여 동적인 감각과 변화 있는 개성적 감정을 불러일으키며, 세련미와 성숙미 그리고 운동감과 유연성을 주는 미적 원리는?

① 비례 ② 비대칭
③ 집중 ④ 대비

해설및용어설명 | 균형에는 대칭 균형과 비대칭 균형이 있다. 대칭 균형은 축을 중심으로 좌우의 모양이나 무게감을 대칭 형태로 하여서 균형을 이룰 수 있고, 비대칭 균형은 축을 중심으로 대칭 형태는 아니고 좌측과 우측의 무게감과 질량을 변화를 주어 율동감과 유연성을 줄 수 있다.

50
다음 중 목재의 방화제(防火劑)로 사용될 수 없는 것은?

① 염화암모늄 ② 황산암모늄
③ 제2인산암모늄 ④ 질산암모늄

해설및용어설명 | 질산암모늄은 고온, 가연성 물질과 폭발의 위험이 높아 폭약으로 주로 쓰이며, 비료, 냉각제, 인쇄 등에도 사용된다.

51
콘크리트의 표준 배합비가 1 : 3 : 6일 때 이 배합비의 순서에 맞는 각각의 재료를 바르게 나열한 것은?

① 모래 : 자갈 : 시멘트 ② 자갈 : 시멘트 : 모래
③ 자갈 : 모래 : 시멘트 ④ 시멘트 : 모래 : 자갈

해설및용어설명 | 콘크리트의 용적배합 시 1 : 3 : 6이 나타내는 것은 시멘트 : 모래 : 자갈의 용적(부피)비이다.

정답 46 ② 47 ① 48 ① 49 ② 50 ④ 51 ④

52

구상나무(Abies Koreana Wilson)와 관련된 설명으로 틀린 것은?

① 한국이 원산지이다.
② 측백나무과(科)에 해당한다.
③ 원추형의 상록침엽교목이다.
④ 열매는 구과로 원통형이며 길이 4~7cm, 지름 2~3cm의 자갈색이다.

해설및용어설명 | 구상나무는 소나무과에 속하는 상록침엽교목이다. 한국이 원산지이며, 최근 트리나 조경용으로 각광받고 있다.

53

시멘트의 각종 시험과 연결이 옳은 것은?

① 비중시험-길모아장치
② 분말도시험-루사델리비중병
③ 응결시험-블레인법
④ 안정성시험-오토클레이브

해설및용어설명 |
- 루사델리 비중병은 시멘트의 비중시험에 쓰인다.
- 블레인법은 시멘트의 분말도시험에 쓰인다.
- 오토클레이브는 시멘트의 안정성시험에 쓰인다.
- 길모아 장치는 시멘트의 응결시험에 쓰인다.

54

조형(造形)을 목적으로 한 전정을 가장 잘 설명한 것은?

① 고사지 또는 병지를 제거한다.
② 밀생한 가지를 솎아준다.
③ 도장지를 제거하고 곁가지를 조정한다.
④ 나무 원형의 특징을 살려 다듬는다.

해설및용어설명 | 조형 목적의 전정은 나무의 형태적 특성을 살리기 위한 전정을 말한다.

55

중국 조경의 시대별 연결이 옳은 것은?

① 명-이화원(頤和园) ② 진-화림원(華林園)
③ 송-만세산(萬歲山) ④ 명-태액지(太液池)

해설및용어설명 |
- 이화원은 청나라의 대표적인 정원 유적이다.
- 화림원은 삼국시대의 유적이다.
- 태액지원은 한나라의 유적이다.

56

다음 중 방제 대상별 농약 포장지 색깔이 옳은 것은?

① 살충제-노란색 ② 살균제-초록색
③ 제초제-분홍색 ④ 생장조절제-청색

해설및용어설명 |
- 살충제 - 초록색
- 살균제 - 분홍색
- 제초제 - 노란색, 빨간색(비선택성)
- 생장조절제 - 청색
- 보조제 - 흰색

57

시멘트의 응결에 대한 설명으로 옳지 않은 것은?

① 시멘트와 물이 화학반응을 일으키는 작용이다.
② 수화에 의하여 유동성과 점성을 상실하고 고화하는 현상이다.
③ 시멘트 겔이 서로 응집하여 시멘트입자가 치밀하게 채워지는 단계로서 경화하여 강도를 발휘하기 직전의 상태이다.
④ 저장 중 공기에 노출되어 공기 중의 습기 및 탄산가스를 흡수하여 가벼운 수화반응을 일으켜 탄산화하여 고화되는 현상이다.

해설및용어설명 | 저장 중 공기에 노출되어 공기 중의 습기 및 탄산가스를 흡수하여 가벼운 수화반응을 일으켜 탄산화하여 고화되는 현상을 풍화라고 한다.

58

일반적으로 봄 화단용 꽃으로만 짝지어진 것은?

① 맨드라미, 국화
② 데이지, 금잔화
③ 샐비어, 색비름
④ 칸나, 메리골드

해설및용어설명 | 맨드라미, 국화, 샐비어, 색비름, 칸나, 메리골드는 여름 ~ 가을 화단용 식물들이다.

59

개화를 촉진하는 정원수 관리에 관한 설명으로 옳지 않은 것은?

① 햇빛을 충분히 받도록 해준다.
② 물을 되도록 적게 주어 꽃눈이 많이 생기도록 한다.
③ 깻묵, 닭똥, 요소, 두엄 등을 15일 간격으로 시비한다.
④ 너무 많은 꽃봉오리는 솎아낸다.

해설및용어설명 | 깻묵이나 닭똥같은 유기질비료는 천천히 효과를 발휘하는 비료이기 때문에 간격을 두고 시비하는 것이 좋고, 개화에 직접적으로 영향을 주지는 않는다.

60

일반적으로 근원 직경이 10cm인 수목의 뿌리분을 뜨고자 할 때 뿌리분의 직경으로 적당한 크기는?

① 20cm
② 40cm
③ 80cm
④ 120cm

해설및용어설명 | 뿌리분은 보통 근원 직경의 4배 ~ 6배 크기로 한다.

정답 58 ② 59 ③ 60 ②

CBT 복원문제 2025 * 3

* 2016년 5회부터 CBT(컴퓨터 기반 시험)방식으로 변경되어 문제가 공개되지 않아 복원된 문제가 일부 상이할 수 있습니다.

01
다음 중 일반적인 조경설계 과정에 포함되는 사항이 아닌 것은?

① 프로그램 개발　② 조사와 분석
③ 개념적인 설계　④ 모니터링 설계

해설및용어설명 | 모니터링은 설계와는 거리가 멀다.

02
다음 중 운율미의 표현과 가장 관계가 먼 것은?

① 변화되는 색채
② 수관의 율동적인 선
③ 편평한 벽에 생긴 갈라진 틈
④ 일정한 간격을 두고 들려오는 소리

해설및용어설명 | 벽에 갈라진 틈은 어떤 일정한 패턴이 없기 때문에 가장 거리가 멀다.

03
기계가 서 있는 지반보다 낮은 면의 굴착에 적합한 중장비는?

① 클램 쉘　② 파워쇼벨
③ 드래그라인　④ 드래그쇼벨

해설및용어설명 | 드래그쇼벨은 백호우라고도 불린다.

04
하하 기법을 도입한 사람은?

① 옴스테드　② 브릿지맨
③ 하워드　④ 르꼬르뷔지에

해설및용어설명 | 브릿지맨은 영국의 자연풍경식 조경가로 하하 기법을 최초로 정원에 도입하였다.

05
다음 중 우리나라 특산 수종이 아닌 것은?

① 구상나무　② 미선나무
③ 개느삼　④ 계수나무

해설및용어설명 | 계수나무는 일본 원산의 수종이다.

06
페니트로티온 50% 유제 50cc를 페니트로티온 농도 0.5%로 희석하려고 할 경우 요구되는 물의 양은? (원액의 비중은 1이다)

① 4,500cc　② 4,950cc
③ 5,500cc　④ 6,000cc

해설및용어설명 | 희석하고자 하는 물의 양

$= 원액용량 \left(\dfrac{원액농도}{희석할\ 농도} - 1 \right) \times 비중$

$= 50cc \times \left(\dfrac{50\%}{0.5\%} - 1 \right) \times 1 = 4,950cc$

정답 01 ④　02 ③　03 ④　04 ②　05 ④　06 ②

07

그림과 같은 입체도를 화살표 방향에서 본 투상도로 가장 적합한 것은?

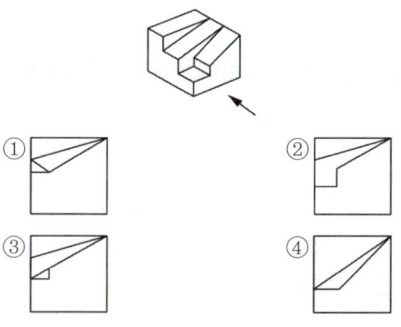

08

정면, 평면, 측면을 하나의 투상도에서 동시에 볼 수 있도록 3개의 모서리가 각각 120°를 이루게 그리는 도법은?

① 경사 투상도
② 등각 투상도
③ 유각 투상도
④ 평행 투상도

해설및용어설명 | 정면, 평면, 측면을 하나의 투상도에서 동시에 볼 수 있도록 3개의 모서리가 각각 120°를 동일하게 이루는 것은 등각투상도이다.

- 축측 투상도의 종류
  물체의 모든면(육면체의 3면)을 투상면에 경사시켜놓고 수직 투상을 한 것
  - 등각투상도
  - 2등각투상도
  - 부등각투상도

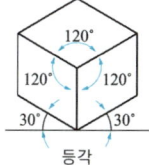 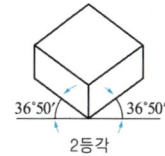 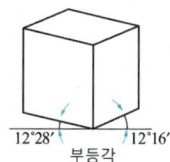

09

다음 조경공간의 지주목 및 지주세우기 등에 관한 설명으로 옳은 것은?

① 인공지기반에 식재하는 수고 2.0m 이상의 수목은 바람의 피해를 고려하여 지지시설을 하여야 한다.
② 대나무 지주의 경우에는 선단부를 고정하고 결속분에는 대나무에 흠집이 발생하지 않도록 유의한다.
③ 삼각형 지주 등은 수간, 주간, 및 기타 통나무와 교차하는 부위에 2곳 이상 결속한다.
④ 준공 후 2년이 경과되었을 때 지주목의 재결속을 1회 실시함을 원칙으로 하되 자연재해에 의한 훼손 시는 복구계획을 수립하여 보수한다.

해설및용어설명 | 표준시방서 상에서 준공 후 1년이 경과되었을 때 지주목의 재결속을 1회 실시함을 원칙으로 한다.

10

낙상홍의 수목규격 표시 방법은?

① HXR
② HXW
③ HXB
④ HXL

해설및용어설명 |
① HXR - 낙엽활엽교목류 대부분
② HXW - 상록교목류, 관목류
③ HXB - 낙엽활엽교목(일부)류
④ HXL - 덩굴성관목

11

다음 중 백제와 관련이 없는 것은?

① 석연지
② 수미산과 오교
③ 진주지
④ 임류각

해설및용어설명 | 진주지는 고구려 시대의 조경 유적이다.

정답 07 ② 08 ② 09 ④ 10 ② 11 ③

12

다음 [보기]의 설명은 어느 시대의 정원에 관한 것인가?

- 석가산과 원정, 화원 등이 특징이다.
- 대표적 유적으로 동지(東池), 만월대, 수창궁원, 청평사 문수원정원 등이 있다.
- 휴식·조망을 위한 정자를 설치하기 시작하였다.
- 송나라의 영향으로 화려한 관상위주의 이국적 정원을 만들었다.

① 조선 ② 백제
③ 고려 ④ 통일신라

해설및용어설명 | 고려시대는 중국 송나라의 영향을 많이 받았다. 중국으로부터 정자, 이국적 초화류, 석가산 등을 도입하였다.

13

RGB색상표에서 R과 G의 혼합색은 무엇인가?

① Y(노랑) ② B(파랑)
③ R(빨강) ④ C(시안)

해설및용어설명 | 빛광의 3원색 중 빨강과 초록을 혼합하면 노랑이 된다.

14

다음은 도면에서 사용하는 치수의 단위에 관한 설명이다. ( ) 안에 공통으로 들어갈 단위는?

치수의 단위는 ( )를 원칙으로 하고, 이때 단위기호는 쓰지 않는다. 치수 단위가 ( )가 아닌 때에는 단위 기호를 쓰거나 그 밖의 방법으로 그 단위를 명시한다.

① cm ② mm
③ m   ④ nm

해설및용어설명 | 도면에서는 기본적으로 mm 단위사용을 원칙으로 하고, 그 밖의 단위를 쓸 때는 그 단위기호를 명시하도록 한다.

15

건설공사 표준품셈에서 사용되는 기본(표준형) 벽돌의 표준 치수(mm)로 옳은 것은?

① 180×80×57 ② 190×90×57
③ 210×90×60 ④ 210×100×60

해설및용어설명 | 표준품셈에서 정한 표준형 벽돌의 규격은 190×90×57mm이고, 기존형 벽돌의 규격은 210×100×60mm이다.

16

벽면적 10m² 크기에 1.5B 두께로 붉은 벽돌을 쌓고자 할 때 벽돌의 소요 매수는? (단, 줄눈의 두께는 10mm이고, 할증률을 고려한다)

① 100매   ② 224매
③ 1,109매   ④ 2,307매

해설및용어설명 | 표준형 기준으로 벽돌벽 쌓기 시 면적 1m²당 0.5B 쌓기는 75장, 1.0B 쌓기는 149장이 소요된다. 따라서 1.5B 쌓기에서는 224장이 소요된다. 벽돌의 할증률은 3%이다.
10m²의 면적에 시공하고 1.5B 쌓기이므로
224×10×1.03 = 2,307.2장이다.
약 2,307매가 소요된다.

12 ③ 13 ① 14 ② 15 ② 16 ④

17

조경설계에 사용되는 삼각 스케일에 표기되어 있는 축척이 아닌 것은?

① 1/800
② 1/600
③ 1/300
④ 1/100

해설및용어설명 | 삼각스케일에는 6모서리에 1/100, 1/200, 1/300, 1/400, 1/500, 1/600의 축척이 표기되어 있다.

18

콘크리트의 응결, 경화 조절의 목적으로 사용되는 혼화제에 대한 설명 중 틀린 것은?

① 콘크리트용 응결, 경화 조정제는 시멘트의 응결, 경화 속도를 촉진시키거나 지연시킬 목적으로 사용되는 혼화제이다.
② 촉진제는 그라우트에 의한 지수공법 및 뿜어붙이기 콘크리트에 사용된다.
③ 지연제는 조기 경화현상을 보이는 서중 콘크리트나 수송 거리가 먼 레디믹스트 콘크리트에 사용된다.
④ 급결제를 사용한 콘크리트의 조기 강도증진은 매우 크나 장기강도는 일반적으로 떨어진다.

해설및용어설명 | 촉진제는 서중 콘크리트에서 수화작용을 촉진하기 위해서 염화칼슘, 규산나트륨 등을 첨가하는 것이다. 그라우트에 의한 지수공법 및 뿜어붙이기 콘크리트는 누수방지와 토질안정을 위해 틈과 공동에 충전재를 주입하는 것으로 촉진제와 관련이 없다.

19

시멘트의 응결을 빠르게 하기 위하여 사용하는 혼화제는?

① 지연제
② 발포제
③ 급결제
④ 기포제

해설및용어설명 |
- 지연제 : 시멘트나 콘크리트의 응결을 늦추기 위한 혼화제. 콘크리트의 운반시간이 길 때 서중(暑中) 콘크리트 등에 사용
- 발포제 : 재료와 배합해 거품의 생성을 촉진하는 물질
- 기포제 : 용매에 녹아서 거품을 잘 일게 하는 물질

20

자연풍경식 식재의 기본양식에 해당되는 것은?

① 교호식재
② 대식
③ 단식
④ 임의식재

해설및용어설명 | 교호식재, 대식, 단식은 정형적인 정원에 어울리는 식재방식이다.

21

중앙분리대 식재 시 차광효과가 가장 큰 수종으로만 나열된 것은?

① 아왜나무, 돈나무
② 광나무, 소사나무
③ 사철나무, 쉬땅나무
④ 생강나무, 병아리꽃나무

해설및용어설명 | 중앙분리대에는 차광률 90% 이상의 치밀한 상록수가 적합하다. 아왜나무, 돈나무, 향나무, 광나무, 사철나무 등이 적합하다.

22

다음 중 천근성 수종으로 옳은 것은?

① 느티나무
② 아까시나무
③ 곰솔
④ 팽나무

해설및용어설명 | 아까시나무는 아카시아라고도 불리우며 천근성이고 빨리 자라는 속성수이다.

정답 17 ① 18 ② 19 ③ 20 ④ 21 ① 22 ②

23

식재설계의 물리적 요소 중 질감에 관한 설명으로 옳은 것은?

① 잎이 작고 치밀한 수종은 고운 질감을 가진다.
② 좁은 공간에서는 거친 질감의 수목을 식재한다.
③ 식재는 사람 시각을 가장 고운 곳에서 가장 거친 곳으로 자연스럽게 이동되도록 해야 한다.
④ 고운 질감에서 거친 질감으로 연속되는 식재 구성은 멀리 떨어진 듯한 후퇴의 효과를 준다.

해설및용어설명 |
② 좁은 공간에서는 고운 질감의 수종이, 넓은 공간에서 거친 질감의 수종이 어울린다.
③ 식재는 사람 시각을 가장 거친 곳에서 고운 곳으로 이동되게 하는 것이 좋다.
④ 거친 질감에서 고운 질감으로 연속되는 식재 구성은 멀리 떨어진 듯한 후퇴의 효과를 준다.

24

다음 중 순공사원가에 속하지 않는 것은?

① 재료비 ② 노무비
③ 경비   ④ 일반관리비

해설및용어설명 | 일반관리비는 총공사원가에는 포함되지만 순공사원가에는 속하지 않는다.

25

묘지공원을 설계하고자 할 때 고려해야 할 사항으로 틀린 것은?

① 화장장 시설을 부지 내 의무 겸비한다.
② 공원 시설 부지면적은 전체 부지의 20% 이상으로 한다.
③ 묘역의 면적 비율은 공원 종류, 토지이용상황, 운영 관리의 편의 및 기타 여건에 의해 결정하되 전면적의 1/3 이하로 한다.
④ 공원면적의 30~50% 정도를 환경보존녹지로 확보하고, 식재는 목적과 기능에 적합하고 생태적 조건에 맞는 수종을 선정한다.

해설및용어설명 | 묘지공원에서 화장장을 필수적으로 부지 내에 두지 않아도 된다.

26

살수기의 선정과 관련된 설명으로 적합하지 않은 것은?

① 동일한 구역 내의 살수기의 살수강도는 같아야 한다.
② 같은 구역에나 구간에서 분무식과 회전식 살수기를 혼용 사용해 효율을 증가시킨다.
③ 동일한 회로 내에 살수기에 작동하는 압력은 제조업자가 권장하는 계통의 효과적인 작동 압력의 범위 내에 있어야 한다.
④ 토양종류, 지표면 경사, 식물 종류, 지표면의 형태와 규모, 장애물의 유무를 고려하여 적합한 살수기를 선정한다.

해설및용어설명 | 같은 구역에서는 동일한 살수기 종류가 효율적이다.

정답 23 ① 24 ④ 25 ① 26 ②

27

다음 옥외조명에 관한 사항으로 옳은 것은?

① 광도는 단위면에 수직으로 떨어지는 광속밀도로서 단위는 럭스(lx)를 쓴다.
② 수은등은 고압나트륨등에 비해 2배 이상의 효율을 가지고 있다.
③ 도로 조명은 위도 차에서 오는 눈부심을 줄이기 위해 광원을 멀리한다.
④ 교차로 조명등의 설치 간격은 10m 정도가 좋고, 아래의 여러 방향으로 방사하도록 한다.

해설및용어설명 | 광도는 광원의 세기를 표시하는 단위이고 단위면에 수직으로 떨어지는 광속 밀도는 조도라고 한다. 고압나트륨등이 수은등에 비해 2배 이상의 효율을 가지고 있다. 조명등은 여러 방향으로 방사하면 효율이 떨어진다.

28

무생물재료와 비교한 생물 재료의 특성이 아닌 것은?

① 조화성 ② 자연성
③ 연속성 ④ 불변성

해설및용어설명 | 생물재료는 무생물 재료에 비해 가변성이 있다.

29

생태복원재료와 거리가 먼 것은?

① 소형고압블록 ② 돌망태
③ 짚단 ④ 야자매트

해설및용어설명 | 소형고압블록은 콘크리트 제품으로 생태복원재료와 거리가 멀다.

30

등나무 등의 덩굴식물과 함께 설치하는 시설물은?

① 벤치 ② 볼라드
③ 파고라 ④ 음수대

해설및용어설명 | 파고라는 지붕모양의 시설물로 등나무같은 덩굴성 수종을 식재하기도 한다.

31

다음 중 콘크리트의 공사에 있어서 거푸집에 작용하는 콘크리트 측압의 증가 요인이 아닌 것은?

① 타설 속도가 빠를수록 ② 슬럼프가 클수록
③ 다짐이 많을수록 ④ 빈배합일 경우

해설및용어설명 | 측압이란 거푸집에 콘크리트를 다져넣을 때 콘크리트 반죽의 유동성 때문에 수평방향으로 생기는 압력을 말한다. 따라서 시공연도가 좋을수록(슬럼프 값이 클수록) 반죽의 유동성이 크기 때문에 측압이 커진다. 또한 빨리 다져 넣을수록 측압이 크다. 반면 빈배합일수록, 온도가 높을수록 경화속도가 빠를수록 측압은 작아진다.

32

콘크리트용 혼화재료로 사용되는 플라이애시에 대한 설명 중 틀린 것은?

① 포졸란 반응에 의해서 중성화 속도가 저감된다.
② 플라이애시의 비중은 보통포틀랜드 시멘트보다 작다.
③ 입자가 구형이고 표면조직이 매끄러워 단위수량을 감소시킨다.
④ 플라이애시는 이산화규소(SiO_2)의 함유율이 가장 많은 비결정질재료이다.

해설및용어설명 | 포졸란 반응에 의해 중성화 속도가 저감되는 것은 플라이애시가 아니라 실리카이다.

33

잎이 2개씩 속생하는 수종은?

① 리기다소나무 ② 스트로브잣나무
③ 백송 ④ 반송

해설및용어설명 | 리기다소나무와 백송은 3엽속생, 스트로브잣나무는 5엽속생이다.

34

다음 중 산울타리용으로 가장 적합한 수종은?

① 때죽나무 ② 계수나무
③ 사철나무 ④ 수양버들

해설및용어설명 | 산울타리용도는 주로 상록관목을 이용하는데 사철나무가 여기에 속하고 때죽나무, 계수나무, 수양버들은 낙엽교목에 속한다.

35

시멘트의 종류 중 혼합 시멘트에 속하는 것은?

① 팽창시멘트
② 알루미나시멘트
③ 고로슬래그시멘트
④ 조강포틀랜드시멘트

해설및용어설명 | 팽창시멘트, 알루미나시멘트는 특수시멘트에 속하고, 조강포틀랜드는 포틀랜트시멘트 종류에 속한다.

36

조경시설물 정비, 점검방법으로 적합하지 못한 것은?

① 배수구는 정기적으로 점검하여 토사나 낙엽에 의한 유수 방해를 제거한다.
② 어린이공원 유희시설물의 회전 부분은 충분한 윤활유 공급으로 회전을 원활히 해준다.
③ 아스팔트 도로포장은 내구성이 큰 포장이므로 전면 개수까지 점검사항에서 제외한다.
④ 표지, 안내판 등의 도장상태나 문자는 상시 점검 보수한다.

해설및용어설명 | 아스팔트 도로포장은 내구성이 크지만 마모성이 있어 점검과 보수할 내용이 많은 편이다.

37

수목 이식을 위한 굴취공사 때 필요로 하는 재료와 가장 거리가 먼 것은?

① 식물생장조절제 ② 결속 완충재
③ 가지주제 ④ 증산촉진제

해설및용어설명 | 굴취공사 시에는 증산억제제를 사용한다.

38

멀칭의 효과로 가장 거리가 먼 것은?

① 토양 수분 유지 ② 잡초발생억제
③ 토양침식방지 ④ 토양고결조장

해설및용어설명 | 멀칭을 하면 토양이 단단해지는 고결화를 방지할 수 있다.

39
솔잎혹파리가 겨울을 나는 형태는?
① 알 ② 성충
③ 유충 ④ 번데기

해설및용어설명 | 솔잎혹파리는 유충의 형태로 겨울을 난다.

40
일반적으로 조경분야의 연간 유지관리 계획에 포함하는 것은?
① 건물의 도색
② 건물의 갱신
③ 공원지역 내의 순찰
④ 수목의 전정 및 잔디깎기

해설및용어설명 | 건물의 도색이나 갱신은 건축분야의 관리 계획이다.

41
아스팔트 포장의 파손 부분을 사각형 수직으로 파내고 보수하는 공법으로, 포장이 균열되었거나 국부적 침하, 부분적 박리가 있을 때 적용하는 공법은?
① 패칭 공법 ② 표면처리 공법
③ 덧씌우기 공법 ④ 혈매 공법

해설및용어설명 | 파손부분을 사각형으로 파내어 새로 채워서 만드는 공법으로 패칭 공법이라고 한다.

42
콘크리트 옹벽이 앞으로 넘어질 우려가 있을 때 일반적으로 시행하는 공법이 아닌 것은?
① P.C 앵커 공법 ② 암성토 공법
③ 전면부벽식옹벽 공법 ④ 실링 공법

해설및용어설명 | 실링공법은 콘크리트 균열부를 채우는 보수 공법이다.

43
관리업무 중에 위탁하는 것이 유리한 것은?
① 긴급한 대응이 필요한 업무
② 정량적이고 정기적인 관리 업무
③ 관리취지가 명확해야 하는 업무
④ 이용자에게 양질의 서비스가 가능한 업무

해설및용어설명 | 단순하고 정기적인 일은 위탁관리가 편하다.

44
포플러류 잎의 뒷면에 초여름부터 오렌지색의 작은 가루덩이가 생기고, 정상적인 나무보다 먼저 낙엽이 지는 현상이 나타나는 병은?
① 갈반병 ② 잎녹병
③ 잎마름병 ④ 겹무늬잎떨림병

해설및용어설명 | 포플러 잎녹병은 적황색의 녹이 생기는 것 같은 병해이다.

45

일본 강호(에도)시대와 관련이 없는 것은?

① 계리궁　　　　　② 수학원이궁
③ 원주파임천식　　④ 고산수식

해설및용어설명 | 고산수식은 무로마치(실정)시대에 발달한 정원 형태이다.

46

다음 중 침상화단(Sunken garden)에 관한 설명으로 가장 적합한 것은?

① 관상하기 편리하도록 지면을 1 ~ 2m 정도 파내려가 꾸민 화단
② 중앙부를 낮게 하기 위하여 키 작은 꽃을 중앙에 심어 꾸민 화단
③ 양탄자를 내려다보듯이 꾸민 화단
④ 경계부분을 따라서 1열로 꾸민 화단

해설및용어설명 |
- 기식화단(모둠화단) : 중앙부는 키가 큰 초화를 심고 주변부로 갈수록 키 작은 초화로 조성하는 입체 화단이다.
- 카펫화단(화문화단) : 키가 작은 초화를 양탄자 문양처럼 복잡한 문양으로 반복하여 평면적으로 조성하는 화단이다.
- 경재화단 : 벽을 따라 띠모양의 화단을 조성하되 벽으로 가까워질수록 키가 큰 초화를 입체적으로 조성하는 화단이다.

47

주례고공기의 적용에 관한 설명 중 옳지 않은 것은?

① 조선 궁궐을 만드는 원칙 가운데 하나이다.
② 삼조삼문의 치조는 정전과 편전이 있는 곳을 의미한다.
③ 우리나라에서는 전조후시원칙을 적용하여 궁궐을 조성했다.
④ 삼조삼문의 외조는 신하들이 활동하는 관청이 있는 곳이다.

해설및용어설명 | 주례의 고공기에서 궁궐의 조성법에 대하여 서술하고 있다. 삼조삼문은 3개의 구역(조)와 3개의 문을 뜻하며 외조, 치조, 연조로 이루어져있다. 치조는 주로 정치를 하는 곳으로 정전과 편전이 있는 곳으로 조성했다. 또한, 좌묘우사와 전조후시에 관한 내용이 있는데, 우리나라에서는 관청을 궁궐 앞쪽에 배치하는 전조 원칙을 지켜졌지만, 궁궐 뒤쪽에 시장을 배치하는 후시의 원칙은 적용되지 않았다.

48

외과수술순서로 알맞은 것은?

① 부패부 제거 – 형성층 노출 – 소독 및 방부처리 – 방수처리 – 표면경화처리 – 인공수피처리
② 부패부 제거 – 소독 및 방부처리 – 형성층 노출 – 방수처리 – 표면경화처리 – 인공수피처리
③ 부패부 제거 – 소독 및 방부처리 – 형성층 노출 – 표면경화처리 – 방수처리 – 인공수피처리
④ 인공수피처리 – 부패부 제거 – 형성층 노출 – 소독 및 방부처리 – 방수처리 – 표면경화처리

해설및용어설명 | 수목의 외과 수술은 부패부 제거 및 청소가 가장 우선되며 다음 작업으로 형성층을 노출시켜 유합이 되도록 돕는다.

49

다음 중 염분에 강한 수종은?

① 해송, 왕벚나무　　② 단풍나무, 가시나무
③ 비자나무, 사철나무　④ 광나무, 목련

해설및용어설명 | 왕벚나무, 단풍나무, 목련은 염분에 약한 수종이다.

50

다음 중 성목의 수간 질감이 가장 거칠고, 줄기는 아래로 처지며, 수피가 회갈색으로 갈라져 벗겨지는 것은?

① 배롱나무　　② 벽오동
③ 개잎갈나무　④ 주목

해설및용어설명 | 배롱나무, 벽오동은 수피가 갈라져 벗겨지지 않으며 밋밋하다. 배롱나무는 밝은 갈색이고 벽오동은 초록빛을 띤다. 주목은 수피가 세로로 갈라지나 붉은빛을 띤다.

51

다음 중 장미과에 속하지 않는 것은?

① 오미자　　② 명자나무
③ 죽단화　　④ 옥매

해설및용어설명 | 오미자는 목련과에 속하는 덩굴 식물이다.

52

다음 중 지형을 표시하는데 가장 기본이 되는 등고선은?

① 간곡선　　② 주곡선
③ 조곡선　　④ 계곡선

해설및용어설명 | 계 - 주 - 간 - 조의 순으로 계곡선이 가장 단위가 크며 주곡선 5개마다 표시한 굵은 실선이고, 주곡선이 지형을 표현하는 주실선이 된다. 주곡선의 1/2간격으로 간곡선을, 간곡선의 1/2간격으로 조곡선을 표시한다.

53

우리나라의 조선 시대 전통 정원을 꾸미고자 할 때 다음 중 연못 시공으로 적합한 호안공은?

① 자연석호안공　② 사괴석호안공
③ 편책호안공　　④ 마름돌호안공

해설및용어설명 | 사괴석이란 사방 6치(18cm) 정도의 방형 육면체를 말하는데 전통정원에 담장 등에 주로 쓰였다.

54

더위에 의한 피해로 발생하는 것은?

① 일소　　② 한발
③ 상주　　④ 상렬

해설및용어설명 | 일소는 볕데기라고 하며 여름철에 강한 석양빛으로 수피가 타는 현상을 말한다.

55

다음은 전정 및 정지에 대한 요령이다. 이중 적당하지 않은 것은?

① 길게 자란 가는 가지를 다듬을 때에는 옆눈이 있는 곳의 위에서 가지터기를 6~7mm 가량 남겨두어야 한다.
② 굵고 큰 가지의 전정을 지피융기선을 기준으로 하여 수간의 지름을 그대로 남겨둘 수 있는 각도를 유지하여 바짝 자른다.
③ 중간 정도의 가지는 10cm 정도 남겨놓고 자르는 것이 병해충의 침입방지에 좋다.
④ 소나무류의 순따기는 생장력이 너무 강하다고 생각될 때에는 1/3~1/2만 남기고 꺾어버린다.

해설및용어설명 | 중간 정도의 가지 전정 시 10cm 정도 남겨두면 썩는 부분이 많아서 해롭고, 가지 굵기에 따라 2~5cm 정도가 적당하다.

정답 50 ③　51 ①　52 ②　53 ②　54 ①　55 ③

56

데밍의 품질 관리 사이클 이론과 관련이 없는 것은?

① 계획(Plan) ② 개발(Development)
③ 검토(Check) ④ 조치(Action)

해설및용어설명 | 데밍의 품질관리 사이클은 계획(Plan) - 추진(Do) - 검토(Check) - 조치(Action)로 이루어진다.

> **저자 Tip**
> 데밍의 품질 관리 사이클은 경영학에서 다루어지는 품질 관리 이론이지만 조경관리의 분야에도 적용될 수 있으며, 최근에는 더욱 넓은 범위의 문제들이 출제되는 경향이 있다.

57

인공폭포, 수목 보호판을 만드는데 가장 많이 사용되는 제품은?

① FRP ② PVC
③ 소형고압블록 ④ 토관

해설및용어설명 | PVC는 배수관 등 탄성이 필요한 곳에 가벼운 장점이 있는 플라스틱 소재이고, FRP는 유리강화섬유플라스틱으로 강도가 높아 조경시설물용으로 적합한 플라스틱 소재이다.

58

토성의 분류 방법 중 자갈의 크기는 입경이 몇 mm 이상인가?

① 0.2mm ② 1mm
③ 2mm ④ 3mm

해설및용어설명 | 입경 2mm 이상의 토양 입자를 자갈이라고 한다.

59

다음 중 실내식물의 인공조명에서 가장 경제적이면서 좋은 것은?

① 백열등 ② 형광등
③ 나트륨등 ④ 수은등

해설및용어설명 | 형광등이 가장 수명이 길고 열손실이 적으며 식물생육에 적합하다.

60

목재를 방부처리 하는 방법으로 가장 거리가 먼 것은?

① 표면탄화법 ② 약제도포법
③ 관입법 ④ 약제주입법

해설및용어설명 | 표준 관입 시험은 흙의 저항력을 측정하는 시험이다.

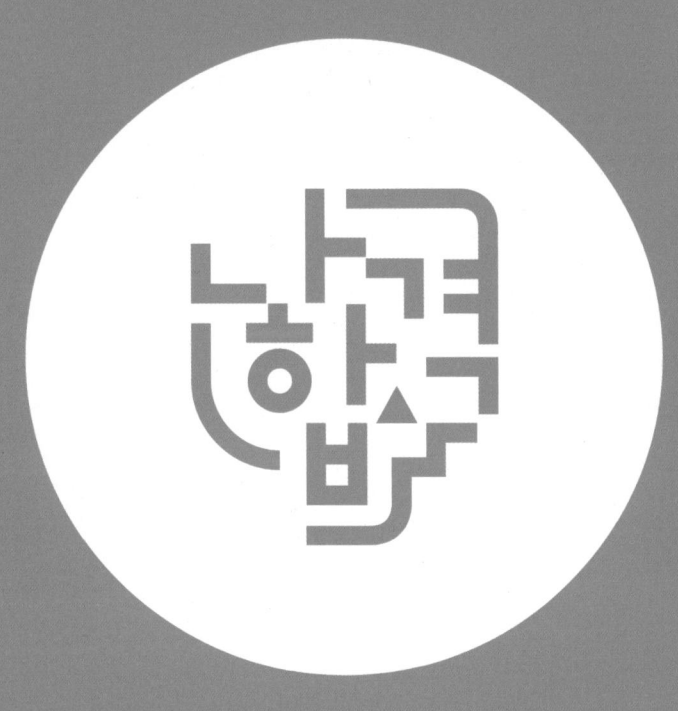

PART 08

필수 암기수목 120종

필기시험뿐만 아니라 실기시험에서도 중요한
필수 암기수목 120종의 이미지를 수록하였습니다.
제시된 사진을 참고하여 수목의 특징을 파악해 보세요.

필수 암기수목 120종

001 가막살나무

002 가시나무

003 갈참나무

004 감나무

005 감탕나무

006 개나리

007 개비자나무

008 개오동

009 계수나무

010 골담초

011 곰솔

소나무 해송 백송 리기다소나무 잣나무 스트로브잣나무 일본섬잣나무

012 광나무

013 구상나무

014 금목서

015 금송

016 금식나무

017 꽝꽝나무

018 낙상홍

019 남천

020 노각나무

021 노랑말채나무

022 녹나무

023 눈향나무

024 느티나무

025 능소화

026 단풍나무

027 담쟁이덩굴

028 당매자나무

029 대추나무

030 독일가문비

031 돈나무

032 동백나무

033 등

034 때죽나무

035 떡갈나무

036 마가목

037 말채나무

038 매화(실)나무

039 먼나무

040 메타세쿼이아

041 모감주나무

042 모과나무

043 무궁화

044 물푸레나무

045 미선나무

046 박태기나무

047 반송

048 배롱나무

049 백당나무

050 백목련

051 백송

052 버드나무

053 벽오동

054 병꽃나무

055 보리수나무

056 복사나무

057 복자기

058 붉가시나무

059 사철나무

060 산딸나무

061 산벚나무

062 산사나무

063 산수유

064 산철쭉

065 살구나무

066 상수리나무

067 생강나무

068 서어나무

069 석류나무

070 소나무

071 수국

072 수수꽃다리

073 쉬땅나무

074 스트로브잣나무

075 신갈나무

076 신나무

077 아까시나무

078 앵도나무

079 오동나무

080 왕벚나무

081 은행나무

082 이팝나무

083 인동덩굴

084 일본목련

085 자귀나무

086 자작나무

087 작살나무

088 잣나무

089 전나무

090 조릿대

091 졸참나무

092 주목

093 중국단풍

094 쥐똥나무

095 진달래

096 쪽동백나무

097 참느릅나무

098 철쭉

099 측백나무

100 층층나무

101 칠엽수

102 태산목

103 탱자나무

104 백합나무

105 팔손이

106 팥배나무

107 팽나무

108 풍년화

109 피나무

110 피라칸타

111 해당화

112 향나무

113 호두나무

114 호랑가시나무

115 화살나무

116 회양목

117 회화나무

118 후박나무

119 흰말채나무

120 히어리

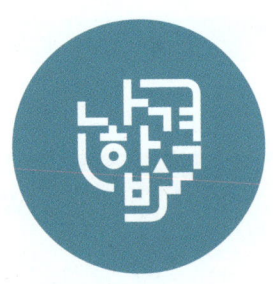

조경기능사 필기 무료특강

무료특강 신청방법

▲ 카페 바로가기

1 나합격 카페 가입
cafe.naver.com/napass7

2 사진 촬영
하단 공란에 닉네임 기입

3 카페 게시물 작성
등업 후 영상 시청 가능

카페 닉네임

 가입한 카페 닉네임과 동일하게 기입
 지워지지 않는 펜으로 크게 기입
 화이트 및 수정테이프 사용 금지
 중복기입 및 중고도서는 등업 불가능

처음이신가요?

자세한 등업방법은 QR 코드 참조

모바일 등업방법

PC 등업방법

나합격 조경기능사 필기 + 무료특강

2020년 1월 5일 초판 발행 | 2021년 1월 5일 2판 발행 | 2022년 1월 5일 3판 발행 | 2022년 2월 5일 4판 1쇄 발행 | 2022년 7월 1일 4판 2쇄 발행
2023년 1월 5일 5판 발행 | 2024년 1월 5일 6판 발행 | 2026년 1월 5일 7판 발행

지은이 조은정 | 발행인 오정자 | 발행처 삼원북스 | 팩스 02-6280-2650
등록 제2017-000048호 | 홈페이지 www.samwonbooks.com | ISBN 979-11-994115-3-1 13500 | 정가 28,000원
Copyright©samwonbooks.Co.,Ltd.

• 낙장 및 파손된 책은 구입한 서점에서 바꿔드립니다.
• 이 책에 실린 모든 내용, 디자인, 이미지, 편집 형태에 대한 저작권은 삼원북스와 저자에게 있습니다. 허락없이 복제 및 게재는 법에 저촉을 받습니다.